"十三五" 国家重点出版物出版规划项目

DSP 技术及应用

第 3 版

陈金鹰　编著

U0179246

机 械 工 业 出 版 社

数字信号处理（DSP）技术已经广泛应用于各种电路设计和信号处理中，实现了从过去模拟电路设计向现代数字电路设计的转换。由于数字信号比模拟信号更适合进行各种算法处理，因而能完成更强大的功能并具有更强的灵活性和适应性。数字信号处理已成为电子工程技术人员必须掌握的一种基本技术。

本书共分七章。第一章介绍了从模拟系统到数字系统的演进过程、DSP技术的应用前景和DSP系统的一般设计原则。第二章详细地介绍了TMS320C54x系列芯片的内部资源和结构，这也是该系列芯片区别于其他芯片的特征所在。第三章介绍了指令系统。第四章介绍了DSP软件开发过程中所涉及程序的编写、汇编、连接和可执行目标文件的生成。第五章通过举例解释了常用指令的应用方法和技巧。第六章通过数字系统应用设计的实例说明如何用DSP芯片解决数字信号处理理论中的算法问题和工程实际问题。第七章结合实验说明了DSP集成开发软件平台CCS的使用方法。

本书适合通信工程、电子类、仪表类、自动化类及相关专业的大专生、本科生和研究生学习，也可供其他相关专业的工程技术人员参考。

图书在版编目（CIP）数据

DSP技术及应用/陈金鹰编著. —3版. —北京：机械工业出版社，2020. 9
（2024. 1重印）
"十三五"国家重点出版物出版规划项目
ISBN 978-7-111-66540-3

Ⅰ. ①D…　Ⅱ. ①陈…　Ⅲ. ①数字信号处理　Ⅳ. ①TN911. 72

中国版本图书馆CIP数据核字（2020）第176393号

机械工业出版社（北京市百万庄大街22号　邮政编码100037）
策划编辑：路乙达　责任编辑：路乙达
责任校对：张晓蓉　封面设计：严娅萍
责任印制：单爱军
北京虎彩文化传播有限公司印刷
2024年1月第3版第4次印刷
184mm×260mm·20印张·495千字
标准书号：ISBN 978-7-111-66540-3
定价：52. 00元

电话服务　　　　　　　　　网络服务
客服电话：010-88361066　　机　工　官　网：www. cmpbook. com
　　　　　010-88379833　　机　工　官　博：weibo. com/cmp1952
　　　　　010-68326294　　金　书　网：www. golden-book. com
封底无防伪标均为盗版　机工教育服务网：www. cmpedu. com

第 3 版前言

数字信号处理器（Digital Signal Processor，DSP），也叫 DSP 芯片，是一种具有特殊结构的微处理器，是 20 世纪科学及工程应用中最有影响力的技术之一。自 20 世纪 70 年代末第一款 DSP 芯片诞生以来，已广泛应用于通信、医疗、家用电器、石油勘探、工业控制、军事、航空航天等领域。一般而言，数字信号处理是先将模拟信号转换为数字信号，然后利用各种算法实现模拟电路无法完成的特殊功能，因此诸如快速傅里叶变换、Z 变换、卷积运算、相关运算、最小二乘法、有限脉冲响应等常用的数理分析方法，都可以通过数字信号处理实现。

DSP 芯片系列众多，可归结为通用型和专用型两大类。通用型 DSP 芯片是一种软件可编程的 DSP 芯片，适用于各种 DSP 应用场合。专用型 DSP 芯片则将其处理的算法集成到 DSP 芯片内部，一般适用于某些专用的场合。目前，DSP 芯片的主要供应商包括美国的德州仪器（TI）公司、AD 公司等。世界上第一款单片 DSP 芯片是 1978 年 AMI 公司发布的 S2811，1979 年 Intel 公司发布的商用可编程器件 2920 是 DSP 芯片诞生的一个主要标志，1980 年日本 NEC 公司推出的 μPD7720 是第一个具有乘法器的商用 DSP 芯片。TI 公司的第一代 TMS32010 数字信号处理器于 1982 年问世，第二代 TMS32020 于 1985 年推出，1986 年推出 CMOS 版本的 TMS320C25，之后相继推出第三代 TMS320C3x 系列，第四代 TMS320C4x 系列，1991 年推出第五代 TMS320C5x 系列，1997 年推出第六代 TMS320C6x 系列。TI 公司的 DSP 芯片占世界 DSP 芯片市场近 50%，在国内也被广泛地采用。本书选取 TMS320C54x 系列芯片为介绍对象，该系列芯片具有 DSP 的典型特征，适合 DSP 技术初学者学习。有此基础，读者再学其他 DSP 芯片就比较容易。

1. 本书的内容组织

本书用七章的篇幅，从 DSP 的基本概念入手，对 TMS320C54x 系列芯片的结构和汇编语言做了深入详细的介绍，并通过应用实例来帮助读者掌握如何将数字信号处理理论中的算法问题用 DSP 芯片和程序来加以解决，做到学有所用。

第一章数字信号处理技术基础，通过对模拟系统与数字系统的比较、数字信号处理器分类、数字信号处理芯片的应用范围和基于 DSP 的应用系统设计方法的介绍，讨论了 DSP 芯片技术的产生、应用和开发过程。要求读者对 DSP 芯片的种类有所了解，能根据科研项目的不同，合理选择适当的芯片。

第二章 DSP 芯片结构介绍，讨论了 DSP 芯片的硬件结构，包括 CPU 结构、总线结构、存储器分配、在片外围电路、对外接口、总线和中断、自举加载等相关问题。要求读者对 DSP 芯片的硬件结构和组成有所掌握，以便能正确使用和发挥 DSP 芯片的技术优势。

第三章 DSP 指令系统及特点，对 DSP 芯片的指令系统进行了介绍，包括 TMS320C54x 的寻址方式、程序地址的生成、流水线操作技术、指令系统概述等。要求读者掌握 DSP 芯片汇编语言的寻址方式、流水线操作概念，对指令系统有初步了解。

第四章 DSP 软件开发过程，介绍了 DSP 软件开发过程，包括汇编语言程序的编写方法、汇编和链接过程、C 语言和汇编语言的混合编程。要求读者对 DSP 芯片的开发过程有所了解，掌握汇编语言程序的编写、汇编和链接方法，了解用 C 语言实现 DSP 功能时的注意事项，能读懂简单的汇编语言程序。

第五章汇编语言编程举例，介绍如何使用常见汇编指令、常用算法的实现和技巧，包括四则运算、正弦和余弦信号发生器、FIR 滤波器与 IIR 滤波器的多种实现方法、快速傅里叶变换的实现。要求读者掌握常用 DSP 汇编命令、数字信号处理的常用指令、延时方法和寄存器寻址运算及其他技巧。

第六章信号处理方法的硬件实现，通过信号源设计、线性时不变系统设计、信号检测系统设计、信号调制功能设计、模拟电路功能设计、信号抗衰落与干扰设计、信号脉宽调制设计、信号振幅调制设计、HDB3 码的编解码设计、人工智能图形识别设计，帮助读者进一步熟悉用 DSP 芯片解决数字信号处理理论中的算法问题和工程实际问题。要求读者能用 DSP 解决简单的数字信号处理应用问题。

第七章 DSP 实验，用基本算术运算、正弦波信号发生器、FIR 数字滤波器、快速傅里叶变换的实现 4 个实验来介绍 DSP 集成开发软件平台 CCS 的使用方法。要求读者能通过实验掌握 CCS 的软件仿真方法。

2. 本书适应的课程及学时分配

本书内容适合通信工程、电子类、仪表类、自动化类及相关专业的大专生、本科生和研究生学习，也可供其他相关专业的工程技术人员参考。其各章的学时分配为：第一章数字信号处理技术基础，理论教学 2 学时；第二章 DSP 芯片结构介绍，理论教学 10 学时；第三章 DSP 指令系统及特点，理论教学 4 学时；第四章 DSP 软件开发过程，理论教学 4 学时；第五章汇编语言编程举例，理论教学 8 学时；第六章信号处理方法的硬件实现，理论教学 4 学时；第七章 DSP 实验，每个实验安排 2 学时，共计 8 学时。

3. 第 3 版说明

本书是在 2014 年第 2 版基础上改编而成的。第 2 版受到广大读者欢迎。为满足读者对 DSP 技术新的应用拓展，本书第六章增加了新的应用实例，删除了占用篇幅较多的梳状滤波器设计。此外，还对个别错误的地方进行了更正。尽管目前 DSP 的开发工具已升级到 CCSv9，但 CCSv2 软件占用的资源少，使用方便，更适合初学者，因此在本书的实验部分仍保留使用该版本，需要使用其他版本的读者可从 TI 公司的网站上下载。对于需要学习 TMS320C55x 系列芯片的读者，由于其与 TMS320C54x 的基本结构相似，C54x 的程序与 C55x 部分兼容，因此阅读本书将有利于学习 C55x 芯片。

使用本书作为教材的教师，可以登录 www.cmpedu.com，下载 PPT 课件、习题库、课程教学大纲、课程教案、课程教学计划及教学日历。

最后，感谢四川工业科技学院对本书的支持。感谢刘剑丽博士对本书修改提出的建议。感谢研究生邓鹏、李鑫、卿琦、陈俊凤、吴睿、赵耀、罗凤、邓洪权、何楷、丁松柏、李果村、吴浩等同学对本书给予的支持。

编　者

第 2 版前言

数字信号处理器（Digital Signal Processor，DSP），也叫 DSP 芯片，是一种具有特殊结构的微处理器，是 20 世纪科学及工程具体化中最有影响力的技术之一。自 20 世纪 70 年代末第一款 DSP 芯片诞生以来，已广泛应用于通信、医疗、家用电器、石油勘探、工业控制、军事、航空航天等领域，并在这些应用领域中发展出很深入的 DSP 技术、特有的算法、特殊的技巧。一般而言，数字信号处理是把通过时间与数值采样的信号，做各种离散量化的数值处理与计算，因此诸如快速傅里叶变换、Z 变换、卷积运算、相关运算、最小二乘法、有限脉冲响应等常用的数理分析方法，都可以利用数字信号处理实现，以提高系统整体的运算性能。目前建立在 DSP 技术基础上的数字系统，可解决线性时不变系统、冲激响应系统和非线性时不变系统中所涉及的算法与控制问题。

DSP 芯片系列众多，可归结为通用型和专用型两大类。通用型 DSP 芯片是一种软件可编程的 DSP 芯片，适用于各种 DSP 应用场合。专用型 DSP 芯片则将其采用的算法集成到 DSP 芯片内部，一般适用于某些专用的场合。目前，DSP 芯片的主要供应商包括美国的德州仪器（TI）公司、AD 公司、AT&T 公司和 Motorola 公司等。世界上第一款单片 DSP 芯片是 1978 年 AMI 公司发布的 S2811，1979 年 Intel 公司发布的商用可编程器件 2920 是 DSP 芯片诞生的一个主要标志，1980 年日本 NEC 公司推出的 μPD7720 是第一个具有乘法器的商用 DSP 芯片。TI 公司的第一代 TMS32010 数字信号处理器于 1982 年问世，第二代 TMS32020 于 1985 推出，1986 年推出 CMOS 版本的 TMS320C25，以后相继推出第三代 TMS320C3x 系列，第四代 TMS320C4x 系列，1991 年推出第五代 TMS320C5x 系列，1997 年推出第六代 TMS320C6x 系列。TI 公司的 DSP 芯片占世界 DSP 芯片市场近 50%，在国内也被广泛采用。本书选取 TMS320C54x 系列芯片为介绍对象，该系列芯片具有 DSP 的典型特征，难度适中，应用广泛，性价比高，适合 DSP 技术初学者学习。在此基础上，读者再学其他 DSP 芯片就比较容易。

1. 本书的内容组织

本书用七章的篇幅，从 DSP 的基本概念入手，对 TMS320C54x 系列芯片的结构和汇编语言做了深入详细的介绍，并通过应用实例来帮助读者掌握如何将数字信号处理理论中的算法问题用 DSP 芯片和程序来加以解决，做到学有所用。

第一章数字信号处理技术基础，通过对模拟系统与数字系统的比较、数字信号处理器分类、数字信号处理芯片应用范围和基于 DSP 的应用系统设计方法的介绍，讨论了 DSP 芯片技术的产生、应用和开发过程。要求读者对 DSP 芯片的种类有所了解，能根据科研项目的不同，合理选择适当的芯片。

第二章 DSP 芯片结构介绍，介绍了 DSP 芯片的硬件结构，包括 CPU 结构、总线结构、存储器分配、在片外围电路、对外接口、总线和中断、自举加载等相关问题。要求读者对 DSP 芯片的硬件结构和组成有所掌握，以便能正确使用和发挥 DSP 芯片的技术优势。

第三章 DSP 指令系统及特点，对 DSP 芯片的指令系统进行了介绍，包括指令系统的寻址方式、地址的生成、流水线操作、汇编指令等。要求读者掌握 DSP 芯片汇编语言的寻址方式、流水线操作概念,对指令系统有初步了解。

第四章 DSP 软件开发过程,介绍了 DSP 软件开发过程,包括汇编语言程序的编写方法、汇编和链接过程、C 语言和汇编语言的混合编程。要求读者对 DSP 芯片的开发过程有所了解,掌握汇编语言程序的编写、汇编和链接方法,了解用 C 语言实现 DSP 功能时的注意事项,能读懂简单的汇编语言程序。

第五章 汇编语言编程举例,介绍如何采用汇编指令实现通信系统中常见数字信号处理方法,常用算法的实现和技巧,包括四则运算、正弦和余弦信号发生器、FIR 滤波器的实现、IIR 滤波器的实现、快速傅里叶变换(FFT)的实现。要求读者掌握常用 DSP 汇编语言指令、通信系统中数字信号处理的特殊指令、延时方法和寄存器寻址运算及其他技巧。

第六章 信号处理方法的硬件实现,通过信号源设计、线性时不变系统设计、信号检测系统设计、信号调制功能设计、模拟电路功能设计和梳状滤波器设计,帮助读者进一步熟悉用 DSP 芯片解决数字信号处理理论中的算法问题和工程实际问题。要求读者能用 DSP 解决简单的数字信号处理应用问题,能设计信号源、进行相关运算、卷积运算和模拟传输函数到数字传输函数的转换运算。

第七章 DSP 实验,用基本算术运算、正弦波信号发生器、FIR 数字滤波器、快速傅里叶变换的实现 4 个实验来介绍 DSP 集成开发软件平台 CCS 的使用方法。要求读者能通过实验掌握 CCS 的软件仿真方法。

2. 本书适应的课程及课时分配

本书内容适合通信工程、电子类、仪器类、自动化类及相关专业的大专生、本科生和研究生学习,也可供其他相关专业的工程技术人员参考。其各章的学时分配为:第一章 数字信号处理技术基础,理论教学 2 学时;第二章 DSP 芯片结构介绍,理论教学 10 学时;第三章 DSP 指令系统及特点,理论教学 4 学时;第四章 DSP 软件开发过程,理论教学 4 学时;第五章 汇编语言编程举例,理论教学 8 学时;第六章 信号处理方法的硬件实现,理论教学 4 学时;第七章 DSP 实验,每个实验安排 2 学时,共计 8 学时。

3. 第 2 版说明

本书是在 2004 年第 1 版基础上改编而成的。第 1 版共印刷了 10 次,受到广大读者欢迎。但随着 DSP 技术的发展,有的内容需要有所更新,因此第 2 版对第一章、第六章和第七章进行了重写,对第二章到第五章中个别有错的地方进行了更正。此外,尽管目前 DSP 的开发工具已发展到 CCSv5,但 CCSv2 软件占用 PC 的资源少,使用方便,更适合初学者,因此在本书的实验部分仍使用该版本。对于需要学习 TMS320C55x 系列芯片的读者,由于其与 TMS320C54x 的基本结构相似,只是资源有所增加,C54x 的程序与 C55x 兼容,学习本书将有利于学习 C55x 芯片。读者可登录机械工业出版社教育服务网 www.cmpedu.com 下载实验配套文件和综合练习,对使用本书的教师,还提供了电子课件。

最后,感谢为本书第 1 版做出贡献的陈爱萍、韩喜春、游敏惠老师。感谢本书在编写过程中所得到的其他同行老师和出版社的帮助。特别感谢华侨大学杨毅明老师对第 2 版做出的贡献,感谢卢为、袁灿、李俐萍、李文彬、胡波、任小强、赵容、杨敏、王惟洁、牟亚南、夏藕、吴容等同学对第 2 版给予的支持。

编 者

于成都理工大学

第 1 版前言

数字信号处理器(Digital Signal Processor, DSP)，也叫 DSP 芯片，是一种具有特殊结构的微处理器，是 20 世纪科学及工程具体化最有影响力的技术之一。自 20 世纪 70 年代末 DSP 芯片诞生以来，在短短的 20 多年时间便得到了飞速的发展，已广泛应用于通信、医疗、影像、雷达及声呐、高保真音乐重现、石油勘探、工业控制、军事、航空航天等领域。在这些应用领域都已经发展出很深入的 DSP 技术、特有的算法、应用数学及特殊的技巧。一般而言，数字信号处理是把通过时间与数值采样的信号，做各种离散量化的数值处理与计算，因此诸如快速傅里叶变换、Z 变换、卷积运算、相关运算、最小二乘法、有限脉冲响应等常用的数理分析方法，都可以利用数字信号处理实现，以提高整体的运算性能。

DSP 芯片可分为通用型和专用型两大类。通用型 DSP 芯片是一种软件可编程的 DSP 芯片，适用于各种 DSP 应用场合。专用型 DSP 芯片则将 DSP 芯片采用的算法集成到 DSP 芯片内部，一般适用于某些专用的场合。本书主要讨论通用型 DSP 芯片。

目前 DSP 芯片的主要供应商包括美国的德州仪器(TI)公司、AD 公司、AT&T 公司和 Motorola 公司等。世界上第一个单片 DSP 芯片是 1978 年 AMI 公司发布的 S2811，1979 年 Intel 公司发布的商用可编程器件 2920 是 DSP 芯片的一个主要里程碑，1980 年日本 NEC 公司推出的 μPD7720 是第一个具有乘法器的商用 DSP 芯片。TI 公司的第一代 DSP 芯片 TMS32010 于 1982 年问世，第二代 TMS32020 于 1985 推出，1986 年推出 CMOS 版本的 TMS320C25，以后相继推出第三代 TMS320C3x 系列，第四代 TMS320C4x 系列，1991 年推出第五代 TMS320C5x 系列。而 TMS320C8x 系列则是包含四个定点处理器与一个精简指令集处理器的多 DSP 芯片，可以应用在视频会议与虚拟环境领域。1997 年推出第六代 TMS320C6x 系列。TMS320C6x 系列采用超长指令字(VLIW)设计芯片，TMS320C62 提供 200MHz 时钟、1600MIPS(MIPS 表示每秒百万条指令)的运算速度，主要用于高档视频及多媒体产品。TMS320F24x 系列称为 DSP 控制器，它整合了 DSP 核心、快速存储器的产品及数字马达控制的外围模块，适用于三相电动机、变频器之类的高速实时工控产品。TMS320C54x 系列则适用于无线通信领域。TMS320AV7000 是针对机顶盒需求设计的 DSP 芯片。TI 公司的 DSP 芯片占世界 DSP 芯片市场近 50%，在国内也被广泛地采用。

本书通过对 TMS320C54x 系列芯片的结构和专用汇编语言的介绍，使读者了解通信技术领域相关产品，对数字信号进行处理的方法。全书共分七章，第一章理论教学 2 学时，主要介绍 DSP 技术的发展及相关知识，从一般角度讨论 DSP 芯片技术的产生、应用和开发环境。要求读者对 DSP 的芯片技术有所了解，能根据科研项目的不同，合理选择适当的芯片，了解常用的开发工具及软件和硬件仿真工具。第二章理论教学 12 学时，主要介绍 DSP 芯片的硬件结构，包括 CPU 结构、总线结构、存储器分配、在片外围电路、串行口、外部总线和中断、与存储器及外围设备和低速器件的接口、自举加载等相关问题。要求读者对 DSP 芯片的硬件结构和组成有所了解，以便能正确使用和发挥 DSP 芯片的技术优势。第三章理论教学 4 学时，对 DSP 芯片的汇编语言进行了介绍，包括指令系统的寻址方式、地址的生成、流水线操作、指令系统的概述。要求读者掌握 DSP 芯片汇编语言的寻址方式、流水线操作概述，对指令系统有初步了解。第四章理论教学 4 学时，主要介绍了 DSP 软件的开发方法与过程，包括汇编语言程序的编写方法、汇编和连接过程、DSP 的 C 语言开发编译过程、C 语言和汇编语言的混合编程、汇编语言程序设计。要求读者对 DSP 芯片的开发过程有所了解，掌握汇编语言程序的编写、汇编和连接方法，了解用 C 语言实现 DSP 功能时的注意事项，能读懂简单的汇编语言程序。第五章理论教学 8 学时，主要介绍如何应用 DSP 汇编语言实现通信系统中常见信号的数字信号处理方法、常用算法的基本实现方法和技巧。主要内容包括：基本运算的实现、信号发生器、FIR 滤波器的实现、IIR 滤波器的实现、快速傅里叶变换(FFT)的实现、信号功率谱运算的实现方法。本章要求读者了解用 DSP 汇编语言进行通信系统中数字信号处理的特殊指令、延时方法和位倒序运算及其他技巧。第六章和第七章安排 12 学时的实验，其中第六章主要介绍 DSP 的集成开发环境(CCS)，读者可以在这种环境下完成工程定义、程序编辑、编译连接、调试和数据分析等工作环节；第七章主要通过四个实验来进一步加深对开发过程相关环节的了解。

本书由陈金鹰老师任主编，并负责全书的统稿和整理。第一章由湖南工程学院的陈爱萍老师编写；第二、三、四、五章由成都理工大学的陈金鹰老师编写；第六章由黑龙江工程学院的韩喜春老师编写；第七章由重庆邮电学院的游敏惠老师编写；王力永对第五章大部分程序进行了验证。书中难免有错误之处，请读者多提意见，以便今后改正。

本书在编写过程中得到了成都理工大学信息工程学院院长王绪本教授的大力支持和帮助，王教授对书中内容提出了许多宝贵意见，特此深表感谢。同时也感谢编审委员会的专家和机械工业出版社的领导对本书提出的宝贵意见与给予的大力支持。

本书配有电子教案，欢迎选用本书作教材的老师索取，电子邮件：wbj@ mail. machine. info. gov. on。本书为精品课程"DSP 技术及应用"的配套教材，课程网址为：http：//202. 115. 138. 28/2005/dsp/index. htm。

编　者

目　录

第一章　数字信号处理技术基础

在信息社会中，信息渗透到社会各个领域并影响人们的生活。美国著名未来学家阿尔文·托夫勒曾讲：谁掌握了信息，控制了网络，谁就将拥有整个世界。美国前陆军参谋长沙利文上将也有类似看法：信息时代的出现，将从根本上改变战争的进行方式。而美国前总统克林顿更深入地指出：今后的时代，控制世界的国家将不是靠军事，而是信息能力走在前面的国家。要实现信息化，其首要和基础的任务是对信息的数字化，更进一步就是对数字化信息的数字信号处理。数字信号处理的关键，特别是执行实时处理任务，在很大程度上需要由DSP器件来支撑，这使得DSP技术成为人们日益关注、并得到迅速发展的前沿技术。

第一节　模拟系统与数字系统的比较

一、模拟系统的问题

自然界的各种信息能够直接被人类加以利用的多是最简单和最基本的，人类在漫长的发展过程中长期不加更改地直接使用这些信息。直至1831年10月17日法拉第将磁转换成了电，人们制造了世界上第一台电磁感应发电机为止，这种局面才有了根本性的改观。有了电，人们很快想到了将电应用于对信号的处理，于是出现了电报、电话、有线通信、无线通信、广播电视、雷达等。要实现将自然界的某些特征量（如声音、图像、温度、湿度、压力等）转变为电信号，首先需要有传感器，利用传感器将特征量转换为电信号。但通常这些从传感器输出的信号都是很微弱的，不能直接使用，于是，对这些原始电信号进行加工处理的问题就被提了出来。

为了从理论上深化对信号的认识，人们把涉及对信号进行处理的方方面面的总体内容称为信号系统。来自传感器的电信号中的电流或电压的大小是随着自然现象连续变化的，人们将这种信号称为模拟信号，对模拟信号进行处理的信号系统也相应地被称之为模拟信号系统。

对模拟信号系统的研究，涉及对信号进行处理所采用的电路、器件及特征的研究，以及对信号本身特征进行分析的理论研究，前者形成电路理论，后者形成信号与系统理论。

由许多元器件组成的电路，通常又称之为网络。因此就硬件而言，一个电路系统往往被称之为网络。一个网络通常包括有输入和输出端。如果一个网络只有一对输入和一对输出连接线，则称这样的网络为四端网络或双端口网络。如果一个网络需要被提供电能才能正常工作，称这种网络为有源网络，不需要提供电能就能工作的网络称为无源网络。利用网络作为处理载体，就可完成系统对信号的具体处理任务。

在模拟信号系统网络中，对信号进行处理主要包括对信号电平的调整和对信号频率的调制。电平调整分为对整个频带进行衰减或放大处理和对部分频率进行衰减或放大处理两类。由纯电阻构成的网络，可完成对信号整个频带的衰减，属于无源网络；理想的放大器可以完成对整个频带的放大处理，属于有源网络。当电路中加入电感和电容后，利用其对不同频率的不同响应，可实现对部分频率的抑制，从而完成对信号的滤波和均衡。信号调制主要是利用半导体器件的非线性工作区实现两个信号的相乘运算，以产生频率的搬移。

在上述由电阻、电感、电容、放大器构成的电路中，由于这些器件的特性是不随时间而变化的，人们将这种电路特性不随时间变化而变化的系统称为时不变系统。对于一个时不变系统，当有多个独立的信号在输入端相加，经过系统后，在输出端的信号也可看作独立的相加信号，并且输出信号与输入信号成比例关系，这样的系统被称为线性时不变系统。即一个线性时不变系统应满足下面的关系：

设有 $\qquad y_1(t) = T[x_1(t)] \qquad\qquad y_2(t) = T[x_2(t)]$
则

$$\left. \begin{aligned} &T[ax_1(t) + bx_2(t)] = T[ax_1(t)] + T[bx_2(t)] = ay_1(t) + by_2(t) \\ &T[ax(t)] = aT[x(t)] = ay(t) \\ &y(t - t_0) = T[x(t - t_0)] \end{aligned} \right\} \qquad (1\text{-}1)$$

这里，若 a、b 符号相同，系统完成的是信号的相加运算，若 a、b 符号相异，系统完成的是信号的相减运算；若 a 大于 1，系统完成的是相乘运算，若 a 小于 1，系统完成的是相除运算。由此可见，一个线性时不变系统能够完成加减乘除的四则运算。

在模拟线性时不变系统时，由于电感和电容的充放电过程，其电压和电流可呈现积分和微分特性，因此线性时不变系统还可完成微积分的某些运算。但是再复杂一些的运算，模拟线性时不变系统就很难完成了。由此得到结论 1，模拟线性时不变系统的运算能力不足。

另一方面，在网络中存在电磁辐射现象，这种电磁辐射会附加到有用信号上，造成对有用信号的串扰。当信号被调制或由于信号落入器件的非线性区域而产生谐波信号，如果频谱落入有用信号频谱范围内，就很难将其去除，造成有用信号质量的降低，甚至造成系统失效。由此得到结论 2，模拟线性时不变系统的抗干扰能力不足。

此外，由于器件内部电子的热运动，会在一定程度上形成噪声，通常这种噪声的频谱很广，会落入系统中有用信号频谱范围内，形成对有用信号的噪声干扰，这些干扰同样是很难去掉的，强噪声还可能造成系统功率过负荷，使系统失效。由此得到结论 3，模拟线性时不变系统的抗噪声能力不足。

二、数字系统的优势

随着 1946 年美国人埃克特和莫契利发明世界上第一台电子计算机 ENIAC，人们想到将数字化应用于信号处理系统，采用数字系统来对信号进行处理。要用数字系统处理信号，必须先将模拟信号转换为数字信号，处理后的数字信号还需再转换为模拟信号，并且转换过程中不能对信号的有效成分构成实质性的损伤。1924 年奈奎斯特推导出采样定理，奠定了模-数转换的基础，使人们通过包括计算机在内的数字系统来处理各种模拟信号成为可能。早期的以电子管和晶体管为基础的数字系统体积庞大、运算速度低，不利于对信号的实时处理。20 世纪 60 年代以来，随着微电子技术、信息技术和计算机技术水平的提高，以及以快速傅里叶算法为代表的算法理论方面诸多成果的取得，使数字信号处理技术进入实用化阶段。

首先，以 0、1 为代表的数字信号既适合逻辑控制，也适合逻辑运算，因此可以很好地将两者融合在一起。以 0、1 为处理对象的数字信号系统，其突出的优势在于能够完成远比模拟系统所能承担的更为复杂的各种运算，因而极大地提高了系统对信号的处理能力。其次，数字信号处理系统具有很强的抗干扰能力，不论是噪声信号还是叠加在数字信号上的各种干扰信号，只要这些干扰小于数字信号的 0、1 判决阈值，就可通过对 0、1 信号的再生恢复原有码形，从而去除噪声和干扰，并使其不能累积。此外，数字信号可通过增加位数来提高信号的数值精度，通过时隙分配可实现对系统的时分复用，通过编码技术可提高信号的可靠性和保密性，通过集成电路水平的提高可减小系统体积和功耗，通过对信号本身特性的分析还可挖掘对信号的利用潜力或改进系统性能。

数字信号处理系统的上述优势，使其近年来得到了迅速的发展，不仅用于线性时不变系统，更广泛应用于非线性系统和控制系统中。

第二节　数字信号处理器分类

一、DSP 芯片的演进

早期的数字系统，可分为以计算机为代表的专用于完成各种运算的数字系统和以数字逻辑电路为代表的专用于控制领域的数字系统。它们的共同缺点是运算能力不足，集成度不高，实时处理能力不强。就数字系统而言，又可分为专用目的数字系统和通用目的数字系统。

由于大量实时、宽带信号使用的增加，像计算机这类体积大、运算速度相对较慢的数字系统越来越难于胜任。尤其在实时图像处理方面，希望有一种能完成高速运算、体积小、耗电少的专用集成电路芯片，以便能将其嵌入到各种设备中完成实时数字信号处理，这就引出了本书所要介绍的专用数字信号处理器（Digital Signal Processor，DSP）芯片技术。

1978 年，以美国 AMI 公司生产的 S2811 和 1979 年 Intel 公司生产的商用可编程器件 2920 为代表的数字信号处理芯片诞生，尽管当时这两种芯片内部都没有现代 DSP 芯片所必须有的单周期乘法器，但它却标志着数字信号处理芯片的生产与应用进入一个新的时期，对 DSP 芯片技术的影响和发展具有里程碑式的意义。

1980 年，日本 NEC 公司推出了第一款具有乘法器的商用 DSP 芯片 μPD7720。

1982 年，美国德州仪器（Texas Instruments，TI）公司推出了第一代 DSP 芯片，TMS320010 及其系列产品 TMS320011、TMS320C10/C14/C15/C16/C17 等，之后相继推出了第二代 DSP 芯片 TMS320020、TMS320C25/C26/C28，第三代 DSP 芯片 TMS320C30/C31/C32/C33，第四代 DSP 芯片 TMS320C40/C44，第五代 DSP 芯片 TMS320C5x/C54x，第六代 DSP 芯片 TMS320C62x/C67x 等。TI 公司的系列 DSP 产品已经成为世界上最有影响和最具代表性的 DSP 芯片之一，其 DSP 市场占有量占全世界份额的近 50%，TI 公司已成为目前世界上最大的 DSP 芯片供应商。

1982 年，日本东芝公司也推出了自己的浮点 DSP 芯片。

1984 年，AT&T 公司推出较早具备较高性能浮点运算性能的 DSP 芯片 DSP32。

1986 年，Motorola 公司推出了定点 DSP MC56001，1990 年又推出了与 IEEE 浮点格式兼容的浮点 DSP 芯片 MC96002。后来还推出了 DSP53611、16 位 DSP56800、24 位的 DSP563xx 和 MSC8101 等产品。

美国模拟器件（Analog Devices，AD）公司在 DSP 芯片市场上也占有较大的份额，相继推出了一系列具有自己特点的 DSP 芯片，其定点 DSP 芯片包括 ADSP2101/2103/2105、ADSP2111/2115、ADSP2161/2162/2163/2164、ADSP2171/2181 等，浮点 DSP 芯片包括 ADSP21000/21020、ADSP21060/21062，以及虎鲨 TS101、TS201S 等。

杰尔公司推出有 SC-1000 和 SC2000 系列嵌入式 DSP 内核。

实际上，目前的 FPGA 芯片中大多含有数量众多的 DSP 核。如 Xilinx 公司推出的 Virtex-7 FPGA，内中包含 3960 个 DSP Slice。

区别于计算机中的 CPU、单片机之类通用目的数字信号处理芯片，目前设计的 DSP 芯片由于具有独特的结构，可高速实现各种数字信号处理中所涉及的复杂算法。从运算速度来看，一次乘法和一次加法（MAC）的时间从原来的 400ns（如 TMS32010）减少为 10ns 以下（如 TMS320C54x 等）。从制造工艺来看，1980 年采用 4μm 的 NMOS 工艺已被现在的几十纳米 CMOS 工艺所取代。DSP 芯片的引脚数量从 1980 年的最多 64 个增加到现在的几百个以上。引脚数量的增加，意味着结构的灵活性增加，如外部存储器的扩展和处理器间的通信等。此外，DSP 芯片技术的发展，使 DSP 应用系统的成本、体积、重量和功耗都有很大程度的下降。

数字信号处理硬件性能的提高，为数字信号处理的应用和推广提供了基本的保障。目前可供选择的实现数字信号处理的方法包括下面几类：

1）在通用的个人计算机上用软件实现数字信号处理。缺点是运算速度不够快，实时处理能力不足。

2）用单片机实现数字信号处理。由于器件硬件资源有限，处理能力差，这种方法只能用于一些不太复杂和低速的数字信号处理，如控制类应用。但这类器件的显著优点是价格便宜，所以应用也很广。

3）利用通用的可编程 DSP 芯片实现数字信号处理。与单片机相比，DSP 有着更适合数字信号处理的软件和硬件资源，适用于复杂的数字信号处理算法。

4）用专用的 DSP 芯片实现数字信号处理。由于芯片的专用性，这类芯片的灵活性相对差些，价格相对较贵。

5）在通用的计算机系统中附加加速卡实现数字信号处理。加速卡可以是通用的加速处理机，也可以是由 DSP 开发的用户加速卡。

6）用 FPGA 等可编程器件实现数字信号处理。这类芯片能很好地将数字信号处理与逻辑控制结合起来，目前受到越来越多的重视。

二、DSP 芯片主要供应商的产品比较

1. TI 公司的 DSP 芯片

TI 公司常用的 DSP 芯片可以归纳为三大系列：TMS320C2000 系列（包括 TMS320C2xx／C24x/C28x 等）、TMS320C5000 系列（包括 TMS320C54x／C55x）和 TMS320C6000 系列（包括 TMS320C62x/C67x/C64x）。

（1）TMS320C2000 系列 DSP　称为 DSP 控制器，它整合了 DSP 核心，集成了 flash 存储器、高速 A-D 转换器以及可靠的 CAN 模块及数字电动机控制的外围模块，适用于三相电动机、变频器等高速实时工控产品等需要数字化的控制领域。

1）TMS320C24x 系列 DSP 控制器：该系列为定点 DSP 芯片，运算速度可达 20MIPS（MIPS 为每秒执行百万条指令）以上，可用于自适应控制、Kalman 滤波、状态控制等先进的控制算法。C24x 原代码与早先的 C2x 系列原代码兼容，向上与 C5x 原代码兼容。其 CPU 包括一个 32 位的中心算术逻辑单元（CALU）和一个 32 位的累加器（ACC）。CALU 具有输入和输出数据定标移位器、一个 16×16 位乘法器、数据地址产生逻辑（包括 8 个辅助寄存器和 1 个辅助寄存器算术单元）和程序地址产生单元。有 6 组 16 位数据与程序总线，即程序地址总线（Program Address Bus，PAB）、数据读地址总线（Data—Read Address Bus，DRAB）、数据写地址总线（Data—Write Address Bus，DWAB）、程序读总线（Program Read Bus，PRDB）、数据读总线（Data Read Bus，DRDB）和数据写总线（Data Write Bus，DWEB）。C2x 的片内存储器有双数据访问 RAM（DARAM）和 flash EEPROM 或工厂掩模的 ROM，分为单独可选择的 4 个空间，即程序存储器空间（64K 字）、局部数据存储器空间（32 K 字）、全局数据存储器空间（64K 字）、输入/输出空间（64K 字），总共的地址范围为 224K 字，有 4 级流水线。

2）TMS320C28x 系列 DSP：该系列与 C27x 源代码和目标代码兼容。凡为 C2xLP CPU 编写的代码，都可以重新编译后在 C28x 上运行。而所有 C24x 和 C2xx 系列的 DSP，其 CPU 都是 C2xLP。C28x 的 CPU 是低成本的 32 位定点处理器，包括：受保护的 8 级流水、独立的寄存器空间、32 位的算术逻辑单元、地址寄存器算术单元（ARAU）、16 位桶形移位器、32×32 位乘法器。C28x 使用 32 位的数据地址和 22 位的程序地址，可访问 4G 字的数据空间地址和 4M 字的程序空间地址。

（2）TMS320C5000 系列 DSP　这是 16 位定点 DSP。目前使用最广泛的芯片是 TMS320C54x 系列和 TMS320C55x 系列。该系列主要用于通信领域，如 IP 电话机和 IP 电话网关、数字式助听器、便携式声音/数据/视频产品、调制解调器、手机和移动电话基站、语音服务器、数字无线电、小型办公室和家庭办公室的语音和数据系统。

1）TMS320C54x 系列：本书将以 TMS320C54x 系列为例，详细讲解 DSP 的相关问题，这里不做更多说明。

2）TMS320C55x 系列：C55x 是从 C54x 系列发展起来的，并与其原代码兼容。C55x 工作在 0.9V 时，功耗低至 0.005mW/MIPS。工作在 400MHz 时钟频率时，可达 800 MIPS。与 120MHz 的 C54x 相比，300 MIPS 的 C55x 性能提高 5 倍，功耗降为 1/6，因此非常适合个人和便携式的应用。如语音编解码、线路回声和噪声消除、调制解调、图像与声音的压缩和解压缩、语音加密和解密、语音识别和合成。具体表现在数字照相机、手机和 Internet、助听器和其他医疗设备、RAS、VOP、网关等的应用上。C55x 的 CPU 包括：指令缓冲单元（I 单元），将指令从存储器送往 CPU；程序流单元（P 单元），控制程序里指令的执行顺序；地址数据流单元（A 单元），为访问数据空间的读和写产生地址；数据计算单元（D 单元），CPU 的基本部分，它的 3 个数据读总线向 2 个 16 位的 17×17 乘法器（MAC）及 40 位的 ALU 馈送数据，中间结果可以存放在 4 个 40 位的累加器中的一个。C55x 的指令长度从 8 位到 48 位可变，有 12 组独立的总线：3 组 16 位数据读总线、3 组 24 位数据读地址总线、2 组 16 位数据写总线、2 组 24 位数据写地址总线、1 组 32 位程序读总线和 1 组 24 位程序读地址总线。

（3）TMS320C6000 系列 DSP　该系列采用 TI 的专利技术 VeloiTI 和新的超长指令字

（VLIW）结构设计。其中 C6201 在 200MHz 时钟频率时，运算速度达到 1600MIPS，C64x 系列在时钟频率为 1.1GHz 时，可达到 8800MIPS 以上，即每秒执行约 90 亿条指令。C6000 系列已经推出了 C62x/C67x/ C64x 三个系列。其主要应用领域为：

1）数字通信，如 ADSL、FFT/IFFT、Reed-Solomon 编解码、循环回声综合滤波器、星座编解码、卷积编码、Viterbi 解码等信号处理算法的实时实现。电缆调制解调器（Cable Modem）是另一类重要应用，如采样率变换、byte 到符号的变换、最小均方（LMS）均衡等重要算法。移动通信也是重要应用领域，如移动电话基站、3G 基站里的收发器、智能天线、无线本地环（WLL）、无线局域网。在这些应用中，DSP 的主要功能是完成 FFT、信道和噪声估计、信道纠错、干扰估计和检测等。

2）图像处理，如数字电视、数字照相机与摄像机、打印机、数字扫描仪、雷达/声呐和医用图像处理等。在这些应用中，DSP 主要用来进行图像压缩、图像传输、模式及光学特性识别、加密/解密和图像增强等。

C6000 系列的 CPU 包含 2 个通用寄存器组（C62x/C67x 为 A0 ～ A15、B0 ～ B15，C64x 为 A0 ～ A31、B0 ～ B31）、8 个功能单元（L1，L2，S1，S2，M1，M2，D1，D2）、2 个从存储器装入的通道（LD1，LD2）、2 个存入存储器的通道（ST1，ST2）、2 个数据地址通道（DS1，DA2）、2 个寄存器组数据跨接通道（1X，2X）。CPU 里的大多数数据线支持 32 位运算，有些支持长字（40 位）和双字（64 位）运算。C6000 系列芯片有两层 Cache 结构、可提供 2GB/s 的片外带宽的强化 DMA 控制器（EDMA）、3 组片外总线（2 组片外存储器接口 EMIF 和 1 组 32 位主机接口 HPI，EMIF 的最大总线速率为 133MHz）、3 个多通道缓冲串口（McBSP）、ATM 通用测试和操作接口、通用 I/O。

（4）TI 其他的 DSP 芯片   TMS320C8x 是包含 4 个定点处理器与 1 个精简指令集处理器的多 DSP 芯片，可应用于视频会议与虚拟环境领域。TMS320AV7000 是针对机顶盒需求设计的 DSP 芯片。TMS320C3x、TMS320C4x 和 TMS320C8x 属于支持浮点运算的 DSP 芯片，TMS320C2x、TMS320C2xx、TMS320C5x、TMS320C54x 属于支持定点运算的 DSP 芯片，而 TMS320C6x 支持两种运算。

2. AD 公司的 DSP 芯片

美国 AD 公司的 DSP 芯片在 DSP 芯片市场上也占有一定的份额。与 TI 公司相比，AD 公司的 DSP 芯片有自己的特点，如系统时钟一般不经分频直接使用，串行口带有硬件压扩，可从 8 位 EPROM 引导程序，可编程等待状态发生器等。

AD 公司的 DSP 芯片可分为定点 DSP 芯片和浮点 DSP 芯片。定点 DSP 芯片的程序字长为 24 位，数据字长为 16 位。运算速度较快，内部具有较为丰富的硬件资源，一般具有 2 个串行口、1 个内部定时器和 3 个以上的外部中断源，此外还提供 8 位 EPROM 程序引导方式。具有一套高效的指令集，如无开销循环、多功能指令、条件执行等。

1）ADSP2101 的指令周期有 80ns、60ns 和 50ns 三种，内部有 2K 字的程序 RAM 和 1K 字的数据 RAM。ADSP2103 指令周期为 100ns，工作电压为 3.3V。ADSP2105 是 ADSP2101 的简化，指令周期为 72ns，内部程序 RAM 为 1K 字，数据 RAM 为 512 字，串行口减为 1 个。

2）ADSP216x 系列的指令周期为 50 ～ 100ns，ADSP2161/2163 内部提供了 8K 字的程序 ROM，ADSP2162/2164 内部提供了 4K 字程序 ROM，工作电压为 3.3V，这些芯片的内部数据 RAM 均为 512 字。而 ADSP2165/2166 除了具有 1K 字的程序 ROM 外，还提供 12K 字的程序 RAM 和 4K 字的数据 RAM，其中 ADSP2166 的工作电压为 3.3V。

3）ADSP2171 的指令周期为 30ns，速度为 33.3MIPS，是 AD 公司芯片中运算速度最快的定点芯片之一。内部具有 2K 字的程序 RAM 和 2K 字的数据 RAM。ADSP2173 的资源与 ADSP2171 相同，工作电压为 3.3V。

4）ADSP2181 是 ADSP 的定点 DSP 芯片中处理能力最强的之一。指令周期为 30ns，运算能力为 33.3MIPS。内部程序和数据 RAM 均为 16K 字，共 80KB。内部具有直接存储传输接口（BDMA），最大可以扩展到 4KB。两个串行口都具有自动数据缓冲功能，并且支持 DMA 传输。支持 8 位 EPROM 和通过 IDMA 方式的程序引导。如果采用基 4FFT 做 1024 点复数 FFT 运算，运算时间仅为 1.07ms。ADSP2181 在 1 个处理器周期内可以完成的功能包括：产生下一个程序地址、取下一个指令、进行 1 个或 2 个数据移动、更新 1 个或 2 个数据地址指针、进行 1 次数据运算。与此同时，还可从两个串行口发送或接收数据，通过 IDMA 或 BDMA 发送或接收数据及内部定时计数器。

5）ADSP21020、ADSP21060 和 ADSP21062 等是 AD 公司的浮点 DSP 芯片，程序存储器为 48 位，数据存储器为 40 位，支持 32 位单精度和 40 位扩展精度的 IEEE 浮点格式，内部具有 32×48 位的程序 Cache，有 3 至 4 个外部中断源。ADSP21060 采用超级哈佛结构，具有 4 条独立的总线（2 条数据总线、1 条程序总线和 1 条 I/O 总线），内部集成了大容量的 SRAM 和专用 I/O 总线支持的外设，指令周期为 25ns。运算速度达 40MIPS 和 80MFLOPS（MFLOPS 为每秒执行百万次浮点操作），最高达 120MFLOPS。每条指令均在 1 个周期内完成。片内具有 4M 位的 SRAM，可灵活地进行配置，如配置为 128K 字的数据存储器（32 位）和 80K 字的程序存储器（48 位）。可寻址 4G 字的外部存储器。10 个 DMA 通道。6 个点到点连接口，传输速率为 240MB/s。支持多处理器连接，提供与 16/32 位微处理器的接口。外部微处理器可直接读写内部 RAM。2 个具有 μ/A 律压扩功能的同步串行口。支持可编程等待状态发生器，可用 8 位 EPROM 或外部处理器引导程序。1024 点复数 FFT 的运算时间为 0.46ms。支持 IEEE JTAG1149.1 标准仿真接口。

3. AT&T 公司的 DSP 芯片

AT&T 是第一家推出高性能浮点 DSP 芯片的公司。AT&T 公司的 DSP 芯片包括定点和浮点两大类。定点 DSP 主要包括 DSP16、DSP16A、DSP16C、DSP1610 和 DSP1616 等。浮点 DSP 包括 DSP32、DSP32C 和 DSP3210 等。AT&T 定点 DSP 芯片的程序和数据字长均为 16 位，有 2 个精度为 36 位的累加器，具有 1 个深度为 15 字的指令 Cache，支持最多 127 次的无开销循环。

1）定点类 DSP16 的指令周期为 55ns 和 75ns，累加器长度为 36 位，片内具有 2K 字的程序 ROM 和 512 字的数据 RAM。DSP16A 速度最快的为 25ns 的指令周期，片内有 12K 字的程序 ROM 和 2K 字的数据 RAM。DSP16C 的指令周期为 38.5ns 和 76.9ns，片内存储器资源与 DSP16A 相同，增加了片内的 Codec。此外，还有 1 个 4 引脚的 JTAG 仿真接口。DSP1610 片内有 512 字的 ROM 和 2K 字的双口 RAM，支持软件等待状态。DSP1610 和 DSP1616 提供了仿真接口。

2）浮点类 DSP32C 是 DSP32 的增强型，是性能较优的一种浮点 DSP 芯片。采用 80/100ns 的指令周期。地址和数据总线可以在单个指令周期内访问 4 次。片内具有 3 个 512 字的 RAM 块，或 2 个 512 字的 RAM 块加 1 个 4K 字的 ROM 块。可以寻址 4M 字的外部存储器。具有串行和并行 I/O 口接口，串行 I/O 采用双缓冲，支持 8/16/24/32 位串行数据传输，微处理器可以控制 DSP32C 的 8/16 位并行口。采用专用的浮点格式，可在单周期内与 IEEE—754 浮点格式进行转换。具有 4 个 40 位精度的累加器和 22 个通用寄存器。支持无开销循环和硬件等待状态。DSP3210 内部具有两个 1K 字的 RAM 块和 512 字的引导 ROM，外部寻址空间达 4G 字，可用软件编程产生等待状态，具有串行口、定时器、DMA 控制器和一个与 Motorola 和 Intel 微处理器兼容的 32 位总线接口。

4. Motorola 公司的 DSP 芯片

Motorola 公司的 DSP 芯片可分为定点、浮点和专用三种。

1）定点 DSP 芯片主要有 MC56000、MC56001 和 MC56002。程序和数据字长为 24 位，有 2 个精度为 36 位的累加器。MC56001 的周期为 60ns 和 74ns 两种。片内具有 512 字的程序 RAM、512 字的数据 RAM 和 512 字的数据 ROM。三个分开的存储器空间，每个空间均可寻址 64K 字。片内 32 字的引导程序可以从外部 EPROM 装入程序。支持 8 位异步和 8～24 位同步串行 I/O 接口。并行接口可与外部微处理器接口，支持硬件和软件等待状态产生。MC56000 是 ROM 型的 DSP 芯片，内部具有 2K 字的程序 ROM。MC56002 则是一个低功耗型芯片，可在 2.0～5.5V 电压范围内工作。

2）浮点 DSP 芯片主要有 MC96002，采用 IEEE—754 标准浮点格式，累加器精度达 96 位，可支持双精度浮点数，指令周期为 50/60/74ns。片内有 3 个 32 位地址总线和 5 个 32 位数据总线。片内具有 1K 字的程序 RAM、1K 字的数据 RAM 和 1K 字的数据 ROM。64 字的引导 ROM 可以从外部 8 位 EPROM 引导程序。内部具有 10 个 96 位或 32 位基于寄存器的累加器。支持无开销循环及硬件和软件等待状态。具有 3 个独立的存储空间，每个空间可寻址 4G 字。

3）MC56200 是一种基于 MC56001 的 DSP 核，适合自适应滤波的专用定点 DSP 芯片，指令周期为 97.5ns，程序字长和数据字长分别为 24 位和 16 位，内部的程序和数据 RAM 均为 256 字，累加器精度为 40 位。MC56156 则是一个在片内集成了过取样 Σ-Δ 话带 Codec 模-数转换器和锁相环的 DSP 芯片，主要用于蜂窝电话等通信领域，其指令周期为 33/50ns。

此外，还有 NEC 公司的 μPD77C25、μPD77220 定点 DSP 芯片和 μPD77240 浮点 DSP 芯片等，Lucent 的 DSP1600 等，Intel 也有自己的 DSP 产品。

第三节　数字信号处理芯片的应用范围

在众多能完成数字信号处理功能的系统中，采用 DSP 芯片来进行数字信号处理是目前最为流行的方式，所涉及的技术包括 DSP（Digital Signal Processor）芯片技术、DSP（Digital Signal Processing）理论研究和算法研究，在通常的表示中并不对这两种描述进行区分，统称为 DSP 技术。建立在 DSP 技术基础上的数字系统，在系统结构上可归结为线性时不变系统、冲激响应系统和非线性时不变系统三种类型。

（1）数字线性时不变系统　对于满足式（1-1）的模拟线性时不变系统，如果在系统的输入端加上模-数（A-D）转换电路，在输出端加上数-模转换电路（D-A），就能将对模拟信号的处理转化为对以 0、1 为对象的数字信号的处理，所构成的数字线性时不变系统如图 1-1 所示。

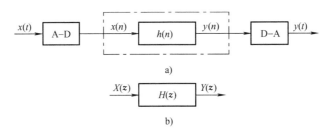

图 1-1　模拟线性时不变系统与数学线性时不变系统之间的关系

图 1-1a 中虚线框部分为数字系统的时域表示。图 1-1 中输出与输入之间的关系如式（1-2）所示

$$y(n) = h(n) * x(n) = \sum_{k=-\infty}^{\infty} h(k)x(n-k) \tag{1-2}$$

如果对式（1-2）作 Z 变换，就得到图 1-1b 所示的 Z 变换表示法。此时信号的输入与输出之间的关系式如下式所示

$$Y(z) = H(z) \cdot X(z) \tag{1-3}$$

式（1-3）明显地反映出了数字线性时不变系统中信号的输出与输入之间的线性关系，式中的 $H(z)$ 是由加减乘除构成的有理分式，即

$$H(z) = \frac{\sum_{i=0}^{M} b_i z^{-i}}{1 - \sum_{j=1}^{N} a_j z^{-j}} \tag{1-4}$$

式（1-4）实际上就是一个无限冲激响应（IIR）滤波器的表达式，当 $a_j = 0$ 时，式（1-4）退化为有限冲激响应（FIR）滤波器。因此对任何数字线性时不变系统，只要能建立起式（1-4）这样的传输函数表达式，都能用 DSP 技术加以解决。

（2）零输入数字线性时不变系统　当图 1-1 中没有信号输入时，即只有系统加电时 $x(0) = \delta(0) = 1$，此后的 $x(n) = 0$，这样的系统称为零输入数字线性时不变系统。系统没有输入并不等于系统没有输出。如果系统稳定，就可能有单稳态信号输出；如果系统满足振荡条件，就可能有稳定的信号输出。利用好这一特性，就可将系统作为一个数字信号源来加以应用。

要达到系统零输入时仍能有输出，系统内部必然存在反馈网络，系统在初始响应后，通过反馈获得对系统输出的激励，即

$$y(n) = \sum_{i=0}^{M} b_i x(n-i) + \sum_{j=1}^{N} a_j y(n-j) \tag{1-5}$$

式（1-5）中，只要 $a_j \neq 0, x(0) = \delta(0) = 1$，便有 $y(n) \neq 0$，因而可获得系统的持续输出。

此外，利用基于时钟的 0、1 输出，还可得时钟频率的 2^n 分频或倍频，以及部分低频信号的连续变化频率输出。

（3）数字非线性时不变系统　DSP 系统还可用于数字非线性时不变系统。在这些系统中，输出与输入之间没有线性关系，而是通过一些非线性算法或者系统过去的状态确定产生何种输出。例如用 DSP 系统完成对输入信号做某种压缩或解压缩处理、做某种类型的编解

码等，都属于非线性算法方面的应用。而应用 DSP 系统的控制功能，则会涉及信号的存储、对数据的逻辑运算，并按某种算术或逻辑上的约定，控制在芯片的某些引脚输出不同的预定信号。

对于上述三种基于 DSP 技术的数字系统，其应用领域可归结为以下几个方面：

1）信号处理，如数字滤波、自适应滤波、快速傅里叶变换、希尔伯特变换、小波变换、相关运算、谱分析、卷积、模式匹配、加窗、波形产生等。

2）通信，如调制解调器、自适应均衡、数据加密、数据压缩、回波抵消、多路复用、传真、扩频通信、纠错编码、可视电话、个人通信系统、移动通信、微波通信、卫星通信、个人数字助手、分组交换、软件无线电、认知无线电等。

3）语音处理，如语音编码、语音合成、语音识别、语音增强、语音特征提取、语音邮件、语音存储、IP 电话（VoIP）、文本语音互换等。

4）军事，如保密通信、雷达处理、声呐处理、图像处理、无人飞机、导航、导弹制导等。

5）图形与图像，如二维和三维图形处理、图像压缩与传输、图像加密、动画与数字地图、机器人视觉、模式识别、夜视信号处理等。

6）仪器仪表，如频谱分析、函数发生、锁相环、地震信号处理、地质勘探、海洋勘探、数字滤波、模式匹配、暂态分析等。

7）自动控制，如引擎控制、声控、自动驾驶、机器控制、磁盘控制器、激光打印机控制、电动机控制等。

8）医疗，如助听器、超声设备、诊断工具、病人监护、胎儿监控、修复手术设备等。

9）家用电器，如高保真音响、音乐合成、音调控制、玩具与游戏、数字电话与电视、数字音响、电动工具、手机、IPTV、空调设备等。

10）车船，如自适应驾驶控制、防滑制动器、车载移动电话、发动机控制、导航及车船定位、振动分析、防撞雷达等。

第四节　基于 DSP 的应用系统设计方法

用 DSP 芯片实现数字线性时不变系统和零输入数字线性时不变系统，首先需要根据所设计的系统要求建立起由式（1-4）所限定的数学模型，即使是实现数字非线性时不变系统也往往需要建立一个特定的数学模型。通过数学模型获得 DSP 处理过程中所必需的参数，这是 DSP 设计中首先需要解决的问题。与模拟电路设计不同，对于数字信号处理系统来说，不同功能的数字系统可能电路模型完全相同，区别在于系统参数不同，如在软件无线电和认知无线电的应用中，不同参数可决定系统工作的不同频带。

确定 DSP 系统参数的常用工具是 MATLAB 软件，因此对该软件的使用方法有所了解也是必要的。此外，由于 DSP 系统所处理的信号往往源自模拟信号，在 DSP 处理这些信号以前，还要进行 A-D 转换，而在数字信号处理完数据后，还要反过来进行 D-A 转换。另外，由于输入的模拟信号的频谱较宽，不加限制地进行 A-D 转换必然导致对 A-D/D-A 转换芯片要求的增加。为了减少模拟信号中无用频带对数字系统的影响，在进行 A-D 转换前还要对模拟信号进行抗混叠滤波，对 D-A 转换后的模拟信号进行平滑滤波。如图 1-2 所示。

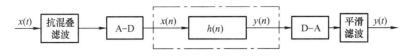

图 1-2　DSP 系统与模拟系统的结合

图 1-2 所示为典型的 DSP 系统，对不同的 DSP 系统，并不一定包括图中的所有模块。如数字图像识别系统的输出，可能只需要获得识别结果为真或为假，就不必再进行 D-A 转换了。同样，如果 DSP 系统是用作直接数字式频率合成器（Direct Digital Synthesizer, DDS），就不需要系统有输入部分。如用作控制系统，也不用将数字信号转换为模拟信号。有些应用系统的输入、输出信号本身就是数字信号，如对数据进行编解码，同样不需要进行 A-D 转换。

设计一个 DSP 系统，主要包括总体方案设计、硬件模块设计、软件模块设计和系统综合联调几个部分。图 1-3 是 DSP 应用系统设计的一般流程。

一、总体方案设计

系统设计前，首先要明确设计任务，给出设计任务书，在设计任务书中将系统要达到的功能准确、清楚地描述出来，描述的方式可以是人工语言，也可以是流程图或算法。然后将设计任务书转化为可量化的技术指标，这些技术指标主要包括以下内容：

1）由信号的频率决定的系统采样频率。

2）由采样频率确定完成任务书中最复杂的算法所需的最长时间，以及系统对实时程度的要求。

3）由数据及程序的长短决定片内 RAM 的容量，是否需要扩展片外 RAM 及片外 RAM 的容量和工作速度。如果是最初的产品，应用程序通常放置在 DSP 芯片之外，此时还要确定片外 EPROM 的位数、容量和速度。

4）由系统所要求的精度决定是 16 位还是 32 位，采用的是定点运算还是浮点运算。

5）根据系统是用于计算还是用于控制，决定系统对输入/输出端口的要求。

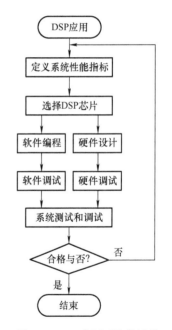

图 1-3　DSP 应用系统设计的一般流程

根据确定的技术指标，选择相应的 DSP 芯片及型号，进而确定 A-D、D-A、输入输出滤波器的性能指标及可供选择的产品，有的应用还可考虑是否要在输入端增加衰减器以防止信号过大，或增加放大器防止信号过小所导致的信号失真。在器件选择时，还要考虑成本因素、开发商的供货能力及技术支持、系统开发工具、系统体积、功耗、工作环境温度和系统研制工期等。

在确定 DSP 芯片系统功能后，可采用 MATLAB 软件等对算法进行仿真，确定最佳算法并初步确定参数。完成总体设计后，便可开始系统的软、硬件设计。应用系统的软、硬件设计可分别进行也可同时进行。

二、系统软件设计

系统软件设计是通过编程来实现系统的预定算法要求，程序应精炼、可靠、稳定。设计步骤为：

1）用 C 语言、汇编语言或者 C 语言和汇编语言的混合，编写应用程序，经编译、汇编，生成目标文件。

2）将目标文件送入链接器进行链接，得到可执行文件。

3）将可执行文件调入到调试器（包括软件仿真、软件开发系统、评测模块、系统仿真器）进行调试，检查运行结果是否正确。如果不正确，则返回第一步。对程序的调试包括语法检查和程序执行的功能检查。

4）进行代码转换，将代码写入 EPROM，并脱离仿真器运行程序，检查结果是否正确；如果不正确，返回上一步。

5）系统调试，系统调试时借助 DSP 开发工具，如软件模拟器、DSP 开发系统或仿真器等。如果调试结果符合预定指标要求，则系统调试完毕；如果不合格，返回第一步。

三、系统硬件设计

系统硬件设计是对系统实物电路的设计，要求成本低、功耗小、体积小、满足工作环境温度和电磁干扰等要求。设计步骤如下：

（1）提出硬件实现方案　方案应满足性能指标、工期、成本等要求，通过多方案比对，确定最优方案，并画出硬件系统模块框图。

（2）进行器件的选型　器件选型包括对 DSP 芯片、A-D、D-A、RAM、EPROM、电源、逻辑控制、通信、接口、总线等硬件的确定。

在选取 DSP 芯片时，应考虑的因素很多，下面几点是必不可少的。

1）DSP 芯片的运算速度。速度是 DSP 芯片的一个重要指标，也是选择 DSP 芯片时需要考虑的主要因素。DSP 芯片的运算速度可以用以下几种性能指标来衡量。

指令周期：执行一条指令所需的时间，以纳秒（ns）为单位。

MAC 时间：一次乘法和一次加法的时间。大部分 DSP 芯片可在一个指令周期内完成一次乘法和一次加法操作。

FFT 执行时间：运行一个 N 点 FFT 程序所需时间。由于 FFT 运算在数字信号处理中很有代表性，因此 FFT 运算时间常作为衡量 DSP 芯片运算能力的一个指标。

MIPS：每秒执行百万条指令。

MOPS：每秒执行百万次操作。

MFLOPS：每秒执行百万次浮点操作。

BOPS：每秒执行十亿次操作。

2）DSP 芯片的价格。价格也是选择 DSP 芯片要考虑的一个重要因素。如果采用价格昂贵的 DSP 芯片，即使性能再好，其应用范围也会受到一定限制，尤其是民用产品。因此应根据实际系统的应用情况，确定价格适中的 DSP 芯片。

3）DSP 芯片的硬件资源。DSP 芯片所提供的硬件资源不同，如片内 RAM、ROM 的数量，外部可扩展的程序和数据空间，总线接口、I/O 接口等。即便是同一系列的 DSP 芯片，系列中不同 DSP 芯片也具有不同的内部硬件资源，以适应不同的需要。

4）DSP 芯片的运算精度。一般的定点 DSP 芯片字长为 16 位，但有的公司的定点芯片为 24 位。浮点芯片的字长一般为 32 位，累加器为 40 位。

5）DSP 芯片的开发工具。在 DSP 系统的开发过程中，开发工具是必不可少的。如果没有开发工具的支持，要想开发一个复杂的 DSP 系统会非常困难。如果有功能强大的开发工具的支持，如 C 语言，开发的时间就会大大缩短。

6）DSP 芯片的功耗。在某些 DSP 应用场合，功耗也是需要注意的问题。如便携式的 DSP 设备、手持设备、野外应用的 DSP 设备等对功耗有特殊的要求。

7）除上述因素外，选择 DSP 芯片还要考虑封装形式、质量标准、供货情况和生命周期等。此外，芯片商所能提供的技术支持也是一个重要考虑因素。

一般来说，定点 DSP 芯片的价格较便宜，功耗较低，但运算精度稍低。而浮点 DSP 芯片的优点是运算精度高，用 C 语言编程调试方便，但价格稍高，功耗较大。DSP 应用系统的运算量是确定选用 DSP 芯片处理能力的基础。运算量小，则可选用处理能力不是很强的 DSP 芯片，以降低系统成本。相反，运算量大的 DSP 系统，则必须选用处理能力强的 DSP 芯片，如果单片 DSP 芯片达不到要求，则需选用多个 DSP 芯片并行处理。

在选择 A-D 和 D-A 转换器时，应根据采样频率、精度要求考虑是否要求片上自带采样保持器、多路器、基准电源等。

在选择存储器时，应考虑 RAM、EPROM（或 EEPROM、Flash Memory）工作频率、容量、位长（8 位/16 位/32 位）、接口方式（串行/并行）、工作电压（5V/3.3V 或其他）。

如果 DSP 与外部逻辑电路关联，还应确定外围器件是 PLD、EPLD 还是 FPGA；也可结合自己的特长和不同公司芯片的特点决定采用哪家公司的哪一系列产品；最后根据 DSP 芯片的频率决定所选外围芯片的工作频率。

在考虑 DSP 与外围电路接口时，应根据器件的通信速率要求决定采用的通信方式，可采用通用串口、多通道缓冲串口、时分多路串行接口、HPI 接口、并行接口等。

如要求有人机接口，还应考虑键盘、显示器等。

在考虑系统时钟时，应考虑采用内部时钟还是外部时钟，是通过 DSP 内部分频或锁相环产生时钟还是直接从外部获取工作时钟。

在考虑电源工作电压时，应考虑 DSP 的工作电压和外围器件的工作电压，各种器件间的电压高低要匹配，电流容量要足够。

在进行各种器件的选择时，还应考虑可能会出现各器件间的相互影响、冲突等问题，同时还要考虑供应商的供货能力及技术支持能力、系统综合性能价格比、开发者本身对器件的使用经验等因素。

（3）进行系统硬件的原理图设计　此时应考虑器件的连接关系、连接后的功能是否达到要求，并对关键环节进行实验验证。

（4）PCB 设计　要合理安排各器件的布局，走线要短、结构紧凑、信号间干扰要小、有利于散热、安装和使用方便、适宜批量生产。

四、系统联合调试

在系统的软、硬件设计分别调试完成之后，就可将软件程序下载到硬件芯片中进行系统的软、硬件综合调试。如果系统调试结果符合设计指标，则样机设计完毕。通常软、硬件分别调试正确，在进行系统综合测试时不一定能达到要求，这需要对硬件或软件进行一些适当的修改，使系统最终达到预定指标。

思 考 题

1. 模拟系统和数字系统各有哪些优缺点？
2. 请举例说明，哪些系统是线性系统、时不变系统、线性时不变系统？
3. DSP 应用系统模型包括哪些主要部分？
4. 比较不同 DSP 产品的特点，应如何进行选取？
5. 设计一个 DSP 系统应考虑哪些问题？
6. 选择 DSP 芯片的依据是什么？
7. 在你接触到的问题中，哪些可用 DSP 来解决？
8. 控制系统能否用 DSP 芯片来设计，优缺点有哪些？
9. 进行 DSP 系统开发包括哪些步骤？

第二章　DSP 芯片结构介绍

可编程 DSP 芯片是一种具有特殊结构的微处理器，为了快速实现数字信号处理运算，DSP 芯片一般都采用特殊的硬件结构，正是这种针对运算的特殊结构和设计，使它区别于通常的 CPU 或 MCU（微控制器）。本章以目前通信领域使用最多、结构上最具典型特征的 TMS320C54x 系列为例，详细介绍 DSP 芯片的基本结构和思想。其他类型 DSP 芯片的设计思想与此大同小异，只是针对不同的应用领域，各有特点和侧重而已。

图 2-1 是 TMS320C54x 的内部硬件组成框图。TMS320 系列 DSP 芯片的主要硬件特点包括：哈佛结构、流水线操作、多总线、多处理单元、硬件配置强、耗电省。这些特点配合以特殊的 DSP 指令和快速的指令周期，使得 TMS320 系列 DSP 芯片可以实现快速的数字信号处理的运算与控制，并使大部分运算能够在一个指令周期内完成，由于 TMS320 系列 DSP 芯片是软件可编程的器件，因此具有通用微处理器具有的方便灵活的特点。

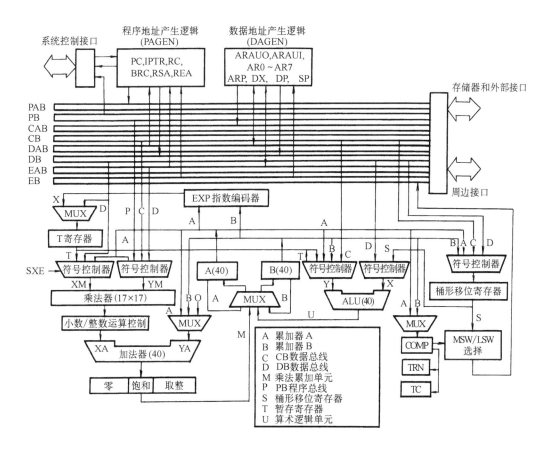

图 2-1　TMS320C54x 的内部硬件组成框图

第一节　TMS320C54x 芯片的基本性能

TMS320C54x 是 16 位的定点 DSP 芯片，适应远程通信等实时嵌入式应用的需要，操作灵活、运行速度高。使用 C54x 的 CPU 核和用户定制的片内存储器及外设所做成的派生器件，目前已得到了广泛的应用。TMS320C54x 的主要特性如下：

1）多总线结构，三组 16 位数据总线和一组程序总线。

2）40 位算术逻辑单元（ALU），包括一个 40 位桶形移位器和两个独立的 40 位累加器。

3）17 × 17 位并行乘法器，连接一个 40 位的专用加法器，可用来进行非流水单周期乘/加（MAC）运算。

4）比较、选择和存储单元（CSSU），用于 Viterbi 译码的累加—比较—选择运算。

5）指数编码器，在一个周期里计算 40 位累加器的指数值。

6）两个地址发生器中有 8 个辅助寄存器和 2 个辅助寄存器算术单元（ARAU）。

7）数据总线具有总线保持特性。

8）C548 具有总线寻址方式，最大可寻址扩展程序空间为 8M × 16 位。

9）可访问的存储器空间最大可为 192K × 16 位（64K 程序存储器、64K 数据存储器和 64K I/O 空间）。

10）支持单指令循环和块循环。

11）存储块移动指令，提供了更好的程序和数据管理。

12）支持 32 位长操作数指令，支持 2 操作数或 3 操作数读指令，支持并行存储和并行装入的算术指令，支持条件存储指令及中断快速返回指令。

13）软件可编程等待状态发生器和可编程的存储单元转换。

14）连接内部振荡器或外部时钟源的锁相环（PLL）发生器。

15）支持 8 位或 16 位传送的全双工串口、时分多路（TDM）串口、缓冲串口（BSP）、多通道缓冲串口（McBSP）。

16）直接存储器访问（DMA）控制器。

17）8 位并行主机接口（HPI）、强化的 8 位并行主机接口（HPI8）、16 位并行主机接口（HPI16）。

18）带 4 位预定标器的 16 位定时器。

19）多种节电模式，包括：软件功耗控制的 IDLE1、IDLE2、IDLE3 节电模式；可以在软件控制下禁止片外地址总线、数据总线和控制总线；可以在软件控制下，禁止 CLKOUT；其低电压器件，可在不影响性能的前提下降低功耗。

20）片内基于扫描的仿真逻辑，JTAG 边界扫描逻辑（满足 IEEE1149.1 标准）。

21）对于 5.0V 电压的器件，速度可达 40MIPS（指令周期时间为 25ns）；3.3V 电压的器件，速度可达 80MIPS（指令周期时间为 12.5ns）；2.5V 电压的器件，速度可达 100MIPS（指令周期时间为 10ns）；1.8V 电压的器件，速度可达 200MIPS（每个核指令周期为 10ns）。

第二节　TMS320C54x 芯片的 CPU 结构

DSP 内部一般都有多个处理单元，如算术逻辑单元（ALU）、辅助寄存器运算单元（ARAU）、累加器（ACC）以及硬件乘法器（MUL）等。它们可以在一个指令周期内同时进行运算。例如，当执行一次乘法和累加的同时，辅助寄存器运算单元已经完成了下一个地址的寻址工作，为下一次乘法和累加运算做好了充分的准备。因此，DSP 在进行连续的乘加运算时，每一次乘加运算都是单周期的。DSP 的这种多处理单元结构，特别适用于 FIR 和 IIR 滤波器。此外，许多 DSP 的多处理单元结构还可以将一些特殊的算法，例如 FFT 的位倒序寻址和取模运算等，在芯片内部用硬件实现以提高运行速度。下面主要介绍 TMS320C54x 的 CPU 结构。

TMS320C54x 的 CPU 包括：40 位算术逻辑单元（ALU）、40 位累加器 A 和 B、移位 −16 ~ 31 位的桶形移位寄存器（Barrel shifter）、乘法器/加法器单元（Multiplier/Adder）、比较（COMP）和选择及存储单元（CSSU）、指数编码器（EXP encoder）、CPU 状态和控制寄存器。图 2-2 为 TMS320C542 的结构框图。

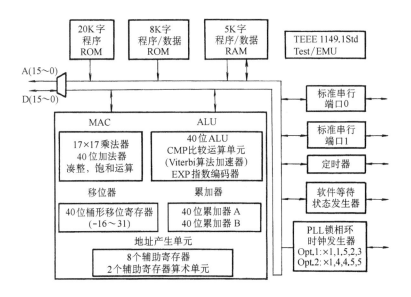

图 2-2　TMS320C542 的结构框图

1. 算术逻辑运算单元

ALU 的输入：如图 2-1 所示，ALU 有两个输入端，X 输入端的数据来源于移位寄存器的输出（32 位或 16 位数据存储器操作数以及累加器中的数值，经移位寄存器移位后输出），或来自数据总线 DB 的数据存储器操作数。Y 输入端的数据来源于累加器 A 中的数据，或累加器 B 中的数据，或来自数据总线 CB 的数据存储器操作数，或来自 T 寄存器中的数据。当一个 16 位数据存储器操作数加到 40 位 ALU 的输入端时，若状态寄存器 ST1 的 SXM = 0，则高位添 0；若 SXM = 1，则符号位扩展。

ALU 的输出：ALU 的输出为 40 位，被送往累加器 A 或 B。

溢出处理：ALU 的饱和逻辑可以处理溢出。当发生溢出、且状态寄存器 ST1 的 OVM = 1 时，则用 32 位最大正数 00 7FFFFFFFh（正向溢出）或最大负数 FF 80000000h（负向溢出）加载累加器。溢出发生后，相应的溢出标志位（OVA 或 OVB）置 1，直到复位或执行溢出条件指令。也可用 SAT 指令对累加器进行饱和处理而不必考虑 OVM 值。

进位位：ALU 的进位位受大多数 ALU 指令影响，可以用来支持扩展精度的算术运算，利用两个条件操作数 C 和 NC，可以根据进位位的状态，进行分支转移、调用与返回操作。RSBX 和 SSBX 指令可用来复位和置位进位位。硬件复位时，进位位置 1。

双 16 位算术运算：用户只要置位状态寄存器 ST1 的 C16 状态位，就可以让 ALU 在单个周期内进行特殊的双 16 位算术运算，亦即进行两次 16 位加法或两次 16 位减法。

2. 累加器 A 和 B

累加器 A 和 B 都可以配置成乘法器/加法器或 ALU 的目的寄存器。此外，在执行 MIN 和 MAX 指令或者并行指令 LD ‖ MAC 时都要用到它们，这时，一个累加器加载数据，另一个完成运算。累加器 A 和 B 都可分为保护位、高阶位和低阶位三个部分：

	39 ~ 32	31 ~ 16	15 ~ 0
累加器 A	AG	AH	AL
	保护位	高阶位	低阶位

	39 ~ 32	31 ~ 16	15 ~ 0
累加器 B	BG	BH	BL
	保护位	高阶位	低阶位

其中，保护位用作计算时的数据位余量，以防止诸如自相关那样的迭代运算时溢出。AG、AH、AL、BG、BH 和 BL 都是存储器映像寄存器（地址为 8 ~ D 单元）。在保存或恢复文本时，可以用 PSHM 或 POPM 指令将它们压入堆栈或从堆栈弹出。用户可以通过其他的指令，寻址 0 页数据存储器（存储器映像寄存器），访问累加器的这些寄存器。累加器 A 和 B 的差别仅在于累加器 A 的 31 ~ 16 位可以用作乘法器的一个输入。

存储器映像寄存器：指用 0 页数据存储器来当作寄存器用，而不专门设计制作寄存器，从而可简化设计，并增加数据存储器的使用灵活性，这是 TMS320C54xDSP 芯片的一个特点。

保存累加器的内容：用户可以利用 STH、STL、STLM 和 SACCD 等指令或者用并行存储指令，将累加器的内容存放到数据存储器中。在存储前，有时需要对累加器的内容进行移位操作。右移时，AG 和 BG 中的各数据位分别移至 AH 和 BH；左移时，AL 和 BL 中的各数据分别移至 AH 和 BH，低位添 0。

例如：累加器 A = FF 4321 1234h，求执行带移位的 STH 和 STL 指令后数据存储单元的 TEMP 中的结果。

```
STH  A, 8,TEMP    ;A 中的内容左移 8 位后高位字存入 TEMP,TEMP = 2112h
STH  A, -8,TEMP   ;A 中的内容右移 8 位后高位字存入 TEMP,TEMP = FF43h
STL  A, 8,TEMP    ;A 中的内容左移 8 位后低位字存入 TEMP,TEMP = 3400h
STL  A, -8,TEMP   ;A 中的内容右移 8 位后低位字存入 TEMP,TEMP = 2112h
```

3. 桶形移位寄存器

40 位桶形移位寄存器的输入端接至 DB（取得 16 位输入数据），或 DB 和 CB（取得 32 位输入数据），或 40 位累加器 A 或 B。其输出接至 ALU 的一个输入端和经过 MSW/LSW（最高有效字/最低有效字)写选择单元至 EB 总线。

桶形移位寄存器又称定标移位器,它的任务是为输入的数据定标,即当数据存储器的数据送入累加器或与累加器中的数据进行运算时,先通过它进行 0 ~ 15 位左移然后再进行运算。桶形移位寄存器的功能包括:在 ALU 运算前,对来自数据存储器的操作数或者累加器的值进行定标;对累加器的值进行算术或逻辑移位;对累加器归一化处理;对累加器的值存储到数据存储器之前进行定标。SXM 位控制操作数进行带符号位/不带符号位扩展。当 SXM = 1 时,执行符号位扩展。对 LDU、ADDS 和 SUBS 指令,认为存储器中的操作数是无符号数,不执行符号位扩展,可不考虑 SXM 状态位的数值。

例如:

```
ADD     A, -4,  B      ;累加器 A 右移 4 位后加到累加器 B
ADD     A, ASM, B      ;累加器 A 按 ASM 规定和移位数移位后加到累加器 B
NORM    A              ;按 T 寄存器中的数值对累加器归一化
```

4. 乘法器/加法器

C54x 的 CPU 有一个 17 位 × 17 位的硬件乘法器,它与一个 40 位专用加法器相连。乘法器/加法器单元可以在一个流水线状态周期内完成一次乘法累加(MAC)运算。乘法器能够执行无符号数乘法(每个 16 位操作数前面加一个 0)、有符号数乘法(每个 16 位操作数加符号位扩展成 17 位有符号数)以及无符号数(16 位操作数前面加一个 0)与有符号数(16 位操作数符号扩展成 17 位有符号数)相乘运算。乘法器工作在小数相乘方式(状态寄存器 ST1 中的 FRCT 位等于 1)时,乘法结果左移 1 位,以消除多余的符号位。

乘法器/加法器单元中的加法器,还包含一个零检测器、舍入器(2 的补码)以及溢出/饱和逻辑电路。有些乘法指令,如 MAC、MAS 等指令,如果带后缀 R,就对结果进行舍入处理,即加 2^{15} 至结果,并将目的累加器的低 16 位清 0。当执行 LMS 指令时,为了使修正系数的量化误差最小,也要进行舍入处理。

乘法器的一个输入端 XM 的数据来自 T 寄存器、累加器 A 的 31 ~ 16 位以及由 DB 总线传送过来的数据存储器操作数;另一个输入端 YM 的数据来自累加器 A 的 31 ~ 16 位、由 DB 总线和 CB 总线传送过来的数据存储器操作数以及由 PB 总线传送过来的程序存储器操作数。乘法器的输出加到加法器的输入端 XA,累加器 A 或 B 则是加法器的另一个输入。最后结果送往目的累加器 A 或 B。

5. 比较、选择和存储单元

比较、选择和存储单元(CSSU)是专为 Viterbi 算法设计的进行加法/比较/选择(ACS)运算的硬件单元。

例如,用 CMPS 指令对累加器的高 16 位和低 16 位进行比较,并选择较大的一个数存放到指令所指定的存储器单元中。

```
CMPS   A, * AR1 ; 如果 A(31 ~ 16) > A(15 ~ 0)
                ; 则 A(31 ~ 16)→ * AR1, TRN 左移 1 位, 0→TRN(0), 0→TC
                ; 否则 A(15 ~ 0)→ * AR1, TRN 左移 1 位, 1→TRN(0), 1→TC
```

其中,TRN 为状态转移寄存器,TC 为测试控制寄存器。

6. 指数编码器

指数编码器也是一个专用硬件。它可以在单个周期内执行 EXP 指令,求得累加器中数的指数值，并以 2 的补码形式(-8 ~ 31)存放到 T 寄存器中。累加器的指数值 = 冗余符号位 -8，也就是为消去多余符号位而将累加器中的数值左移的位数。当累加器数值超过 32 位时，指数是个负值。

7. CPU 状态和控制寄存器

C54x 有 3 个状态和控制寄存器：状态寄存器 0(ST0)、状态寄存器 1(ST1)、处理器工作方式状态寄存器(PMST)。ST0 和 ST1 中包含有各种工作条件和工作方式的状态；PMST 中包含存储器的设置状态及其他控制信息。由于这些寄存器都是存储器映像寄存器(地址为 6，7,1D)，所以都可以快速地存放到数据存储器，或者由数据存储器对它们加载，或者用子程序或中断服务程序保存和恢复处理器的状态。

(1) 状态寄存器 0(ST0) 其结构如下：

15 ~ 13	12	11	10	9	8 ~ 0
ARP	TC	C	OVA	OVB	DP

ARP：复位值为 0。功能：辅助寄存器指针。这 3 位字段是在间接寻址单操作数时，用来选择辅助寄存器的。当 DSP 处在标准方式时(CMPT =0)，ARP 必定置成 0。

TC：复位值为 1。功能：测试/控制标志位。TC 保存 ALU 测试位操作的结果。TC 受 BIT、BITF、BITT、CMPM、CMPR、CMPS 以及 SFTC 等指令影响，可以由 TC 的状态(1 或 0)决定条件分支转移指令、子程序调用以及返回指令是否执行。如果下列条件成立，则 TC =1。

1) 由 BIT 或 BITT 指令所测试的位等于 1。

2) 当执行 CMPM、CMPR、CMPS 比较指令时，比较一个数据存储单元中的值与一个立即操作数、AR0 与另一个辅助寄存器、或者一个累加器的高字与低字的条件成立。

3) 用 SFTC 指令测试某个累加器的第 31 位和第 30 位彼此不相同。

C：复位值为 1。功能：进位位。如果执行加法产生进位，则置 1；如果执行减法产生借位，则清 0。否则，加法后它被复位，减法后被置位，带 16 位移位的加法或减法除外。循环和移位指令(ROR、ROL、SFTA 和 SFTL)以及 MIN、MAX、ABS 和 NEG 指令也影响进位。

OVA：复位值为 0。功能：累加器 A 的溢出标志位。当 ALU 或者乘法器后面的加法发生溢出且运算结果在累加器 A 中时，OVA 位置 1。一旦发生溢出，OVA 一直保持置位状态，直到复位或者利用 AOV 和 ANOV 条件执行 BC[D]、CC[D]、RC[D]、XC 指令为止。RSBX 指令也能清 OVA 位。

OVB：复位值为 0。功能：累加器 B 的溢出标志位。当 ALU 或者乘法器后面的加法发生溢出且运算结果在累加器 B 中时，OVB 位置 1。一旦发生溢出，OVB 一直保持置位状态，直到复位或者利用 BOV 和 BNOV 条件执行 BC[D]、CC[D]、RC[D]、XC 指令为止。RSBX 指令也能清 OVB 位。

DP：复位值为 0。功能：数据存储器页指针。这 9 位字段与指令字中的低 7 位结合在一起，形成一个 16 位直接寻址存储器的地址，对数据存储器的一个操作数寻址。如果 ST1 中的编辑方式位 CPL =0，上述操作就可执行。DP 字段可用 LD 指令加载一个短立即数或者从数据存储器对它加载。

(2) 状态寄存器 1(ST1) 其结构如下：

15	14	13	12	11	10	9	8	7	6	5	4～0
BRAF	CPL	XF	HM	INTM	0	OVM	SXM	C16	FRCT	CMPT	ASM

BRAF：复位值为 0。功能：块重复操作标志位。BRAF 指示当前是否在执行块重复操作。

BRAF = 0：表示当前不在进行块重复操作。当块重复计数器（BRC）减到低于 0 时，BRAF 被清 0。

BRAF = 1：表示当前正在进行块重复操作。当执行 RPTB 指令时，BRAF 被自动地置 1。

CPL：复位值为 0。功能：直接寻址编辑方式位。CPL 指示直接寻址时采用何种指针。

CPL = 0：选用数据页指针（DP）的直接寻址方式。

CPL = 1：选用堆栈指针（SP）的直接寻址方式。

XF：复位值为 1。功能：XF 引脚状态位。XF 表示外部标志（XF）引脚的状态。XF 引脚是一个通用输出引脚。用 RSBX 或 SSBX 指令，可对 XF 复位或置位。

HM：复位值为 0。功能：保持方式位。当处理器响应$\overline{\text{HOLD}}$信号时，HM 指示处理器是否继续执行内部操作。

HM = 0：处理器从内部程序存储器取指，继续执行内部操作，而将外部接口置成高阻状态。

HM = 1：处理器暂停内部操作。

INTM：复位值为 1。功能：中断方式位。INTM 从整体上屏蔽或开放中断。

INTM = 0：开放全部可屏蔽中断。

INTM = 1：关闭所有可屏蔽中断。

SSBX 指令可以置 INTM 为 1，RSBX 指令可以将 INTM 清 0。当复位或者执行可屏蔽中断（INTR 指令或外部中断）时，INTM 置 1。当执行一条 RETE 或 RETF 指令（从中断返回）时，INTM 清 0。INTM 不影响不可屏蔽的中断（$\overline{\text{RS}}$和$\overline{\text{NMI}}$）。INTM 位不能用存储器写操作来设置。

第 10 位：此位总是为 0。

OVM：复位值为 0。功能：溢出方式位。OVM 确定发生溢出时以什么样的数加载目的累加器。

OVM = 0：ALU 或乘法器后面的加法器的溢出结果值直接加到目的累加器。

OVM = 1：当发生溢出时，目的累加器置成正的最大值（00 7FFFFFFFh）或负的最大值（FF 80000000h）。

OVM 可分别由 SSBX 和 RSBX 指令置位和复位。

SXM：复位值为 1。功能：符号位扩展方式位。SXM 确定符号位是否扩展。

SXM = 0：禁止符号位扩展。

SXM = 1：数据进入 ALU 之前进行符号位扩展。

SXM 不影响某些指令的定义：ADDS、LDU 和 SUBS 指令不管 SXM 值，都禁止符号位扩展。SXM 可分别由 SSBX 和 RSBX 指令置位和复位。

C16：复位值为 0。功能：双 16 位/双精度算术运算方式位。C16 决定 ALU 的算术运算方式。

C16 = 0：ALU 工作在双精度算术运算方式。

C16 = 1：ALU 工作在双 16 位算术运算方式。

FRCT：复位值为 0。功能：小数方式位。当 FRCT = 1，乘法器输出左移 1 位，以消去多余的符号位。

CMPT：复位值为 0。功能：修正方式位。CMPT 决定 ARP 是否可以修正。

CMPT = 0：在间接寻址单个数据存储器操作时，不能修正 ARP。当 DSP 工作在这种方式时，ARP 必须置 0。

CMPT = 1：在间接寻址单个数据存储器操作时，可修正 ARP，当指令正在选择辅助寄存器 0(AR0)时除外。

ASM：复位值为 0。功能：累加器移位方式位。5 位字段的 ASM 规定一个从 – 16 ~ 15 的移位值(2 的补码)。凡带并行存储的指令以及 STH、STL、ADD、SUB、LD 指令都能利用这种移位功能。可以从数据存储器或者用 LD 指令(短立即数)对 ASM 加载。

(3) 处理器工作方式状态寄存器(PMST)　其结构如下：

15 ~ 7	6	5	4	3	2	1	0
IPTR	MP/$\overline{\text{MC}}$	OVLY	AVIS	DROM	CLKOFF	SMUL	SST

IPTR：复位值为 1FFh。功能：中断向量指针。9 位字段的 IPTR 指示中断向量所驻留的 128 字程序存储器的位置。在自举—加载操作情况下，用户可以将中断向量重新映射到 RAM。复位时，这 9 位全都置 1；复位向量总是驻留在程序存储器空间的地址 FF80h。RESET 指令不影响这个字段。

MP/$\overline{\text{MC}}$：复位值为 MP/$\overline{\text{MC}}$引脚状态。功能：微处理器/微型计算机工作方式位。

MP/$\overline{\text{MC}}$ = 0：允许使能并寻址片内 ROM。

MP/$\overline{\text{MC}}$ = 1：不能利用片内 ROM。

复位时，采样 MP/$\overline{\text{MC}}$引脚上的逻辑电平，并且将 MP/$\overline{\text{MC}}$位置成此值。直到下一次复位，不再对 MP/$\overline{\text{MC}}$引脚再采样。RESET 指令不影响此位。MP/$\overline{\text{MC}}$位也可以用软件的办法置位或复位。

OVLY：复位值为 0。功能：OVLY 可以允许片内双寻址数据 RAM 块映射到程序空间。

OVLY = 0：只能在数据空间而不能在程序空间寻址在片 RAM。

OVLY = 1：片内 RAM 可以映像到程序空间和数据空间，但是数据页 0(0h ~ 7Fh)不能映像到程序空间。

AVIS：复位值为 0。功能：地址可见位。AVIS 允许/禁止在地址引脚上看到内部程序空间的地址线。

AVIS = 0：外部地址线不能随内部程序地址一起变化。控制线和数据不受影响，地址总线受总线上的最后一个地址驱动。

AVIS = 1：让内部程序存储器空间地址线出现在 C54x 的引脚上，从而可以跟踪内部程序地址。而且，当中断向量驻留在片内存储器时，可以连同$\overline{\text{IACK}}$一起对中断向量译码。

DROM：复位值为 0。功能：数据 ROM 位。DROM 可以让片内 ROM 映像到数据空间。

DROM = 0：片内 ROM 不能映像到数据空间。

DROM =1：片内 ROM 的一部分映像到数据空间。

CLKOFF：复位值为 0。功能：CLKOUT 时钟输出关断位。当 CLKOFF = 1 时，CLKOUT 的输出被禁止，且保持为高电平。

SMUL：复位值为 N/A。功能：乘法饱和方式位。当 SMUL = 1 时，在用 MAC 或 MAS 指令进行累加以前，对乘法结果作饱和处理。仅当 OVM = 1 和 FRCT = 1，SMUL 位才起作用。SMUL 位仅在 LP 器件才有此状态，所有其他器件上此位均为保留位。

SST：复位值为 N/A。功能：存储饱和位。当 SST = 1 时，对存储前的累加器值进行饱和处理。饱和操作是在移位操作完之后进行的。执行下列指令时可以进行存储前的饱和处理：STH、STL、STLM、DST、ST ‖ ADD、ST ‖ LT、ST ‖ MACR[R]、ST ‖ MAS[R]、ST ‖ MPY 以及 ST ‖ SUB。存储前的饱和处理按以下步骤进行：

1）根据指令要求对累加器的 40 位数据进行移位（左移或右移）。

2）将 40 位数据饱和处理成 32 位数；饱和操作与 SXM 位有关（饱和处理时，总是假设数为正数）。

当 SXM = 0 时，生成以下 32 位数：

如果数值大于 7FFF FFFFh，则生成 7FFF FFFFh。

当 SXM = 1 时，生成以下 32 位数：

如果数值大于 7FFF FFFFh，则生成 7FFF FFFFh。

如果数值小于 8000 0000h，则生成 8000 0000h。

3）按指令要求存放数据。

4）在整个操作期间，累加器中的内容保持不变。

SST 位仅在 LP 器件才有此状态，所有其他器件上此位均为保留位。

第三节 TMS320C54x 芯片的内部总线结构

从图 2-1 中可以看到，在 DSP 内部采用了多总线结构，这样可以保证在一个机器周期内可以多次访问程序空间和数据空间。在 TMS320C54x 内部有 P、C、D、E 四种 16 位总线，每种总线又包括地址总线和数据总线，可以在一个机器周期内从程序存储器取 1 条指令、从数据存储器读 2 个操作数或向数据存储器写 1 个操作数，这种并行处理大大提高了 DSP 的运行速度。因此，对 DSP 来说，内部总线是个十分重要的资源，总线越多，可以同时完成的任务就越复杂。此外，C54x 还有一组与外设接口的程序/数据总线和地址总线。下面将介绍这些总线的作用，外部接口总线在后面章节中介绍。

（1）程序总线（PB） C54x 用 1 条程序总线传送取自程序存储器的指令代码和立即操作数。

（2）数据总线（CB、DB 和 EB） C54x 用 3 条数据总线将内部各单元（如 CPU、数据地址生成电路、程序地址产生逻辑、在片外围电路以及数据存储器）连接在一起。其中 CB 和 DB 传送读自数据存储器的操作数，EB 传送写到存储器的数据。

（3）地址总线（PAB、CAB、DAB 和 EAB） C54x 用 4 条地址总线传送执行指令所需的地址。

C54x 利用两个辅助寄存器算术运算单元（ARAU0 和 ARAU1），在每个周期内可以产生两个数据存储器的地址。PB 能够将存放在程序空间(如系数表)中的操作数,传送到乘法器和加法器,以便执行乘法/累加操作,或通过数据传送指令(MVPD 和 READA 指令)传送到数据空间的目的地址。该功能,连同双操作数的特性,支持在一个周期内执行 3 操作数指令(如 FIRS 指令)。C54x 还有一条在片双向总线,用于寻址在片外围电路。这条总线通过 CPU 接口中的总线交换器连到 DB 和 EB。利用这个总线读/写,需要 2 个或 2 个以上周期,具体时间取决于外围电路的结构。表 2-1 列出了各种读/写方法所用到的总线。

表 2-1　各种读/写方法用到的总线

读/写方式	地　址　总　线				程序总线	数　据　总　线		
	PAB	CAB	DAB	EAB	PB	CB	DB	EB
程序读	△				△			
程序写	△							△
单数据读			△				△	
双数据读		△	△			△	△	
长数据(32 位)读		△(hw)	△(lw)			△(hw)	△(lw)	
单数据写				△				△
数据读/数据写		△	△				△	
双数据读/系数读	△	△	△		△	△	△	
外设读			△				△	
外设写				△				△

第四节　TMS320C54x 芯片的存储器结构

为了提高 DSP 的运行速度,DSP 在许多地方采用了并行工作方式,为了支持这种工作方式,在存储器结构上采用了两种特殊方法,即哈佛结构 (Harvard Architeeture) 和存储器分区。

一、哈佛结构

哈佛结构是不同于传统的冯·诺依曼结构 (Von Neumann Architecture) 的并行体系结构,其主要特点是将程序和数据存储在不同的存储空间,即程序存储器和数据存储器是两个相互独立的存储器,每个存储器独立编址,独立访问。与两个存储器相对应的是系统中设置了程序总线和数据总线,从而使数据的吞吐率提高了一倍。而冯·诺依曼结构则是将指令、数据、地址存储在同一存储器中,统一编址,依靠指令计数器提供的地址来区分是指令、数据还是地址。取指令和取数据都访问同一存储器,数据吞吐率低。在哈佛结构中,由于程序和数据存储器在两个分开的空间中,因此取指和执行能完全重叠运行。为了能进一步提高运行速度和灵活性,TMS320 系列 DSP 芯片在基本哈佛结构的基础上又做了改进。一是允许数据存放在程序存储器中,并被算术运算指令直接使用,从而增强了芯片的灵活性;二是指令存储在高速缓冲器（Cache）中，当执行此指令时，不需要再从存储器中读取指令，节约了一个指令周期的时间。如 TMS320C6000 具有两层 Cache，其中第一层的程序和数据 Cache 各有 16K 字。为了区别不同的存储器与总线间的结构关系，可以有如下定义：

冯·诺依曼结构：指通用微处理器的程序代码和数据，共用一个公共的存储空间和单一的地址与数据总线，程序存储区与数据存储区是通过识别不同的地址区间来实现的。如图 2-3a 所示。

哈佛结构：指 DSP 处理器毫无例外地将程序代码和数据的存储空间分开，各有自己的地址与数据总线。

改善的哈佛结构（Modified Harvard Architecture）：指在哈佛结构的基础上，使程序代码空间和数据存储空间可以进行一定

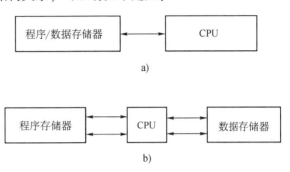

图 2-3　存储器结构与总线关系图
a）冯·诺依曼结构　b）改善的哈佛结构

的空间互用，即可以将部分数据放在程序空间和将部分程序放在数据空间。如图 2-3b所示。

二、存储空间分配

C54x 的总存储空间为 192K 字，它们由 3 个可选择的存储空间构成，即 64K 字的程序存储空间、64K 字的数据存储空间和 64K 字的 I/O 空间。

所有的 C54x 片内都有随机存储器（RAM）和只读存储器（ROM）。RAM 有两种：单寻址 RAM（SARAM）和双寻址 RAM（DARAM）。表 2-2 列出了 C54x 片内各种存储器的容量。C54x 片内还有 26 个映像到数据存储空间的 CPU 寄存器和在片外围电路寄存器。C54x 结构上的并行性以及在 RAM 的双寻址能力，使它能够在任何一个给定的机器周期内同时执行 4 次存储器操作：1 次取指、读 2 个操作数和写 1 个操作数。与片外存储器相比，片内存储器具有不需插入等待状态、成本和功耗低等优点。当然，片外存储器有寻址较大存储空间的能力，这是片内存储器无法比拟的。

表 2-2　TMS320C54x 片内程序和数据存储器

存储器型式	C541	C542	C543	C545	C546	C548	C549
ROM	28K 字	2K 字	2K 字	48K 字	48K 字	2K 字	16K 字
程序	20K 字	2K 字	2K 字	32K 字	32K 字	2K 字	16K 字
程序/数据	8K 字	0	0	16K 字	16K 字	0	0
DARAM[①]	5K 字	10K 字	10K 字	6K 字	6K 字	8K 字	8K 字
SARAM[①]	0	0	0	0	0	24K 字	24K 字

①用户可以将双寻址 RAM（DARAM）和单寻址 RAM（SARAM）配置为数据存储器或程序/数据存储器。

1. 存储器空间的划分与交叉

C54x 的存储器空间按 3 个可单独选择的空间划分后，在任何一个存储空间，RAM、ROM、EPROM、EEPROM 或存储器映像外围设备，都可以驻留在片内或者片外。这 3 个空

间的总地址范围为 192K 字（C548、C549 除外）。

    程序存储器空间用于存放要执行的指令和指令执行中所用的系数表。数据存储器存放执行指令所要用的数据。I/O 存储空间与存储器映像外围设备相连接，也可以作为附加的数据存储空间使用。

    C54x 中，片内存储器的类型有 DARAM、SARAM 和 ROM 三种，取决于芯片的型号。RAM 总是安排到数据存储空间，但也可以构成程序存储空间。ROM 一般构成程序存储空间，也可以部分地安排到数据存储空间。

    C54x 通过处理器工作方式状态寄存器（PMST）中的 3 个状态位，可以很方便地"使能"和"禁止"程序和数据空间中的片内存储器。

$MP/\overline{MC}$ 位：

    若 $MP/\overline{MC}=0$，则片内 ROM 安排为程序空间。

    若 $MP/\overline{MC}=1$，则片内 ROM 不安排为程序空间。

OVLY 位：

    若 OVLY=1，则片内 RAM 安排为程序和数据空间。

    若 OVLY=0，则片内 RAM 只安排为数据存储空间。

DROM 位：

    若 DROM=1，则部分片内 ROM 安排为数据空间。

    若 DROM=0，则片内 ROM 不安排为数据空间。

    不同的 C54x 的数据和程序存储器分配略有不同，图 2-4 给出了 TMS320C549 存储器空间分配图。

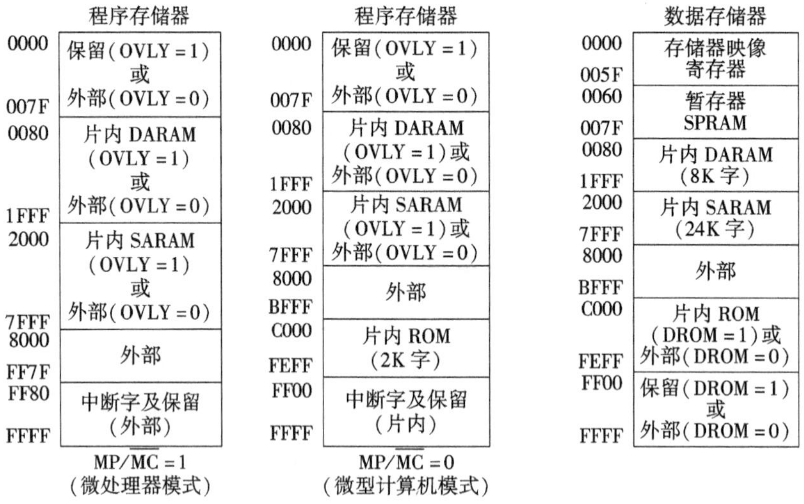

图 2-4　TMS320C549 存储器空间分配图

    C548 和 C549 采用页扩展方法，使其程序空间可扩展到 8192K 字。为此，它们有 23 根地址线，增加了一个额外的存储器映像寄存器，即程序计数器扩展寄存器（XPC），以及 6 条寻址扩展程序空间的指令。C548 和 C549 中的程序空间分成 128 页，每页 64K 字。

    图 2-5 为 C548 和 C549 的外部扩展程序存储器图。

00 0000	0 页 64K 字	01 0000	1 页 64K 字	02 0000	2 页 64K 字	...	7F 0000	127 页 64K 字
00 FFFF		01 FFFF		02 FFFF			7F FFFF	
XPC = 0		XPC = 1		XPC = 2			XPC = 127	

（片内 RAM 不映像到程序空间，OVLY = 0）

xx 0000	0 页 32K 字	00 8000	0 页 32K 字	01 8000	1 页 32K 字	...	7F 8000	127 页 32K 字
xx 7FFF		00 FFFF		01 FFFF			7F FFFF	
XPC = xx		XPC = 0		XPC = 1			XPC = 127	

（当片内 RAM 映像到程序空间时，所有对 xx0000 ~ xx7FFF 区间的寻址，不管页号，都映像到片内 RAM000000 ~007FFF）

（片内 RAM 映像到程序和数据空间，OVLY = 1）

图 2-5　C548 和 C549 的外部扩展程序存储器图

当片内 RAM 安排到程序空间时，每页程序存储器分成两部分：一部分是公共的 32K 字，另一部分是各自独立的 32K 字，公共存储区为所有页共享，而每页独立的 32K 字存储区只能按指定的页号寻址。如果片内 ROM 被寻址($MP/\overline{MC}$ =0)，被寻址的片内 ROM 只能在 0 页，不能映像到程序存储器的其他页。扩展程序存储器的页号由 XPC 寄存器设定。XPC 映像到数据存储单元 001Eh。在硬件复位时，XPC 初始化为 0。

2. 程序存储器

C54x(除 C548 和 C549 外)的外部程序存储器可寻址 64K 字的存储空间。它们的片内 ROM、双寻址 RAM(DARAM)以及单寻址 RAM(SARAM)，都可以通过软件映像到程序空间。当存储单元映像到程序空间时，处理器就能自动地对它们所处的地址范围寻址。如果程序地址生成器(PA-GEN)发出的地址处在片内程序存储器地址范围外，处理器就能自动地对外部寻址。表 2-3 列出了 C54x 可用的片内程序存储器地址的容量。由表可见，这些片内存储器是否作为程序存储器，取决于软件对处理器工作方式状态存储器 PMST 的状态位 $MP/\overline{MC}$ 和 OVLY 的编程。

表 2-3　TMS320C54x 可用的片内程序存储器地址的容量

器　件	ROM ($MP/\overline{MC}$ =0)	DARAM (OVLY = 1)	SARAM (OVLY = 1)	器　件	ROM ($MP/\overline{MC}$ =0)	DARAM (OVLY = 1)	SARAM (OVLY = 1)
C541	28K 字	5K 字	—	C546	48K 字	6K 字	—
C542	2K 字	10K 字	—	C548	2K 字	8K 字	24K 字
C543	2K 字	10K 字	—	C549	16K 字	8K 字	24K 字
C545	48K 字	6K 字	—				

为了增强处理器的性能，将片内 ROM 再细分为若干块，这样就可以在片内 ROM 的一个块内取指的同时，又在别的块中读取数据。图 2-6 所示为片内 ROM 的分块图。

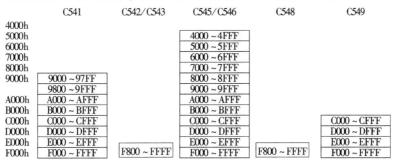

图 2-6　片内 ROM 的分块图

当处理器复位时，复位和中断向量都映像到程序空间的 FF80h。复位后，这些向量可以被重新映像到程序空间中任何一个 128 字页的开头。这就很容易将中断向量表从引导 ROM 中移出来，然后再根据存储器分配图进行安排。

C54x 的片内 ROM 容量有大（28K 字或 48K 字）有小（2K 字），容量大的片内 ROM 可以把用户的程序代码编写进去，然而片内高 2K 字 ROM 中的内容是由 TI 公司定义的。这 2K 字程序空间（F800h～FFFFh）中包含如下内容：

1）自举加载程序。从串行口、外部存储器、I/O 口、或者主机接口（如果存在的话）自举加载。

2）256 字 μ 律压扩表。

3）256 字 A 律压扩表。

4）256 字正弦函数值查找表。

5）中断向量表。

6）机内自检程序。

图 2-7 给出了 C54x 片内高 2K 字 ROM 中的内容及其地址范围。若 MP/$\overline{\text{MC}}$ = 0，这 2K 字片内 ROM 的地址为 F800h～FFFFh。

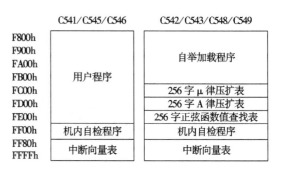

图 2-7　片内高 2K 字 ROM 中的内容
及其地址范围

3. 数据存储器

C54x 的数据存储器的容量最多可达 64K 字。除了单寻址 RAM（SARAM）和双寻址 RAM（DARAM）外，C54x 还可以通过软件将片内 ROM 映像为数据存储空间。表 2-4 列出了 TMS320C54x 可用的片内数据存储器的容量。

表 2-4　TMS320C54x 可用的片内数据存储器的容量

器　件	程序/数据 ROM（DROM = 1）	DARAM	SARAM	器　件	程序/数据 ROM（DROM = 1）	DARAM	SARAM
C541	8K 字	5K 字	—	C546	16K 字	6K 字	—
C542	—	10K 字	—	C548	—	8K 字	24K 字
C543	—	10K 字	—	C549	16K 字	8K 字	24K 字
C545	16K 字	6K 字	—				

当处理器发出的地址处在片内数据存储器的范围时，就对片内的 RAM 或数据 ROM（当 ROM 设为数据存储器时）寻址。当数据存储器地址产生器发出的地址不在片内存储器的范围内时，处理器就会自动地对外部数据存储器寻址。

数据存储器可以驻留在片内或者片外。片内 DARAM 都是数据存储空间。对于某些 C54x，用户可以通过设置 PMST 寄存器的 DROM 位，将部分片内 ROM 映像到数据存储空间。这一部分片内 ROM 既可以在数据空间使能（DROM 位 = 1），也可以在程序空间使能（MP/$\overline{\text{MC}}$ = 0）。复位时，处理器将 DROM 位清 0。

对数据 ROM 的单操作数寻址，包括 32 位长字操作数寻址，单个周期就可完成。而在双操作数寻址时，如果操作数驻留在同一块内，则要 2 个周期；若操作数驻留在不同块内，则只需 1 个周期就可以了。为了提高处理器的性能，片内 RAM 也细分成若干块。分块后，用户可以在同一个周期内从同一块 DARAM 取出两个操作数，并将数据写入到另一块 DARAM 中。

图 2-8 给出了每个 C54x 片内 RAM 的分块图。图 2-9 是 C54x 中 DARAM 前 1K 字数据存储器的配置图。这一部分包括存储器映像 CPU 寄存器(0000h ~ 001Fh)和外围电路寄存器(0020h ~ 005Fh)、32 字暂存器(即 SPRAM 便笺式存储器)(0060h ~ 007Fh)以及 896 字 DARAM(0080h ~ 03FFh)。其中页指针 DP 为 1 ~ 7，双寻址空间，每页 128 单元。寻址存储器映像 CPU 寄存器，不需要插入等待周期。外围电路寄存器用于对外围电路的控制和存放数据，对它们寻址，需要 2 个机器周期。表 2-5 列出了存储器映像 CPU 寄存器的名称及地址。

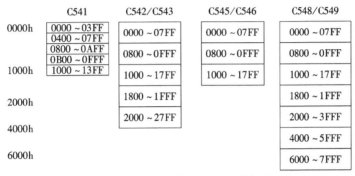

C548 和 C549 的 2000 ~ 7FFFh 为单寻址 RAM，其余为双寻址 RAM

图 2-8　C54x 片内 RAM 的分块图

各种 C54x 存储器映像外围电路寄存器的分配不同，表 2-6 给出了其中的一种，即 C541 存储器映像外围电路寄存器的分配。

4. 存储器映像寄存器

在数据存储空间的第 0 页被安排成 CPU 和片内外设的存储器映像寄存器，可以简化对它们的访问，并为保存和恢复用于内容切换的寄存器，以及在累加器和其他寄存器之间传递信息提供了方便。如在寻址存储器映像 CPU 寄存器时，不需要插入等待周期。

下面对表 2-5 列出了存储器映像 CPU 寄存器做简要介绍。

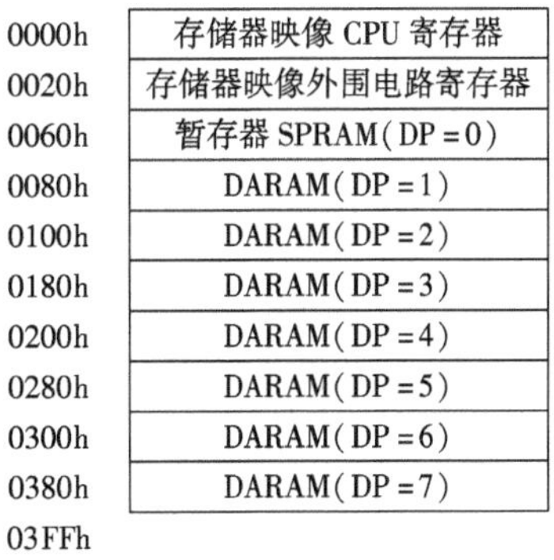

0000h	存储器映像 CPU 寄存器
0020h	存储器映像外围电路寄存器
0060h	暂存器 SPRAM(DP = 0)
0080h	DARAM(DP = 1)
0100h	DARAM(DP = 2)
0180h	DARAM(DP = 3)
0200h	DARAM(DP = 4)
0280h	DARAM(DP = 5)
0300h	DARAM(DP = 6)
0380h	DARAM(DP = 7)
03FFh	

图 2-9　C54x 中 DARAM 前 1K 字数据
存储器的配置图

表 2-5　存储器映像 CPU 寄存器的名称及地址

地　　址	CPU 寄存器名称	地　　址	CPU 寄存器名称
0	IMR(中断屏蔽寄存器)	8	AL(累加器 A 低字,15 ~ 0 位)
1	IFR(中断标志寄存器)	9	AH(累加器 A 高字,31 ~ 16 位)
2 ~ 5	保留(用于测试)	A	AG(累加器 A 保护位,39 ~ 32 位)
6	ST0(状态寄存器 0)	B	BL(累加器 B 低字,15 ~ 0 位)
7	ST1(状态寄存器 1)	C	BH(累加器 B 高字,31 ~ 16 位)

（续）

地　址	CPU 寄存器名称	地　址	CPU 寄存器名称
D	BG（累加器 B 保护位，39~32 位）	17	AR7（辅助寄存器 7）
E	T（暂存寄存器）	18	SP（堆栈指针寄存器）
F	TRN（状态转移寄存器）	19	BK（循环缓冲区长度寄存器）
10	AR0（辅助寄存器 0）	1A	BRC（块循环计数器）
11	AR1（辅助寄存器 1）	1B	RSA（块循环起始地址寄存器）
12	AR2（辅助寄存器 2）	1C	REA（块循环结束地址寄存器）
13	AR3（辅助寄存器 3）	1D	PMST（处理器工作方式状态寄存器）
14	AR4（辅助寄存器 4）	1E	XPC（程序计数器扩展寄存器，C548 和 C549）
15	AR5（辅助寄存器 5）	1E~1F	保留
16	AR6（辅助寄存器 6）		

表 2-6　TMS320C541 存储器映像外围电路寄存器的分配

地　址	名　称	说　明	地　址	名　称	说　明
20	DRR0	串行端口 0 数据接收寄存器	28	SWWSR	软件等待状态寄存器
21	DXR0	串行端口 0 数据发送寄存器	29	BSCR	块切换控制寄存器
22	SPC0	串行端口 0 数据控制寄存器	2A~2F	—	保留
23	—	保留	30	DRR1	串行端口 1 数据接收寄存器
24	TIM	定时寄存器	31	DXR1	串行端口 1 数据发送寄存器
25	PRD	定时周期寄存器	32	SPC1	串行端口 1 数据控制寄存器
26	TCR	定时控制寄存器	33~5F	—	保留
27	—	保留			

辅助寄存器（AR0~AR7）：这 8 个 16 位的辅助寄存器可以由中心算术逻辑单元（CALU）访问，也可以由辅助寄存器算术单元（ARAU）修改。它们最主要的功能是产生 16 位的数据地址，也可以用来作为通用寄存器和计数器。

暂存器（TREG）：用于存放乘法指令和乘法/累加指令中的一个乘数。它可以为带有移位操作的指令存放动态的移位计数，也可以为位操作指令存放动态的位地址。EXP 指令把计算出的指数值存入 TREG，而 NORM 指令利用 TREG 的值进行归一化处理。

状态转移寄存器（TRN）：这是一个 16 位的寄存器，为得到新的度量值存放中间结果，以完成 Viterbi 算法。CMPS（比较、选择和存储）指令，在累加器高位字和低位字进行比较的基础上，修改 TRN 的内容。

堆栈指针寄存器（SP）：用于存放栈顶地址的 16 位寄存器。SP 总是指向压入堆栈的最后一个数据。中断、陷阱、调用、返回、压栈、弹出等指令都要进行堆栈处理。

循环缓冲区长度寄存器（BK）：由 ARAU 用来在循环寻址中确定数据块的大小。

块循环寄存器（BRC、RSA、REA）：块循环寄存器（BRC）在块循环时确定一块代码所需循环的次数。块循环开始地址（RSA）和块循环结束地址（REA），分别是循环程序块的开始和结束地址。

中断寄存器(IMR、IFR)：中断屏蔽寄存器(IMR)在需要的时候独立地屏蔽特定的中断。中断标志寄存器(IFR)用来指明各个中断的当前状态。

第五节　TMS320C54x 芯片的在片外围电路

TMS320C54x DSP 的 CPU 都是相同的，由 x 所表示的子系列器件的差别在于其在片外围电路的不同，主要表现在：通用 I/O 引脚 XF 和$\overline{BIO}$、定时器、时钟发生器、主机接口(仅 C542、C545、C548 和 C549)、软件可编程等待状态发生器、可编程分区开关和串行口。

C54x 在片外围电路有一组控制寄存器和数据寄存器，它们与 CPU 寄存器一样，也映像到数据存储器 0 页(20h ~ 5Fh)，如表 2-6 所示。外围电路的工作，受这些存储器映像寄存器控制，它们也可以用来传送数据。在寻址存储器映像外围电路寄存器时，均需要占用 2 个机器周期。

一、通用 I/O 引脚

C54x 除了有 64K 字 I/O 存储空间外，还有 2 个受软件控制的专用引脚 XF 和$\overline{BIO}$。其中：

XF 为外部标志输出引脚，可以用来向外部器件发信号。如可以用指令：

SSBX　XF：将外部标志引脚 XF 置 1，即 CPU 由 XF 引脚向外部发出高电平 1 信号。

RSBX　XF：将外部标志引脚 XF 复位，即 CPU 由 XF 引脚向外部发出低电平 0 信号。

$\overline{BIO}$为分支转移输入引脚，用来监控外围设备。在时间要求苛刻的循环中，不允许受干扰，此时可以根据$\overline{BIO}$引脚的状态(即外围设备的状态)决定分支转移的去向，以替代中断。如指令：

XC　2，$\overline{BIO}$

如果$\overline{BIO}$引脚为低电平(条件满足)，则执行后面的 1 条双字或 2 条单字指令；否则，执行 2 条 NOP 指令。

二、定时器

片内定时器是一个软件可编程定时器，可以用来周期地产生中断，它的组成框图如图 2-10 所示。定时器主要由 3 个寄存器所组成：定时器寄存器(TIM)、定时器周期寄存器(PRD)和定时器控制器寄存器(TCR)。这 3 个寄存器都是存储器映像寄存器，它们在数据存储器中的地址分别为 0024h、0025h 和 0026h。TIM 是一减 1 计数器。PRD 中存放时间常数。TCR 中包含有定时器的控制位和状态位，各控制位和状态的功能见表 2-7。

在正常工作情况下，当 TIM 减到 0 后，PRD 中的时间常数自动加载到 TIM。当系统复位($\overline{SRESET}$置 1)或者定时器单独复位(TRB 置 1)时，PRD 中的时间常数重新加载到 TIM。复位后，定时器控制寄存器(TCR)的停止状态位 TSS = 0，定时器启动工作，时钟信号 CLKOUT 加到预定标计数器 PSC。PSC 也是一个减 1 计数器，每当复位或其减到 0 后，自动地将定时器分频系数 TDDR 加载到 PSC。PSC 在 CLKOUT 作用下，做减 1 计数。当 PSC 减到 0 后，产生一个借位信号，令 TIM 作减 1 计数。TIM 减到 0 后，产生定时中断信号 TINT，传送至 CPU 和定时器输出引脚 TOUT。

15 ~ 12	11	10	9 ~ 6	5	4	3 ~ 0
保留	Soft	Free	PSC	TRB	TSS	TDDR

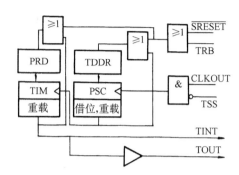

图 2-10　定时器的组成框图

表 2-7　TCR 中各控制位和状态的功能

位	名　称	复 位 值	功　　能
15 ~ 12	保留	—	保留；读成 0
11 10	Soft Free	0 0	Soft 和 Free 位结合起来使用，以决定在用高级编程语言调试程序遇到断点时定时器的工作状态： 　　Free　Soft　定时器状态 　　0　　　0　　定时器立即停止工作 　　0　　　1　　当计数器减到 0 时停止工作 　　1　　　x　　定时器继续运行
9 ~ 6	PSC	—	定时器预先定标计数器。这是一个减 1 计数器，当 PSC 减到 0 后，TDDR 位域中的数加载到 PSC，TIM 减 1
5	TRB	—	定时器重新加载位，用来复位片内定时器。当 TRB 置 1 时，以 PRD 中的数加载 TIM，以及以 TDDR 中的值加载 PSC。TRB 总是读成 0
4	TSS	0	定时器停止状态位，用于停止或启动定时器。复位时，TSS 位清 0，定时器立即开始定时。 　　TSS = 0　定时器启动工作 　　TSS = 1　定时器停止工作
3 ~ 0	TDDR	0000	定时器分频系数。按此分频系数对 CLKOUT 进行分频，以改变定时周期。当 PSC 减到 0 后，以 TDDR 中的数加载 PSC

由上可见，定时中断的周期为

$$定时中断周期 = CLKOUT \times (TDDR + 1) \times (PRD + 1)$$

式中，CLKOUT 为时钟周期；TDDR 和 PRD 分别为定时器的分频系数和时间常数。

若要关闭定时器，只要将 TCR 和 TSS 位置 1，就能切断时钟输入，定时器停止工作。当不需要定时器时，关闭定时器可以减小器件功耗。读 TIM 和 TCR 寄存器，可以知道定时器中的当前值和预定标计数器中的当前值。由于读这两个寄存器要用两条指令，就有可能在两次读之间发生读数变化。因此，如果需要精确的定时测量，就应当在读这两值之前先关闭定时器。

用定时器可以产生外围电路(如模拟接口电路)所需的采样时钟信号。一种方法是直接利用引脚 TOUT 的输出信号；另一种方法是利用中断，周期地读一个寄存器。

对定时器初始化的步骤如下：

1）先将 TCR 中的 TSS 位置 1，关闭定时器。

2）加载 PRD。

3）重新加载 TCR（使 TDDR 初始化；令 TSS 位为 0，以接通 CLKOUT；TRB 位置 1，以便 TIM 减到 0 后重新加载定时器时间常数），启动定时器。

要开放定时中断，必须（假定 INTM = 1）：

1）将中断标志寄存器 IFR 中的 TINT 位置 1，清除尚未处理完的定时器中断。

2）将中断屏蔽寄存器 IMR 中的 TINT 位置 1，开放定时中断。

3）将 ST1 中的 INTM 位清 0，从整体上开放中断。

复位时，TIM 和 PRD 都置成最大值 FFFFh，定时器的分频系数（TCR 的 TDDR 位）清 0，定时器开始工作。可用指令描述如下：

```
STM   # 0000h, SWWSR    ; 不插等待周期（软件等待状态寄存器置 0）
STM   # 0010h, TCR      ; TSS = 1（TCR 第 4 位 TSS 置 1）
STM   # 0200h, PRD      ; 加载定时器周期寄存器（PRD）
                        ; 定时中断周期 = CLKOUT × (TDDR + 1) × (PRD + 1)
STM   # 0C20h, TCR      ; 定时分频系数 TDDR 初始化为 0
                        ; TSS = 0，启动定时器工作
                        ; TRB = 1，当 TIM 减到 0 后重新加载 PRD
                        ; Soft = 1，Free = 1 定时器遇到断点后继续运行
STM   # 0008h, IFR      ; 清除尚未处理完的定时中断
STM   # 0008h, IMR      ; 开放定时中断
RSBX INTM              ; 开放中断（状态寄存器 ST1 的 INTM 位复位）
      …
```

三、时钟发生器

时钟发生器为 C54x 提供时钟信号。时钟发生器由内部振荡器和锁相环（PLL）电路两部分组成。时钟发生器要求有一个参考时钟输入，可以由两种方式提供：

第一种方式：利用 DSP 芯片内部提供的晶振电路，在 DSP 芯片的 X1 和 X2/CLKIN 之间连接一晶体可启动内部振荡器，如图 2-11 所示。图中的电路工作在基波方式，如果在谐波方式，则还要加一些元件。

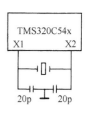

图 2-11　内部振荡电路

第二种方式：将外部时钟源直接输入 X2/CLKIN 引脚，X1 悬空。可采用封装好的晶体振荡器，这种方法使用方便，因而应用广泛。只要在 4 脚上加 3 ~ 5V 电压，2 脚接地，就可在 3 脚得到所需的时钟，如图 2-12 所示。图中所画的晶体振荡器为顶视图，其中 1 脚悬空。

C54x 内部的 PLL 兼有倍频和信号提纯的功能，用高稳定的

图 2-12　晶体振荡电路

参考振荡器锁定，可以提供高稳定的频率源。所以，C54x 的外部频率源的频率可以比 CPU 的机器周期 CLKOUT 的速率低，这样就能降低因高速开关时钟所造成的高频噪声。C54x 有两种形式的 PLL：

（1）硬件配置的 PLL　硬件配置的 PLL 用于 C541、C542、C543、C545、C546 芯片。所谓硬件配置的 PLL，就是通过设定 C54x 的 3 个引脚 CLKMD1、CLKMD2 和 CLKMD3 的状态，选定时钟方式，如表 2-8 所示。由表可见，不用 PLL 时，CPU 的时钟频率等于晶体振荡频率或外部时钟频率的一半；如果用 PLL，CPU 的时钟频率等于外部时钟源或内部振荡频率乘以系数 N。表中的两种选择方案根据不同的器件来确定。表中的停止方式的功能等效于 IDLE3 省电方式，但如要省电还是推荐用 IDLE3 指令而不用表 2-8 中的停止方式，因为 IDLE3 使 PLL 停止工作，而复位或外部中断到来时可以恢复工作。选择方案 1 或选择方案 2 依器件的不同而定。

表 2-8　时钟方式的配置方法

引 脚 状 态			时 钟 方 式	
CLKMD1	CLKMD2	CLKMD3	选择方案 1	选择方案 2
0	0	0	工作频率 = 外部时钟源 × 3	工作频率 = 外部时钟源 × 5
1	1	0	工作频率 = 外部时钟源 × 2	工作频率 = 外部时钟源 × 4
1	0	0	工作频率 = 内部时钟源 × 3	工作频率 = 内部时钟源 × 5
0	1	0	工作频率 = 外部时钟源 × 1.5	工作频率 = 外部时钟源 4.5
0	0	1	工作频率 = 外部时钟源/2	工作频率 = 外部时钟源/2
1	1	1	工作频率 = 内部振荡器/2	工作频率 = 内部振荡器/2
1	0	1	工作频率 = 外部时钟源 × 1	工作频率 = 外部时钟源 × 1
0	1	1	停止方式	停止方式

（2）软件可编程 PLL　软件可编程 PLL 用于 C545A、C546A、C548 芯片，软件可编程 PLL 具有高度的灵活性。C54x 中有一个 16 位的时钟工作方式寄存器 CLKMD，它是存储器映像时钟方式寄存器，地址为 58h。它可以提供各种时钟乘法器系数，并能直接接通和关断 PLL。PLL 的锁定定时器可以用于延迟 PLL 的转换时钟时间，直到锁定为止。CLKMD 寄存器是用来定义 PLL 时钟模块中的时钟配置。CLKMD 定义 PLL 模块的时钟配置，其各位的定义如下：

15 ~ 12	11	10 ~ 3	2	1	0
PLLMUL	PLLDIV	PLLCOUNT	PLLON/OFF	PLLNDIV	PLLSTATUS
R/W	R/W	R/W	R/W	R/W	R
乘数	除数	计数器	通/断位	时钟发生器选择位	工作状态位

它们的功能如表 2-9 所示，PLL 的乘系数如表 2-10 所示。

表 2-9　时钟方式寄存器（CLKMD）各位域的功能

位	名　称	功　能
15 ~ 12	PLLMUL	PLL 的乘系数。与 PLLDIV 以及 PLLNDIV 一道定义频率的乘数，如表 2-10 所示
11	PLLDIV	PLL 的除系数。与 PLLMUL 以及 PLLNDIV 一道定义频率的乘数，如表 2-10 所示
10 ~ 3	PLLCOUNT	PLL 计数器。它是一个减法计数器，每 16 个输入时钟 CLKIN 到来后减 1。对 PLL 开始工作之后到 PLL 成为处理器时钟之前的一段时间进行计数定时。PLL 计数器能够确保在 PLL 锁定之后以正确的时钟信号加到处理器

（续）

位	名 称	功 能
2	PLLON/OFF	PLL 通/断位。与 PLLNDIV 位一道决定时钟发生器的 PLL 部件的通/断： PLL ON/OFF　　PLLNDIV　　PLL 状态 　　0　　　　　　0　　　　断开 　　0　　　　　　1　　　　工作 　　1　　　　　　0　　　　工作 　　1　　　　　　1　　　　工作
1	PLLNDIV	PLL 时钟发生器选择位。决定时钟发生器的工作方式： PLLNDIV = 0　　采用分频器（DIV）方式 PLLNDIV = 1　　采用倍频 PLL 方式 与 PLLMUL 以及 PLLDIV 一道定义频率的乘数，如表 2-10 所示
0	PLLSTATUS	PLL 的状态位。指示时钟发生器的工作方式（只读）： PLLSTATUS = 0　　采用分频器（DIV）方式 PLLSTATUS = 1　　采用倍频 PLL 方式

表 2-10　PLL 的乘系数

PLLNDIV	PLLDIV	PLLMUL	乘系数	PLLNDIV	PLLDIV	PLLMUL	乘系数
0	x	0 ~ 14	0.5	1	0	15	1
0	x	15	0.25	1	1	0 或偶数	（PLLMUL + 1）÷ 2
1	0	0 ~ 14	PLLMUL + 1	1	1	奇数	PLLMUL ÷ 4

通过软件编程，可以选用以下两种时钟方式中的一种：

1）PLL 方式。输入时钟（CLKIN）乘以从 0.25 ~ 15 共 31 个系数中的一个系数，这是靠 PLL 电路来完成的。

2）DIV（分频器）方式。输入时钟（CLKIN）除以 2 或 4。当采用 DIV 方式时，所有的模拟电路，包括 PLL 电路都关断，以使功耗最小。

设 CLKOUT 为 DSP 的工作时钟，CLKIN 为外部输入时钟，则有如下关系：

$$CLKOUT = CLKIN \times 乘系数$$

复位后，可以对 16 位存储器映像时钟方式寄存器编程加载，以配置成所要求的时钟方式。

在紧随复位之后，时钟方式由 3 个外部引脚（CLKMD1、CLKMD2 和 CLKMD3）的状态所决定。复位时设置的时钟方式如表 2-11 所示。

表 2-11　复位时设置的时钟方式

引脚状态			CLKMD 寄存器复位值	时 钟 方 式
CLKMD1	CLKMD2	CLKMD3		
0	0	0	0000h	工作频率 = 外部时钟源/2
0	0	1	1000h	工作频率 = 外部时钟源/2
0	1	0	2000h	工作频率 = 外部时钟源/2
1	0	0	4000h	工作频率 = 内部振荡器/2
1	1	0	6000h	工作频率 = 外部时钟源/2
1	1	1	7000h	工作频率 = 内部振荡器/2
1	0	1	0007h	工作频率 = 外部时钟源×1
0	1	1	—	停止方式

在 PLL 锁定之前，CLKOUT 是不能用作 C54x 时钟的。为此，通过对 CLKMD 寄存器中的 PLLCOUNT 位编程，就可以很方便地自动延迟定时，直到 PLL 锁定为止。这主要靠 PLL 中的锁定定时器，PLLCOUNT 的数值（0 ～ 255）加载给锁定定时器后，每来 16 个输入时钟 CLKIN，它就减 1，一直减到 0 为止。因此，锁定延时时间的设定可以从 0 ～（255 × 16 × CLKIN）周期。PLL 锁定时间会随 CLKOUT 频率的增加而线性增加，如图 2-13 所示。

如果已知锁定延时时间（Lockup Time），就可以求得 PLLCOUNT 的数值：

$$\text{PLLCOUNT（十进制数）} > \frac{\text{锁定延时时间}}{16 \times T_{\text{CLKIN}}}$$

式中，T_{CLKIN} 是输入时钟周期。

当时钟发生器从 DIV 工作方式转移到 PLL 工作方式时，锁定定时器工作。在锁定期间，时钟发生器继续工作在 DIV 方式。PLL 锁定定时器减到 0 后，PLL 才开始对 C54x 定时，且 CLKMD 寄存器的 PLLSTATUS 位置 1，表示定时器已工作在 PLL 方式。

如果要从 DIV 方式转到 PLL × 3 方式，已知 CLKIN 的频率为 13MHz，PLLCOUNT = 41（十进制数），只要在程序中加入如下指令即可：

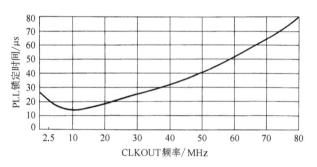

图 2-13　PLL 锁定时间与 CLKOUT 频率的关系

STM #0010 0001 0100 1111 b，CLKMD

其中，PLLMUL = 0010，PLLDIV = 0，PLLNDIV = 1，故由表 2-10 可得乘系数为 3；PLLON/OFF = 1，由表 2-9 知 PLL 工作；PLLCOUNT = 00101001，十进制计数值为 41。

四、复位电路

在 DSP 上电后，系统的晶体振荡器往往需要几百毫秒的稳定期，一般为 100 ～ 200ms。为此，应在 DSP 的复位引脚$\overline{\text{RS}}$上加一复位信号。简单的复位电路如图 2-14 所示，具有监视（Watchdog）功能的复位电路如图 2-15 所示。

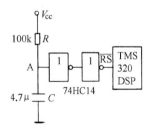

图 2-14　简单的复位电路

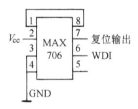

图 2-15　具有监视（Watchdog）功能的复位电路

为使芯片初始化正确，一般$\overline{\text{RS}}$至少持续 3 个 CLKOUT 周期为低电压。图 2-14 中，A 点电压 $V = V_{\text{cc}}(1 - e^{-t/\tau})$，$\tau = RC$。设 $V_1 = 1.5\text{V}$ 为低电平与高电平的分界点，则 $t_1 = -RC\ln[1 - (V_1/V_{\text{cc}})] = 167\text{ms}$，随后的施密特触发器保证的低电平的持续时间至少为

167ms，从而满足复位的要求。图 2-15 是具有监视（Watchdog）功能的复位电路。它除了具有上电复位功能外，还具有监视系统运行并在系统发生故障或死机时再次进行复位的能力。其基本原理是：为电路提供一个用于监视系统运行的监视线，当系统正常运行时，应在规定的时间内给监视线提供一个高低电平发生变化的信号；如果在规定的时间内这个信号不发生变化，自动复位电路就认为系统运行不正常并重新对系统进行复位。

五、主机接口

C542、C545、C548、C549 和 C6000 片内都有一个主机接口（Host-Port Inerface，HPI），C54x 的 HPI 是一个 8 位并行口，C6000 的 HPI 是一个 16 位并行口，用来与主设备或主处理器接口。外部主机是 HPI 的主控者，它可以通过 HPI 直接访问 CPU 的存储空间，包括存储器映像寄存器。

HPI 存取的接口是由一套寄存器来实现的。HPI 控制寄存器（HPI Control Register）HPIC 完成对接口的设置，外部主机和 DSP 的 CPU 都可以访问 HPIC。外部主机进一步通过主机地址寄存器（Host Address Register）HPIA 和主机数据寄存器（Host Data Register）HPID 来完成对 CPU 存储空间的访问。外部主机对这些寄存器的访问是通过外部的控制信号实现的。HPI 到 CPU 的存储空间的连接由 DMA 控制器完成。在 C6201/C6701 中，有专门的 DMA 辅助通道完成数据传输任务；在 C6211/C6711 中，数据传输由 EDMA 内部完成，对用户完全透明。图 2-16 为 C54x 的 HPI 的框图。它由 5 个部分组成：

（1）HPI 存储器（DARAM）　HPI RAM 主要用于 C54x 与主机之间传送数据，也可以用作通用的双寻址数据 RAM 或程序 RAM。

（2）HPI 地址寄存器（HPIA）　它只能由主机对其直接访问。寄存器中存放当前寻址 HPI 存储单元的地址。

（3）HPI 数据锁存器（HPID）　它也只能由主机对其直接访问。如果当前进行的是读操作，则 HPID 中存放的是要从 HPI 存储器中读出的数据；如果当前进行的是写操作，则 HPID 中存放的是将要写到 HPI 存储器的数据。

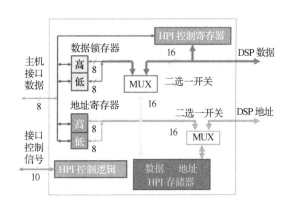

图 2-16　C54x 的 HPI 的框图

（4）HPI 控制寄存器（HPIC）　C54x 和主机都能对它直接访问，它映像在 C54x 数据存储器中的地址为 002Ch。

（5）HPI 控制逻辑　用于处理 HPI 与主机之间的接口信号。

当 C54x 与主机（或主设备）交换信息时，HPI 是主机的一个外围设备。HPI 的外部数据线是 8 根，HD（7 ~ 0），在 C54x 与主机传送数据时，HPI 能自动地将外部接口传来的连续的 8 位数据组合成 16 位数后传送给 C54x。

HPI 有两种工作方式：

（1）共用寻址方式（SAM）　这是常用的操作方式。在 SAM 方式下，主机和 C54x 都能寻址 HPI 存储器，异步工作的主机的寻址可以在 HPI 内部重新得到同步。如果 C54x 与主机的周期发生冲突，则主机具有寻址优先权，C54x 等待一个周期。

（2）仅主机寻址方式（HOM）　在 HOM 工作方式下，仅仅只能让主机寻址 HPI 存储器，C54x 则处于复位状态或者处在所有内部和外部时钟都停止的 IDLE2 空转状态（最小功耗状态）。

HPI 支持主设备与 C54x 之间高速传送数据。在 SAM 工作方式，若 HPI 每 5 个 CLKOUT 周期传送一个字节，那么主机的运行频率可达 $(nf_d)/5$。其中 f_d 是 C54x 的 CLKOUT 频率；n 是主机每进行一次外部寻址的周期数，通常 n 为 4 或 3。若 C54x 的 CLKOUT 频率为 40MHz，那么主机的时钟频率可达 32MHz 或 24MHz，且不需插入等待周期。而在 HOM 方式，主机可以更快的速度，如每 50ns 寻址一个字节（即 160Mbit/s），且与 C54x 的时钟速率无关。

图 2-17 是 C54x 的 HPI 与主机的连接框图。由图可见，C54x 的 HPI 与主机设备相连时，除了 8 位 HPI 数据总线以及控制信号线外，不需要附加其他的逻辑电路。表 2-12 给出了 HPI 信号的名称和作用。

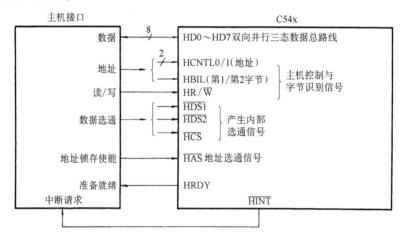

图 2-17　C54x 的 HPI 与主机的连接框图

表 2-12　HPI 信号的名称和作用

HPI 引脚	主机引脚	状　态	信号功能
HD0 ~ HD7	数据总线	I/O/Z	双向并行三态数据总线。当不传送数据（$\overline{HDSx}$ 或 $\overline{HCS}$ = 1）或 EMU1/$\overline{OFF}$ = 0（切断所有输出）时，HD7（MSB）~ HD0（LSB）均处于高阻状态
$\overline{HCS}$	地址线或控制线	I	片选信号。作为 HPI 的使能输入端，在每次寻址期间必须为低电平，而在两次寻址之间也可以停留在低电平
$\overline{HAS}$	地址锁存使能（ALE）或地址选通或不用（连到高电平）	I	地址选通信号。如果主机的地址和数据是一条多路总线，则 $\overline{HAS}$ 连到主机的 ALE 引脚，$\overline{HAS}$ 的下降沿锁存 HBIL、HCNTL 0/1 和 HR/$\overline{W}$ 信号；如果主机的地址和数据线是分开的，就将 $\overline{HAS}$ 接高电平，此时靠 $\overline{HDS1}$、$\overline{HDS2}$ 或 $\overline{HCS}$ 中最迟的下降沿锁存 HBIL、HCNTL 0/1 和 HR/$\overline{W}$ 信号

（续）

HPI 引脚	主机引脚	状 态	信 号 功 能
HBIL	地址或控制线	I	字节识别。识别主机传送过来的第 1 个字节还是第 2 个字节：HBIL =0 为第 1 个字节；HBIL =1 为第 2 个字节。第 1 个字节是高字节还是低字节，由 HPIC 寄存器中的 BOB 位决定
HCNTL0，HCNTL1	地址或控制线	I	主机控制信号。用来选择主机所要寻址的 HPIA 寄存器或 HPI 数据锁存器或 HPIC 寄存器： HCNTL1　HCNTL0　　说明 　0　　　　0　　　主机可以读/写 HPIC 寄存器 　0　　　　1　　　主机可以读/写 HPID 锁存器。每读 1 次，HPIA 事后增 1；每写 1 次，HPIA 事先增 1 　1　　　　0　　　主机可以读/写 HPIA 寄存器。这个寄存器指向 HPI 存储器 　1　　　　1　　　主机可以读/写 HPID 锁存器。HPIA 寄存器不受影响
$\overline{HDS1}$，$\overline{HDS2}$	读选通和写选通或数据选通	I	数据选通信号，在主机寻址 HPI 周期内控制 HPI 数据的传送。HDS1 和 HDS2 信号与 $\overline{HCS}$ 一并产生内部选通信号
$\overline{HINT}$	主机中断输出	O/Z	HPI 中断输出信号，受 HPIC 寄存器中的 HINT 位控制。当 C54x 复位时为高电平，当 EMU1/$\overline{OFF}$ 为低电平时为高阻状态
HRDY	异步准备好	O/Z	HPI 准备好端。高电平表示 HPI 已准备好执行一次数据传送；低电平表示 HPI 正忙于完成当前事务。当 EMU1/$\overline{OFF}$ 为低电平时，HRDY 为高阻状态。$\overline{HCS}$ 为高电平时，HRDY 总是高电平
HR/$\overline{W}$	读/写选通地址线，或多路地址/数据	I	读/写信号。高电平表示主机要读 HPI，低电平表示写 HPI。若主机没有读/写信号，可以用一根地址线代替

C54x 的 HPI 存储器是一个 2K × 16 位字的 DARAM。它在数据存储空间的地址为 1000h ~ 17FFh（这一存储空间也可以用作程序存储空间，条件是 PMST 寄存器的 OVLY 位为 1）。

从接口的主机方面看，是很容易寻址 2K 字 HPI 存储器的。由于 HPIA 寄存器是 16 位，由它指向 2K 字空间，因此主机对它寻址是很方便的，地址为 0 ~ 7FFh。HPI 存储器地址的自动增量特性可以用来连续寻址 HPI 存储器。在自动增量方式，每进行一次读操作，都会使 HPIA 事后增 1；每进行一次写操作，都会使 HPIA 事先增 1。HPIA 寄存器的 16 位中，它的每一位都可以读出和写入，尽管寻址 2K 字的 HPI 存储器只要 11 位最低有效位。HPIA 的增/减对 HPIA 寄存器所有 16 位都会产生影响。

HPI 控制寄存器（HPIC）中有 4 个状态位控制着 HPI 的操作，如表 2-13 所示。

由于主机接口总是传送 8 位字节，而 HPIC 寄存器（通常是主机首先要寻址的寄存器）又是一个 16 位寄存器，在主机这一边就以相同内容的高字节与低字节来管理 HPIC 寄存器（尽管某些位的寻址受到一定的限制），而在 C54x 这一边高位是不用的，控制/状态位都处在最低 4 位。

表 2-13　HPI 控制寄存器（HPIC）中的 4 个状态位

位	主机	C54x	说　明
BOB	读/写	—	字节选择位。如果 BOB = 1，第 1 字节为低字节；如果 BOB = 0，第一个字节为高字节。BOB 位影响数据和地址的传送。只有主机可以修改这一位，C54x 对它既不能读也不能写
SMOD	读	读/写	寻址方式选择位。如果 SMOD = 1，选择共用寻址方式（SAM 方式）；如果 SMOD = 0，选择仅主机寻址方式（HOM 方式）。C54x 不能寻址 HPI 的 RAM 区。C54x 复位期间，SMOD = 0；复位后，SMOD = 1。SMOD 位只能由 C54x 修正，然而 C54x 和主机都可以读它
DSPINT	写	—	主机向 C54x 发出中断位。这一位只能由主机写，且主机和 C54x 都不能读它。当主机对 DSPINT 位写时，就对 C54x 产生一次中断。对这一位，总是读成 0。当主机写 HPIC 时，高、低字节必须写入相同的值
HINT	读/写	读/写	C54x 向主机发出中断位。这一位决定$\overline{\text{HINT}}$输出端的状态，用来对主机发出中断。复位后，HINT = 0，外部$\overline{\text{HINT}}$输出端无效（高电平）。HINT 位只能由 C54x 置位，也只能由主机将其复位。当外部引脚$\overline{\text{HINT}}$为无效（高电平）时，C54x 和主机读 HINT 位为 0；当$\overline{\text{HINT}}$为有效（低电平）时，读为 1

　　HPIC 寄存器的地址为数据存储空间的 0020h。主机和 C54x 寻址 HPIC 寄存器的结果如下所示：

15 ~ 12	11	10	9	8	7 ~ 4	3	2	1	0
X	HINT	0	SMOD	BOB	X	HINT	0	SMOD	BOB

主机从 HPIC 寄存器读出的数据

15 ~ 12	11	10	9	8	7 ~ 4	3	2	1	0
X	HINT	DSPINT	X	BOB	X	HINT	DSPINT	X	BOB

主机写入 HPIC 寄存器的数据

15 ~ 4	3	2	1	0
X	HINT	0	SMOD	0

C54x 从 HPIC 寄存器读出的数据

15 ~ 4	3	2	1	0
X	HINT	X	SMOD	X

C54x 写入 HPIC 寄存器的数据

　　上面的 X，在读出时表示读出的是未知值，写入时表示可写入任意值。
　　对 HPI 的寻址过程可描述如下：
　　主机先通过 HCNTL0、HCNTL1 决定将数据总线 HD0 ~ HD7 上的数据送 HPIA 还是 HPID 或 HPIC。最初由 HCNTIL0、HCNTL1 = 00 确定将数据送 HPIC，以便确定对 HPI 的控制与传送方式；然后设 HCNTL0、HCNTL1 = 10，将数据送 HPIA 确定对 HPIA 寻址的首地址。再将 HCNTL0、HCNTL1 = 11，然后将数据经 HPID 送往由 HPIA 指定的在 DARAM 首地址，通过

HBIL = 0 地址线确定传送的是 1 字节，或由 HBIL = 1 确定传送的是 2 字节。再由 HPIC 中的 BOB = 0 确定当前传送的是高字节，或由 BOB = 1 确定传送的是低字节。由 HR/W = 1 控制对 HPI 读后地址加 1，HR/W = 0 写前加 1。由于开始传送数据后不用再传地址，传送数据速度加快，即实现 DMA 传送。

HPI 的中断过程可描述如下：

主机向 C54x 的 HPI 发中断：填写主机中 HPIC 寄存器的 DSPHINT 位，由 HCNTL0、HC-NTL1 = 00 确定将该数据送 C54x 的 HPIC；C54x 收到该中断信号后，产生中断。

C54x 向主机发中断：填写 C54x 中的 HPIC 寄存器的 HINT 位，C54x 的 $\overline{\text{HINT}}$ 引脚为低电平，向主机发中断信号。主机响应中断后，填写主机中 HPIC 寄存器的 HINT 位，将其复位，由 HCNTL0、HCNTL1 = 00 确定将该数据送 C54x 的 HPIC，使 C54x 的 $\overline{\text{HINT}}$ 引脚为高电平无效，结束中断。

第六节　TMS320C54x 芯片的串行口

C54x 具有高速、全双工串行口，可用来与系统中的其他 C54x 器件、编码解码器、串行模-数(A-D)转换器以及其他串行器件直接接口。尽管各种 C54x 芯片有不同的串口，但总体可分为四种形式：标准同步串行口(SP)、缓冲同步串行口(BSP)、时分多路串行口(TDM)和多路缓冲行串口(McBSP)，如表 2-14 所示。

表 2-14　TMS320C54x 芯片的串行口

器　件	标准同步串行口(SP)	缓冲同步串行口(BSP)	时分多路串行口(TDM)	多路缓冲串行口(McBSP)
C541	2	0	0	0
C542	0	1	1	0
C543	0	1	1	0
C545	1	1	0	0
C546	1	1	0	0
C548	0	2	1	0
C549	0	2	1	0

一、标准同步串行口

标准同步串行口是一种高速、全双工串行口，用于提供与编码器、A-D 转换器等串行设备之间的通信。当一块 C54x 芯片中有多个标准同步串行口时，它们是相同的，但是相互独立的。标准同步串行口发送器和接收器是双向缓冲的，单独可屏蔽的外部中断信号控制。标准同步串口有 2 个存储器映像寄存器用于传送数据，即发送数据寄存器(DXR)和接收数据寄存器(DRR)。每个串行口的发送和接收部分都有与之相关的时钟、帧同步脉冲以及串行移位寄存器；串行数据可以按 8 位字节或 16 位字节转换。串行口在进行收发数据操作时，可以产生它们自己的可屏蔽收发中断(RINT 和 XINT)，让软件来管理串行口数据的传送。

C54x 的所有串行口的收发操作都是双缓冲的。它们可以工作在任意的时钟频率上。标准串行口的最高工作频率是 CLKOUT 的 1/4（当 CLKOUT 为 25ns 时，串行口的传送数据速率为 10Mbit/s，20ns 时为 12.510Mbit/s）。

1. 串行口的组成框图

当缓冲串行口和时分多路串行口工作在标准方式时，它们的功能与标准串行口相同，因此这里着重讨论标准串行口。图 2-18 是标准串行口的组成框图。由图可见，串行口由 16 位数据接收寄存器（DRR）、数据发送寄存器（DXR）、接收移位寄存器（RSR）、发送移位寄存器（XSR）以及控制电路所组成。其 6 个外部引脚的定义见表 2-15。

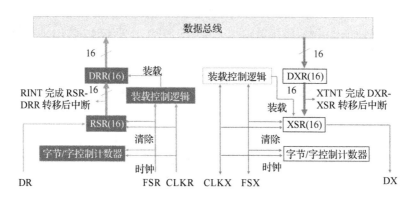

图 2-18　标准串行口的组成框图

图 2-19 给出了串行口传送数据的一种连接方法。在发送数据时，先将要发送的数写到 DXR。若 XSR 是空的（上一字已串行传送到 DX 引脚），则将 DXR 中的数据复制到 XSR。在 FSX 和 CLKX 的作用下，将 XSR 中的数据移到 DX 引脚输出。一旦 DXR 中的数据复制到 XSR 后，就可以立即将另一个数据写到 DXR。在发送期间，DXR 中的数据刚刚复制到 XSR 后，串行口控制寄存器（SPC）中的发送准备好位（XRDY）立即由 0 转变为 1，随后产生一个串行口发送中断信号（XINT），通知 CPU 可以对 DXR 重新加载。

接收数据的过程有些类似。来自 DR 引脚的数据在 FSR 和 CLKR 的作用下，移位至 RSR，然后复制到 DRR，CPU 从 DRR 中读出数据。一旦 RSR 的数据复制到 DRR，SPC 中的接收数据准备好（RRDY）位立即由 0 转变为 1，随后产生一个串行口接收中断（RINT）信号，通知 CPU 可以从 DRR 中读取数据。

表 2-15　串行口引脚定义

引脚	说　　明
CLKR	接收时钟信号
CLKX	发送时钟信号
DR	串行接收数据
DX	串行发送数据
FSR	接收时的帧同步信号
FSX	发送时的帧同步信号

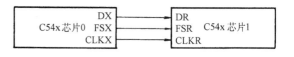

图 2-19　串行口传送数据的一种连接

由此可见，串行口是双缓冲的，因为当串行发送或接收数据的操作正在执行时，可以将另一个数据传送到 DXR 或从 DRR 获得。

2. 串行口控制寄存器

C54x 串行口的操作是由串行口控制寄存器(SPC)决定的。SPC 的控制位如下所示:

15	14	13	12	11	10	9	8	7	6	5	4	3	2	1	0
Free	Soft	RSRFULL	$\overline{\text{XSREMPTY}}$	XRDY	RRDY	IN1	IN0	$\overline{\text{RRST}}$	$\overline{\text{XRST}}$	TXM	MCM	FSM	FO	DLB	Res
R/W	R/W	R	R	R	R	R	R	R/W	R/W	R/W	R/W	R/W	R/W	R/W	R

SPC 有 16 个控制位,其中 7 位只能读,其余 9 位可以读/写。SPC 寄存器各控制位的功能如下:

Free、Soft:复位值均为 0。功能:两者都是仿真位。当高级语言调试程序中遇到一个断点时,将由这两位决定串行口时钟的状态,即:

Free　Soft　串行口时钟的状态。

0　　0　　立即停止串行口时钟,结束传送数据。

0　　1　　接收数据不受影响。若正发送数据,则等当前字发送完后停止发送数据。

1　　X　　不管 Soft 位为何值,一旦出现断点,时钟继续运行,数据照常移位。

RSRFULL:复位值为 0。功能:接收移位寄存器满。当 RSRFULL = 1,表示 RSR 满。

在字符组传送方式(FSM = 1,每次传送要有一个帧同步脉冲)下,下列三个条件同时发生,将使 RSRFULL 变成有效(RSRFULL = 1),即:上一次从 RSR 传到 DRR 的数据还没有读取;RSR 已满;一个帧同步脉冲出现在 FSR 端。在连续传送方式(FSM = 0,只要一个起始帧同步脉冲)下,若满足前两个条件,就会置位 RSRFULL。也就是说,当最后一位收到后就会发生 RSRFULL 置位。当 RSRFULL = 1 时,暂停接收数据并等待读取 DRR,从 DR 发送过来的数据将丢失。

以下三种情况之一发生,都会使 RSRFULL 变成无效(RSRFULL = 0):

1) 读取 DRR 中的数据。

2) 串行口复位($\overline{\text{RRST}}$ = 0)。

3) C54x 复位($\overline{\text{RS}}$ = 0)。

$\overline{\text{XSREMPTY}}$:复位值为 0。功能:发送移位寄存器空。此位指示发送器是否下溢。以下三种情况之一都会使 $\overline{\text{XSREMPTY}}$ 变成低电平有效:

1) 上一个数由 DXR 传送到 XSR 后,DXR 还没有被加载,而 XSR 中的数已经移空。

2) 发送器复位($\overline{\text{SRST}}$ = 0)。

3) C54x 复位($\overline{\text{RS}}$ = 0)。

当 $\overline{\text{XSREMPTY}}$ = 0 时,暂停发送数据,并停止驱动 DX(DX 引脚处高阻状态),直到下一个帧同步脉冲到来为止。注意,在连续传送方式下,下溢是一种出错,而在字符组传送方式,则并不是错误。CPU 写一个数据至 DXR,就可以使 $\overline{\text{XSREMPTY}}$ 变成无效($\overline{\text{XSREMPTY}}$ = 1)。

XRDY、RRDY:XRDY 复位值为 1,RRDY 复位值为 0。功能:发送准备好位(XRDY)和接收准备好位(RRDY)。XRDY 位由 0 变到 1,表示 DXR 中的内容已经复制到 XSR,可以向 DXR 加载新的数据字。一旦发生这种变化,立即产生一次发送中断(XINT)。RRDY 位由 0 变到 1,表示 RSR 中的内容已经复制到 DRR 中,可以从 DRR 中取数了。一旦发生这种变化,立即产生一次接收中断(RINT)。CPU 也可以在软件中查询 XRDY 和用 RRDY 替代串行口中断。

IN1、IN0：复位值为 X。功能：输入 1(IN1)和输入 0(IN0)。在允许 CLKX 和 FSX 引脚作为位输入引脚时，IN1 和 IN0 位反映了 CLKX 和 FSX 引脚的当前状态，可以用 BIT、BITT、BITF、或 CMPM 指令读取 SPC 寄存器中的 IN1 和 IN0 位，也就是采样 CLKX 和 FSX 引脚的状态。注意，CLKX/FSX 变到一个新值并在 SPC 中供取用，大约要有 0.5 ~ 1.5CLKOUT 周期的等待时间。

$\overline{\text{RRST}}$、$\overline{\text{XRST}}$：复位值为 0。功能：接收复位($\overline{\text{RRST}}$)和发送复位($\overline{\text{XRST}}$)，低电平有效。若$\overline{\text{RRST}}$ = $\overline{\text{XRST}}$ = 0，串行口处于复位状态；若$\overline{\text{RRST}}$ = $\overline{\text{XRST}}$ = 1，串行口处于工作状态。因此，要想复位和重新配置串行口，需要对 SPC 寄存器写两次：

1）对 SPC 寄存器的$\overline{\text{RRST}}$和$\overline{\text{XRST}}$位写 0，其余位写入所希望的配置。

2）对 SPC 寄存器的$\overline{\text{RRST}}$和$\overline{\text{XRST}}$位写 1，其余位是所希望的配置，再重新写一次。

当$\overline{\text{RRST}}$ = $\overline{\text{XRST}}$ = MCM(时钟方式位) = 0 时，由于不必输出 CLKX，可使 C54x 的功耗进一步降低。

TXM：复位值为 0。功能：发送方式位。用于设定帧同步脉冲 FSX 的来源。

当 TXM = 1 时，将 FSX 设置成输出。每次发送数据的开头由片内产生一个帧同步脉冲。

当 TXM = 0 时，将 FSX 设置成输入。由外部提供帧同步脉冲。发送时，发送器处于空转状态直到 FSX 引脚上提供帧同步脉冲。

FSR：总是配置成输入。

MCM：复位值为 0。功能：时钟方式位。用于设定 CLKX 的时钟源。

当 MCM = 0 时，CLKX 配置成输入，采用外部时钟。

当 MCM = 1 时，CLKX 配置成输出，采用内部时钟。片内时钟频率是 CLKOUT 频率的 1/4。

FSM：复位值为 0。功能：帧同步方式位。这一位规定串行口工作时，在初始帧同步脉冲之后是否还要求帧同步脉冲 FSX 和 FSR。

当 FSM = 0 时，串行口工作在连续方式。在初始帧同步脉冲之后不需要帧同步脉冲(但是，如果出现定时错误的帧同步，将会造成串行传送错)。

当 FSM = 1 时，串行口工作在字符组方式。每发送/接收一个字都要求一个帧同步脉冲 FSX/FSR。

FO：复位值为 0。功能：数据格式位。用于规定串行口发送/接收数据的字长。

当 FO = 0 时，发送和接收的数据都是 16 位字。

当 FO = 1 时，数据按 8 位字节传送，首先传送 MSB(缓冲串行口 BSP 也可以传送 10 位和 12 位)。

DLB：复位值为 0。功能：数字返回方式位。用于单个 C54x 测试串行口的代码。如图 2-20 所示的串行口接收多路开关。

当 DLB = 1 时，片内通过一个多路开关，将图 2-20 中输出端的 DR（内部）和 FSR（内部）分别与输入端的 DX 和 FSX 相连。

当工作在数字返回方式时：

若 MCM = 1(选择片内串行口时钟 CLKX 为输出)，CLKR（内部）由 CLKX 驱动。

若 MCM = 0(CLKX 从外部输入)，CLKR（内部）由外部 CLKX 信号驱动。

如果 DLB = 0，则串行口工作在正常方式，此时 DR、FSR 和 CLKR 都从外部加入。

Res：复位值为 0。功能：保留位。此位总是读成 0。

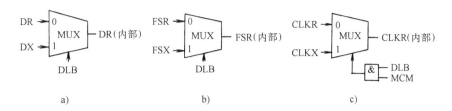

图 2-20 串行口接收多路开关

a) DR 和 DX 相连　b) FSR 和 FSX 相连　c) CLKX 和 CLKR 相连

3. 标准串行口 SP 的使用

对标准串行口 SP 的编程可归结为如下步骤，以 C5402 为例。

串行口初始化：将 0038H 或 0008H 写入到 SPC，进行串行口初始化；将 00C0H 写入到 IFR，清除挂起的串行口中断；将 00C0H 同 IMR 相与，使能串行口中断；清 ST1 的 INTM 位，使能全局中断；将 00F8H 或 00C8H 写入到 SPC，开始串行口传输；写第一个数据到 DXR，如果这个串行口与另一个处理器的串行口连接，如图 2-19 所示，而且这个处理器将产生一个帧同步信号 FSX，则在写这个数据之前必须有握手信号。

串行口中断服务程序：将中断中用到的寄存器压入堆栈，进行现场保护；读 DRR 或写 DXR 或同时进行两者的读写操作，将从 DRR 读出的数据写入内存中给定的区域，把从内存中指定区域的数据写入到 DXR 中；恢复保护现场；用 RETE 从中断子程序中返回断点。

二、缓冲串行口

缓冲串行口在标准同步串行口的基础上增加了一个自动缓冲单元(ABU)，并以 CLKOUT 频率计时。它是全双工和双缓冲的，以提供灵活的数据串长度，如可使用 8、10、12、16 位连续通信流数据包，为发送和接收数据提供帧同步脉冲及一个可编程频率的串行时钟。自动缓冲单元支持高速传送并能降低服务中断的开销。缓冲串行口(BSP)是一种增强型标准串行口。ABU 利用独立于 CPU 的专用总线，让串行口直接读/写 C54x 内部存储器。这样可以使串行口处理事务的开销最省，并能达到较快的数据传输速率。BSP 有两种工作方式：非缓冲方式和自动缓冲方式。当工作在非缓冲方式(即标准方式)时，BSP 传送数据与标准串行口一样，都是在软件控制下经中断进行的。在这种方式，ABU 是透明的，串行口产生的以字为基础的中断(WXINT 和 WRINT)加到 CPU，作为发送中断(XINT)和接收中断(RINT)。当工作在自动缓冲方式时，串行口直接与 C54x 内部存储器进行 16 位数据传送。缓冲串行口的内部结构如图 2-21 所示。

1. 串行口的组成框图

BSP 利用自己内存映射的数据发送寄存器、数据接收寄存器、串行口控制寄存器(BDXR、BDRR、BSPC)进行数据通信，也利用附加的控制扩展寄存器 BSPCE 处理它的增强功能和控制 ABU。BSP 发送和接收移位寄存器(BXSR、BRSR)不能用软件直接存取，但具有双向缓冲能力。如果没有使用串行口功能，BDXR、BDRR 可以用作通用寄存器。当自动缓冲使能时，对 BDXR、BDDR 的访问受限。ABU 废除时，BDRR 只能进行读操作，BDXR 只能进行写操作。复位时，BDRR 只能写，而 BDXR 任何时间都可以读。

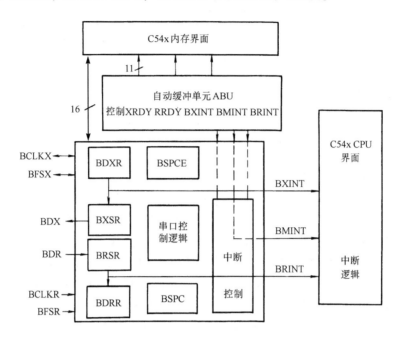

图 2-21　缓冲串行口的内部结构

缓冲串行口共有 6 个寄存器：数据接收寄存器 BDRR、数据发送寄存器 BDXR、控制寄存器 BSPC、控制扩展寄存器 BSPCE、数据接收移位寄存器 BRSR 和数据发送移位寄存器 BXSR。

2. 缓冲串行口的工作模式

（1）缓冲串行口的标准模式　这种工作模式与标准串行口的工作模式基本相同，表 2-16 列出了它们的区别。

表 2-16　标准串行口与缓冲串行口在标准模式下工作的区别

控制寄存器 SPC	标准串行口 SP	缓冲串行口 BSP
RSRFULL = 1	要求 RSR 满，且 FSR 出现。连续模式下，只需 RSR 满	只需 BRSR 满
溢出时 RSR 数据保留	溢出时 RSR 数据保留	溢出时 BRSR 内容丢失
溢出后连续模式接收重新开始	只要 DRR 被读，接收重新开始	只有 BDRR 被读且 BFSR 到来，接收才重新开始
DRR 中进行 8、10、12 位转换时扩展符号	否	是
XSR 装载，$\overline{\text{XSREMPTY}}$ 清空，XRDY/XINT 中断触发	装载 DXR 时出现这种情况	装载 BDXR 且 BFSK 发生，出现这种情况

（续）

控制寄存器 SPC	标准串行口 SP	缓冲串行口 BSP
对 DXR 和 DRR 的程序存取	任何情况下都可以在程序控制下对 DRR 进行读写。当串口正在接收时，对 DDR 的读不能得到以前由程序所写的结果。DXR 的重写可能丢失以前写入的数据，这与帧同步发送信号 FSX 和写的时序有关	不启动 ABU 功能时，BDRR 只读，BDXR 只写。只有复位时 BDRR 可写。BDRR 任何情况下只能读
最大串口时钟速率	CLKOUT/4	CLKOUT
初始化时钟要求	只有真同步信号出现初始化过程完成。但如果在帧同步信号发生期间或之后 $\overline{XRST}$/$\overline{RRST}$ 变为高电平，则帧同步信号丢失	标准 BSP 情况下，帧同步信号 FSX 出现后，需要一个时钟周期 CLKOUT 的延时，才能完成初始化过程。自动缓冲模式下，FSX 出现之后，需要 6 个时钟周期的延时，才能完成初始化过程
省电操作模式 IDLE2、IDLE3	无	有

（2）缓冲串行口的增强模式　缓冲串行口在标准串行口的基础上新增了许多功能，如可编程串行口时钟、选择时钟和帧同步信号的正负极性，除了有串行口提供的 8、16 位数据转换外，还增加了 10、12 位字转换，允许设置忽略同步信号或不忽略。这些特殊功能受控制扩展寄存器 BSPCE 控制，其各位的定义如下：

15	14	13	12	11	10	9	8	7	6	5	4~0
HALTR	RH	BRE	HALTX	XH	BXE	PCM	FIG	FE	CLKP	FSP	CLKDV

ABU 控制位(15~10)：控制自动缓冲单元。

HALTR：自动缓冲接收停止位。

HALTR =0：当缓冲区接收到一半时，继续操作。

HALTR =1：当缓冲区接收到一半时，自动缓冲停止。此时 BRE 清零，串行口继续标准模式工作。

RH：指明接收缓冲区的哪一半已经填满。

RH =0：表示前半部分缓冲区被填满，当前接受的数据正存入后半部分缓冲区。

RH =1：表示后半部分缓冲区被填满，当前接受的数据正存入前半部分缓冲区。

BRE：自动接收使能控制。

BRE =0：自动接收禁止，串行口工作于标准模式。

BRE =1：自动接收允许。

HALTX：自动发送禁止。

HALTX =0：当一半缓冲区发送完成后，自动缓冲继续工作。

HALTX =1：当一半缓冲区发送完成后，自动缓冲停止。此时 BRE 清零，串行口继续工作于标准模式。

XH：发送缓冲禁止位。

XH =0：缓冲区前半部分发送完成，当前发送数据取自缓冲区的后半部分。

XH =1：缓冲区后半部分发送完成，当前发送数据取自缓冲区的前半部分。

BXE：自动发送使能位。

BXE = 0：禁止自动发送功能。

BXE = 1：允许自动发送功能。

PCM：脉冲编码模块模式。该位设置串行口工作于编码模式，只影响发送器。BDXR 到 BXSR 转换不受该位影响。在 PCM 模式下，只有它的最高位（2^{15}）为 0 时，BDXR 才被发送；否则（为 1 时），BDXR 不发送。BDXR 发送期间 BDX 处于高阻态。

PCM = 0：清除脉冲编码模式。

PCM = 1：设置脉冲编码模式。

FIG：帧同步信号忽略。在连续发送模式且具有外部帧同步信号，以及连续接收模式下有效。

FIG = 0：在第一个帧脉冲之后的帧同步脉冲重新启动时发送。

FIG = 1：忽略帧同步信号。

帧同步忽略工作方式可以将 16 位传输格式以外的各种传输字长压缩打包，可用于外部帧同步信号的连续发送和接收。初始化之后，当 FIG = 0 时帧同步信号发生，转换重新开始。当 FIG = 1 时，帧同步信号被忽略。例如，设置 FIG = 1，可在每 8、10、12 位产生帧同步信号的情况下实现连续 16 位的有效传输。如果不用 FIG，每一个低于 16 位的数据转换必须用 16 位格式，包括存储格式，利用 FIG 可以节省缓冲内存。

FE：扩展格式。它与 SPC 中的 FO 位一起设定传输字的长度，如表 2-17 所示。

表 2-17　SPC 中的 FO 位与 BSPCE 中的 FE 位对字长的控制

FO	FE	字长（位）	FO	FE	字长（位）
0	0	16	1	0	8
0	1	10	1	1	12

CLKP：时钟极性。用来设定接收和发送数据采样时间特性。

CLKP = 0：在 BCLKR 的下降沿接收采样数据，发送器在 BCLKX 的上升沿发送信号。

CLKP = 1：接收器在 BCLKR 的上升沿采样数据，发送在 BCLKX 下降沿发送数据。

FSP：帧同步极性。用来设定帧同步脉冲触发电平的高低。

FSP = 0：帧同步脉冲高电平激活。

FSP = 1：帧同步脉冲低电平激活。

CLKDV：内部发送时钟分频因数。当 BSPC 的 MCM = 1，CLKX 由片上的时钟源驱动，其频率为 CLKOUT/（CLKDV + 1），CLKDV 的取值范围是 0 ~ 31。当 CLKDV 为奇数或 0 时，CLKX 的占空比为 50%；当 CLKDV 为偶数时，其占空比依赖于 CLKP；CLKP = 0 时占空比为（P + 1）/P，CLKP = 1 时占空比为 P/（P + 1）。

3. 缓冲串行口的自动缓冲单元 ABU

自动缓冲单元 ABU 可独立于 CPU 自动完成控制串行口与固定缓冲内存区中的数据交换。它包括地址发送寄存器 AXR、块长度发送寄存器 BKX、地址接收寄存器 ARR、块长度接收寄存器 BKR、串行口控制寄存器 BSPCE。其中前 4 个是 11 位的在片外围存储器映像寄存器，但这些寄存器按照 16 位寄存器方式读，只是 5 个高位为 0。如果不使用自动缓冲功能，这些寄存器可作为通用寄存器用。

ABU 的发送和接收部分可以分别控制，当同时应用时，可由软件控制相应的串行口寄存器 BDXR 或 BDRR。当发送或接收缓冲区的一半或全部满或空时，ABU 也可以执行 CPU 的中断。

在使用自动缓冲功能时，CPU 也可以对缓冲区进行操作。但两者同时访问相同区域时，为防止冲突，ABU 具有更高的优先权，而 CPU 延时 1 个时钟周期后进行存取。另外，当 ABU 同时与串行口进行发送和接收时，发送的优先级高于接收。此时发送首先从缓冲区取出数据，然后延迟等待，当发送完成后再开始接收。自动缓冲单元在串行口与自动缓冲单元的 2K 字内存之间进行操作。

自动缓冲单元 ABU 的工作过程是：每一次在 ABU 的控制下，串行口将取自指定内存的数据发送出去，或者将接收的串行口数据存入指定内存。在这种工作方式下，在传输每一个字的转换过程中不会产生中断，只有当发送或接收数据超过存储长度要求一半的界限时才会产生中断，避免了 CPU 直接介入每一次传输带来的资源消耗。可以利用 11 位地址寄存器和块长度寄存器设定数据缓冲区的开始地址和数据长度。发送和接收缓冲可以分别驻留在不同的独立存储区，包括重叠区域或同一个区域内。自动缓冲工作中，ABU 利用循环寻址方式对这个存储区寻址，而 CPU 对这个存储区的寻址则严格根据执行存储器操作的汇编指令所选择的寻址方式进行。

循环寻址原理为：循环寻址通过装载 BKX/R 满足实际要求缓冲区长度（长度 −1），通过装载 ARX/R 给出 2K 字缓冲区内的基地址和缓冲区数据起始地址实现初始化。一般情况下，初始化起始地址为 0，暗示为缓冲区的开端（即缓冲区顶端地址），但是也可以指定为缓冲区内的任意一点。一旦初始化完成，BKX/R 可以认为由两部分组成：高位部分相对于 BKX/R 的所有的 0 位置，低位部分相对于高位出现第一个 1 及其以后的位，并表明这个 1 所处的位置为第 N 位。同时，这个 N 位的位置也定义寻址寄存器为 ARH 和 ARL 两部分。缓冲区顶部地址（TBA）由高位为 ARH，而低位为 $N+1$ 个 0 组成的数定义。缓冲区底部地址（BBA）由 ARH 和 BKL −1 决定。而当前数据缓冲区的位置由 ARX/R 的内容决定。长度为 BKX/R 的循环缓冲区必须开始于 N 位地址边界（地址寄存器的低 N 位为零）。且满足 $2^N >$ BKX/R 的最小整数，或是在 2K 字缓冲内存之内的最低地址。ARX/R 的内容会随着每一次访问继续增加直至到下一个允许的缓冲区开始地址。然后在后续的存取操作中，作为更新的循环缓冲开始地址，新的 ARX/R 内容用来进行正确的循环缓冲地址计算。

综上所述，自动缓冲过程可归纳为：ABU 完成对缓冲存储器的存取；工作过程中地址寄存器自动增加，直至缓冲区的底部。到底部后，地址寄存器内容恢复到缓冲存储器区顶部；如果数据到了缓冲区的一半或底部，就会产生中断，并刷新 XH/XL；如果选择禁止自动缓冲功能，当数据过半或到达缓冲区底部时，ABU 会自动停止缓冲功能。

例如：设计一个长度为 5（BKX = 5）的发送缓冲区，长度为 8（BKR = 8）的接收缓冲区。发送缓冲区可以开始于任何一个 8 的倍数的地址，如：

0000H，0008H，0010H，0018H，…，007FH

接收缓冲区开始于任何一个 16 的倍数的地址，如：

假定发送缓冲区开始于 0008H，接收缓冲区开始于 0010H。则 AXR 中可以是 0008H ~ 000CH 中的任何一个值。ARR 的内容可以是 00010 ~017H 之间的任何一个值。但是 AXR 的值为落入接收缓冲区，ARR 的值不能落入发送缓冲区，否则会引起收发数据冲突。

4. BSP 的初始化

串行口时钟在转换或初始化之前不必工作，因此如果 FSX/FSR 与 CLKX/CLKR 同时开始，仍然可以正常操作。不管串行口时钟是否提前工作，串行口初始化的时间以及串行口脱离复位的时间是串行口正常工作的关键，最重要的是串行口脱离复位状态的时间和第一个帧同步脉冲的时间一致。初始化时间要求在串行口和 BSP 中是不同的。对于串行口而言，可以在任何 FSX/FSR 的时间复位，但是如果在帧同步信号之后或帧同步信号期间 XRST/RRST 置位，帧同步信号可能被忽略。在标准模式下进行接收操作，或外部帧同步发送(TXM = 0)操作，BSP 必须在探测到激活的帧同步脉冲的那个时钟边沿之前至少两个 CLKOUT 周期加 1/2 个串口时钟周期时复位，以便正常操作。在自动缓冲模式下，具有外部帧同步信号的接收和发送必须至少 6 个周期才能复位。

为了开始或重新开始在标准模式下的 BSP 操作，软件完成与串行口初始化同样的工作。此外，BSPCE 被初始化以配置成所希望的扩展功能。

BSP 发送初始化步骤为：写 0008H 到 BSPCE 复位和初始化串行口；写 0020H 到 IFR 清除挂起的串行口中断；用 0020H 与 IMR 进行或运算，使能串行口中断；清 ST1 的 INTM 位使能全局中断；写 1400H 到 BSPCE 初始化 ABU 的发送器；写缓冲开始地址 AXR；写缓冲长度 BKX；写 0048H 到 BSPCE 开始串行口操作。

上述步骤初始化串行口仅进行发送操作、字符组工作模式、外部帧同步信号、外部时钟，数据格式为 16 位，帧同步信号和时钟极性为正。发送缓冲通过设置 ABU 的 BXE 位全能，HALTX = 1，使得数据达到缓冲区的一半时停止发送。

BSP 接收初始化的步骤为：写 0000H 到 BSPCE 复位和初始化串行口；写 0020H 到 IFR 清除挂起的串行口中断；用 0020H 与 IMR 进行或运算，使能串行口中断；清 ST1 的 INTM 位使能全局中断；写 1400H 到 BSPCE 初始化 ABU 的发送器；写缓冲开始地址 AXR；写缓冲长度 BKX；写 0048H 到 BSPCE 开始串行口工作。

三、时分多路串行口

时分多路串行口是一个允许数据时分多路的同步串行口，它将时间间隔分成若干个子间隔，按照事先规定，每个子间隔表示一个通信信道。C54x 的 TDM 最多可以有 8 个 TDM 信道可用。每种器件可以用一个信道发送数据，用 8 个信道中的一个或多个信道接收数据。这样，TDM 为多处理器通信提供了简便而有效的接口，因而在多处理器应用中得到广泛使用。TDM 也有两种工作方式：非 TDM 方式和 TDM 方式。当工作在非 TDM 方式(或称标准方式)时，TDM 串行口的作用与标准串行口的作用是相同的。

TDM 方式是将时间分为时间段，周期性地分别按时间段顺序与不同器件通信的工作方式。此时每一个器件占用各自的通信时段(通道)，循环往复地传送数据，各通道的发送或接收相互独立，如图 2-22 所示。

TDM 串行口工作方式受 6 个存储器映像寄存器 TDRR、TDXR、TSPC、TCSR、TRTA、TRAD 和两个专用寄存器 TRSR 和 TXSR 控制，TRSR 和 TXSR 不直接对程序存取，只用于双向缓冲。其中 TDRR 是 16 位的 TDM 数据接收寄存器，用于保存接收的串行数据，功能与 DRR 相

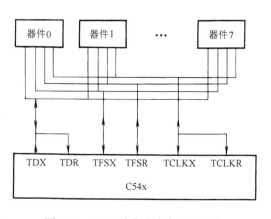

图 2-22　TDM 时分多路串行口连接

同。TDXR 是 16 位的 TDM 数据发送寄存器，用于保存发送的串行数据，功能与 DXR 相同。TSPC 是 16 位的 TDM 串行口控制发送寄存器，包含 TDM 的模式控制或状态控制位，其第 0 位是 TDM 模式控制位，当 TDM = 1 时，串行口被配置成多处理器通信模式；当 TDM = 0 时，串行口被配置在标准工作模式，其他各位的定义与 SPC 相同。TCSR 是 16 位的 TDM 通道选择寄存器，规定所有与之通信的器件的发送时间段。TRTA 是 16 位的 TDM 发送/接收地址寄存器，低 8 位(RA0 ~ RA7)为 C54x 的接收地址，高 8 位(TA0 ~ TA7)为发送地址。TRAD 是 16 位的 TDM 接收地址寄存器，存留 TDM 地址线的各种状态信息。TRSR 是 16 位的 TDM 数据接收移位寄存器，控制数据的接收过程，从信号输入引脚到接收寄存器 TDRR，与 RSR 功能类似。TXSR 是 16 位的 TDM 数据发送移位寄存器，控制从 TDXR 来的数据到输出引脚 TDX 发送出去，与 XSR 功能相同。TDM 串行口硬件接口连接中，四条串行口总线可以同时连接 8 个串行口通信器件进行分时通信，这 4 条线的定义分别为时钟 TCLK、帧同步 TFAM、数据 TDAT 及附加地址 TADD。

四、多路缓冲串行口

在 C54x 的 C5402、C5410、C5420 中设有多路缓冲串行口，其中 C5402 有 2 个、C5410 有 3 个、C5420 有 6 个。多路缓冲串行口 McBSP 的硬件部分是基于标准串行口的引脚连接界面，具有如下特点：双倍的发送缓冲和三倍的接收缓冲数据存储器，允许连续的数据流；独立的接收、发送帧和时钟信号；可直接与工业标准的编码器、模拟界面芯片(AICs)、其他串行 A-D、D-A 器件连接；具有外部移位时钟发生器及内部频率可编程移位时钟；可直接利用多种串行协议接口通信，如 T1/E1、MVIP、H100、SCSA、IOM-2、AC97、IIS、SPI 等；发送和接收通道数最多可以达到 128 路；宽范围的数据格式选择，包括 8、12、16、20、24、32 位字长；利用 μ 律或 A 律的压缩扩展通信；8 位数据发送的高位、低位先发送可选；帧同步和时钟信号的极性可编程；可编程内部时钟和帧同步信号发生器。

图 2-23 所示为 McBSP 的内部结构。包括数据通路和控制通路两部分，并通过 7 个引脚(DR、DX、CLKX、CLKR、FSX、FSR、CLKS)与外部器件相连。McBSP 的控制模块由内部时钟发生器、帧同步信号发生器以及它们的控制电路和多通道选择 4 部分构成。2 个中断和 4 个事件信号控制模块发出重要事件触发 CPU 和DMA 控制器的中断，CPU 和 DMA 事件同步。图中的 RINT、XINT 分别为触发CPU 的接收和发送中断信号。REVT、XEVT 分别为触发 DMA 接收和发送同步事件。REVTA、XEVTA 分别为触发DMA 接收和发送同步事件 A。

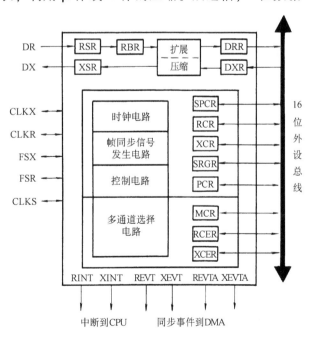

图 2-23　McBSP 的内部结构

McBSP 的工作过程是：

McBSP 串行口复位。通过 $\overline{RS}=0$ 引发串口发送器、接收器、采样率发生器复位，或利用串行口控制寄存器中 $\overline{GRST}=\overline{FRST}=\overline{RRST}=\overline{XRST}=0$ 及 SPCR2 中的 $\overline{GRST}$ 位复位。

串行口初始化。包括：

设定串行口控制寄存器 SPCR 中的 $\overline{XRST}=\overline{RRST}=\overline{FRST}=0$。

编写特定的 McBSP 的寄存器配置。

等待 2 个时钟周期，以保证适当的内部同步。

按照写 DXR 的要求，给出数据。

设定 $\overline{XRST}=1$，$\overline{RRST}=1$ 以使能串行口。

如果要求内部帧同步信号，设定 $\overline{FRST}=1$。

等待 2 个时钟周期后，接收器和发送器激活。

发送时，先写数据于数据发送寄存器 DXR[1,2]，再在发送时钟 CLKX 和帧同步发送信号 FSX 控制下，通过发送移位寄存器 XSR[1,2]将数据经发送引脚 DX 移出发送；接收数据时，在接收时钟 CLKR 和帧同步发送信号 FSR 控制下，将通过接收引脚 DR 接收的数据移入接收移位寄存器 RSR[1,2]，并复制这些数据到接收缓冲寄存器 RBR[1,2]，再复制到 DRR[1,2]，最后由 CPU 或 DMA 控制器读出。这个过程允许内部和外部数据通信同时进行。如果接收或发送字长 R/XWDLEN 被指定为 8、12 或 16 模式时，DRR2、RBR2、RSR2、DXR2、XSR2 等寄存器不能进行写、读、移位操作。

应用举例：

如图 2-24 所示，利用 C5402 的 McBSP 与 MAX1247 完成 A-D 转换与数据传输。

原理：每次 A-D 转换时，在 SCLK 输入的串行时钟作用下，DIN 输入一个 8bit 的命令来启动，由这个命令字选择输入通道、采样极性和转换时钟方式，如10011110 为 0 通道、单极输入、内部转换时钟命令字。将 BSP0 设置为 SPI 格式，读写允许，控制寄存器中 FRST 和 GRST 位置为 1，其他位都设置为 0。初始化 McBSP0 为 SPI。在定时中断后执行如下程序：

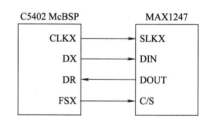

图 2-24 McBSP 与 MAX1247 的连接

通过串口发送器将发送转换命令传给 MAX1247：

STM #0000H，DXR20 ;24 位命令

STM #9F00H，DXR10 ;10011111B CH0，SIG，UIP，外部

通过串口接收器将转换结果读入，由于 MAX1247 为 12 位，所以经过或操作，得到最后的 12 位结果在 A 累加器中：

LD DDR10，8，A

OR DDR20，A

第七节 TMS320C54x 芯片与外设的接口

C54x 通过外部接口线与外部存储器以及 I/O 设备相连。

一、外设接口的时序关系

1. 外设接口引线

C54x 和外部接口由数据总线、地址总线以及一组控制信号所组成，可以用来寻址片外存储器和 I/O 口。其中对 64K 字的数据存储器，64K 字的程序存储器，以及对 64K 的 16 位并行 I/O 口的选择，是通过独立的空间选择信号$\overline{DS}$、$\overline{PS}$和$\overline{IS}$将物理空间分开的。表 2-18 列出了 C54x 的主要的外部接口信号。

外部接口总线是一组并行接口。它有两个互相排斥的选通信号：$\overline{MSTRB}$和$\overline{IOSTRB}$。前者用于访问外部程序或数据存储器，后者用于访问 I/O 设备。读/写信号 $R/\overline{W}$ 则控制数据传送的方向。

表 2-18　C54x 主要的外部接口信号

信号名称	C541，C542，C543，C545，C546	C548，C549	说　明
A0 ~ A15	15 ~ 0	22 ~ 0	地址总线
D0 ~ D15	15 ~ 0	15 ~ 0	数据总线
$\overline{MSTRB}$	1	1	外部存储器选通信号
$\overline{PS}$	1	1	程序空间选择信号
$\overline{DS}$	1	1	数据空间选择信号
$\overline{IOSTRB}$	1	1	I/O 设备选通信号
$\overline{IS}$	1	1	I/O 空间选择信号
$R/\overline{W}$	1	1	读/写信号
READY	1	1	数据准备好信号
$\overline{HOLD}$	1	1	请求控制存储器接口
$\overline{HOLDA}$	1	1	响应 HOLD 请求
$\overline{MSC}$	1	1	微状态完成信号
$\overline{IAQ}$	1	1	获取指令地址信号
$\overline{IACK}$	1	1	中断响应信号

外部数据准备输入信号（READY）与片内软件可编程等待状态发生器一起，可以使处理器与各种速度的存储器以及 I/O 设备接口。当与慢速器件通信时，CPU 处于等待状态，直到慢速器件完成了其操作并发出 READY 信号后才继续运行。

当外部设备需要寻址 C54x 的外部程序、数据和 I/O 存储空间时，可以利用$\overline{HOLD}$和$\overline{HOLDA}$信号，达到控制 C54x 的外部资源的目的。

CPU 寻址片内存储器时，外部数据总线置高阻状态，而地址总线以及存储器选择信号（程序空间选择信号$\overline{PS}$、数据空间选择信号$\overline{DS}$以及 I/O 空间选择信号$\overline{IS}$）均保持先前的状态，此外，$\overline{MSTRB}$、$\overline{IOSTRB}$、$R/\overline{W}$、$\overline{IAQ}$以及$\overline{MSC}$信号均保持无效状态。

如果处理器工作方式状态寄存器（PMST）中的地址可见位（AVIS）置 1，那么 CPU 执行指令的内部程序存储器的地址就出现在外部地址总线上，同时$\overline{IAQ}$信号有效。

2. 外部总线操作的优先级别

C54x 的 CPU 有 1 条程序总线（PB）、3 条数据总线（CB、DB 和 EB）以及 4 条地址总线（PAB、CAB、DAB 和 EAB）。由于片内是流水线结构，可以允许 CPU 同时寻址它的这些总线。但是，外部总线只能允许每个周期进行一次寻址。如果在一个机器周期内，CPU 寻址外部存储器两次，一次取指，一次取操作数，那么就会发生流水线冲突。为避免这种情况发生，C54x 通过事先规定流水线各个阶段操作的优先级别来自动地解决这种流水线冲突。根据这种优先级别，数据寻址比程序存储器取指具有较高的优先权，即：在所有的 CPU 数据寻址完成以前，程序存储器取指操作是不可能开始的。

3. 外部接口定时图

一个 CLKOUT 周期定义为 CLKOUT 信号的一个下降沿到下一个下降沿。C54x 所有的外部总线寻址都是在整数个 CLKOUT 周期内完成。某些不插等待状态的外部总线寻址，例如存储器写操作或者 I/O 写和 I/O 读操作，都是两个机器周期。存储器读操作只需要一个机器周期；但如果存储器读操作之后紧跟着一次存储器写操作，或者反过来，那么存储器读就要多花半个周期。

在分析存储器寻址定时图时，应注意：

1）在存储器读/写数据有效段，存储器选通信号 $\overline{\text{MSTRB}}$ 为低电平，其持续期至少为一个 CLKOUT 周期。$\overline{\text{MSTRB}}$ 的前后都有一个 CLKOUT 转变周期。

2）在 CLKOUT 转变周期内：$\overline{\text{MSTRB}}$ 为高电平，$\text{R}/\overline{\text{W}}$ 如变化，一定发生在 CLKOUT 的上升沿；对地址变化，除前面的 CLKOUT 周期是存储器写操作或前面是存储器读操作，紧跟着是一次存储器写操作或 I/O 读/写操作，发生在 CLKOUT 的上升沿；其他情况下，地址变化发生在 CLKOUT 的下降沿。$\overline{\text{PS}}$、$\overline{\text{DS}}$ 或 $\overline{\text{IS}}$ 如变化，与地址线同时变化。

图 2-25 给出了存储器读—读—写操作定时图。由图可见，虽然外部存储器写操作要花两个机器周期，而在同一分区中来回读（$\overline{\text{MSTRB}}$ 在来回读期间保持低电平），每次都是单周期寻址。

图 2-26 是不插等待周期情况下存储器写—写—读操作定时图。注意图中 $\overline{\text{MSTRB}}$ 由低变高后，写操作的地址线和数据线继续保持有效约半个机器周期。每次存储器写操作要用两个机器周期，而紧跟着写操作之后的读操作也要两个机器周期，但正常情况下，存储器读操作是一个机器周期。

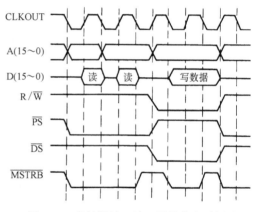

图 2-25　存储器读—读—写操作定时图

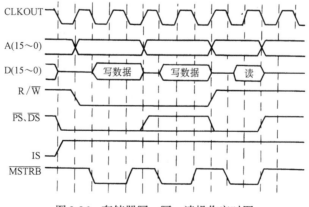

图 2-26　存储器写—写—读操作定时图

在不插等待周期情况下，对 I/O 设备读/写操作要持续两个机器周期。在这期间，地址线变化一般都发生在 CLKOUT 的下降沿(若 I/O 寻址前是一次存储器寻址,则地址变化发生在上升沿)。I/O 设备选通信号$\overline{\text{IOSTRB}}$低电平有效是从 CLKOUT 的一个上升沿到下一个上升沿，持续一个机器周期。图 2-27 是并行 I/O 读—写—读定时图。

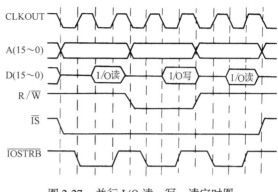

图 2-27　并行 I/O 读—写—读定时图

如果 I/O 读/写操作紧跟在存储器读/写操作之后，则 I/O 读/写操作需要至少 3 个机器周期，当存储器读操作紧跟在 I/O 读/写操作之后，则存储器读操作需要两个机器周期。

二、外设接口的速度配合

1. 对接口器件的速度要求

所有 C54x 的外部数据存储器地址线和 I/O 地址线都是 16 位，每次对外部空间进行读、写或取指操作，都是 16 位，但自举加载时是以字节方式传送的。如果 I/O 设备的数据线不到 16 位，例如 12 位 A-D 和 D-A 转换器，建议在与 C54x 数据总线相连时，C54x 的最高有效位(MSB)与 A-D 或 D-A 转换器的 MSB 相连。图 2-28 为 C54x 与存储器及外围设备的接口连接图。

在选择存储器时，主要考虑的因素有存取时间、容量和价格等因素。在 DSP 应用中，存储器存取时间，即速度指标十分重要，如果所选存储器的速度跟不上 DSP 的要求，则不能正常工作。因此在采用低速器件时，需要用软件或硬件为 DSP 插入等待状态来协调。

C54x 所有内部读和写操作都是单周期的，而外部零等待状态读操作也是单周期内进行的操作。可以将单个周期内完成的读操作分成三段，即地址建立时间、数据有效时间和存储器存取时间，如图 2-29 所示。这时要求外部存储器的

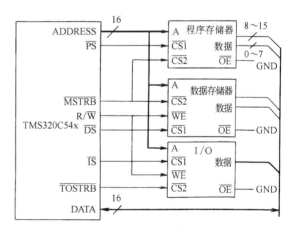

图 2-28　C54x 与存储器及外围设备的接口连接图

存取时间应小于 60% 的机器周期，如果机器周期为 25ns 或 15ns，则外部存储器的存取时间应小于 15ns 和 9ns。当使用多片外部存储器，且又跨过某片存储器进行一系列的读操作，由于上一片存储器的$\overline{\text{CS}}$存在延迟还未完全释放，可能会造成总线冲突，可能造成噪声和浪费电源。当在一片存储器内进行一系列读操作时，则不会有这种问题，因为存储器的地址线不改变。

对于型号为 TMS320C54x-40 的 DSP 芯片，其尾数 40 表示 CPU 运行的最高频率为

40MHz。由于大多数指令都是单周期指令，所以这种 DSP 的运行速率也就是 40MIPS，即每秒执行 4000 万条指令，这时它的机器周期为 25ns。如果不插入等待状态，就要求外部器件的存取时间 t_a 小于 15ns。当 C54x 与低速器件接口时，就需要通过软件或硬件的方法插入等待状态。插入的等待状态数与外部器件的存取时间的关系如表 2-19 所示。

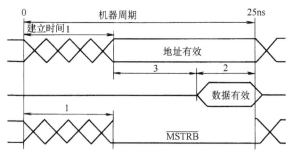

图 2-29　C54x 读操作定时简图

表 2-19　插入等待状态数与外部器件的存取时间的关系

外部器件的存取时间 t_a/ns	插入等待状态数
$t_a \leqslant 15$	0
$15 < t_a \leqslant 40$	1
$40 < t_a \leqslant 65$	2
$65 < t_a \leqslant 90$	3
$90 < t_a \leqslant 115$	4
$115 < t_a \leqslant 140$	5

2. 软件等待状态发生器

C54x 片内设有等待状态发生器和分区开关逻辑电路两个部件，用以控制外部总线的工作。而这两个部件又分别受到两个存储器映像寄存器、软件等待状态寄存器(SWWSR)和分区开关控制寄存器(BSCR)的控制。

软件可编程等待状态发生器可以将外部总线周期延长多达 7 个机器周期，这样一来，C54x 就能很方便地与外部慢速器件相接口。如果外部器件要求插入 7 个以上的等待周期，则可以利用硬件 READY 线来接口。当所有的外部寻址都配置在 0 等待状态时，加到等待状态发生器的时钟被关断；来自内部时钟的这些通道被切断后，可以降低处理器的功耗。

软件可编程等待状态发生器的工作受到一个 16 位的软件等待状态寄存器(SWWSR)的控制，它是一个存储器映像寄存器，在数据空间的地址为 0028h。程序空间和数据空间都被分成两个 32K 的字块，I/O 空间由一个 64K 字块组成。这 5 个字块空间在 SWWSR 中都相应地有一个 3 位字段，用来定义各个空间插入等待状态的数目，如下所示：

15	14～12	11～9	8～6	5～3	2～0
保留/XPA (仅 C548,C549)	I/O 空间 (64K)	数据空间 (高 32K)	数据空间 (低 32K)	程序空间 (高 32K)	程序空间 (低 32K)
R	R/W	R/W	R/W	R/W	R/W

SWWSR 的各字段规定的插入等待状态的最小数为 0(不插等待周期)，最大数为 7(111b)。表 2-20 和表 2-21 列出了 C54x 软件等待状态寄存器各字段功能的详细说明。

表 2-20　C54x(除 C548 和 C549 外)软件等待状态寄存器各字段功能

位	名　称	复位值	功　能
15	保留	0	保留位。在 C548 和 C549 中,此位用于改变程序字段所对应的程序空间的地址区间(见表 2-21)
14 ~ 12	I/O 空间	111b	I/O 空间字段。此字段值(0 ~ 7)是对 0000 ~ FFFFh I/O 空间插入的等待周期数
11 ~ 9	数据空间	111b	数据空间字段。此字段值(0 ~ 7)是对 8000 ~ FFFFh 数据空间插入的等待周期数
8 ~ 6	数据空间	111b	数据空间字段。此字段值(0 ~ 7)是对 0000 ~ 7FFFh 数据空间插入的等待周期数
5 ~ 3	程序空间	111b	程序空间字段。此字段值(0 ~ 7)是对 8000 ~ FFFFh 程序空间插入的等待周期数
2 ~ 0	程序空间	111b	程序空间字段。此字段值(0 ~ 7)是对 0000 ~ 7FFFh 程序空间插入的等待周期数

表 2-21　C548 和 C549 软件等待状态寄存器各字段功能

位	名　称	复位值	功　能
15	XPA	0	扩展程序存储器地址控制位。XPA = 0,不扩展;XPA = 1,扩展。所选的程序存储器地址由程序字段决定
14 ~ 12	I/O 空间	111b	I/O 空间字段。此字段值(0 ~ 7)是对 0000 ~ FFFFh I/O 空间插入的等待状态数
11 ~ 9	数据空间	111b	数据空间字段。此字段值(0 ~ 7)是对 8000 ~ FFFFh 数据空间插入的等待状态数
8 ~ 6	数据空间	111b	数据空间字段。此字段值(0 ~ 7)是对 0000 ~ 7FFFh 数据空间插入的等待状态数
5 ~ 3	程序空间	111b	程序空间字段。此字段值(0 ~ 7)是对下列程序空间插入的等待状态数: XPA = 0:XX8000 ~ XXFFFFh　XPA = 1:400000 ~ 7FFFFFh
2 ~ 0	程序空间	111b	程序空间字段。此字段值(0 ~ 7)是对下列程序空间插入的等待状态数: XPA = 0:XX0000 ~ XX7FFFh　XPA = 1:000000 ~ 3FFFFFh

图 2-30 是 C54x 等待状态发生器的逻辑框图。当 CPU 寻址外部程序存储器时,将 SW-WSR 中相应的字段值加载到计数器。如果这个字段不为 000,就会向 CPU 发出一个“没有准备好”信号,等待状态计数器启动工作。没有准备好的情况一直保持到计数器减到 0 和外部 READY 线置高电平为止。外部 READY 信号和内部等待状态的 READY 信号经过一个或门产生 CPU 等待信号,加到 CPU 的 $\overline{\text{WAIT}}$ 端。当计数器减到 0(内部等待状态的 READY 信号变为高电平),且外部 READY 也为高电平时,CPU 的 $\overline{\text{WAIT}}$ 端由低变高,结束等待状态。需要说明的是,只有软件编程等待状态插入两个以上机器周期时,CPU 才在 CLKOUT 的下降沿检测外部 READY 信号。

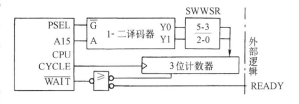

图 2-30　C54x 等待状态发生器的逻辑框图

利用 SWWSR,可以通过软件为以上 5 个存储空间分别插入 0 ~ 7 个软件等待状态。例如为程序空间和 I/O 空间插入 3 个等待状态,为数据空间插入 2 个等待状态,则可用如下指令：

    STM   # 349BH,SWWSR   ;SWWSR = 0 011 010 010 011 011

    复位时，SWWSR = 7FFFh，这时所有的程序、数据和 I/O 空间都被插入 7 个等待状态。复位后，再根据实际情况，用 STM 指令进行修改。当插入 2～7 个等待状态，执行到最后一个等待状态时，$\overline{MSC}$信号将变成低电平。利用这一特点，可以再附加插入硬件等状态。

3. 利用软件等待实现接口的速度配合

    例 2-1   试为 TMS320C54x-40 做如下外设配置：

        程序存储器   EPROM   8K × 16 位， $t_a = 70\text{ns}$

        数据存储器   SRAM   8K × 16 位， $t_a = 12\text{ns}$

        A-D 和 D-A 转换器   16 位，转换时间 = 120ns

画出系统的接口连线图。

    图 2-31 为根据题目要求画出的系统接口连线图。由于题目没有指定具体的存储器和 A-D、D-A 芯片，这里假定程序存储器、数据存储器以及 A-D、D-A 都是一个芯片，它们分别都有两个片选信号$\overline{CS1}$、$\overline{CS2}$，分别接到 C54x 的空间选择信号（$\overline{PS}$、$\overline{DS}$、$\overline{IS}$）和选通信号（$\overline{MSTRB}$、$\overline{IOSTRB}$）。本例中 C54x 的机器周期为 25ns(40MIPS)，若外部器件的存取时间小于 15ns，可以不插入等待状态。因此例中的数据存储器可以不插入等待状态，但程序存储器和 A-D、D-A 外部设备应分别插入 3 个(75ns)和 5 个(125ns)等待状态。此时软件等待状态寄存器 SWWSR 应配置为：

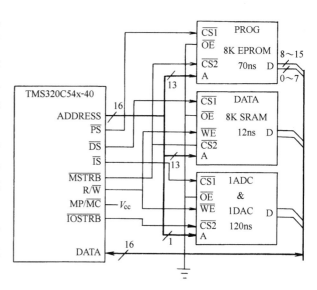

图 2-31   系统接口连线图

R	I/O	数据空间高 32K	数据空间低 32K	程序空间高 32K	程序空间低 32K
0	101	000	000	011	000

    相应的配置指令为：   STM   #5018H,SWWSR

4. 利用硬件等待实现接口的速度配合

    由于通过 SWWSR 只能对上面提到的 5 个存储空间设置最多 7 个等待状态。如果每个存储空间分区数目增加，当需要插入 7 个以上的等待状态时，或在一个存储区中有两种以上的存取速度时，就需要插入硬件等待状态。

    当软件等待 2～7 个状态，且执行到最后一个软件等待状态结束时，$\overline{MSC}$引脚的输出信号变为低电平状态，即完成信号，表示 n 个软件等待状态已经过去，如果需要，可以在此软件等待状态的基础上，再加外部硬件等待。即只有当$\overline{MSC}$信号变成低电平后，CPU 才采样 READY 信号。如果在插入 2～7 个软件等待状态下，不需要再增加硬件等待，只需将$\overline{MSC}$引脚与 READY 引脚反相后相连就可以了。

5. 利用混合等待实现接口的速度配合

将软件等待与硬件等待接合起来使用，可实现混合等待。

例 2-2 混合等待状态举例。

如图 2-32 所示，C54x-40 与低地址程序存储器（SRAM, 12ns）以及高地址程序存储器（EPROM, 200ns）相连接。前者不需要插入等待状态，后者应插入 8 个（8 × 25ns = 200ns）等待状态。考虑到软件最多等待 7 个状态，因此还必须增加一个硬件等待状态。

在设计软件等待状态时，如果系统中没有与 SWWSR 软件等待状态相对应的存储器，那么最好将这些区的等待状态设为 0 或 1，以防止 READY 引脚受干扰可能出现的一些问题。

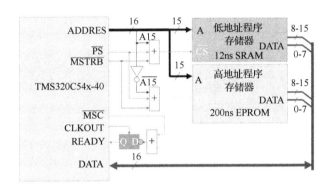

图 2-32 软件和硬件混合等待状态连接

因此 SWWSR 的设置为：

R	I/O	数据空间高 32K	数据空间低 32K	程序空间高 32K	程序空间低 32K
X	001	001	001	111	000

在图 2-32 中，为使硬件等待 1 个状态，只要将$\overline{\text{MSC}}$和高地址程序存储器的$\overline{\text{CS}}$信号经一或门加到 D 触发器的$\overline{\text{D}}$端，触发器的输出端 Q 端接到 C54x 的 READY 端。CLKOUT 是在一个机器周期的中间（下降沿）采样外部 READY 信号的。

三、分区转换逻辑

可编程分区转换逻辑允许 C54x 在外部存储器分区之间切换时不需要外部为存储器插入等待状态。当跨越外部程序或数据空间中的存储器分区界线寻址时，分区转换逻辑会自动地插入一个周期。

分区转换由分区转换控制寄存器（BSCR）定义，它是地址为 0029h 的存储器映像寄存器。BSCR 的组成如下：

15 ~ 12	11	10 ~ 2	1	0
BNKCMP	PS ~ DS	保留位	BH	EXIO
R/W	R/W		R/W	R/W

BNKCMP：分区对照位。功能：此位决定外部存储器分区的大小。BNKCMP 用来屏蔽高

4 位地址。例如，如果 BNKCMP = 1111b，则地址的高 4 位被屏蔽掉，结果分区为 4K 字空间。分区的大小从 4K 字到 64K 字，BNKCMP 与分区大小的关系如表 2-22 所示。

表 2-22　BNKCMP 与分区大小的关系

BNKCMP				屏蔽的最高有效位	分区大小(16 位字)
位 15	位 14	位 13	位 12		
0	0	0	0	—	64K
1	0	0	0	15	32K
1	1	0	0	15 ~ 14	16K
1	1	1	0	15 ~ 13	8K
1	1	1	1	15 ~ 12	4K

其中，BNKCMP 的值只能是表 2-22 中的 5 种，其他值是不允许的。

PS ~ DS：功能：程序空间读/数据空间读寻址位。此位决定在连续进行程序读/数据读或者数据读/程序读寻址之间是否插一个额外的周期：

当 PS ~ DS = 0 时，不插入额外的周期。

当 PS ~ DS = 1 时，插一个额外的周期。

保留位：这 8 位均为保留位。

BH：复位值为 0。功能：总线保持器位，用来控制总线保持器。

当 BH = 0 时，关断总线保持器。

当 BH = 1 时，接通总线保持器。数据总线保持在原先的逻辑电平。

EXIO：复位值为 0。功能：关断外部总线接口位，用来控制外部总线。

当 EXIO = 0 时，外部总线接口处于接通状态。

当 EXIO = 1 时，关断总线接口。在完成当前总线周期后，地址总线、数据总线和控制信号均变成无效：A(15 ~ 0)为原先的状态，D(15 ~ 0)为高阻状态，外部接口信号 PS、DS、IS、MSTRB、IOSTRB、R/W、MSC 以及 IAQ 为高电平。处理器工作方式状态寄存器 PMST 中的 DROM、MP/MC 和 OVLY 位以及状态寄存器 ST1 中的 HM 位都不能被修改。

EXIO 和 BH 位可以用来控制外部地址和数据总线。正常操作情况下，这两位都应当置 0。若要降低功耗，特别是从来不用或者很少用外部存储器时，可以将 EXIO 和 BH 位置 1。

C54x 分区转换逻辑可以在下列几种情况下自动地插入一个附加的周期，在这个附加的周期内，让地址总线转换到一个新的地址，即：

1）一次程序存储器读操作之后，紧跟着对不同的存储器分区的另一次程序存储器读或数据存储器读操作。

2）当 PS ~ DS 位置 1 时，一次程序存储器读操作之后，紧跟着一次数据存储器读操作。

3）对于 C548 和 C549，一次程序存储器读操作之后，紧跟着对不同页进行另一次程序存储器或数据存储器读操作。

4）一次数据存储器读操作之后，紧跟着对一个不同的存储器分区进行另一次程序存储器或数据存储器读操作。

5）当 PS ~ DS 位置 1 时，一次数据存储器读操作之后，紧跟着一次程序存储器读操作。

第八节　TMS320C54x 芯片的复位与省电

一、复位和 IDLE3 省电工作方式

C54x 可以工作在多种省电工作方式，此时器件进入暂停工作状态，功耗减小，且能保持 CPU 中的内容。当省电工作方式结束时，CPU 可以继续工作下去。

表 2-23 列出了执行 IDLE1、IDLE2 和 IDLE3 三条空转指令，以及外部 $\overline{HOLD}$ 信号为低电平使处理器处于保持状态的 4 种省电工作方式。

表 2-23　4 种省电工作方式

操作/特性	IDLE1	IDLE2	IDLE3	$\overline{HOLD}$
CPU 处暂停状态	△	△	△	△①
CPU 时钟停止	△	△	△	
外围电路时钟停止		△	△	
锁相环(PLL)停止工作			△	
外部地址线处高阻状态				△
外部数据线处高阻状态				△
外部控制信号处高阻状态				△
因以下原因结束省电工作方式：				
$\overline{HOLD}$ 变为高电平				△
内部可屏蔽硬件中断	△			
外部可屏蔽硬件中断	△	△	△	
$\overline{NMI}$	△	△	△	
$\overline{RS}$	△	△	△	

①与 HM 位有关。若 HM = 0，处理器从内部程序存储器取指，继续执行内部操作；否则，暂停内部操作。

除此以外，C54x 还有关闭外部总线和关闭 CLKOUT 两种省电功能。C54x 可以通过将分区开关控制寄存器(BSCR)的第 0 位置 1 的方法，关断片内的外部接口时钟，使接口处于低功耗状态。利用软件指令，把处理器工作方式状态寄存器 PMST 中的 CLKOFF 位置 1，从而关断 CLKOUT 的输出。

当 C54x 进入或脱离 IDLE1、IDLE2、复位或 IDLE3 这 4 种工作方式中的某一种时，CPU 总是在工作和不工作之间转换。由于前两种方式(IDLE1 和 IDLE2)下，加到 CPU 和在片外围电路的时钟还在工作，因此不需要进行特别讨论，下面仅介绍复位和 IDLE3 的时序关系。

1. 复位操作

复位($\overline{RS}$)是一个不可屏蔽的外部中断，它可以在任何时候使 C54x 进入一已知状态。正常操作是上电后 $\overline{RS}$ 应至少保持 5 个时钟周期的低电平，以确保数据、地址和控制线的正确配置。复位后 $\overline{RS}$ 为高电平，处理器从 FF80h 处取指，并开始执行程序。复位期间，处理器进行如下操作：

1) 将处理器工作方式寄存器 PMST 中的中断向量指针 IPTR 置成 1FFh。
2) 将处理器工作方式寄存器 PMST 中的 MP/$\overline{MC}$ 位置成与引脚 MP/$\overline{MC}$ 相同的数值。

3）将 PC 置成 FF80h。将扩展的程序计数器 XPC 寄存器清 0（仅 C548 和 C549）。

4）无论 MP/$\overline{\text{MC}}$状态如何，将 FF80h 加到地址总线。

5）数据总线变成高阻状态。控制线均处于无效状态。

6）产生中断响应信号$\overline{\text{IACK}}$。

7）状态寄存器 ST1 中的中断方式位 INTM 置 1，关闭所有的可屏蔽中断。

8）中断标志寄存器 IFR 清 0。

将下列状态位置成初始值：

ARP = 0	CLKOFF = 0	HM = 0	SXM = 1	ASM = 0	CMPT = 0	INTM = 1
TC = 1	AVIS = 0	CPL = 0	OVA = 0	XF = 1	BRAF = 0	DP = 0
OVB = 0	C = 1	DROM = 0	OVLY = 0	C16 = 0	FRCT = 0	OVM = 0

由于在复位期间对其余状态位以及堆栈指针（SP）没有初始化。因此，用户在程序中必须对它们适当地进行初始化。如果 MP/$\overline{\text{MC}}$ = 0，则处理器从片内 ROM 开始执行程序，否则，它将从片外程序存储器开始执行程序。

2. 外部总线复位定时图

图 2-33 是 C54x 外部总线复位定时图。要进行复位操作，对硬件初始化，复位输入信号$\overline{\text{RS}}$至少必须保持两个 CLKOUT 周期的低电平。当 C54x 响应复位时，CPU 终止当前的程序，并强迫程序计数器 PC 置成 FF80h，并以 FF80h 驱动总线。

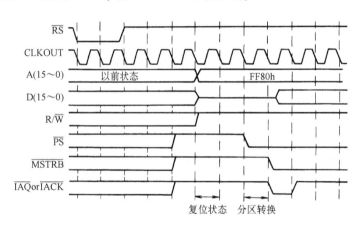

图 2-33　C54x 外部总线复位定时图

当 C54x 进入复位状态后，其外部总线状态为：

1）$\overline{\text{RS}}$变为低电平后 4 个机器周期，$\overline{\text{PS}}$、$\overline{\text{MSTRB}}$和$\overline{\text{IAQ}}$均变成高电平。

2）$\overline{\text{RS}}$变为低电平后 5 个机器周期，R/$\overline{\text{W}}$变为高电平，数据总线变为高阻状态，地址总线上为 FF80h。

同时，器件内部也进入复位状态。当$\overline{\text{RS}}$结束（变成高电平）后的外部总线状态为：

1）$\overline{\text{RS}}$变成高电平后 5 个机器周期，$\overline{\text{PS}}$变成低电平。

2）$\overline{\text{RS}}$变成高电平后 6 个机器周期，$\overline{\text{MSTRB}}$和$\overline{\text{IACK}}$变成低电平。

3）半个周期之后，CPU 准备读数据，并进入正常工作状态。

$\overline{\text{RS}}$是一个异步输入信号，可以在时钟周期的任何位置出现，如果满足指定时间，就会出现上述时序，反之，就会加入一个延时时钟。在复位期间，数据总线为高阻，控制信号无效。在 7 个等待周期后，复位信号可以被获取。复位之后的第一个周期内，插入一个分区转换周期。

3. "唤醒" IDLE3 省电方式的定时图

当 C54x CPU 执行 IDLE3 指令，就是进入 IDLE3 省电工作方式。在这种方式下，PLL 完全停止工作，以降低功耗。此时，输入时钟信号继续运行，但由于它与内部电路已经隔断，不会造成什么功耗。利用外部中断（$\overline{\text{INTn}}$、NM1 和 $\overline{\text{RS}}$）可以结束 IDLE3 省电工作方式。当 C54x 退出 IDLE3 省电工作方式，必须重新启动 PLL，并在 CPU 重新恢复工作以前锁定好相位。表 2-24 列出了用$\overline{\text{INTn}}$、NM1 信号"唤醒" IDLE3 的时间。

当一个中断引脚为低电平时（中断脉冲宽度至少为 10ns），PLL 计数器对输入时钟进行减法计数。当计数器减到 0 后，锁相后的 PLL 输出加到 CPU，C54x 退出 IDLE3 省电工作方式。PLL 计数器中的初始值，与 PLL 的乘系数有关。当 CLKOUT 频率为 40MHz 时，表 2-24 中的计数器初始值以及相应的 PLL 乘系数，能保证减法计数时间大于 50μs，CPU 在锁相后的 PLL 输出时钟作用下正常工作。图 2-34 是 IDLE3 "唤醒"时序图。

表 2-24 减法计数器时间与计数器初值以及 PLL 乘系数的关系

计数器起始值	PLL 乘系数	等效时钟周期(N)	减法计数时间/μs（CLKOUT 频率为 40MHz）
2048	1	2048	51.2
2048	1.5	3072	76.8
1024	2	2048	51.2
1024	2.5	2560	64
1024	3	3072	76.8
512	4	2048	51.2
512	4.5	2304	57.6
512	5	2560	64

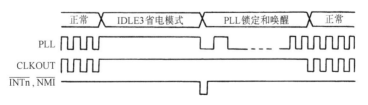

图 2-34 IDLE3 "唤醒"时序图

当用复位方法"唤醒" IDLE3 时，是不用减法计数器的，此时 PLL 输出立即加到内部逻辑电路。因此，必须要求$\overline{\text{RS}}$的低电平应大于 50μs，以保证 PLL 有 50μs 的锁存时间，不致用不稳定的时钟启动工作。

二、保持方式

C54x 有两个信号：$\overline{\text{HOLD}}$（保持请求信号）和 $\overline{\text{HOLDA}}$（保持响应信号），允许外围设备控制处理器片外的程序、数据和 I/O 空间，以便进行 DMA（直接存储器寻址）操作。当 CPU 收到来自外部的 $\overline{\text{HOLD}}$（低电平有效）信号时，3 个机器周期后作出响应：将 $\overline{\text{HOLDA}}$ 输出信号置成低电平，其外部地址总线、数据总线和控制信号均变成高阻状态，C54x 进入保持工作方式，如图 2-35 所示。

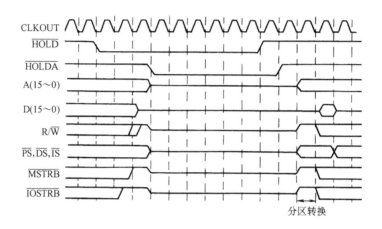

图 2-35 保持方式定时图（HM＝0）

进入保持状态的 C54x 可有两种工作方式：正常保持方式和并行 DMA 操作方式，这由状态寄存器 ST1 的 HM（保持方式）位决定。

1）HM＝1，为正常保持方式。当 $\overline{\text{HOLD}}$ 为低电平时，处理器停止执行程序。

2）HM＝0，为并行 DMA 操作方式。当 $\overline{\text{HOLD}}$ 为低电平时，处理器可以通过片内存储器（ROM 或 RAM）继续执行程序。只有当需要从外部存储器执行程序或者从外部存储器寻址操作数，C54x 才进入保持状态。所以，只要 CPU 不从外部存储器执行程序或取操作数，就可以在片外进入保持状态的同时，片内继续执行程序，这样的系统其工作效率是很高的。

如果 C54x 以 HM＝0 处于保持状态，且片内执行程序时又要求进行对外部寻址或者分支转移到外部程序存储空间，则程序只能停止执行，直到当 $\overline{\text{HOLD}}$ 信号撤销为止。在进入保持状态前，如果正在执行的是一条要求使用外部总线的重复命令，那么要等到当前总线结束后才能进入保持状态。如果 C54x 以 HM＝1 进入保持状态时，CPU 正在执行一条重复指令，则等到当前总线周期后就立即暂停执行程序，不管是对片内寻址还是对片外寻址。如果 C54x 正在执行一条多周期指令，那么它应当执行完这条指令后才进入保持状态，即执行完指令将外部总线和控制信号置成高阻状态。这一点也适用于由于插入等待状态而变成的多周期指令。

复位时，ST1 的 HM 位被清 0。可以通过执行 SSBX 和 RSBX 指令，对 HM 位进行置位和复位。

从图 2-35 可以看出，$\overline{\text{HOLD}}$ 信号有效后至少要经过 3 个机器周期，外部总线和控制信号才能变成高阻状态。由于 $\overline{\text{HOLD}}$ 信号是一个外部非同步输入信号，片内不对它锁存，因此外围设备必须让$\overline{HOLD}$保持低电平。当外围设备从 C54x 接收到一个$\overline{HOLDA}$信号后，可以确认 C54x 已进入保持状态。

$\overline{HOLD}$信号释放（变成高电平）之后，CPU 从暂停处重新恢复执行程序。$\overline{HOLDA}$信号会随着$\overline{HOLD}$信号的撤消而撤消。$\overline{HOLD}$信号撤消后 2 个机器周期（HM = 0）或者 3 个机器周期，片外总线和控制信号脱离高阻状态，进入正常工作状态。

如果在保持期间出现中断请求，则当 HM = 1，且$\overline{HOLD}$有效时，所有的中断都是被禁止的。如果在这期间收到一次中断请求，那么此中断请求信号被锁存，并挂在那里，$\overline{HOLD}$是不会影响任何中断标志或寄存器的。当 HM = 0，中断功能与通常情况一样。

如果在复位期间出现$\overline{HOLD}$信号，则片内仍然进行正常的复位操作，但是片外所有的总线和控制线保持或者变成高阻，且$\overline{HOLDA}$信号有效。如果在保持工作方式期间（$\overline{HOLD}$和$\overline{HOLDA}$信号有效）$\overline{RS}$变成低电平，则 CPU 被复位，C54x 片外的数据总线、地址总线和控制信号保持高状态。

第九节　TMS320C54x 芯片的中断

一、中断类型

中断是由硬件驱动或者软件驱动的信号。中断信号使 C54x 暂停正在执行的程序，并进入中断服务程序（ISR）。通常，当外部需要送一个数至 C54x（如 A-D 转换），或者从 C54x 取走一个数（如 D-A 转换），就通过硬件向 C54x 发出中断请求信号。中断也可以是发出特殊事件，如定时器已经完成计数。C54x 既支持软件中断，也支持硬件中断。

软件中断指由程序指令 INTR、TRAP 或 RESET 要求的中断。硬件中断指由外围设备信号要求的中断，有两种引发形式：其一，受外部中断口信号触发的外部硬件中断；其二，受片内外围电路信号触发的内部硬件中断。当同时有多个硬件中断出现时，C54x 按照中断优先级别的高低（1 的优先权最高）对它们进行服务。

表 2-25 是 C54x 的中断向量表和硬件中断优先权，对于不同型号的 DSP 芯片，表中的数据会略有不同。

表 2-25　TMS320C54x 的中断向量和中断优先权

TRAP/INTR(K) 中断号	优　先　级	中 断 名 称	中断地址偏移	功　　　能
0	1	$\overline{RS}$/SINTR	0	复位（硬件/软件）
1	2	$\overline{NMI}$/SINT16	4	不可屏蔽中断
2	—	SINT17	8	软件中断#17
3	—	SINT18	C	软件中断#18
4	—	SINT19	10	软件中断#19
5	—	SINT20	14	软件中断#20
6	—	SINT21	18	软件中断#21
7	—	SINT22	1C	软件中断#22

（续）

TRAP/INTR(K) 中断号	优 先 级	中断名称	中断地址偏移	功　　能
8	—	SINT23	20	软件中断#23
9	—	SINT24	24	软件中断#24
10	—	SINT25	28	软件中断#25
11	—	SINT26	2C	软件中断#26
12	—	SINT27	30	软件中断#27
13	—	SINT28	34	软件中断#28
14	—	SINT29	38	软件中断#29，保留
15	—	SINT30	3C	软件中断#30，保留
16	3	$\overline{INT0}$/SINT0	40	外部中断#0
17	4	$\overline{INT1}$/SINT1	44	外部中断#1
18	5	$\overline{INT2}$/SINT2	48	外部中断#2
19	6	TINT/SINT3	4C	内部定时器中断
20	7	RINT0/SINT4	50	串口 0 接收中断
21	8	XINT0/SINT5	54	串口 0 发送中断
22	9	RINT1/SINT6	58	串口 1 接收中断
23	10	XINT1/SINT7	5C	串口 1 发送中断
24	11	$\overline{INT3}$/SINT8	60	外部中断#3
25	12	$\overline{HPINT}$/SINT9	64*	HPI 中断（仅 542,545,548,549）
26	13	BRINT1/SINT10	68*	缓冲串口 1 接收中断（仅 548,549）
27	14	BXINT1/SINT11	6C*	缓冲串口 1 发送中断（仅 548,549）
28	15	BMINT0/SINT12	70*	缓冲串口 0 不重合检测中断（仅 549）
29	16	BMINT1/SINT13	74*	缓冲串口 1 不重合检测中断（仅 549）
30 ~ 31	—	—	78 ~ 7F*	保留

注：＊表示只有部分芯片有此中断，其他芯片保留。

C54x 的中断可以分成两大类：

第一类是可屏蔽中断。这些都是可以用软件来屏蔽或开放的硬件和软件中断。C54x 最多可以支持 16 个用户可屏蔽中断（SINT15 ~ SINT0）。但有的处理器只用了其中的一部分，如 C541 只有 9 个可屏蔽中断。有些中断有两个名称，这是因为可以通过软件或硬件对它们初始化。

第二类是非屏蔽中断。这些中断是不能够屏蔽的。C54x 对这一类中断总是响应的，并从主程序转移到中断服务程序。C54x 的非屏蔽中断包括所有的软件中断，以及两个外部硬件中断$\overline{RS}$（复位）和$\overline{NMI}$（也可以用软件进行$\overline{RS}$和$\overline{NMI}$中断）。$\overline{RS}$是一个对 C54x 所有操作方式产生影响的非屏蔽中断，而$\overline{NMI}$中断不会对 C54x 的任何操作方式发生影响。$\overline{NMI}$中断响应时，所有其他的中断将被禁止。

二、中断标志寄存器(IFR)和中断屏蔽寄存器(IMR)

中断标志寄存器(IFR)：它是一个存储器映像的 CPU 寄存器。当一个中断出现的时候，IFR 中的相应中断标志位置 1，直到中断得到处理为止。有 4 种情况可以将中断标志清 0：

1）C54x 复位($\overline{RS}$ 为低电平)。

2）中断得到处理。

3）将 0 写到 IFR 中的适当位(相应位变成 0)，相应的尚未处理完的中断被清除。

4）利用适当的中断号执行 INTR 指令，相应的中断标志位清 0。

不同型号的芯片，中断标志寄存器略有不同。比较完整的 IFR 中的各位为：

15～14	13	12	11	10	9	8	7	6	5	4	3	2	1	0
保留	DMAC5	DMAC4	BXINT1	BRINT1	HPINT	INT3	XINT1	DMAC0	BXINT0	BRINT0	TINT	INT2	INT1	INT0

中断屏蔽寄存器(IMR)：它也是一个存储器映像的 CPU 寄存器，主要用来屏蔽外部和内部中断。如果状态寄存器 ST1 中的 INTM＝0，IMR 寄存器中的某一位为 1，就开放相应的中断。$\overline{RS}$ 和 $\overline{NMI}$ 都不包括在 IMR 中，IMR 不能屏蔽这两个中断。

不同型号的芯片，中断屏蔽寄存器略有不同。比较完整的 IMR 中的各位为：

15～14	13	12	11	10	9	8	7	6	5	4	3	2	1	0
保留	DMAC5	DMAC4	BXINT1	BRINT1	HPINT	INT3	XINT1	DMAC0	BXINT0	BRINT0	TINT	INT2	INT1	INT0

三、中断处理过程

C54x 处理中断分为三个阶段：

(1) 接受中断请求　当硬件装置或软件指令请求中断时，CPU 的 IFR 中的相应标志位置 1。

硬件中断有外部和内部两种。以 C541 为例，来自外部中断口的中断有 $\overline{RS}$、$\overline{NMI}$、$\overline{INT0}$～$\overline{INT3}$ 共 6 个，来自在片外围电路的中断有串行口中断(RINT0、XINT0、RINT1 和 XINT1)以及定时器中断(TINT)。

软件中断都是由程序中的指令 INTR、TRAP 和 RESET 产生的。软件中断指令 INTR K 可以用来执行任何一个中断服务程序。这条指令中的操作数 K，表示 CPU 转移到哪个中断向量的位置。表 2-25 给出了操作数 K 与中断向量位置的对应关系。INTR 软件中断是不可屏蔽的中断，即不受状态寄存器 ST1 的中断屏蔽位 INTM 的影响。当 CPU 响应 INTR 中断时，INTM 位置 1，关闭其他可屏蔽中断。

软件中断指令 TRAP K 的功能与 INTR 指令相同，也是不可屏蔽的中断，两者的区别在于执行 TRAP 软件中断时，不影响 INTM 位。这条指令的操作数 K 与中断向量位置的对应关系，同样参见表 2-25。

(2) 响应中断　对于软件中断和非屏蔽中断，CPU 是立即响应的。而对于可屏蔽中断，只有满足以下条件才能响应：

1）优先级别最高(当同时出现一个以上中断时)。

2）状态寄存器 ST1 中的 INTM 位为 0。

3）中断屏蔽寄存器 IMR 中的相应位为 1。

CPU 响应中断时，让 PC 转到适当的地址取出中断向量，并发出中断响应信号$\overline{\text{IACK}}$，清除相应的中断标志位。

（3）执行中断服务程序 响应中断之后，CPU 将 PC 值（返回地址）存到数据存储器堆栈的栈顶；将中断向量的地址加载到 PC；在中断向量地址上取指（如果是延迟分支转移指令,则可以在它后面安排一条双字指令或者两条单字指令,CPU 也对这两个字取指）；执行分支转移指令，转至中断服务程序（如果延迟分支转移,则在转移前先执行附加的指令）；执行中断服务程序；中断返回，从堆栈弹出返回地址加到 PC；继续执行被中断了的程序。整个中断操作的流程如图 2-36 所示。

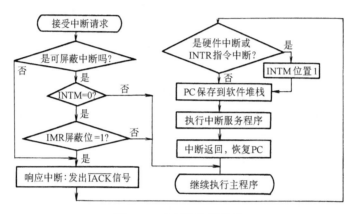

图 2-36　中断操作的流程

在执行中断服务程序前，必须将某些寄存器保存到堆栈（保护现场）；当中断服务程序执行完毕准备返回时，应当以相反的次序恢复这些寄存器（恢复现场）。要注意的是，块重复计数器 BRC 应该比 ST1 中 BRAF 位先恢复。如果不是这样的次序恢复，若 BRC 恢复前中断服务程序中的 BRC = 0，那么，先恢复的 BRAF 位将被清 0。

四、实现中断的相关问题

（1）中断向量地址的计算 复位后，中断向量地址是可以更改的。在 C54x 中，中断向量地址是由 PMST 寄存器中的 IPTR（中断向量指针,9 位）和左移 2 位后的中断向量序号（中断向量序号为 0 ~ 31,左移 2 位后变成 7 位）所组成。例如，$\overline{\text{INT0}}$ 的中断向量序号为 16（10h），左移 2 位后变成 40h，若 IPTR = 0001h，那么中断向量地址为 00C0h，如图 2-37 所示。

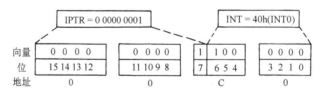

图 2-37　中断向量地址的形成

复位时，IPTR 位全置 1（IPTR = 1FFh），并按此值将复位向量映像到程序存储器的 511 页空间。所以，硬件复位后总是从 0FF80h 开始执行程序。

此时，IPTR = 1FFh = 1 1111 1111b，由表 2-25 查得$\overline{\text{RS}}$中断序号为 0，此时有：

```
IPTR =       1 1 1 1   1 1 1 1   1
+    K =                          000  0000
             1111  1111  1000  0000
               F       F      8      0  h
```

故硬件复位后的开始地址为 0FF80h。

除硬件复位向量外，其他的中断向量，只要改变 IPTR 位的值，都可以重新安排它们的地址。例如，INTR 0 中断，用 0001h 加载 IPTR，那么中断向量就被移到从 0080h 单元开始的程序存储器空间。

此时，IPTR = 0001h = 0 0000 0001b，由表 2-25 查得 SINTR 中断序号为 0h = 0 0000 b，左移 2 位后仍为 0h = 000 0000b。

```
IPTR =       0000  0000  1
+    K =                          000  0000
             0000  0000  1000  0000
               0       0      8      0  h
```

即此时中断向量被移到从 0080h 单元开始的程序存储器空间。

（2）外部中断响应的时间　在每一个机器周期都会对外部中断输入电平进行采样，并在下一个机器周期被查询到。如果该中断满足响应条件，CPU 接着执行一条硬件指令转移到中断服务子程序入口，这个指令需要 2 个机器周期。因此从外部中断请求发出到开始执行中断服务程序的第一条指令之间至少需要 3 个完整的机器周期。

如果中断请求的 3 个条件中有一个不满足，可能需要更长的响应时间。如果已经在处理同级或更高级中断，额外的等待时间取决于正在进行的中断处理程序的处理时间。如果正处理的指令没有执行到后面的机器周期，所需额外等待时间不会多于 6 个机器周期，因为最长的指令也只有 6 个周期。如果正在执行的指令为 RETE，额外的等待时间不会多于 6 个机器周期。故在单一的中断系统中，外部中断的时间基本上在 3～8 个机器周期之间。

（3）外部中断触发方式　有两种方式可以由外部触发中断，即电平触发和边沿触发。

电平触发方式是指外部中断源产生的中断信号用电平的高或低来表示。CPU 通过采集硬件信号电平来响应中断申请，但中断信号应在中断服务程序返回前拆除，以免造成重复中断。因此 CPU 响应中断后，应向硬件发出一个中断已响应的应答信号，通知外设拆除中断申请信号。

在边沿触发方式下，外部中断输入线上的负跳变首先被 CPU 的外部中断申请触发器锁存。即使 CPU 不能及时响应中断，中断申请标志也不丢失。但输入脉冲宽度至少应保持 3 个时钟周期才能被 CPU 采样到。外部中断的边沿触发方式适用于以负脉冲方式输入的外部请求源。

第十节　TMS320C54x 芯片的自举加载

自举加载完成上电时从外部加载并执行用户程序代码的任务。加载的途径包括：从一个外部 8 位或 16 位 EPROM 加载，或由主处理器通过以下途径加载，如 HPI 总线、8 位或 16 位并行 I/O、任何一个串行口、从用户定义的地址热自举。

一、自举方式的选择

在硬件复位期间，如果 C54x 的 MP/$\overline{\text{MC}}$引脚为高电平，则从外部程序存储器 0FF80h 起执行用户程序；若 MP/$\overline{\text{MC}}$引脚为低电平，则从片内 ROM 的 0FF80h 起执行程序，选择自举方式的过程如图 2-38 所示。在片内 ROM 的 0FF80h 地址上，有一条分支转移指令，以启动制造商在 ROM 的自举加载器程序。该自举过程包括如下内容：

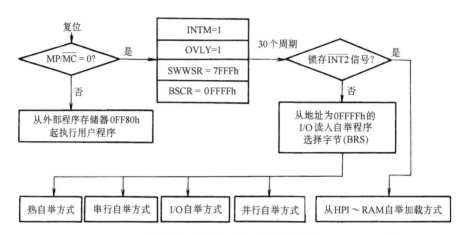

图 2-38   自举加载方式的选择过程

1. 在自举加载前进行初始化

初始化的内容包括：

1）INTM = 1，禁止所有的中断。

2）OVLY = 1，将片内双寻址 RAM 和单寻址 RAM 映像到程序/数据空间。

3）SWWSR = 7FFFh，所有程序和数据空间都插入 7 个等待状态。

4）BSCR = 0FFFFh，设定外部存储区分区为 4K 字，当程序和数据空间切换时，插入一个等待周期。

2. 检查$\overline{\text{INT2}}$

检查$\overline{\text{INT2}}$以便决定是否从主机接口（HPI）加载。如果没有锁存$\overline{\text{INT2}}$信号，说明不是从 HPI 加载；否则从 HPI ~ RAM 自举加载。

3. 使 I/O 选通信号（$\overline{\text{IS}}$）为低电平

当$\overline{\text{IS}}$为低电平后，便可从地址为 0FFFFh 的 I/O 读入自举程序选择字节（BRS）。BRS 的低 8 位决定了自举加载的方式，如表 2-26 所示。

表 2-26   自举程序选择字节（BRS）

7 6 5 4 3 2 1 0	自举加载方式
× × × × × × 0 1	8 位并行 EPROM 方式
× × × × × × 1 0	16 位并行 EPROM 方式
× × × × × × 1 1	热自举方式

（续）

7 6 5 4 3 2 1 0	自举加载方式
× × × × 1 0 0 0	8 位并行 I/O 方式
× × × × 1 1 0 0	16 位并行 I/O 方式
× × 0 0 0 0 0 0	串行自举方式，BSP 配置成 8 位（FSX/CLKX 为输出）
× × 0 0 0 1 0 0	串行自举方式，BSP 配置成 16 位（FSX/CLKX 为输出）
× × 0 1 0 0 0 0	串行自举方式，BSP 配置成 8 位（FSX/CLKX 为输入）
× × 0 1 0 1 0 0	串行自举方式，BSP 配置成 16 位（FSX/CLKX 为输入）
× × 1 0 0 0 0 0	串行自举方式，TDM 配置成 8 位（FSX/CLKX 为输出）
× × 1 0 0 1 0 0	串行自举方式，TDM 配置成 16 位（FSX/CLKX 为输出）
× × 1 1 0 1 0 0	串行自举方式，TDM 配置成 16 位（FSX/CLKX 为输入）

二、根据自举程序选择字节加载

1. 从 EPROM（8 位或 16 位）并行自举加载

图 2-39 所示的从 EPROM 并行自举加载方式，是最常见的一种自举加载方式。要加载的程序代码存放在字宽为 8 位或 16 位的 EPROM 中。在自举加载时，将这些程序代码从数据存储器传送到程序存储器。自举加载器程序从 0FFFFh 口读入的自举程序选择（BRS）字的 SRC 域（源地址域位于 BRS 的 7～2 位）规定了源地址的 6 个最高有效位，由此构成 EPROM 的 16 位地址：

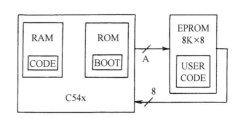

图 2-39　从 EPROM（8 位或 16 位）并行自举加载

15～10	9	8	7	6	5	4	3	2	1	0
SRC	0	0	0	0	0	0	0	0	0	0

EPROM 的地址 = SRC（BRS 中的高 6 位）+ 10 个最低位（全 0）。

自举加载器程序依据 EPROM 的源地址就可以从 EPROM 中读取自举表了。EPROM 中的自举表包含的信息如表 2-27 所示。

表 2-27　EPROM 中的自举表包含的信息

8 位方式	16 位方式	8 位方式	16 位方式
目的地址（高字节）	目的地址	程序代码字 1（低字节）	
目的地址（低字节）		⋮	⋮
程序代码长度 = N – 1（高字节）	程序代码长度 = N – 1	程序代码字 N（高字节）	程序代码字 N
程序代码长度 = N – 1（低字节）		程序代码字 N（低字节）	
程序代码字 1（高字节）	程序代码字 1		

自举加载器将 EPROM 中的程序代码全部传送到程序存储器之后，立即分支转移到目的地址，并开始执行程序代码。采用成本较低的 EPROM 自举加载，可以降低系统的成本、体积和功耗。

2. 热自举加载

热自举方式是在 RESET 信号临近释放时，按照用户定义的地址，改变 C54x 的程序执行方向。热自举方式并不传送自举表，而是指示 C54x 按照自举加载器程序读入的 BRS 中所规定的地址开始执行。如图 2-40 所示，热自举时，C54x 程序计数器 PC 等于 BRS 中的 7～2 位作为高 15～8 位，再加上 9～0 位全 0。

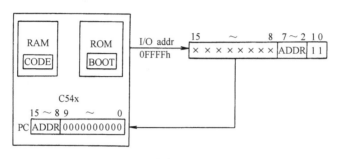

图 2-40　热自举方式加载过程

3. 从 HPI 自举加载

HPI 是一个将主处理器与 C54x 连接在一起的 8 位并行口。主处理器和 C54x 通过共享的片内存储器交换信息。图 2-41 所示为从 HPI 自举加载的示意图。当选择 HPI 自举加载方式时，应将 $\overline{\text{HINT}}$ 和 $\overline{\text{INT2}}$ 引脚连在一起。当 $\overline{\text{HINT}}$ 为低电平时，C54x 的中断标志寄存器 IFR 的相应位 (2 位) 置位。$\overline{\text{INT2}}$ 发出后，自举加载程序等待 20 个机器周期后读出 IFR 的 2 位。若此位置位，表示 $\overline{\text{INT2}}$ 被识别，自举加载程序就转移到片内 HPI RAM 的起始地址，即程序空间的 1000h，并从这个地址起执行程序。如果 IFR 的 2 位未置位，则自举程序就跳过 HPI 自举方式，并从 0FFFFh I/O 口读入 BRS 字，利用这个字的低 8 位再判断所要求的其他自举加载方式。

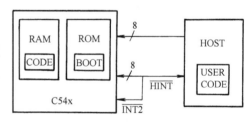

图 2-41　从 HPI 自举加载过程

利用 HPI 自举加载也是常用的一种自举方式。主机通过改写 HPI 控制寄存器 HPIC，可以很方便地设置 HPI 自举加载方式。

4. 从 I/O 自举加载

I/O 自举加载方式指从 I/O 的 0h 口异步传送程序代码到内部/外部程序存储器。其自举加载框图及时序波形图如图 2-42 和图 2-43 所示。I/O 自举加载的每个字的字长可以是 16 位或者 8 位。C54x 利用 BIO 和 XF 两根握手线与外部器件进行通信。当主机开始传送一次数据时，先将 $\overline{\text{BIO}}$ 驱动为低电平。C54x 检测到 $\overline{\text{BIO}}$ 引脚为低电平后，便从 I/O 的 0h 口输入数据，并将 XF 引脚置为高电平，向主机表示数据已经收到，且已将输入数据传送到目的地址，然后等待 $\overline{\text{BIO}}$ 引脚变成高电平后，再将 XF 引脚置成低电平。主机查询 XF 线，若为低电平，就向 C54x 传送下一个数据。

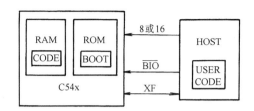

图 2-42　从 I/O 自举加载

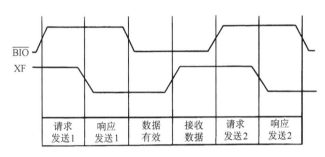

图 2-43　I/O 自举加载的握手协议

当采用 8 位方式时，就从 I/O 的 0h 口读入低 8 位数据，忽略不管数据总线上的高 8 位数据。C54x 按高字节在前，低字节在后，连续读出 2 个 8 位字节，形成一个 16 位字。C54x 接收到的头两个 16 位字，必定是目的地址和程序代码长度。C54x 每收到一个程序代码，就将其传送到目的地址所指的程序存储器。全部程序代码传送完毕后，自举加载程序就转到目的地址，开始执行程序代码。

5. 从串行口自举加载

如图 2-44 所示，从串行口自举加载指 C54x 从串行口传送程序代码至程序存储器，并执行程序。从串行口自举加载，需要自举程序选择字 BRS 提供更多的信息，以确定是按字还是按字节传送、串行口的类型以及 FSX/CLKX 信号是输出还是输入等。在串行传送数据时，头两个字分别是目的地址和程序代码长度。C54x 每接收到一个程序代码后，立即传送至程序存储器，即目的地址，直到全部程序代码传送完毕，再转到目的地址执行程序。

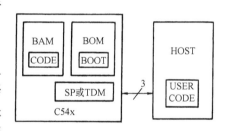

图 2-44　从串行口自举加载

第十一节　TMS320C54x 芯片的引脚

TMS320C54x DSP 的引脚如图 2-45 所示。图中表示出了 TMS320LC548、TMS320LC549T、TMS320VC549 的外观封装，它们是 144 脚的封装。对 TMS320C542 /TMS320LC542 PGE 也采用 144 个引脚的封装，但 TMS320C541、TMS320LC541、TMS320LC543、TMS320LC546 PZ 的封装只有 100 个引脚，而 TMS320LC542 PBK、TMS320C545 PBK 的封装，则有 128 个引脚。表 2-28 是 GGU 封装(144 脚封装)引脚与信号对照表。TMS320C54x DSP 的引脚功能说明如下：

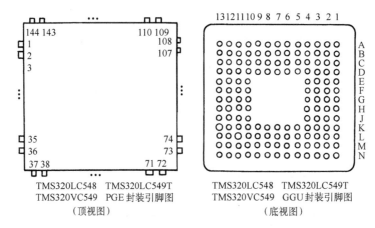

TMS320LC548　TMS320LC549T
TMS320VC549　PGE 封装引脚图
（顶视图）

TMS320LC548　TMS320LC549T
TMS320VC549　GGU 封装引脚图
（底视图）

图 2-45　TMS320C54x DSP 的引脚

表 2-28　GGU 封装（144 脚封装）引脚与信号对照表

SIGNAL QUADRANT 1	BGA BALL#	SIGNAL QUADRANT 1	BGA BALL#	SIGNAL QUADRANT 2	BGA BALL#	SIGNAL QUADRANT 2	BGA BALL#
V_{SS}	A1	READY	G3	BFSX1	N13	CV_{DD}	G11
A22	B1	$\overline{PS}$	G4	BDX1	M13	HPIENA	G10
V_{SS}	C2	$\overline{DS}$	H1	DV_{DD}	L12	V_{SS}	F13
DV_{DD}	C1	$\overline{IS}$	H2	V_{SS}	L13	CLKOUT	F12
A10	D4	$R/\overline{W}$	H3	CLKMD1	K10	HD3	F11
HD7	D3	$\overline{MSTRB}$	H4	CLKMD2	K11	X1	F10
A11	D2	$\overline{IOSTRB}$	J1	CLKMD3	K12	X2/CLKIN	E13
A12	D1	$\overline{MSC}$	J2	TEST1	K13	$\overline{RS}$	E12
A13	E4	XF	J3	HD2	J10	D0	E11
A14	E3	$\overline{HOLDA}$	J4	TOUT	J11	D1	E10
A15	E2	$\overline{IAQ}$	K1	EMU0	J12	D2	D13
CV_{DD}	E1	$\overline{HOLD}$	K2	EMU1/$\overline{OFF}$	J13	D3	D12
$\overline{HAS}$	F4	$\overline{BIO}$	K3	TDO	H10	D4	D11
V_{SS}	F3	MP/$\overline{MC}$	L1	TD1	H11	D5	C13
V_{SS}	F2	DV_{DD}	L2	$\overline{TRST}$	H12	A16	C12
CV_{DD}	F1	V_{SS}	L3	TCK	H13	V_{SS}	C11
$\overline{HCS}$	G2	BDR1	M1	TMS	G12	A17	B13
HR/$\overline{W}$	G1	BFSR1	M2	V_{SS}	G13	A18	B12

（续）

SIGNAL QUADRANT 3	BGA BALL#	SIGNAL QUADRANT 3	BGA BALL#	SIGNAL QUADRANT 4	BGA BALL#	SIGNAL QUADRANT 4	BGA BALL#
DV_{DD}	K7	BCLKR1	N2	V_{SS}	D7	A20	A12
V_{SS}	N8	HCNTL0	M3	$\overline{HDS2}$	A6	V_{SS}	B11
HD0	M8	V_{SS}	N3	DV_{DD}	B6	DV_{DD}	A11
BDX0	L8	BCLKR0	K4	A0	C6	D6	D10
TDX	K8	TCLKR	L4	A1	D6	D7	C10
$\overline{IACK}$	N9	BFSR0	M4	A2	A5	D8	B10
HBIL	M9	TFSR/TADD	N4	A3	B5	D9	A10
$\overline{NMI}$	L9	BDR0	K5	HD6	C5	D10	D9
$\overline{INT0}$	K9	HCNTL1	L5	A4	D5	D11	C9
$\overline{INT1}$	N10	TDR	M5	A5	A4	D12	B9
$\overline{INT2}$	M10	BCLKX0	N5	A6	B4	HD4	A9
$\overline{INT3}$	L10	TCLKX	K6	A7	C4	D13	D8
CV_{DD}	N11	V_{SS}	L6	A8	A3	D14	C8
HD1	M11	$\overline{HINT}$	M6	A9	B3	D15	B8
V_{SS}	L11	CV_{DD}	N6	CV_{DD}	C3	HD5	A8
BCLKX1	N12	BFSX0	M7	A21	A2	CV_{DD}	B7
V_{SS}	M12	TFSX/TFRM	N7	V_{SS}	B2	V_{SS}	A7
V_{SS}	N1	HTDY	L7	A19	A13	$\overline{HDS1}$	C7

注：表中 DV_{DD} 是 I/O 的供电电源，CV_{DD} 是 CPU 核的供电电源，而 V_{SS} 是 I/O 和 CPU 核的接地端。

1. 地址、数据信号引脚

A22(MSB)、A21、…、A0(LSB)：输出/高阻。地址总线 A22(MSB)～A0(LSB)。低 16 位(A15～A0)为寻址外部数据/程序存储空间或 I/O 空间所复用。处理器保持方式时，A15～A0 处于高阻状态。当 EMU1/$\overline{OFF}$ 为低电平时，A15～A0 也变成高阻状态。7 个最高位(A22～A16)用于扩展程序存储器寻址(仅 C548 和 C549)。

D15(MSB)、D14、…、D0(LSB)：输入/输出/高阻。数据总线 D15(MSB)～D0(LSB)。D15～D0 为 CPU 与外部数据/程序存储器或 I/O 设备之间传送数据所复用。当没有输出或 $\overline{RS}$、或 $\overline{HOLD}$ 信号有效时，D15～D0 处于高阻状态。若 EMU1/$\overline{OFF}$ 为低电平时，则 D15～D0 也变成高阻状态。

2. 初始化、中断和复位信号

$\overline{IACK}$：输出/高阻。中断响应信号。$\overline{IACK}$ 有效时(低电平)，表示接受一次中断，程序计数器按照 A15～A0 所指出的位置取出中断向量。当 EMU1/$\overline{OFF}$ 为低电平时，$\overline{IACK}$ 也变成高阻状态。

$\overline{\text{INT0}}$、$\overline{\text{INT1}}$、$\overline{\text{INT2}}$、$\overline{\text{INT3}}$：输入。外部中断(低电平)请求信号。$\overline{\text{INT0}}$ ~ $\overline{\text{INT3}}$的优先级为：$\overline{\text{INT0}}$最高，依次下去，$\overline{\text{INT3}}$最低。这 4 个中断请求信号都可以用中断屏蔽寄存器和中断方式位屏蔽。$\overline{\text{INT0}}$ ~ $\overline{\text{INT3}}$都可以通过非屏蔽中断向量进行查询和复位。

$\overline{\text{NMI}}$：输入。非屏蔽中断。$\overline{\text{NMI}}$是一种外部(低电平)中断，不能用中断屏蔽寄存器和中断方式位对其屏蔽。当$\overline{\text{NMI}}$有效时，处理器从非屏蔽中断向量位置上取指。

$\overline{\text{RS}}$：输入。复位信号。$\overline{\text{RS}}$有效时，DSP 结束当前正在执行的操作，强迫程序计数器变成 0FF80h。当$\overline{\text{RS}}$变为高电平时，处理器从程序存储器的 0FF80h 单元开始执行程序。$\overline{\text{RS}}$对许多寄存器和状态位有影响。

MP/$\overline{\text{MC}}$：输入。微处理器/微型计算机方式选择引脚。如果复位时此引脚为低电平，就工作在微型计算机方式，片内程序 ROM 映像到程序存储器高地址空间。在微处理器方式时，DSP 对片外存储器寻址。

CNT：输入。I/O 电平选择引脚。当 CNT 下拉到低电平时，为 5V 工作状态，所有输入和输出电压电平均与 TTL 电平兼容。当 CNT 为高电平时，为 3V 工作状态，I/O 接口电平与CMOS 电平兼容。

3. 多处理器信号

$\overline{\text{BIO}}$：输入。控制分支转移的输入信号。当$\overline{\text{BIO}}$低电平有效时，有条件地执行分支转移。执行 XC 指令是在流水线的译码阶段采样$\overline{\text{BIO}}$条件；执行其他条件指令时，是在流水线的读操作阶段采样$\overline{\text{BIO}}$。

XF：输出/高阻。外部标志输出端。这是一个可以锁存的软件可编程信号。可以利用SSBX XF 指令将 XF 置高电平，用 RSBX XF 指令将 XF 置成低电平。也可以用加载状态寄存器 ST1 的方法来设置。在多处理器配置中，利用 XF 向其他处理器发送信号，XF 也可用作一般的输出引脚。当 EMU1/$\overline{\text{OFF}}$为低电平时，XF 变成高阻状态，复位时 XF 变为高电平。

4. 存储器控制信号

$\overline{\text{DS}}$、$\overline{\text{PS}}$、$\overline{\text{IS}}$：输出/高阻。数据、程序和 I/O 空间选择信号。$\overline{\text{DS}}$、$\overline{\text{PS}}$和$\overline{\text{IS}}$总是高电平，只有与一个外部空间通信时，相应的选择信号才为低电平。它们的有效期与地址信号的有效期对应。在保持方式时，均变成高阻状态。当 EMU1/$\overline{\text{OFF}}$为低电平时，$\overline{\text{DS}}$、$\overline{\text{PS}}$和$\overline{\text{IS}}$也变成高阻状态。

$\overline{\text{MSTRB}}$：输出/高阻。存储器选通信号。$\overline{\text{MSTRB}}$平时为高电平，当 CPU 寻址外部数据或程序存储器时为低电平。在保持工作方式或 EMU1/$\overline{\text{OFF}}$为低电平时，$\overline{\text{MSTRB}}$变成高阻状态。

READY：输入。数据准备好信号。READY 有效(高电平)时，表明外部器件已经做好传送数据的准备。如果外部器件没有准备好(READY 为低电平)，处理器就等待一个周期，到时再检查 READY 信号。不过，要等软件等待状态完成之后，CPU 才检测 READY 信号。

R/$\overline{\text{W}}$：输出/高阻。读/写信号。R/$\overline{\text{W}}$指示与外部器件通信期间数据传送的方向。R/$\overline{\text{W}}$平时为高电平(读方式)，只有当 DSP 执行一次写操作时才变成低电平。在保持工作方式和EMU1/$\overline{\text{OFF}}$为低电平时，R/$\overline{\text{W}}$变成高阻状态。

$\overline{\text{IOSTRB}}$：输出/高阻。I/O 选通信号。$\overline{\text{IOSTRB}}$平时为高电平，当 CPU 寻址外部 I/O 设备时为低电平。在保持工作方式或 EMU1/$\overline{\text{OFF}}$为低电平时，$\overline{\text{IOSTRB}}$变成高阻状态。

$\overline{\text{HOLD}}$：输入。保持输入信号。$\overline{\text{HOLD}}$低电平有效时，表示外部电路请求控制地址、数据和控制信号线。当 C54x 响应时，这些线均变成高阻状态。

$\overline{\text{HOLDA}}$：输出/高阻。保持响应信号。$\overline{\text{HOLDA}}$低电平有效时，表示处理器已处于保持状态，数据、地址和控制线均处于高阻状态，外部电路可以利用它们。当 EMU1/$\overline{\text{OFF}}$为低电平时，$\overline{\text{HOLDA}}$也变成高阻状态。

$\overline{\text{MSC}}$：输出/高阻。微状态完成信号。当内部编程的两个或两个以上软件等待状态执行到最后一个状态时，$\overline{\text{MSC}}$变为低电平。当 EMU1/$\overline{\text{OFF}}$为低电平时，$\overline{\text{MSC}}$也变成高阻状态。

$\overline{\text{IAQ}}$：输出/高阻。指令地址采集信号。当$\overline{\text{IAQ}}$低电平有效时，表示一条正在执行的指令的地址出现在地址总线上。当 EMU1/$\overline{\text{OFF}}$为低电平时，$\overline{\text{IAQ}}$变成高阻状态。

5. 振荡器/定时器信号

CLKOUT：输出/高阻。主时钟输出信号。CLKOUT 周期就是 CPU 的机器周期。内部机器周期是以这个信号的下降沿界定的。当 EMU1/$\overline{\text{OFF}}$为低电平时，CLKOUT 也变成高阻状态。

CLKMD1、CLKMD2、CLKMD3：输入。外部/内部时钟工作方式输入信号。利用 CLKMD1、CLKMD2、CLKMD3，可以选择和配置不同的时钟工作方式，例如晶振方式、外部时钟方式以及各种锁相环系数。

X2/CLKIN：输入。晶体接到内部振荡器的输入引脚。如果不用内部晶体振荡器，这个引脚就变成外部时钟输入端。内部机器周期由时钟工作方式引脚(CLKMD1、CLKMD2、CLKMD3)决定。

X1：输出。从内部振荡器连到晶体的输出引脚。如果不用内部晶体振荡器，X1 应空着不接。当 EMU1/$\overline{\text{OFF}}$为低电平时，X1 不会变成高阻状态。

TOUT：输出/高阻。定时器输出端。当片内定时器减法计数到 0 时，TOUT 输出端发出一个脉冲。当 EMU1/$\overline{\text{OFF}}$为低电平时，TOUT 也变成高阻状态。

6. 缓冲串行口 0 和缓冲串行口 1 的信号

BCLKR0、BCLKR1：输入。接收时钟。这个外部时钟信号对来自数据接收(BDR)引脚、传送至缓冲串行口接收移位寄存器(BRSR)的数据进行定时。在缓冲串行口传送数据期间，这个信号必须存在。如果不用缓冲串行口，可以把 BCLKR0 和 BCLKR1 作为输入端，通过缓冲串行口控制寄存器(BSPC)的 IN0 位检查它们的状态。

BCLKX0、BCLKX1：输入/输出/高阻。发送时钟。这个时钟用来对来自缓冲串行口发送移位寄存器(BXSR)、传送到数据发送引脚(BDX)的数据进行定时。如果 BSPC 寄存器的 MCM 位清 0，BCLKX 可以作为一个输入端，从外部输入发送时钟。当 MCM 位置 1，它由片内时钟驱动。此时发送时钟频率等于 CLKOUT 频率 × 1/(CLKDV + 1)，其中 CLKDV 为发送时钟分频系数，其值为 0 ~ 31。如果不用缓冲串行口，可以把 BCLKX0、BCLKX1 作为输入端，通过 BSPC 中的 IN1 位检查它们的状态。当 EMU1/$\overline{\text{OFF}}$为低电平时，BCLKX0、BCLKX1 变成高阻状态。

BDR0、BDR1：输入。缓冲串行口数据接收端。串行数据由 BDR0/BDR1 端接收后，传送到缓冲串行口接收移位寄存器(BRSR)。

BDX0、BDX1：输出/高阻。缓冲串行口数据发送端。来自缓冲串行口发送移位寄存器(BXSR)的数据经 BDX 引脚串行传送出去。当不发送数据或者 EMU1/$\overline{\text{OFF}}$为低电平时，BDX0、BDX1 变成高阻状态。

BFSR0、BFSR1：输入。用于接收输入的帧同步脉冲。BFSR 脉冲的下降沿对数据接收过程初始化，并开始对 BFSR 定时。

BFSX0、BFSX1：输入/输出/高阻。用于发送输出的帧同步脉冲。BFSX 脉冲的下降沿对数据发送过程初始化，并开始对 BFSX 定时，复位后，BFSX 的默认操作条件是作为一个输入信号。当 BSPC 中的 TXM 位置 1 时，由软件选择 BFSX0、BFSX1 为输出，帧发送同步脉冲由片内给出。当 EMU1/$\overline{\text{OFF}}$ 为低电平时，此引脚变成高阻状态。

7. 串行口 0 和串行口 1 的信号

CLKR0、CLKR1：输入。接收时钟。这个外部时钟信号对来自数据接收(DR)引脚、传送至串行口接收移位寄存器(RSR)的数据进行定时。在串行口传送数据期间，这个信号必须存在。如果不用串行口，可以把 CLKR0 和 CLKR1 作为输入端，通过串行口控制寄存器(SPC)的 IN0 位检查它们的状态。

CLKX0、CLKX1：输入/输出/高阻。发送时钟。这个时钟对来自串行口发送移位寄存器(XSR)、传送到数据发送引脚(DX)的数据进行定时。如果 SPC 的 MCM 位清 0，CLKX 可以作为一个输入端，从外部输入发送时钟。当 MCM 位置 1，它由片内时钟驱动。此时发送时钟频率等于 CLKOUT/4 频率。如果不用串行口，可以把 CLKX0、CLKX1 作为输入端，通过 SPC 中的 IN1 位检查它们的状态。当 EMU1/$\overline{\text{OFF}}$ 为低电平时，CLKX0、CLKX1 变成高阻状态。

DR0、DR1：输入。串行口数据接收端。串行数据由 DR 端接收后，传送到串行口接收移位寄存器(RSR)。

DX0、DX1：输出/高阻。串行口数据发送端。来自串行口发送移位寄存器(XSR)的数据经 DX0 和 DX1 引脚传送出去。当不发送数据或者 EMU1/$\overline{\text{OFF}}$ 为低电平时，DX0 和 DX1 变成高阻状态。

FSR0、FSR1：输入。用于接收输入的帧同步脉冲。FSR 脉冲的下降沿对数据接收过程初始化，并开始对 RSR 定时。

FSX0、FSX1：输入/输出/高阻。用于发送输出的帧同步脉冲。FSX 脉冲的下降沿对数据发送过程初始化，并开始对 XSR 定时。复位后，FSX 的默认操作条件是作为一个输入信号。当 SPC 中的 TXM 位置 1 时，由软件选择 FSX0、FSX1 为输出，帧发送同步脉冲由片内给出。当 EMU1/$\overline{\text{OFF}}$ 为低电平时，此引脚变成高阻状态。

8. 时分多路(TDM)串行口的信号

TCLKR：输入。TDM 接收时钟。

TDR：输入。TDM 串行数据接收端。

TFSR/TADD：输入/输出。TDM 帧接收同步脉冲或 TDM 地址。

TCLKX：输入/输出/高阻。TDM 发送时钟。

TDX：输出/高阻。TDM 串行数据发送端。

TFSX/TFRM：输入/输出/高阻。TDM 帧发送同步脉冲。

9. 主机接口(HPI)信号

HD0 ~ HD7：输入/输出/高阻。双向并行数据总线。当不传送数据时，HD0 ~ HD7 处于高阻状态。EMU1/$\overline{\text{OFF}}$ 为低电平时，这些信号也变成高阻状态。

HCNTL0、HCNTL1：输入。控制信号。用于主机选择所要寻址的寄存器。

HBIL：输入。字节识别信号。识别主机传过来的是第 1 个字节(HBIL =0)还是第 2 个字节(HBIL =1)。

$\overline{\text{HCS}}$：输入。片选信号。作为 C54x HPI 的使能端。

$\overline{\text{HDS1}}$、$\overline{\text{HDS2}}$：输入。数据选通信号。

$\overline{\text{HAS}}$：输入。地址选通信号。

HR/$\overline{\text{W}}$：输入。读/写信号。高电平表示主机要读 HPI，低电平表示主机要写 HPI。

HRDY：输出/高阻。HPI 准备好端。高电平表示 HPI 已准备执行一次数据传送，低电平表示 HPI 正忙。

$\overline{\text{HINT}}$：输出/高阻。HPI 中断输出信号。当 DSP 复位时，此信号为高电平。EMU1/$\overline{\text{OFF}}$为低电平时，此信号也变成高阻状态。

HPIENA：输入。HPI 模块选择信号。要选择 HPI，必须将此信号引脚连到高电平。如果此引脚处于开路状态或接地，将不能选择 HPI 模块。当复位信号$\overline{\text{RS}}$变高时，采样 HPIENA 信号，在$\overline{\text{RS}}$再次变低以前不检查此信号。

10. 电源引脚

CV_{DD}：电源。正电源。CV_{DD}是 CPU 专用电源。

DV_{DD}：电源。正电源。DV_{DD}是 I/O 引脚用的电源。

V_{SS}：电源。地。V_{SS}是 C54x 的电源地线。

11. IEEE 1149.1 测试引脚

TCK：输入。IEEE 标准 1149.1 测试时钟。通常是一个占空比为 50% 的方波信号。在 TCK 的上升沿，将输入信号 TMS 和 TDI 在测试访问口（TAP）上的变化，记录到 TAP 的控制器、指令寄存器或所选定的测试数据寄存器。TAP 输出信号（TDO）的变化发生在 TCK 的下降沿。

TDI：输入。IEEE 标准 1149.1 测试数据输入端。此引脚带有内部上拉电阻。在 TCK 时钟的上升沿，将 TDI 记录到所选定的寄存器（指令寄存器或数据寄存器）。

TDO：输出/高阻。IEEE 标准 1149.1 测试数据输出端。在 TCK 的下降沿，将所选定的寄存器（指令或数据寄存器）中的内容移位到 TDO 端。除了在进行数据扫描时外，TDO 均处在高阻状态。当 EMU1/$\overline{\text{OFF}}$为低电平时，TDO 也变成高阻状态。

TMS：输入。IEEE 标准 1149.1 测试方式选择端。此引脚带有内部上拉电阻。在 TCK 时钟的上升沿，此串行控制输入信号被记录到 TAP 的控制器中。

$\overline{\text{TRST}}$：输入。IEEE 标准 1149.1 测试复位信号。此引脚带有内部上拉电阻。当$\overline{\text{TRST}}$为高电平时，就由 IEEE 标准 1149.1 扫描系统控制 C54x 的工作；若$\overline{\text{TRST}}$不接或接低电平，则 C54x 按正常方式工作，可以不管 IEEE 标准 1149.1 的其他信号。

EMU0：输入/输出/高阻。仿真器中断 0 引脚。当$\overline{\text{TRST}}$为低电平时，为了启动 EMU1/$\overline{\text{OFF}}$条件，EMU0 必须为高电平。当$\overline{\text{TRST}}$为高电平时，EMU0 用作加到或者来自仿真器系统的一个中断，是输出还是输入则由 IEEE 标准 1149.1 扫描系统定义。

EMU1/$\overline{\text{OFF}}$：输入/输出/高阻。仿真器中断 1 引脚/关断所有输出端。当$\overline{\text{TRST}}$为高电平时，EMU1/$\overline{\text{OFF}}$用作加到或来自仿真器系统的一个中断，是输出还是输入则由 IEEE 标准 1149.1 扫描系统定义。当$\overline{\text{TRST}}$为低电平时，EMU1/$\overline{\text{OFF}}$配置为$\overline{\text{OFF}}$，将所有的输出都设置为高阻状态。注意，$\overline{\text{OFF}}$用于测试和仿真目的（不是多处理器应用）是相斥的。所以，为了满足$\overline{\text{OFF}}$条件，应使：$\overline{\text{TRST}}$为低电平；EMU0 为高电平；EMU1/$\overline{\text{OFF}}$为低电平。

TEST1：输入。测试 1。留作内部测试用（仅 LC548、C549、VC549）。此脚必须空着（NC）。

TMS320 系列 DSP 的命名如图 2-46 所示。

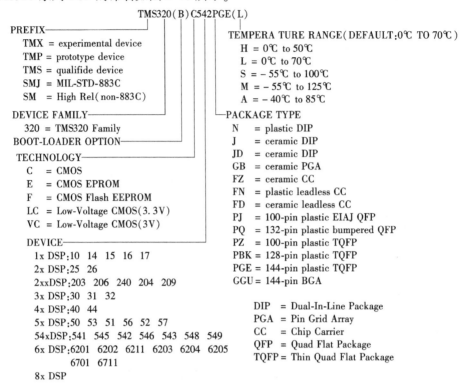

图 2-46　TMS320 系列 DSP 的命名方法

思　考　题

1. TSM320C54x 芯片存储器采用什么结构? 有何特点?

2. TSM320C54x 芯片在提高芯片运算速度方面采用了哪些措施?

3. TSM320C54x 芯片的总线有哪些? 它们各自的作用和区别是什么?

4. DSP 采用多处理单元结构有何好处?

5. TSM320C54x 芯片的 CPU 主要包括哪些部分? 它们的功能是什么?

6. 累加器 A 和 B 的作用是什么? 它们有何区别?

7. ST0、ST1、PMST 的作用是什么? 它们是如何影响 DSP 工作过程的?

8. 数据页 0(0H~7FH) 能否被映像到程序空间?

9. TSM320C54x 的总存储空间为多少? 可分为哪三类? 它们的大小是多少?

10. TSM320C54x 片内随机存储器有哪两种? 片内与片外 RAM 的区别是什么?

11. 试述三种存储器空间的各自作用是什么?

12. 试述 RAM、ROM 的分配和使用方法。

13. 片内 DARAM 可否用作程序空间? 对哪些情况要用两个机器周期才能访问到存储器?

14. 寻址存储器映象外围电路寄存器时, 要用多少个机器周期?

15. 定时器由哪些寄存器组成? 它们是如何工作的?

16. 时钟发生器由哪些部分组成? 它们是如何工作的?

17. $\overline{RS}$ 为低电平时至少多少个 CLKOUT 周期才能保证 DSP 复位？

18. HPI 由哪些部分组成？它们的作用是什么？

19. HPI 是如何控制与 DSP 进行 8 位至 16 位数据转换的？高低字节是如何处理的？

20. C54x 有哪几种串行口？标准同步串行口由哪些部分组成？它们是如何工作的？

21. CLKX、CLKR 有何作用？收发数据按 8、16 位传送是如何控制的？

22. C54x 与外部存储器、I/O 设备接口主要有哪些总线和控制信号线？它们的作用是什么？

23. C54x 如何寻址不同速度的外围设备？

24. SWWSR 是如何与 READY 线一起工作的？

25. DSP 为了降低功耗采取了哪些措施？

26. 什么情况下使用外部总线只用 1 个机器周期？

27. 什么情况下 I/O 读/写操作需要至少 3 个机器周期？

28. $\overline{RS}$ 使 C54x 进入复位状态后以及结束复位后外部总线状态如何变化？

29. 用什么办法进入 IDLE3 省电工作方式和结束这种方式？

30. $\overline{HOLD}$ 和 $\overline{HOLDA}$ 是如何控制 CPU 的？

31. 哪些办法可以引起硬件或软件中断？

32. CPU 是如何响应中断的？

33. 如何计算中断复位后的开始地址？

34. 在选择存储器时，主要考虑哪些因素？如果所选存储器的速度跟不上 DSP 的要求，应如何协调？

35. C54x-40 与低地址数据存储器(SRAM,10ns)以及高地址程序存储器(EPROM,200ns)相接口，应如何设置 SWWSR？画出连接图。

36. 有哪些自举加载方法？它们是如何工作的？

第三章 DSP 指令系统及特点

在使用可编程 DSP 器件时，通过不同的软件可以实现不同的功能，因此对 DSP 芯片的应用主要还是体现在编程上。早期的 DSP 芯片，由于各芯片厂商间对所用语言的互不兼容和语言太专用，一度影响了 DSP 的推广。目前的 DSP 芯片，一般来说同一厂商的同一等级的产品是基本兼容的，不同厂商的芯片间的兼容可采用标准 C（ANSI C）来统一。这样用户可用标准 C 编写通用程序，用 C 编译器编译成与所选芯片相对应的汇编语言程序。这样开发 DSP 应用程序就有两种方法：一种是用标准 C 语言编程，另一种是用汇编语言编程。两种方法都能达到同样的目的，但效果是不一样的。标准 C 编写的程序具有通用化和规范化的特点，可利用大量现成的已经验证的通用程序模块，但所编的程序效率较低。而用汇编语言编写的程序较难读懂，不易交流，而且必须对所用的芯片有较多的了解，且不宜用在不同的芯片上，但它的效率是最高的，运行速度也最快。通常的做法是把整个程序中最关键的百分之几的核心部分用汇编语言编写，而把其余部分用标准 C 编写。

第一节 TMS320C54x 的寻址方式

不同的 DSP 有不同的寻址方式，而且即便是同一厂商的不同系列的芯片，结构不同，相应的指令系统也不一样，因而寻址方式也不同。如 TMS320C2xx 只有立即寻址模式、直接寻址模式和间接寻址三种寻址方式，而 TMS320C30 增加到 6 种寻址方式，TMS320C54x 则有7 种寻址方式。下面以 TMS320C54x 为例说明 DSP 的寻址方式。

在寻址中常会用到下列缩写：

Smem：16 位单寻址操作数。

Xmem：16 位双寻址操作数，用于双操作数指令及某些单操作数指令。从 DB 数据总线上读出。

Ymem：16 位双寻址操作数，用于双操作数指令。从 CB 数据总线上读出。

dmad：16 位立即数，数据存储器地址，地址范围为 0～65535。

pmad：16 位立即数，程序存储器地址，地址范围为 0～65535。

PA：16 位立即数，I/O 口地址，地址范围为 0～65535。

src：源累加器（A 或 B）。

dst：目的累加器（A 或 B）。

lk：16 位长立即数。

1. 立即数寻址

立即数寻址在指令中已经包含有执行指令所需要的操作数。在操作数前面需要加#字号来说明该操作数为立即数。否则会把该操作数误认为是一个地址，从而把立即数寻址变成绝对地址寻址。例如指令：

LD # 93h,A   ;把立即数 93h 送入累加器 A

LD 93h,A　　　;把地址为 93h 单元中的数装到累加器 A,而不是把 93h 送入累加器 A

立即数分为 3、5、8 或 9 位的短立即数和 16 位的长立即数两种。短立即数可包含在单字或双字指令中,长立即数在双字指令中。

2. 绝对地址寻址

绝对地址寻址在指令中包含有所要寻址的存储单元的 16 位地址。这个 16 位的地址可以用其所在单元的地址标号或者 16 位符号常数来表示。有 4 种类型的绝对地址寻址。

(1) 数据存储器地址(dmad)寻址　该方式用一个符号或一个数来确定数据空间的一个地址。例如,把 SAMPLE 标注的数据空间地址里的数复制到由 AR3 所指定的数据存储单元中去:

MVKD SAMPLE,＊AR3

SAMPLE 标注的地址就是一个数据存储器地址(dmad)的值。这里,辅助寄存器 AR0～AR7 前的 ＊ 表示对辅助寄存器间接寻址。

(2) 程序存储器地址(pmad)寻址　该方式用一个符号或一个具体的数来确定程序存储器中的一个地址。例如,把用 TABLE 标注的程序存储器单元地址中的一个字复制到由 AR4 所指定的数据存储单元中去:

MVPD TABLE,＊AR4

TABLE 所标注的地址就是一个程序存储器地址(pmad)的值。

(3) PA 寻址　端口(PA)寻址是用一个符号或一个常数来确定外部 I/O 口地址。例如,把一个数从端口地址为 FIFO 的 I/O 口中的一个字复制到 AR5 指定的数据存储器单元:

PORTR FIFO,＊AR5

FIFO 所标注的地址为端口地址。

(4) ＊(lk)寻址　＊(lk)寻址是用一个符号或一个常数来确定数据存储器中的一个地址,这种寻址的语法允许所有使用 Smem 寻址的指令去访问数据空间的任意单元而不改变数据页指针(DP)的值,也不用对 ARx 进行初始化。当采用绝对寻址方式时,指令长度将在原来的基础上增加一个字。需要注意的是,＊(lk)寻址方式的指令不能与循环指令(RPT,RPTZ)一起使用。

例如,把地址为 BUFFER 的数据单元中的数装到累加器 A:

LD ＊(BUFFER),A

这里的 BUFFER 是一个 16 位的符号常数,括号前的 ＊ 表示绝对寻址。

3. 累加器寻址

累加器寻址是用累加器中的数值作为地址来读写程序存储器。这种寻址方式可用来对存放数据的程序存储器寻址。共有两条指令可以采用累加器寻址:

READA Smem

把累加器 A 中的数作为地址,从程序存储器单元中读入一个字的数据,并传送到由单数据存储器(Smem)操作数所确定的数据存储器单元中。

WRITA Smem

把 Smem 操作数所确定的数据存储单元中的一个字,传送到累加器 A 指定的程序存储器单元中。

这两条指令在重复方式下执行,能够对累加器自动增量。在大多数 C54x 芯片中,程序存储器单元由累加器 A 的低 16 位确定;C548 和 C549 由于有 23 条地址线,它们的程序存储器单元就由累加器的低 23 位确定。

4. 直接寻址

在直接寻址中，指令代码中包含了数据存储器地址(dma)的低 7 位。这 7 位作为偏移地址与数据页指针(DP)或堆栈指针(SP)相结合共同形成 16 位的数据存储器实际地址。利用这种寻址方式可以在不改变 DP 或 SP 的情况下，随机地寻址 128 个存储单元中的任何一个单元。虽然直接寻址不是偏移寻址的唯一方式，但它的优点是每条指令代码只有一个字。直接寻址的语法是用一个符号或一个常数来确定偏移值。在表示时，用符号@加在变量的前面，例如：

ADD @ x,A

把变量 x 存储器单元中的内容加到累加器 A 中去。

使用直接寻址的指令代码格式为

15 ~ 8	7	6 ~ 0
操作码	I = 0	数据存储器地址(dma)

其中，8 位操作码包含了指令的操作码；I = 0 表示指令使用的寻址方式为直接寻址方式；数据存储器地址(dma)包含了指令的数据存储器地址偏移。

DP 和 SP 都可以与 dma 偏移相结合产生实际地址。位于状态 ST1 寄存器中的编译方式位(CPL)决定选择采用哪种方式来产生实际地址。

CPL = 0：7 位 dma 域与 9 位的 DP 相结合形成 16 位的数据存储器地址。

CPL = 1：7 位 dma 域加上(正偏移)SP 的值形成 16 位的数据存储器地址。

图 3-1 给出了以 DP 和 SP 为基准的直接寻址。

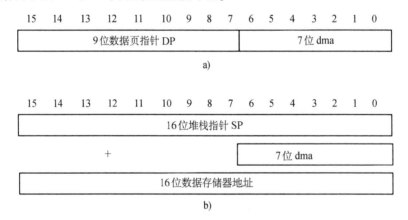

图 3-1　以 DP 和 SP 为基准的直接寻址

a) 以 DP 为基准的直接寻址　b) 以 SP 为基准的直接寻址

因为 DP 值的范围是 $0 \sim 511(2^9 - 1)$，所以以 DP 为基准的直接寻址把存储器分成 512 页，7 位的 dma 范围为 $0 \sim 127$，所以每页有 128 个可访问的单元。也就是说，DP 用于指向 512 页中的某一页，而 dma 则指出该页中的某一特定单元。访问不同页的同一单元(dma 值相同)的区别在于 DP 的值不同。DP 的值由 LD 指令装入，RESET 指令将 DP 赋值为 0，DP 的值不能用上电进行安全初始化，因为上电后它处于不定状态。所以，没有初始化数据页指针的程序可能工作不正常。所有的程序都必须对数据页指针作初始化。

例 3-1

    LD   #x, DP   ; 把立即数 x 送入状态寄存器 ST0 的 DP 位
    LD   @u, A   ; 把 x 页 u 存储器单元中的内容装入到累加器 A 中去
    ADD   @v, A   ; 把 x 页 v 存储器单元中的内容与累加器 A 中的内容相加

在以 SP 为基准的直接寻址中，指令寄存器中的 7 位 dma 作为一个正偏移与 SP 相加得到 16 位数据存储器地址。SP 可指向存储器中的任意一个地址。

例 3-2

    SSBX   CPL   ; 对状态寄存器 ST1 的 CPL 置位，CPL = 1
    LD   @X1, A   ; SP 指针加 X1 所形成的地址中的内容送累加器 A
    ADD   @Y2, A   ; SP 指针加 Y2 所形成的地址中的内容与累加器 A 中的值相加

由于 DP 与 SP 两种直接寻址方式是相互排斥的，当采用 SP 直接寻址后再次用 DP 直接寻址之前，必须选用 RSBX CPL 指令对 CPL 清零。

5. 间接寻址

间接寻址通过辅助寄存器中的 16 位地址进行寻址，寻址范围为 0 ~ 64K。C54x 有 8 个 16 位辅助寄存器（AR0 ~ AR7）都可用来进行寻址。两个辅助寄存器算术单元（ARAU0 和 ARAU1），根据辅助寄存器的内容进行操作，完成无符号的 16 位算术运算。间接寻址不仅能从存储器中读或写一个单 16 位数据操作数，还能在一个指令中访问两个数据存储器单元，即从两个独立的存储器单元读数据，或读一个存储器单元同时写另一个存储器单元，或读写两个连续的存储器单元。

（1）单操作数寻址　单数据存储器操作数间接寻址指令的格式为

15 ~ 8	7	6 ~ 3	2 ~ 0
操作码	I = 1	MOD	ARF

其中，I = 1 表示指令的寻址方式为间接寻址；MOD 为 4 位方式域，定义间接寻址的类型；ARF 为 3 位辅助寄存器域定义寻址所使用的辅助寄存器，ARF 由状态寄存器 ST1 中的兼容方式位（CMPT）决定：

CMPT = 0：标准方式。ARF 确定辅助寄存器，不管 ST0 中的 ARP 的值。在这种方式下，ARP 不能被修改，必须一直设为 0。

CMPT = 1：兼容方式。如果 ARF = 0，就用 ARP 来选择辅助寄存器，否则，用 ARF 来确定辅助寄存器。访问完成后，ARF 的值装入 ARP。汇编指令中的 ∗ ARx 表示 ARP 所选择的辅助寄存器。例如指令：

    ∗ AR1, B

图 3-2 为单操作数间接寻址的硬件框图。表 3-1 为单数据存储器操作数间接寻址类型。

表 3-1　单数据存储器操作数间接寻址类型

MOD 域	操作码语法	功　能	说　　明
0000	∗ ARx	addr = ARx	ARx 包含了数据存储器地址
0001	∗ ARx −	addr = ARx ARx = ARx − 1	访问后，ARx 中的地址减 1 [①]

（续）

MOD 域	操作码语法	功　能	说　明
0010	* ARx +	addr = ARx ARx = ARx + 1	访问后，ARx 中的地址加 1[2]
0011	* + ARx	addr = ARx + 1 ARx = ARx + 1	在寻址前，ARx 中的地址加 1，然后再寻址[1][2][3]
0100	* ARx – 0B	addr = ARx ARx = B(ARx – AR0)	访问后，从 ARx 中以位倒序进位的方式减去 AR0
0101	* ARx – 0	addr = ARx ARx = ARx – AR0	访问后，从 ARx 中减去 AR0
0110	* ARx + 0	addr = ARx ARx = ARx + AR0	访问后，把 AR0 加到 ARx 中去
0111	* ARx + 0B	addr = ARx ARx = B(ARx + AR0)	访问后，把 AR0 以位倒序进位的方式加到 ARx 中
1000	* ARx – %	addr = ARx ARx = circ(ARx – 1)	访问后，ARx 中的地址以循环寻址的方式减 1[2]
1001	* ARx – 0%	addr = ARx ARx = circ(ARx – AR0)	访问后，从 ARx 中以循环寻址的方式减去 AR0
1010	* ARx + %	addr = ARx ARx = circ(ARx + 1)	访问后，ARx 中的地址以循环寻址的方式加 1[2]
1011	* ARx + 0%	addr = ARx ARx = circ(ARx + AR0)	访问后，把 AR0 以循环寻址的方式加到 ARx 中
1100	* ARx(lk)	addr = ARx + lk ARx = ARx	ARx 和 16 位的长偏移(lk) 的和用来作为数据存储器地址。ARx 本身不被修改
1101	* + ARx(lk)	addr = ARx + lk ARx = ARx + lk	在寻址前，把一个带符号的 16 位的长偏移(lk) 加到 ARx 中，然后用新的 ARx 的值作为数据存储器的地址[3]
1110	* + ARx(lk)%	addr = circ(ARx + lk) ARx = circ(ARx + lk)	在寻址前，把一个带符号的 16 位的长偏移以循环寻址的方式加到 ARx 中，然后再用新的 ARx 的值作为数据存储器的地址[3]
1111	* (lk)	addr = lk	一个无符号的 16 位的长偏移(lk) 用来作为数据存储器的绝对地址。(也属绝对寻址)[3]

①这种方式只能用写操作指令。

②寻址 16 位字时增量/减量为 1，32 位字时增量/减量为 2。

③这种方式不允许对存储器映像寄存器寻址。

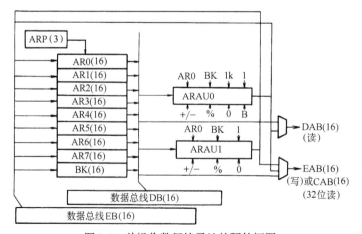

图 3-2　单操作数间接寻址的硬件框图

下面对表中提到的两种特殊的寻址功能做一说明：

1）循环寻址。循环寻址用于卷积、相关和 FIR 滤波算法中，这些算法要求在存储器中实现一个循环缓冲器。一个循环缓冲器是一个包含了最近的数据的滑动窗口。当新的数据进来时，缓冲器就会覆盖最早的数据，循环缓冲器实现的关键是循环寻址的实现。循环缓冲区的长度值存放在循环缓冲区长度寄存器 BK 中，BK 中的数值由指令设定。长度为 R 的循环缓冲器必须从一个 N 位地址的边界开始，即循环缓冲器基地址的最低 N 位必须为 0。N 是满足 $2^N > R$ 的最小整数。R 的值必须装入 BK。例如，含有 31 个字的循环缓冲器必须从最低 5 位为 0 的地址开始，即 $(\text{xxxx xxxx xxx0 0000})_2$，$N = 5$，$2^N = 2^5 > R = 31$，且 31 必须装入 BK。

如果 $R = 32$，则最小的 N 值为 6，循环缓冲区的起始地址必须有 6 个最低有效位为 0，即 $\text{xxxx xxxx xx00 0000}_2$。

如果同时有几个循环缓冲区，N 分别为 188、38 和 10，建议先安排长的循环缓冲区，再安排短的，这样可以节省存储空间。

在循环寻址时，首先要指定一个辅助寄存器 ARx 指向循环缓冲区，以 ARx 的低 N 位置 0 后就得到有效基地址（EFB）。循环缓冲器的尾地址（EOB）是通过用 BK 的低 N 位代替 ARx 的低 N 位得到。循环缓冲器的 index 就是 ARx 的低 N 位，step 就是加到辅助寄存器或从辅助寄存器中减去的值。循环寻址的算法为：

if $0 <= (\text{index} + \text{step}) < \text{BK}$；

　　　index = index + step

else if$(\text{index} + \text{step}) >= \text{BK}$；

　　　index = index + step − BK

else if$(\text{index} + \text{step}) < 0$；

　　　index = index + step + BK

上述循环寻址算法，实际上是以 BK 寄存器中的值为模的运算，对不同指令，其步长的大小（必须小于 BK）和正负是不一样的。如果 BK 等于 0，那就是不做修正的辅助寄存器间接寻址。

2）位倒序寻址。位倒序寻址用于 FFT 算法中，可以提高执行速度和在程序中使用存储器的效率。在这种寻址方式中，用 AR0 存放 FFT 点数的一半整数 N，用另一辅助寄存器指向一数据存放的物理单元。当使用位倒序寻址把 AR0 加到辅助寄存器中时，地址以位倒序的方式产生，即进位是从左向右，而不是从右向左进位。例如：

$$
\begin{array}{r}
0110 \\
+\ 1100 \\
\hline
1001
\end{array}
$$

以 8 位辅助寄存器为例，AR1 表示了在存储器中数据的基地址 $(0110\ 0000)_2$，AR0 的值为 $(0000\ 1000)_2$。利用以下两条语句可以向外设口（口地址为 PA）输出整序后的 FFT 变换结果：

```
RPT        #15              ；重复执行下条指令 15 + 1 次
PORTW      *AR1 + 0B, PA    ；向外设口 PA 输出整序后的 FFT 变换结果
```

表 3-2 是利用位倒序对 FFT 变换结果的序号调整，调整过程中，通过位倒序的地址计算，AR1 从不连续的地址取得 FFT 变换结果的值，并在输出口得到连续的顺序排号的信号值。

表 3-2　位倒序对 FFT 变换结果的序号调整

AR1 修改循环值	存储单元地址	整序前 FFT 变换结果	位倒序	AR1 更新的地址值 AR0 = (0000 1000)₂	整序后 PA 输出的 FFT 变换结果
0	0000	X(0)	0000	0110 0000	X(0)
1	0001	X(8)	1000	0110 1000	X(1)
2	0010	X(4)	0100	0110 0100	X(2)
3	0011	X(12)	1100	0110 1100	X(3)
4	0100	X(2)	0010	0110 0010	X(4)
5	0101	X(10)	1010	0110 1010	X(5)
6	0110	X(6)	0110	0110 0110	X(6)
7	0111	X(14)	1110	0110 1110	X(7)
8	1000	X(1)	0001	0110 0001	X(8)
9	1001	X(9)	1001	0110 1001	X(9)
10	1010	X(5)	0101	0110 0101	X(10)
11	1011	X(13)	1101	0110 1101	X(11)
12	1100	X(3)	0011	0110 0011	X(12)
13	1101	X(11)	1011	0110 1011	X(13)
14	1110	X(7)	0111	0110 0111	X(14)
15	1111	X(15)	1111	0110 1111	X(15)

（2）双操作数寻址方式　双数据存储器操作数寻址用在完成两个读或一个读并行一个写存储的指令中。这些指令只有一个字长且只能以间接寻址的方式工作。其指令格式为

15 ~ 8	7	6 5	4 3	2 1 0
操作码	Xmod	Xar	Ymod	Yar

其中，Xmod 定义了用于访问 Xmem 操作数的间接寻址方式的类型；Ymod 定义了用于访问 Ymem 操作数的间接寻址方式的类型；Xar 用于确定包含 Xmem 地址的辅助寄存器；Yar 用于确定包含 Ymem 地址的辅助寄存器。

两位的 Xar 和 Yar 域对辅助寄存器的选择为

Xar 或 Yar	辅助寄存器
00	AR2
01	AR3
10	AR4
11	AR5

例如指令：MPY　＊AR2，＊AR3，A

Xmod 和 Ymod 域对双数据存储器操作数寻址的类型的确定如表 3-3 所示。

表 3-3　双数据存储器操作数寻址的类型

Xmod 或 Ymod	操作码语法	功　　能	说　　　明
00	* ARx	addr = ARx	ARx 是数据存储器地址
01	* ARx −	addr = ARx ARx = ARx − 1	访问后，ARx 中的地址减 1
10	* ARx +	addr = ARx ARx = ARx + 1	访问后，ARx 中的地址加 1
11	* ARx +0%	addr = ARx ARx = circ(ARx + AR0)	访问后，AR0 以循环寻址的方式加到 ARx 中

6. 存储器映像寄存器寻址

存储器映像寄存器(MMR)寻址用来修改存储器映像寄存器而不影响当前数据页指针(DP)或堆栈指针(SP)的值。因为 DP 和 SP 的值不需修改，因此写一个寄存器的开销是最小的。存储器映像寄存器寻址可用于直接寻址和间接寻址方式。

当采用直接寻址方式时，高 9 位数据存储器地址被置 0，而不管当前的 DP 或 SP 为何值，利用指令中的低 7 位地址访问 MMR。

当采用间接寻址方式时，高 9 位数据存储器地址被置 0，按照当前辅助寄存器中的低 7 位地址访问 MMR。访问 MMR 后，寻址操作完成后辅助寄存器的高 9 位被强迫置 0。

例如：LDM　PRD，A

能使用存储器映像寄存器寻址的指令共有 8 条：

LDM MMR,dst　　　　;将 MMR 加载到累加器

MVDM dmad,MMR　　;数据存储器向 MMR 传送数据

MVMD MMR,dmad　　;将 MMR 的内容录入数据存储器单元

MVMM MMRx,MMRy　;MMRx 向 MMRy 传送数据

POPM MMR　　　　　;将数据从栈顶弹出至 MMR

PSHM MMR　　　　　;将 MMR 压入堆栈

STLM src,MMR　　　;累加器低位存到 MMR

STM # lk,MMR　　　　;长立即数存到 MMR

7. 堆栈寻址

系统堆栈用来在中断和子程序调用时自动保存程序计数器(PC)中的数值。它也能用来保护现场或传送参数。C54x 的堆栈是从高地址向低地址方向生长，并用一个 16 位存储器映像寄存器堆栈指针(SP)来管理堆栈，SP 始终指向堆栈中所存放的最后一个数据，即 SP 指针始终指向栈顶。在压入操作时，先减小 SP 的值，再将数据压入堆栈；在弹出操作时，先从堆栈弹出数据，再增加 SP 的值。

采用堆栈寻址的指令有 4 条：

PSHD　　　　　　　; 将数据寄存器中的一个数压入堆栈

PSHM　　　　　　　; 将一个 MMR 中的值压入堆栈

POPD　　　　　　　; 从堆栈弹出一个数至数据存储单元

POPM　　　　　　　; 从堆栈弹出一个数至 MMR

例如指令：PSHD　　AR2

　　　　　POPD　　* AR3

第二节　程序地址的生成

程序地址是由程序地址生成器(PAGEN)生成的，并加载到程序地址总线(PAB)上。程序地址指出程序存储器的位置，程序存储器中存放着应用程序的代码、系数表以及立即操作数。程序地址生成器(PAGEN)由程序计数器(PC)、重复计数器(RC)、块重复计数器(BRC)、块重复起始地址寄存器(RSA)和块重复结束地址寄存器(REA)构成。C548 和 C549 中还有一个扩展的程序计数器(XPC)，以寻址扩展的程序存储空间。

程序计数器(PC)是一个 16 位计数器，其中保存的是某个内部或外部程序存储器的地址，而在这个地址中存放的则是即将取指的某条指令、即将访问的某个 16 位立即操作数或系数表在程序存储器中的地址。将程序存储器地址加载到程序计数器的途径如表 3-4 所示。

表 3-4　将程序存储器地址加载到程序计数器的途径

操　作	加载到 PC 的地址
复位	PC = FF80h
顺序执行指令	PC = PC + 1
分支转移	用紧跟在分支转移指令后面的 16 位立即数加载 PC
由累加器分支转移	用累加器 A 或 B 的低 16 位立即数加载 PC
块重复循环	假如 ST1 中的块重复有效位 BRAF = 1，当 PC + 1 等于块重复结束地址(REA) + 1，将块重复起始地址(RSA)加载 PC
子程序调用	将 PC + 2 压入堆栈，并用紧跟在调用指令后面的 16 位立即数加载 PC。返回指令将栈顶弹出至 PC，回到原先的程序处继续执行
从累加器调用子程序	将 PC + 1 压入堆栈，用累加器 A 或 B 的低 16 位加载 PC。返回指令将栈顶弹出至 PC，回到原先的程序处继续执行
硬件中断或软件中断	将 PC 压入堆栈，用适当的中断向量地址加载 PC。中断返回时，将栈顶弹出至 PC，继续执行被中断了的子程序

1. 分支转移操作

利用程序的分支与转移可执行分支转移、循环控制和子程序操作。通过分支转移指令改写 PC，可以改变程序的流向。而子程序调用指令则通过将一个返回地址压入堆栈，执行返回时恢复原地址。

对 C54x 而言有两种分支转移形式，即条件分支转移和无条件分支转移，两者都可以带延迟操作(指令助记符带后缀 D)或不带延迟操作。

条件分支转移与无条件分支转移操作上的差别仅在于前者需在规定的条件得到满足时才执行，否则不执行。当条件满足时，用分支转移指令的第 2 个字(分支转移地址)加载 PC，并从这个地址继续执行程序。

无条件分支转移指令有两条：B[D]和 BACC[D]。前者用指令中所给出的地址加载 PC，后者用所指定的累加器的低 16 位作为地址加载 PC。

条件分支转移指令有两条：BC[D]和 BANZ[D]。对前者，如果指令中所规定的条件得到满足，就用指令中所给出的地址加载 PC；对于后者，如果当前辅助寄存器不等于 0，就用指令中所规定的地址加载 PC。由于 DSP 采用多级流水线操作，当分支转移指令到达流水线的执行阶段时，其后面的两个指令字已经被取指。对这两个指令，如果是在带延迟的分支转移后面，这一条双字指令或两条单字指令被执行后再进行分支转移；如果是在不带延迟的分支转移后面，就将已被读入的一条双字指令或两条单字指令从流水线中清除，不予执行，立即进行分支转移。因此，合理地设计好延迟转移指令可以提高程序的效率。这里，在延迟指令后的两个字不能是造成 PC 不连续的指令（如分支转移、调用、返回或软件中断指令）。

2. 调用和返回

对 C54x 而言，分无条件调用与返回和有条件调用与返回，并且两者都可以带延迟或不带延迟操作。对 C548 和 C549，由于有一个 7 位的程序计数器扩展寄存器（XPC），用来选择当前的 64K 字页程序存储器，相应地有远分支转移、远调用和远返回。当采用调用指令进行子程序或函数调用时，DSP 会中断当前运行的程序，转移到程序存储器的其他地址继续运行。转移前，原程序的下条指令的地址被压入堆栈，而在返回时则将这个地址弹出至 PC，使被中断了的原程序能继续执行。

无条件调用与返回指令有如下几种：

CALL[D]：将返回地址压入堆栈，用指令所规定的地址加载 PC。

CALA[D]：将返回地址压入堆栈，用指定累加器的低 16 位加载 PC。

RET[D]：　用栈顶的返回地址加载 PC。

RETE[D]：用栈顶的返回地址加载 PC，并开放中断。

RETF[D]：用快速返回寄存器 RTN 中的返回地址加载 PC，并开放中断。

条件调用与返回指令有两种：

例如：CC[D]　LOOP, cond

　　　RC [D]　cond

CC[D]：如果指令中所规定的条件得到满足，则先将返回地址压入堆栈，然后用所指定的地址加载 PC。

RC[D]：如果指令中所规定的条件得到满足，则将堆栈顶部的返回地址加载 PC。

3. 条件指令中的条件判断

前面提到的条件分支转移和条件调用与返回指令中，所涉及的条件列于表 3-5 中。

表 3-5　条件指令中的各种条件

操作数符号	条　件	说　　明	操作数符号	条　件	说　　明
AEQ	A = 0	累加器 A 等于 0	AOV	AOV = 1	累加器 A 溢出
BEQ	B = 0	累加器 B 等于 0	BOV	BOV = 1	累加器 B 溢出
ANEQ	A ≠ 0	累加器 A 不等于 0	ANOV	AOV = 0	累加器 A 不溢出
BNEQ	B ≠ 0	累加器 B 不等于 0	BNOV	BOV = 0	累加器 B 不溢出
ALT	A < 0	累加器 A 小于 0	C	C = 1	ALU 进位位置 1
BLT	B < 0	累加器 B 小于 0	NC	C = 0	ALU 进位位清 0
ALEQ	A ≤ 0	累加器 A 小于等于 0	TC	TC = 1	测试/控制标志置 1
BLEQ	B ≤ 0	累加器 B 小于等于 0	NTC	TC = 0	测试/控制标志清 0
AGT	A > 0	累加器 A 大于 0	BIO	$\overline{BIO}$低	BIO控制分支转移的输入信号为低电平
BGT	B > 0	累加器 B 大于 0	NBIO	$\overline{BIO}$高	BIO控制分支转移的输入信号为高电平
AGEQ	A ≥ 0	累加器 A 大于等于 0	UNC	无	无条件操作
BGEQ	B ≥ 0	累加器 B 大于等于 0			

当指令需要多重条件判断时，如：

BC pmad, cond[, cond[, cond]]

必须所有的条件得到满足时，程序才能转移到 pmad。由于有的条件是相斥的，因此在一条指令中，不是所有的条件都能选用，只能进行部分组合。如表 3-6 所示。

表 3-6　多重条件指令中的条件组合

第 1 组		第 2 组		
A　类	B　类	A　类	B　类	C　类
EQ	OV	TC	C	BIO
NEQ	NOV	NTC	NC	NBIO
LT				
LEQ				
GT				
GEQ				

表 3-6 中将各种可能的条件分成了两组，每组可以构成一种组合。其组合方法为：

第 1 组：可以从 A 类中选一个条件，同时可以从 B 类中选择一个条件，但是不能从同一类中选择两个条件。另外，两种条件测试的累加器必须是同一个。例如，可以同时测试 AGT 和 AOV，但不能同时测试 AGT 和 BGT。

第 2 组：可以在 A、B、C 三类中各选择一个条件，但不能从同一类中选择两个条件。例如可以同时测试 TC、C 和 BIO，但不能同时测试 NTC、C 和 NC。

如果条件分支转移出去的地方只有 1～2 字的程序段，则可以用一条单周期条件执行指令（XC）来代替分支转移指令：

XC　n,cond[,cond[,cond]]

当 n=1，且条件得到满足，就执行紧随此条件指令后的 1 条单字指令。

当 n=2，且条件得到满足，就执行紧随此指令后的 1 条双字指令或者 2 条单字指令。当条件不满足，就依 n 的值执行 1 条或 2 条 NOP 指令。

此外，还有一种条件存储指令，可以有条件地将某些 CPU 寄存器的内容存放到数据存储单元。如：

SACCD　src,Xmem,cond

如果条件满足，源累加器 src 左移（ASM－16）位后存放到 Xmem 指定的存储器单元中去。如果不满足条件，指令从 Xmem 中读数据，然后又把它写回到原来的单元中去，Xmem 单元的值保持不变。

STRCD　Xmem,cond

如果条件满足，就把 T 寄存器的值存放到数据存储器单元 Xmem 中去，如果不满足条件，指令从单元 Xmem 中读出数据后再写回到原来的单元中去，Xmem 单元的值保持不变。

SRCCD　Xmem,cond

如果条件满足，指令把块循环计数器（BRC）中的内容存放到 Xmem 中去，如果不满足条件，指令把 Xmem 中的内容读出再把它写回去，Xmem 单元的值保持不变。

下面是几种条件分支的使用指令：

RC　TC　　　　　　　　；若 TC＝1，则返回，否则往下执行

CC   sub,BNEQ   ;若累加器 B≠0，则调用 sub，否则往下执行
BC   new,AGT,AOV   ;若累加器 A>0 且溢出，则转至 new，否则往下执行

单条指令中的多个(2~3)条件是"与"的关系。如果需要两个条件相"或"，只能写成两条指令。如将上面第三句改为"若累加器 A 大于 0 或溢出，则转移到 new"，可以写成如下两条指令：

BC new，AGT

BC new，AOV

在程序设计时，对于需要重复执行的一段程序，可利用 BANZ(当辅助寄存器不为 0 时转移)指令执行循环计数和操作。

例 3-3   编写计算 $y = \sum\limits_{i=1}^{4} x_i$ 的主要程序部分。

.bss   x,4   ;为 x 建立 4 个单元,放置 x1、x2、x3、x4
.bss   y,1   ;为 y 建立 1 个单元,放置 y
STM   #x,AR1   ;将 x1 的地址传给 AR1
STM   #3,AR2   ;将循环次数 3 传给 AR2
LD   #0,A   ;对 A 清零
loop：ADD   *AR1+,A   ;对 x1、x2、x3、x4 循环累加,结果放 A 中
BANZ   loop,*AR2-   ;检查循环是否应结束
STL   A,y   ;将累加结果存入 y 中

本例中用 AR2 作为循环计数器，设初值为 3，共执行 3 次加法。也就是说，应当用迭代次数减 1 后加载循环计数器。

编程时还经常用到数据与数据的比较，这时可采用比较指令 CMPR。该指令用于测试 AR1~AR7 与 AR0 的比较结果，如果所给定的测试条件成立，则 TC 位置 1，此后条件分支转移指令就可以根据 TC 位的状态进行分支转移。由 CMPR 所比较的数据都是无符号操作数。

例 3-4   比较操作后条件分支转移。

STM   #5,AR1   ;设置待比较初值
STM   #10,AR0   ;设置比较的基准值
loop：   …
                 …
           *AR1+   ;AR1 内容加 1
                 …
                 …
CMPR   LT,AR1   ;当 AR1 小于 10 时循环
BC   loop,TC   ;否则结束循环

4. 单条指令的重复操作

C54x 具有重复执行下一条指令和重复执行一个程序块若干指令的功能。

利用重复操作指令，可以使乘法/累加和数据块传送这类多周期指令在执行一次之后变成单周期指令，从而大大提高这些指令的执行速度。一旦重复指令被取指、译码，直到重复循环完成以前，对所有的中断(包括 $\overline{\text{NMI}}$,但不包括 $\overline{\text{RS}}$)均不响应。但是，在执行重复操作期

间，若 C54x 响应保持输入$\overline{\text{HOLD}}$信号，重复操作是否执行则取决于状态寄存器 ST1 的 HM。若 HM = 0，则继续操作，否则暂停操作。

实现重复操作靠的是 C54x 内中的 16 位的重复计数器(RC)和两条能对其下条指令进行重复操作的指令 RPT 和 RPTZ。重复执行的次数等于(RC) + 1。RC 中的内容不能编程设置，只能由重复指令(RPT 和 RPTZ)中的操作数加载。操作数 n 的最大值为 65535，因此重复执行单条指令的最大次数为 65535 + 1。当 RPT 指令执行时，首先把循环的次数装入循环计数器(RC)，其循环次数 n 由一个 16 位单数据存储器操作数 Smem 或一个 8 位或 16 位常数 k 或 lk 给定。这样，紧接着的下一条指令会循环执行 n + 1 次。RC 在执行减 1 操作时不能被访问。该循环内不能套用循环。当 RPTZ 指令执行时，对目的累加器 dst 清 0，循环执行下一条指令 n + 1 次。RC 的值是一个 16 位常数 lk。表 3-7 列出了重复操作时变成单周期的多周期指令。

表 3-7　重复操作时变成单周期的多周期指令

指　令	说　明	不重复操作周期数
FIRS	对称 FIR 滤波器	3
MACD	带延迟的乘法，并将乘法结果加到累加器	3
MACP	乘法，并将结果加到累加器	3
MVDK	在数据存储器之间传送数据	2
MVDM	将数据存储器中的数据传送至 MMR	2
MVDP	将数据存储器中的数据传送至程序存储器	4
MVKD	在数据存储器间传送数据	2
MVMD	将 MMR 中的数据传送至数据存储器	2
MVPD	将程序存储器中的数据传送至数据存储器	3
READA	以累加器 A 中的数作地址读程序存储器，并将读出的数据传送至数据存储器	5
WRITA	将数据存储器中的数据，按累加器 A 为地址传送至程序存储器	5

例 3-5　利用单条指令的重复操作对数组 x[5] = {0, 0, 0, 0, 0} 进行初始化。

```
. bss      x,5           ;为数组 x 分配 5 个存储单元
STM        # x,AR1        ;将 x 的首地址赋给 AR1
LD         #0,A          ;对 A 清零
RPT        # 4           ;设置重复执行下条指令 5 次
STL        A, * AR1 +     ;对 x[5]各单元清零
```

或者

```
. bss      x, 5
STM        # x, AR1
RPTZ       A, # 4         ; 对 A 清零并设置重复执行下条指令 5 次
STL        A, * AR1 +
```

5. 块重复操作

块程序重复操作指令 RPTB 将重复操作的范围扩大到任意长度的循环回路。

RPTB 指令对任意长的程序段的循环开销为 0，其本身是一条 2 字 4 周期指令。利用 C54x 内部的块重复计数器(BRC,加载值可为 0 ~ 65535)、块重复起始地址寄存器(RSA)、

块重复结束地址寄存器(REA)与程序块重复指令 RPTB,可对紧随 RPTB、由若干条指令构成的程序块进行重复操作。

例3-6　编写对程序块进行 100 次操作的语句。

STM	# 99,BRC	;99→块重复计数器 BRC
RPTB	NEXT – 1	;对下条指令至标号为 NEXT 前的程序块执行
		100次重复操作
NEXT:…		;重复程序块以外的指令

执行上述程序时,先将 99 加载到 BRC 中,即对程序块重复执行 99 + 1 = 100 次。执行 RPTB 指令时将(PC) + 2 加载到 RSA,将 next – 1 加载到 REA,同时将状态寄存器 ST1 中的块重复操作标志位 BRAF 置 1,表示正在进行块重复操作。每执行一次程序块重复操作,BRC 减 1,直到 BRC 减到 0,将 BRAF 置 0,块重复操作全部完成。

例3-7　对数据组 x[5]中的每个元素加 1。

. bss	x,5	;为数组 x 分配 5 个存储单元
begin:LD	# 1,16,B	;将 1 左移 16 位放入 B 的高端字的最低位
STM	# 4,BRC	;为块重复计数器 BRC 设初值为 4
STM	# x,AR4	;将 x 的首地址赋给 AR4
RPTB	next – 1	;重复执行下条指令到 next – 1 间的指令
ADD	* AR4,16,B,A	;x 地址的内容左移 16 位加 B 的高端字,结果放 A
STH	A, * AR4 +	;将 A 的高端字存入 x 单元,完成加 1 操作
next:LD	# 0,B	;对 B 清零
…		

本例中,用 next – 1 作为结束地址是必要的。如果用循环回路中最后一条指令(STH 指令)的标号作为结束地址,若最后一条指令是单字指令则可,但若是双字指令就不对了。

与 RPTB 指令相比,RPT 指令一旦执行,不会停止操作,即使有中断请求也不响应;而 RPTB 指令是可以响应中断的,这一点在程序设计时需要注意。由于只有一套块重复寄存器,因此块重复操作是不能嵌套的。要使重复操作嵌套,最简单的办法是只能在最里层的循环中采用块重复指令,而外层的那些循环则利用 BANZ。

6. 循环的嵌套

执行 RPT 指令时用到了 RC 寄存器(重复计数器);执行 RPTB 指令时要用到 BRC、RSA 和 REA 寄存器。由于两者用了不同的寄存器,因此 RPT 指令可以嵌套在 RPTB 指令中,实现循环的嵌套。当然,只要保存好有关的寄存器,RPTB 指令也可以嵌套在另一条 RPTB 指令中,但效率并不高。

图 3-3 是一个三重循环嵌套结构,内层、中层和外层三重循环分别采用 RPT、RPTB 和 BANZ 指令,重复执行 N、M 和 L 次。

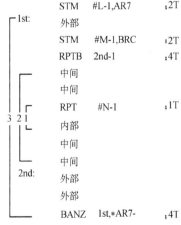

图 3-3　一个三重循环嵌套结构

第三节　流水线操作技术

DSP 芯片广泛采用流水线以减少指令执行时间，从而增强了处理器的处理能力。TMS320 系列处理器的流水线深度分 2 ~ 6 级。第一代 TMS320 处理器采用 2 级流水线，第二代采用 3 级流水线，而第三代则采用 4 级流水线。对于 2 ~ 6 级流水线处理器可以并行处理 2 ~ 6 条指令，每条指令处于流水线上的不同阶段。理想情况下，一条 k 段流水能在 $k + (n - 1)$ 个周期内处理 n 条指令。其中前 k 个周期用于完成第一条指令的执行，其余 $n - 1$ 条指令的执行需要 $n - 1$ 个周期。而非流水处理器上执行 n 条指令则需要 nk 个周期。当指令条数 n 较大时，流水线的填充和排空时间可以忽略不计，可以认为每个周期内执行的最大指令个数为 k。但是由于程序中存在数据相关、程序分支、中断以及一些其他因素，这种理想情况很难达到。

流水线操作：指在执行多条指令时，将每条指令的预取指、取指、译码、寻址、读取操作数、执行等阶段，相差一个阶段地重叠执行，即第一条指令还在执行阶段时，第二条指令的读数操作已在进行，而第三条指令则已开始寻址，而第四条指令则已开始译码，第五条指令则已开始取指，第六条指令则已开始预取指。

TMS320C54x 采用 6 级深度的指令流水线作业，它们间彼此独立，即在任何一个机器周期内，可以有 1 ~ 6 条不同的指令同时工作，但每条指令工作在流水线的不同级上。这 6 级流水线的功能为

P(预取指)	F(取指)	D(译码)	A(寻址)	R(读数)	X(执行)

预取指级：在第一个机器周期用 PC 中的内容加载 PAB。

取指级：在第二个机器周期用读取到的指令字加载 PB。如果是多字指令，需要几个机器周期才能将一条指令读出来。

译码级：在第三个周期用 PB 的内容加载指令寄存器 IR，对 IR 内的指令进行译码，产生执行指令所需要的一系列控制信号。

寻址级：如果需要，可用数据 1 读地址加载 DAB，或用数据 2 读地址加载 CAB，修正辅助寄存器和堆栈指针也在这一级进行。

读数级：读数据 1 加载 DB，或读数据 2 加载 CB；如果需要，用数据 3 写地址加载到 EAB，以便在流水线的最后一级将数据送到数据存储空间。

执行级：执行指令，或用写数据加载 EB。

1. 延迟分支转移的流水线图

上面的流水线中，存储器存取操作可分为两个阶段：先用存储单元的地址加载地址总线，然后对存储单元进行读/写操作。

例 3-8

```
地址        指令
a1，a2    B   b1          ;这是一个 4 周期、2 字分支指令
a3        i3              ;这是任意的 1 周期、1 字指令
```

a4	i4　　　　　　　;这是任意的 1 周期、1 字指令
…	…
b1	j1

图 3-4 给出了一条分支转移指令的流水线图。由图可知：

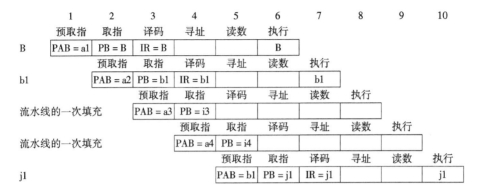

图 3-4　分支转移指令流水线图

周期 1：用分支转移指令的地址 a1 加载 PAB。

周期 2 和周期 3：取得双字分支转移指令(取指)。

周期 4 和周期 5：i3 和 i4 指令取指。由于这两条指令处在分支转移指令的后面，虽然已经取指，但不能进入译码级，且最终被丢弃。分支转移指令进入译码级，用新的值(b1)加载 PAB。

周期 6 和周期 7：双字分支转移指令进入流水线的执行级。在周期 6，j1 指令取指。

周期 8 和周期 9：由于 i3 和 i4 指令是不允许执行的，所以这两个周期均花在分支转移指令的执行上。

周期 10：执行 j1 指令。

由上可见，实际上流水执行分支转移指令只需要两个周期。但是在周期 4 和周期 5 时它还未被执行，不可能到 b1 地址去取指，只能无效地对 i3 和 i4 指令取指，这样一来总共花了 4 个周期。为了把浪费掉的两个周期利用起来，可采用延迟分支转移操作。

其方法是允许跟在延迟分支转移指令之后的两条单字、单周期指令 i3 和 i4 可以被执行。这样，只有周期 6 和 7 花在延迟分支转移指令上，从而使延迟分支转移指令变成一条 2 周期指令。

例 3-9　在完成 R = (x + y) * z 操作后转至 next。

可以分别编出如下两段程序：

利用普通分支转移指令 B　　　　　利用延迟分支转移指令 BD

LD	@ x, A	LD	@ x, A
ADD	@ y, A	ADD	@ y, A
STL	A, @ s	STL	A, @ s
LD	@ s, T	LD	@ s, T
MPY	@ z, A	BD	next
STL	A, @ r	MPY	@ z, A

    B next   STL   A, @ r

    （共 8 个字，10 个 T）   （共 8 个字, 8 个 T）

可见，采用延迟分支转移指令可以节省两个机器周期。具有延迟操作功能的指令有：

BD   BANZD   CALLD   FCALLD   RETED   FRETD   BACCD   FBD   CALAD

FCALAD   RETFD   FRETED   BCD   FBACCD   CCD   RETD   RCD

延迟操作指令比它们的非延迟型指令都要快，当然，在调试延迟型指令时，直观性稍差一些，因此希望在大多数情况下还是采用非延迟型指令。延迟操作指令后面只有两个字的空隙，因此不能在此空隙中安排任何一类分支转移指令或重复指令。在 CALLD 或 RETD 的空隙中还不能安排 PUSH 和 POP 指令。

2. 条件执行指令的流水线图

在 C54x 中有一条条件执行指令 XC，其使用格式为：

XC   n, cnd[, cnd[, cnd]]

如果条件满足，则执行下面 n(n = 1 或 2)条指令，否则下面 n 条指令改为执行 n 条 NOP 指令。

例 3-10   条件执行指令的应用。

有下列程序：

地址	指令
a1	i1
a2	i2
a3	i3
a4	XC 2, cond
a5	i5
a6	i6

它的流水线图如图 3-5 所示。图中：

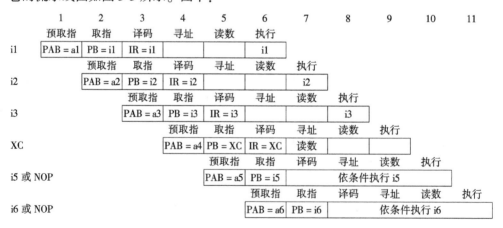

图 3-5   条件执行指令流水线图

周期 4：XC 指令的地址 a4 加载到 PAB。

周期 5：取 XC 指令的操作码。

周期 7：当 XC 指令在流水线中进行到寻址级时，求解 XC 指令所规定的条件。如果条件满足，则后面的两条指令 i5 和 i6 进入译码级并执行；如果条件不满足，则不对 i5 和 i6 指令译码。

条件执行指令 XC 是一条单字单周期指令，与条件跳转指令相比，具有快速选择其后 1 或 2 条指令是否执行的优点。XC 指令在执行前两个周期就已经求出条件，如果在这之后到执行前改变条件(如发生中断)，将会造成无期望的结果。所以要尽力避免在 XC 指令执行前两个周期改变所规定的条件。此外，并没有规定 XC 后面的 1 或 2 条指令必须是单周期指令。

3. 双寻址存储器的流水线冲突

C54x 片内的双寻址存储器(DARAM)分成若干独立的存储器块，允许 CPU 在单个周期内对其进行两次访问，包括下列三种情况：

1) 在单周期内允许同时访问 DARAM 的不同块，不会带来时序上的冲突。

2) 当流水线中的一条指令访问某一存储器块时，允许流水线中处于同一级的另一条指令访问另一个存储器块，不会带来时序上的冲突。

3) 允许处于流水线不同级上的两条指令同时访问同一个存储器块，不会造成时序上的冲突。

CPU 能够在单周期内对 DARAM 进行两次访问，是利用一次访问中对前、后半个周期分时进行访问的缘故。

对 PAB/PB 取指　　　　　　　　利用前半周期
对 DAB/DB 读取第一个数据　　　　利用前半周期
对 CAB/CB 读取第二个数据　　　　利用后半周期
对 EAB/EB 将数据写存储器　　　　利用后半周期

因此，如果 CPU 同时访问 DARAM 的同一存储器块就会发生时序上的冲突。例如，同时从同一存储器块中取指和取操作数(都在前半个周期)；或者同时对同一存储器块进行写操作和读(第二个数)操作(都在后半周期)，都会造成时序上的冲突。此时，CPU 将通过写操作延迟一个周期，或者通过插入一个空周期的办法，自动地解决上述时序上的冲突。

例 3-11　CPU 自动地解决取指与读数冲突的程序。

　　LD　　＊AR2＋，A　　　　；AR2 正指向装有代码的相同 DARAM 块
　　i2
　　i3
　　i4

图 3-6 给出了 CPU 自动地解决取指与读数冲突的例子。这里假定 DARAM 块映像为程序和数据空间，当第一条指令读操作时，就会与 i4 指令的取指发生冲突。C54x 通过将 i4 指令取指延迟一个周期，就自动地解决矛盾了。对于图 3-6，还假定 i2 和 i3 指令不寻址 DARAM 块中的数据。

对于单周期内访问两次片内双寻址存储器 DARAM 的情况，CPU 可以在单个周期内对每个存储器块访问一次，条件是同时寻址的是不同的存储器块；或者说，在流水线的某一级，一条指令访问某一存储器块，另一条指令访问另一个存储器块，那么，即使同时访问单寻址存储器，也不会产生时序上的冲突。但若同时访问同一存储器块时，就会出现时序上的冲突。此时，CPU 先在原来的周期上执行一次寻址操作，并将另一次寻址操作自动地延迟到下一个周期。这样，就导致流水线等待一个周期。

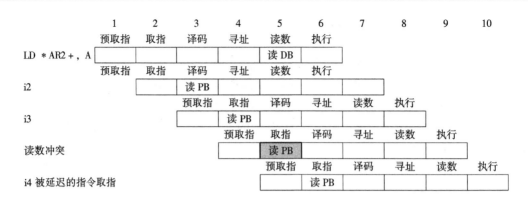

图 3-6 从 DARAM 块中同时取指和取操作数

4. 解决流水线冲突的方法

流水线操作允许 CPU 多条指令同时寻址 CPU 资源，当一个 CPU 资源同时被一个以上流水线级访问时，可能导致时序上的冲突。其中有些冲突可以由 CPU 通过延迟寻址的方法自动缓解。但仍有一些冲突是不能防止的，需要重新安排指令或者插入空操作 NOP 指令加以解决。

（1）可能发生流水线冲突的情况 在流水线中同时对存储器映像寄存器寻址，就可能发生存储器映像寄存器冲突，包括：①辅助寄存器（AR0～AR7）；②重复块长度寄存器（BK）；③堆栈指针；④暂存器（T）；⑤处理器工作方式状态寄存器（PMST）；⑥状态寄存器（ST0 和 ST1）；⑦块重复计数器（BRC）；⑧存储器映像累加器（AG、AH、AL、BG、BH、BL）。

图 3-7 说明了可能发生流水线冲突的地方和不会发生冲突的地方。可以看出，如果 C54x 系统的源程序是用 C 语言编写的，经过编译生成的代码是没有流水线冲突问题的。如果是汇编语言程序，凡是中心算术逻辑单元 CALU 操作，或者早在初始化期间就对 MMR 进行设置，也不会发生流水线冲突。利用保护性 MMR 写指令，自动插入等待周期也可以避免发生冲突。利用等待周期表，通过插入 NOP 指令可以处理好对 MMR 的写入操作。在新版的汇编程序（ASM5003.1 版）对源程序进行汇编时，如果对 MMR 写操作发生时序上的冲突，将会自动发出警告，帮助程序员修正错误。因此，大多数 C54x 程序是不需要对其流水线冲突问题特别关注的，只有某些 MMR 写操作才需要注意。由此可见，流水线冲突是 C54x 中的一个重要问题，如果解决不好，发生了时序上的冲突将会影响程序的执行结果。

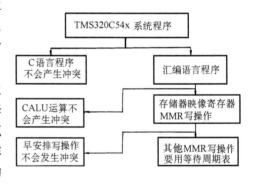

图 3-7 流水线冲突情况分析

例如，对辅助寄存器执行标准的写操作引起的时间等待，就是一种流水线冲突问题。

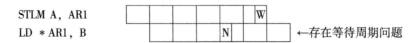

　　在这两条指令的流水线图中，"W"表示写到 AR1，"N"表示指令需要 AR1 中的值。由上图可见，像 STLM(将累加器低位存到 MMR)这样的指令，是在流水线的执行阶段进行写操作的，而 LD 指令又是在寻址阶段生成地址。这样，在第二条指令需要根据 AR1 进行间接寻址读数时，第一条指令还没有为 AR1 准备好数据。如果不采取措施，程序执行结果就会出错。

　　如果把上述第一条指令改用 STM 指令，则情况就会发生变化：

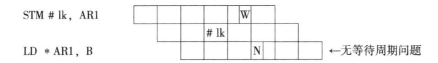

　　这里的 STM 指令是一种保护性操作，一旦常数译码后，马上就写到 AR1。接下来的 LD 指令就能顺利地形成正确的地址，并取得操作数后加载累加器 B。除 STM 指令外，还有一些指令，如 MVDK、MVMM、MVMD 等指令也有类似的作用。

　　用插入 NOP 指令的方法可解决等待周期的问题。

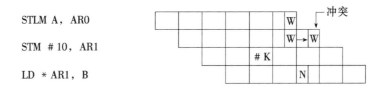

　　上例中，STLM 指令是在执行阶段将累加器 A 中的内容写到 AR0，而 STM 原来是在读数阶段将常数 10 写到 AR1，与第一条指令发生冲突。因为两者同时利用 E 总线进行写操作。此时，C54x 内部自动地将 STM 的写操作延迟一个周期，缓解了这一冲突。然而，在继续执行 LD 指令时，需要根据 AR1 间接寻址操作数，由于 AR1 还没有准备好，从而发生新的时序上的冲突。解决这一冲突的最简单的办法是在 STLM 指令后面插入一条 NOP 指令或者任何一条与程序无关的单字指令。

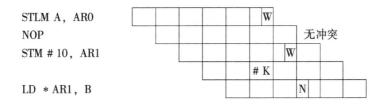

　　(2) 用等待周期表解决流水线冲突　在对存储器映像寄存器以及 ST0、ST1、PMST 的控制段进行写操作时，有可能与后续指令造成时序上的冲突。可以通过在这些写操作指令的后面插入若干条 NOP 指令来解决这些冲突。表 3-8 ~ 表 3-10 列出了等待周期表。此表给出了对存储器映像寄存器以及控制字段进行写操作的各种指令所需插入的等待周期。需要说明的是，对双字或三字指令，都会提供隐含的保护周期。利用这些指令提供的隐含的保护周期，有时可以不插 NOP 指令。

表 3-8 等待周期表 1

控制字段	不插入	插入 1 个	插入 2 个
T	STM # lk, T MVDK Smem, T LD Smem, T LD Smem, T ‖ ST	所有其他存储指令 包括 EXP	
ASM	LD # k5, ASM LD Smem, ASM	所有其他存储指令	
DP CPL = 0	LD # k9, DP LD Smem, DP		STM # lk, ST0 ST # lk, ST0 所有其他存储指令插入 3 个
SXM C16 FRCT OVM		所有存储指令 包括 SSXM 和 RSXM	
A 或 B		修改累加器然后读 MMR	
在 RPTB［D］前 读 BRC	STM # lk, BRC ST # lk, BRC MVDK Smem, BRC MVMD MMR, BRC	所有其他存储指令	SRCCD （在循环中） 见说明 4

表 3-9 等待周期表 2

控制字段	插入 2 个	插入 3 个	插入 5 个	插入 6 个
DROM	STM, ST, MVDK MVMD	所有其他存储指令		
OVLY IPTR MP/$\overline{MC}$			STM, ST MVDK, MVMD 见说明 5	所有其他存储指 令见说明 5
BRAF				RSBX 见说明 3
CPL		RSBX, SSBX		

表 3-10 等待周期表 3

控制字段	不插入	插入 1 个	插入 2 个	插入 3 个
ARx	STM, ST, MVDK, MVMM, MVMD 见说明 2	POPM, POPD, 其他 MV's 指令见说 明 2	STLM, STH, STL 所有其他存储指令见 说明 1	
BK		STM, ST, MVDK, MVMM, MVMD 见说明 2	POPM, 其他 MV's 指令见说 明 2	STLM, STH, STL 所有其他存储指令见 说明 1
SP	If CPL = 0 STM, MVDK, MVMM, MVMD 见说明 2	If CPL = 1 STM, MVDK, MVMM, MVMD 见说明 2	If CPL = 0 STLM, STH, STL 所有其他存储指令见 说明 1	If CPL = 1 STLM, STH, STL 所有其他存储指令见 说明 1
当 CPL = 1 时暗 含 SP 改变		FRAME POPM/POPD PSHM/PSHD		

注：等待周期表说明：

说明 1：下条指令不能使用 STM、MVDK 或 MVMD 写到任何 ARx、BK 或 SP 中。

说明 2：不要在该指令前，在流水线的执行阶段，用一条指令写到任何 ARx、BK 或 SP 中。

说明 3：在随后的 6 个单字指令，不能包含在 RPTB［D］环的最后的指令中。

说明 4：在 RPTB［D］环的最后的指令之前，SRCCD 必须是 2 字指令。

说明 5：所列插入等待是从新激活的存储器空间对第一条指令取指，如分支、调用或返回类型指令。

例 3-12 利用表 3-8 选择插入的 NOP 数。

```
SSBX    SXM
NOP
LD      @ x,B
```

由于 LD @ x，B 是一条单字指令，不提供隐含的保护周期。根据表 3-8，应当在 SSBX SXM 指令后插入一条 NOP 指令。而

```
SSBX    SXM
LD      *(x),B
```

由于 LD *(x)，B 是一条双字的绝对寻址指令，它隐含一个等待周期，故 SSBX 指令就不要再插 NOP 指令了。

下面举例说明等待周期表的用法。

例 3-13 利用隐含等待周期解决流水线冲突。

```
LD      @ GAIN,T
STM     # input,AR1
MPY     * AR1 + ,A
```

LD 中写 T 和 STM 中写 AR1 要用到 E 总线，由于 STM 是一条双字指令，隐含一个等待周期，故对于 AR1 来说，等待周期为 0。

例 3-14 利用表 3-10 插入 NOP 周期解决流水线冲突。

```
STLM    B，AR2
NOP
STM     # input，AR3
MPY     * AR2，* AR3 + ，A
```

STM 中写 AR3 要用到 E 总线，会与 STLM 中写 AR2 用 E 总线相冲突，查表 3-10 的控制字段为 AR3，STLM 指令后应插入 2 个 NOP，但由于下条指令 STM 隐含 1 个等待周期，故只需要插入一条 NOP 指令。

例 3-15 利用表 3-8 插入 NOP 周期解决流水线冲突。

```
MAC     @ x,B
STLM    B,ST0
NOP
NOP
NOP
ADD     @ table,A,B
```

最后一条指令 ADD @ table，A，B 是一条直接寻址指令，如果 CPL = 0，则需要用到 ST0 中的 DP 值，由表 3-8 可查出控制字段为 CPL = 0 时，应在 STLM 指令后插入 3 条 NOP 指令；如果 CPL = 1，则不需要 DP 值，也就不需要插入等待周期了。

例 3-16 利用表 3-9 及注解插入多个 NOP 周期解决流水线冲突。

```
RPTB endloop − 1
...
RSBX BRAF
```

```
                NOP
                NOP
                NOP
                NOP
                NOP
                NOP
                …
endloop
```

查表 3-9 以及说明 3，控制字段为 BRAF 时，应在 RSBX 指令的后面插入 6 条 NOP 指令。也就是说在 RSBX 指令后面应当有 6 个字，但不包括 RPTB 循环中的最末一条指令。

第四节　指令系统概述

TMS320C54x 是 TMS320 系列中的一种定点数字信号处理器，它的指令系统分助记符形式和代数式形式两种。共有指令 129 条，由于操作数的寻址方式不同，派生至 205 条。

TMS320C54x 指令系统的主要特点是：可同时读入 2 或 3 个操作数；支持双精度运算的 32 位长操作数指令；可进行单条指令重复和块指令重复操作；有块存储器传送指令和并行操作(如并行存储和加载、并行存储和加/减法、并行存储和乘法、并行加载和乘法)指令；设有条件存储指令及延迟操作指令；有从中断快速返回指令；有为特殊用途设计的指令(如支持 FIR 滤波、最小均方算法 LSM、多项式计算以及浮点运算)；有为省电安排的空转指令。

1. 指令系统中的符号和缩写

在指令系统的描述中大量使用符号和缩写，以使表达简练明晰，在对指令系统进行介绍以前，下面先对这些符号和缩写进行说明。

TMS320C54x 指令系统中的符号和缩写如表 3-11 所示。

表 3-11　指令系统中的符号和缩写

符　号	说　明
A	累加器 A
ALU	算术逻辑运算单元
AR	辅助寄存器，泛指
ARx	特指某个辅助寄存器($0 \leqslant x \leqslant 7$)
ARP	ST0 中的辅助寄存器指针域；用 3 位来表征当前的辅助寄存器 AR
ASM	ST1 中的 5 位累加器移位方式域($-16 \leqslant ASM \leqslant 15$)
B	累加器 B
BRAF	ST1 中的块循环有效标志
BRC	块循环计数器
BITC	4 位域，决定位测试指令对指定的数据存储器值的哪一位进行测试
C16	ST1 中的双 16 位/双精度算术方式位

（续）

符　号	说　明
C	ST0 中的进位位
CC	2 位条件代码(0≤CC≤3)
CMPT	ST1 中的修正方式位，决定 ARP 是否可以修正
CPL	ST1 中的直接寻址编辑方式位，指示直接寻址时采用何种指针
cond	一个操作数，表示条件执行指令所使用的条件
[d]，[D]	延迟选项
DAB	D 地址总线
DAR	DAB 地址寄存器
dmad	16 位立即数表示的数据存储器地址(0≤dmad≤65 535)
Dmem	数据存储器操作数
DP	ST0 中的 9 位数据存储器页指针域(0≤DP≤511)
dst	目的累加器(A 或 B)
dst _	另一个目的累加器，如 dst = A，则 dst _ = B；否则如 dst = B，则 dst _ = A
EAB	E 地址总线
EAR	EAB 地址寄存器
extpmad	23 位立即数表示的程序存储器地址
FRCT	ST1 中的小数方式位
hi(A)	累加器的高端 16 位(31 ~ 16 位)
HM	ST1 中的保持方式位
IFR	中断标志寄存器
INTM	ST1 中的中断屏蔽位
K	少于 9 位的短立即数
k3	3 位立即数(0≤k3≤7)
k5	5 位立即数(- 16≤k5≤15)
k9	9 位立即数(0≤k9≤511)
lk	16 位长立即数
Lmem	使用长字寻址的 32 位单数据存储器操作数
Mmr，MMR	存储器映像寄存器
MMRx，MMMRy	存储器映像寄存器，AR0 ~ AR7 或 SP
n	紧跟 XC 指令后面的字数，n = 1 或 2
N	在 RSBX、SSBX 指令中修改的状态寄存器：N = 0，状态寄存器 0；N = 1，状态寄存器 1
OVA	ST0 中的累加器 A 的溢出标志
OVB	ST0 中的累加器 B 的溢出标志
OVdst	目的累加器(A 或 B)的溢出标志

(续)

符　号	说　明
OVdst _	另一个目的累加器(A 或 B)的溢出标志
OVsrc	源累加器(A 或 B)的溢出标志
OVM	ST1 中的溢出方式位
PA	16 位立即数表示的端口地址(0≤PA≤65 535)
PAR	程序存储器地址寄存器
PC	程序计数器
pmad	16 位立即数表示的程序存储器地址(0≤pmad≤65 535)
Pmem	程序存储器操作数
PMST	处理器工作方式状态寄存器
prog	程序存储器操作数
[R]	凑整选项
rnd	凑整
RC	循环计数器
RTN	在 RETF[D]指令中用到的快速返回寄存器
REA	块循环结束地址寄存器
RSA	块循环起始地址寄存器
SBIT	4 位域指明在 RSBX,SSBX 指令中修改的状态寄存器位数(0≤SBIT≤15)
SHFT	4 位移位数(0≤SHFT≤15)
SHIFT	5 位移位数(-16≤SHIFT≤15)
Sind	使用间接寻址的单数据存储器操作数
Smem	16 位单数据存储器操作数
SP	堆栈指针
src	源累加器(A 或 B)
ST0, ST1	状态寄存器 0,状态寄存器 1
SXM	ST1 中的符号扩展方式位
T	暂存器
TC	ST0 中的测试/控制标志位
TOS	堆栈栈顶
TRN	状态转移寄存器
TS	由 T 寄存器的 5~0 位所规定的移位数(-16≤TS≤31)
uns	无符号数
XF	ST1 中的外部标志状态位
XPC	程序计数器扩展寄存器
Xmem	在双操作数指令和一些单操作数指令中使用的 16 位双数据存储器操作数
Ymem	在双操作数指令中使用的 16 位双数据存储器操作数

2. 操作码中的符号和略语

在指令手册解释指令操作码的组成时，也会用到一些符号和略语。例如指令：

LD　　　Smem[，SHIFT]，dst

是一条双字指令，它的操作码为

15	14	13	12	11	10	9	8		7	6	5	4	3	2	1	0
0	1	1	0	1	1	1	1		1	A	A	A	A	A	A	A
0	0	0	0	1	1	0	D		0	1	0	S	H	I	F	T

操作码中的符号和略语如表 3-12 所示。

表 3-12　操作码中的符号和略语

符　　号	说　　明
A	数据存储器的地址位
ARX	指定辅助寄存器的 3 位数区
BITC	4 位码区
CC	2 位条件码区
CCCC CCCC	8 位条件码区
COND	4 位条件码区
D	目的(dst)累加器位：D=0，累加器 A；D=1，累加器 B
I	寻址方式位：I=0，直接寻址方式；I=1，间接寻址方式
K	少于 9 位的短立即数区
MMRX	指定 9 个存储器映像寄存器中的某一个的 4 位数(0≤MMRX≤8)
MMRY	指定 9 个存储器映像寄存器中的某一个的 4 位数(0≤MMRY≤8)
N	单独一位数
NN	决定中断形式的 2 位数
R	舍入(rnd)选项位：R=0，不带舍入执行指令；R=1，对执行结果舍入处理
S	源(src)累加器位：S=0，累加器 A；S=1，累加器 B
SBIT	状态寄存器的 4 位位号数
SHFT	4 位移位数(0≤SHFT≤15)区
SHIFT	5 位移位数(−16≤SHIFT≤15)区
X	数据存储器位
Y	数据存储器位
Z	延迟指令位：Z=0，不带延迟操作执行指令；Z=1，带延迟操作执行指令

3. 指令系统中的记号和运算符号

TMS320C54x 指令手册中解释所用的一些记号如表 3-13 所示。

表 3-13　指令系统中所用的记号

记　　号	说　　明
黑体字符	指令手册中每指令黑体字部分表示操作码。 例如：**ADD** *Xmem*, *Ymem*, *dst* 可以利用各种 *Xmem* 和 *Ymem* 值，但指令操作码必须用黑体
斜体符号	指令语句中的斜体符号表示变量。 例如：**ADD** *Xmem*, *Ymem*, *dst* 可以利用各种 *Xmem* 和 *Ymem* 值作为变量
[X]	方括号内的操作数是任选的。 例如：**ADD** *Smem*[*,SHIFT*], *src*[*,dst*] 必须用一个 *Smem* 值和源累加器，但移位和目的累加器是任选的
#	在立即寻址指令中所用的常数前缀。#用在那些容易与其他寻址方式相混淆的指令中。 例如：RPT ＃15　；短立即数寻址，下条指令重复执行 16 次 　　　RPT　15　；直接寻址，下条指令重复执行的次数取决于存储器中的数值
(abc)	小括号表示一个寄存器或一个存储单元中的内容。 例如：(src)表示源累加器中的内容
x→y	x 值被传送到 y（寄存器或存储单元）中。 例如：(Smem)→dst 指的是将数据存储单元中的内容加载到目的累加器
r(n－m)	寄存器或存储单元 r 的第 n～m 位。 例如：src(15-0)指的是源累加器中的第 15～0 位。
＜＜nn	左移 nn 位（负数为右移）
‖	并行操作指令
\\	循环左移
//	循环右移
$\overline{X}$	X 取反（1 的补码）
｜X｜	X 取绝对值
AAh	AA 代表一个十六进制数

指令系统中所用的运算符号如表 3-14 所示。

表 3-14　指令系统中所用的运算符号

符　　号	运　　算	求值顺序
+ － ~	一元加法、减法、1 的补码	从右到左
* / %	乘法、除法、取模	从左到右
+ －	加法、减法	从左到右
≪　≫	左移、右移	从左到右
＜　＜=	小于、小于或等于	从左到右
＞　＞=	大于、大于或等于	从左到右
! =	不等于	从左到右
&	按位与运算	从左到右
^	按位异或运算	从左到右
｜	按位或运算	从左到右

4. 指令系统分类与说明

　　TMS320C54x 的指令系统可按指令的功能或执行指令所要求的周期数来分类。表 3-15 列出了按功能分类的指令系统，共有 4 类：算术运算指令、逻辑运算指令、程序控制指令以及加载和存储指令。

表 3-15　TMS320C54x 指令系统

助记符方式	表达式方式	说　　明	字数/周期
算术指令			
ABDST　Xmem，Ymem	abdst(Xmem，Ymem) 或 $B = B + |A(32 - 16)|$， $A = (Xmem - Ymem) << 16$	绝对距离	1/1
ABS　src[，dst]	$dst = |src|$	累加器取绝对值	1/1
ADD　Smem，src	$src = src + Smem$ $src + = Smem$	操作数加至累加器	1/1
ADD　Smem，TS，src	$src = src + Smem << TS$ $src + = Smem << TS$	操作数移位后加至累加器	1/1
ADD　Smem，16，src [，dst]	$dst = src + Smem << 16$ $dst + = Smem << 16$	操作数左移 16 位后加至累加器	1/1
ADD　Smem[，SHIFT]，src [，dst]	$dst = src + Smem[<< SHIFT]$ $dst + = Smem[<< SHIFT]$	操作数移位后加至累加器	2/2
ADD　Xmem，SHFT，src	$src = src + Xmem << SHFT$ $src + = Xmem << SHFT$	操作数移位后加至累加器	1/1
ADD　Xmem，Ymem，dst	$dst = Xmem << 16 + Ymem << 16$	两个操作数分别左移 16 位后加到累加器	1/1
ADD　# lk[，SHFT]，src[，dst]	$dst = src + \# lk[<< SHFT]$ $dst + = \# lk[<< SHFT]$	长立即数移位后加到累加器	2/2
ADD　# lk，16，src[，dst]	$dst = src + \# lk << 16$ $dst + = \# lk << 16$	把左移 16 位后的长立即数加到累加器	2/2
ADD　src[，SHIFT][，dst]	$dst = dst + src[<< SHIFT]$ $dst + = src[<< SHIFT]$	累加器移位后相加	1/1
ADD　src，ASM[，dst]	$dst = dst + src << ASM$ $dst + = src << ASM$	累加器按 ASM 移位后相加	1/1
ADDC　Smem，src	$src = src + Smem + CARRY$ $src + = Smem + CARRY$	操作数带进位加到累加器	1/1
ADDM　# lk，Smem	$Smem = Smem + \# lk$ $Smem + = \# lk$	把长立即数加到存储器	2/2

（续）

助记符方式	表达式方式	说　明	字数/周期
算术指令			
ADDS　Smem, src	$src = src + uns(Smem)$ $src + = uns(Smem)$	符号位不扩展的加法	1/1
DADD　Lmem, src[, dst]	$dst = src + dbl(Lmem)$ $dst + = dbl(Lmem)$ $dst = src + dual(Lmem)$ $dst + = dual(Lmem)$ 或 If C16 = 0 　$dst = Lmem + src$ If C16 = 1 　$dst(39 - 16) = Lmem(31 - 16)$ 　　　$+ src(31 - 16)$ 　$dst(15 - 0) = Lmem(15 - 0)$ 　　　$+ src(15 - 0)$	双精度/双 16 位数加到累加器	1/1
DADST　Lmem, dst	$dst = dadst(Lmem, T)$ 或 If C16 = 0 　$dst = Lmem + (T \ll 16 + T)$ If C16 = 1 　$dst(39 - 16) = Lmem(31 - 16)$ 　$+ T$ 　$dst(15 - 0) = Lmem(15 - 0) - T$	双精度/双 16 位数与 T 寄存器值相加	1/1
DELAY　Smem	$delay(Smem)$ 或 $(Smem + 1) = Smem$	存储器单元延迟	1/1
DRSUB　Lmem, src	$src = dbl(Lmem) - src$ $src = dual(Lmem) - src$ 或 If C16 = 0 　$src = Lmem - src$ If C16 = 1 　$src(39 - 16) = Lmem(31 - 16)$ 　　$- src(31 - 16)$ 　$src(15 - 0) = Lmem(15 - 0)$ 　　$- src(15 - 0)$	从双精度/双 16 位数中减去累加器值	1/1
DSADT　Lmem, dst	$dst = dsadt(Lmem, T)$ 或 If C16 = 0 　$dst = Lmem - (T \ll 16 + T)$ If C16 = 1 　$dst(39 - 16) = Lmem(31 - 16)$ 　$- T$ 　$dst(15 - 0) = Lmem(15 - 0) + T$	长操作数与 T 寄存器值相加/减	1/1

（续）

助记符方式	表达式方式	说　　明	字数/周期
算术指令			
DSUB　Lmem，src	$src = src - dbl(Lmem)$ $src - = dbl(Lmem)$ $src = src - dual(Lmem)$ $src - = dual(Lmem)$ 或 If C16 = 0 　　$src = src - Lmem$ If C16 = 1 　　$src(39 - 16) = src(31 - 16)$ 　　　$- Lmem(31 - 16)$ 　　$src(15 - 0) = src(15 - 0)$ 　　　$- Lmem(15 - 0)$	从累加器中减去双精度/双 16 位数	1/1
DSUBT　Lmem，dst	$dst = dbl(Lmem) - T$ $dst = dual(Lmem) - T$ 或 If C16 = 0 　　$dst = Lmem - (T \ll 16 + T)$ If C16 = 1 　　$dst(39 - 16) = Lmem(31 - 16)$ 　　　$- T$ 　　$dst(15 - 0) = Lmem(15 - 0) - T$	从长操作数中减去 T 寄存器值	1/1
EXP　src	$T = exp(src)$ 或 $T = number\ of\ sign\ bits(src) - 8$	求累加器的指数	1/1
FIRS Xmem，Ymem，pmad	$firs(Xmem,Ymem,pmad)$ 或 $B = B + A * pmad,$ $A = (Xmem + Ymem) \ll 16$	对称有限冲激响应滤波器	2/3
LMS　Xmem，Ymem	$lms(Xmem,Ymem)$ 或 $B = B + Xmem * Ymem,$ $A = (A + Xmem \ll 16) + 2^{15}$	求最小均方值	1/1
MAC　Smem，src	$src = src + T * Smem$	操作数与 T 寄存器值相乘后	1/1
MACR　Smem，src	$src = rnd(src + T * Smem)$	加到累加器［MACR 再凑整］	
MAC　Xmem，Ymem，src［,dst］ MACR Xmem，Ymem，src［,dst］	$dst = src + Xmem * Ymem, T = Xmem$ $dst = rnd(src + Xmem * Ymem),$ $T = Xmem$	两个操作数相乘后再加到累加器中［MACR 最后凑整］	1/1
MAC　# lk，src［,dst］	$dst = src + T * \# lk$ $dst + = T * \# lk$	T 寄存器和长立即数相乘后加到累加器	2/2
MA#　Smem，# lk，src［,dst］	$dst = src + Smem * \# lk, T = Smem$ $dst + = Smem * \# lk, T = Smem$	长立即数与操作数相乘后加到累加器	2/2

（续）

助记符方式	表达式方式	说　明	字数/周期
算术指令			
MACA　Smem[,B] MACAR　Smem[,B]	B = B + Smem * hi(A)，T = Smem B = rnd(B + Smem * hi(A))， T = Smem	操作数与累加器 A 高位相乘后加到累加器 B[MACAR 再凑整]	1/1
MACA　T，src[,dst] MACAR　T，src[,dst]	dst = src + T * hi(A) dst = rnd(src + T * hi(A))	T 与累加器 A 高端相乘后与源累加器相加[MACAR 再凑整]	1/1
MACD　Smem，pmad，src	macd(Smem,pmad,src) 或： src = src + Smem * pmad，T = Smem， (Smem + 1) = Smem，PAR = PAR +1	操作数与程序存储器值相乘后再累加并延迟	2/3
MACP　Smem，pmad，src	macp(Smem,pmad,src) 或： src = src + Smem * pmad，T = Smem PAR = PAR + 1	操作数与程序存储器值相乘后加到累加器	2/3
MACSU　Xmem，Ymem，src	src = src + uns(Xmem) * Ymem， T = Xmem src + = uns(Xmem) * Ymem， T = Xmem	无符号数与有符号数相乘后加到累加器	1/1
MAS　Smem，src MASR　Smem，src	src = src − T * Smem src = rnd(src − T * Smem)	从累加器中减去 T 寄存器值与操作数的乘积[MASR 再凑整]	1/1
MAS　Xmem，Ymem，src[,dst] MASR　Xmem，Ymem，src[,dst]	dst = src − Xmem * Ymem，T = Xmem dst = rnd(src − Xmem * Ymem)， T = Xmem	从累加器中减去两操作数的乘积[MASR 再凑整]	1/1
MASA　Smem[,B]	B = B − Smem * hi(A)，T = Smem B − = Smem * hi(A)，T = Smem	从累加器 B 中减去操作数与累加器 A 高位的乘积	1/1
MASA　T，src[,dst] MASAR　T，src[,dst]	dst = src − T * hi(A) dst = rnd(src − T * hi(A))	从源累加器中减去 T 与累加器 A 高位的乘积[MASAR 再凑整]	1/1
MAX　dst	dst = max(A,B)	求累加器(A 与 B)的最大值	1/1
MIN　dst	dst = min(A,B)	求累加器(A 与 B)的最小值	1/1
MPY　Smem，dst MPYR　Smem，dst	dst = T * Smem dst = rnd(T * Smem)	T 寄存器与单数据存储器操作数相乘[MPYR 再凑整]	1/1
MPY　Xmem，Ymem，dst	dst = Xmem * Ymem，T = Xmem	两数据存储器操作数相乘	1/1
MPY　Smem，# lk，dst	dst = Smem * # lk，T = Smem	长立即数与单数据存储器操作数相乘	2/2
MPY　# lk，dst	dst = T * # lk	长立即数与 T 的值相乘	2/2

（续）

助记符方式	表达式方式	说　明	字数/周期
算术指令			
MPYA　Smem	B = Smem * hi(A)，T = Smem	单数据存储器操作数与累加器 A 的高位相乘	1/1
MPYA　dst	dst = T * hi(A)	T 的值与累加器 A 的高位相乘	1/1
MPYU　Smem，dst	dst = uns(T) * uns(Smem)	无符号数相乘	1/1
NEG　src[,dst]	dst = - src	将累加器的值变为负值	1/1
NORM　src[,dst]	dst = src << TS， dst = norm(src,TS)	归一化	1/1
POLY　Smem	poly(Smem) 或 B = Smem << 16，A = rnd(A * T + B)	求多项式的值	1/1
RND　src[,dst]	dst = rnd(src) 或： dst = src + 2^{15}	对累加器的值凑整	1/1
SAT　src	saturate(src)	累加器做饱和运算	1/1
SQDST　Xmem，Ymem	sqdst(Xmem,Ymem) 或 B = B + A(32 - 16) * A(32 - 16) A = (Xmem - Ymem) << 16	求距离的平方	1/1
SQUR　Smem，dst	dst = Smem * Smem，T = Smem dst = square(Smem)，T = Smem	单数据存储器操作数的平方	1/1
SQUR　A，dst	dst = A(32 - 16) * A(32 - 16) dst = square(hi(A))	累加器 A 高位的平方值	1/1
SQURA　Smem，src	src = src + square(Smem)，T = Smem src + = square(Smem)，T = Smem 或 src = src + Smem * Smem，T = Smem src + = Smem * Smem，T = Smem	操作数平方后累加	1/1
SQURS　Smem，src	src = src - square(Smem)，T = Smem src - = square(Smem)，T = Smem src = src - Smem * Smem，T = Smem src - = Smem * Smem，T = Smem	从累加器中减去操作数的平方	1/1
SUB　Smem，src	src = src - Smem src - = Smem	从累加器中减去操作数	1/1

（续）

助记符方式	表达式方式	说　　明	字数/周期
算术指令			
SUB　Smem, TS, src	src = src − Smem << TS src − = Smem << TS	从累加器中减去按 TS 移位后的操作数	1/1
SUB　Smem, 16, src[,dst]	dst = src − Smem << 16 dst − = Smem << 16	从累加器中减去左移 16 位后的操作数	1/1
SUB　Smem[,SHIFT], src[,dst]	dst = src − Smem[<< SHIFT] dst − = Smem[<< SHIFT]	累加器减去操作数按 SHIFT 的值移位后的值	2/2
SUB　Xmem, SHFT, src	src = src − Xmem << SHFT src − = Xmem << SHFT	累加器减去操作数按 SHFT 的值移位后的值	1/1
SUB　Xmem, Ymem, dst	dst = Xmem << 16 − Ymem << 16	两个操作数分别左移 16 位再相减	1/1
SUB　# lk[,SHFT], src[,dst]	dst = src − # lk[<< SHFT] dst − = # lk[<< SHFT]	长立即数按 SHFT 移位后与累加器相减	2/2
SUB　# lk, 16, src[,dst]	dst = src − # lk << 16 dst − = # lk << 16	长立即数左移 16 位后与累加器相减	2/2
SUB　src[,SHIFT][,dst]	dst = dst − src << SHIFT dst − = src << SHIFT	源累加器按 SHIFT 移位后与目的累加器相减	1/1
SUB　src, ASM[,dst]	dst = dst − src << ASM dst − = src << ASM	源累加器按 ASM 移位后与目的累加器相减	1/1
SUBB　Smem, src	src = src − Smem − BORROW src − = Smem − BORROW	从累加器中带借位减操作数	1/1
SUBC　Smem, src	subc(Smem,src) 或 If (src − Smem << 15)≥0 Src = (src − Smem << 15) << 1 + 1 Else src = src << 1	有条件减法	1/1
SUBS　Smem, src	src = src − uns(Smem) src − = uns(Smem)	从累加器中减去不带符号的单数据存储器操作数	1/1
逻辑指令			
AND　Smem, src	src = src&Smem src& = Smem	单数据存储器操作数和累加器相与	1/1
AND # lk[,SHFT], src[,dst]	dst = src&# lk[<< SHFT] dst& = # lk[<< SHFT]	长立即数按 SHFT 移位后和累加器相与	2/2
AND　# lk, 16, src[,dst]	dst = src&# lk << 16 dst& = # lk << 16	长立即数左移 16 位后和累加器相与	2/2
AND　src[,SHIFT][,dst]	dst = dst&src[<< SHIFT] dst& = src[<< SHIFT]	源累加器按 SHIFT 移位后和目的累加器相与	1/1

（续）

助记符方式	表达式方式	说　明	字数/周期
逻辑指令			
ANDM　# lk, Smem	Smem = Smem&# lk Smem& = # lk	单数据存储器操作数和长立即数相与	2/2
BIT　Xmem, BITC	TC = bit(Xmem, bit − code) 或： TC = Xmem(15 − BITC)	测试指定位	1/1

BITF　Smem, # lk	TC = bitf(Smem, # lk) 或：
	TC = (Smem&# lk)
		测试由立即数规定的位域	2/2

BITT　Smem	TC = bitt(Smem) 或： TC = Smem(15 − T(3 − 0))	测试由 T 寄存器指定的位	1/1
CMPL　src[,dst]	dst = ~ src	求累加器值的反码	1/1
CMPM　Smem, # lk	TC = (Smem = = # lk)	单数据存储器操作数和长立即数比较	2/2
CMPR　CC, ARx	TC = (AR0 = = ARx) TC = (AR0 > ARx) TC = (AR0 < ARx) TC = (AR0! = ARx)	辅助寄存器 ARx 与 AR0 相比较	1/1
OR　Smem, src	src = src|Smem src| = Smem	单数据存储器操作数和累加器值相或	1/1
OR　# lk[,SHFT], src[,dst]	dst = src|# lk[<< SHFT] dst| = # lk[<< SHFT]	长立即数按 SHFT 移位后和累加器相或	2/2
OR　# lk, 16, src[,dst]	dst = src|# lk << 16	长立即数左移 16 位后和累加器相或	2/2
OR　src[,SHIFT][,dst]	dst = dst|src[<< SHIFT]	源累加器按 SHIFT 移位后和目的累加器相或	1/1
ORM　# lk, Smem	Smem = Smem|# lk	单数据存储器操作数和长立即数相或	2/2
ROL　src	src = src \ \ CARRY	累加器带进位位循环左移	1/1
ROLTC src	roltc(src)	累加器经 TC 位循环左移	1/1
ROR　src	src = src // CARRY	累加器带进位位循环右移	1/1
SFTA　src, SHIFT[,dst]	dst = src << SHIFT	累加器算术移位	1/1
SFTC　src	shiftc(src) 或： If src(31) = src(30) then src = src << 1	累加器条件移位	1/1
SFTL　src, SHIFT[,dst]	dst = src << SHIFT	累加器逻辑移位	1/1
XOR　Smem, src	src = src∧Smem	操作数和累加器相异或	1/1

（续）

助记符方式	表达式方式	说　　明	字数/周期
逻辑指令			
XOR　# lk[,SHFT], src[,dst]	dst = src ∧ # lk[<< SHFT]	长立即数按 SHFT 移位后和累加器相异或	2/2
XOR　# lk，16，src[,dst]	dst = src ∧ # lk << 16	长立即数左移 16 位后和累加器相异或	2/2
XOR　src[,SHIFT][,dst]	dst = dst ∧ src[<< SHIFT]	源累加器按 SHIFT 移位后和目的累加器相异或	1/1
XORM　# lk，Smem	Smem = Smem ∧ # lk	单数据存储器操作数和长立即数相异或	2/2
程序控制指令			
B[D]　pmad	goto　pmad；　dgoto　pmad 或： PC = pmad(15 − 0)	可选延迟的无条件转移	2/4[2]
BACC[D] src	goto　src；　dgoto　src 或： PC = src(15 − 0)	程序指针 PC 指向累加器低端16 位字的地址，可选择延迟	1/6[4]

BANZ[D]　pmad，Sind	if (Sind！=0)　goto　pmad
	if (Sind！=0)　dgoto　pmad 或：
	if (Sind！=0) then PC = pmad(15 −0)
		当前辅助寄存器 ARx 不为 0 时就转移，可选择延迟	2/4，2[2]

BC[D]　pmad, cond [,cond[,cond]]	if(cond[,cond[,cond]]) [d]
	goto　pmad 或：
	if (cond(s)！=0) then
	　PC = pmad(15 − 0)
		可选择延迟的条件分支转移	2/5，3[3]

CALA[D]　src	call　src；　dcall　src 或： --SP = PC，PC = src(15 − 0)	按累加器的值规定的地址调用子程序，可选择延迟	1/6[4]
CALL[D]　pmad	call　pmad；　dcall　pmad 或： --SP = PC，PC = pmad(15 − 0)	无条件调用子程序，可选择延迟	2/4[2]

CC[D]　pmad, cond [,cond[,cond]]	if(cond[,cond[,cond]])
	call pmad
	if(cond[,cond[,cond]])
	dcall　pmad 或：
	if (cond(s)) then
	--SP = PC，PC = pmad(15 − 0)
		有条件调用子程序，可选择延迟	2/5，3[3]

FB[D]　extpmad	far　goto　extpmad far　dgoto　extpmad 或： PC = pmad(15 − 0)，XPC = pmad(22 − 16)	无条件远程分支转移，可选择延迟	2/4[2]

（续）

助记符方式	表达式方式	说　明	字数/周期
程序控制指令			
FBACC［D］　src	far　goto　src far　dgoto　src　或： PC = src(15 − 0)，XPC = src(22 − 16)	按累加器的值规定地址进行远程分支转移，可选择延迟	1/6［4］
FCALA［D］　src	far　call　src； far　dcall　src　或： --SP = PC，--SP = XPC PC = src(15 − 0)，XPC = src(22 − 16)	按累加器的值规定地址进行远程子程序调用，可选择延迟	1/6［4］
FCALL［D］　extpmad	far　call　extpmad far　dcall　extpmad　或： --SP = PC，--SP = XPC PC = expmad(15 − 0)，XPC = expmad(22 − 16)	无条件远程调用子程序，可选择延迟	2/4［2］
FRAME　K	SP = SP + K；　　SP + = K − 128 ≤ K ≤ 127	堆栈指针偏移一个立即数值	1/1
FRET［D］	far　return；far　dreturn 或： XPC = SP + +，PC = SP + +	远程返回，可选择延迟	1/6［4］
FRETE［D］	far　return _ enable far　dreturn _ enable　或： XPC = SP + +，PC = SP + +， INTM = 0	远程返回且允许中断，可选择延迟	1/6［4］
IDLE　K	idle(K)，　− 128 ≤ K ≤ 127	保持空闲状态，直到有中断产生	1/4
INTR　K	int(k) 或：--SP = PC， PC = IPTR(15 − 7) + K << 2，INTM = 1	不可屏蔽的软件中断，关闭其他可屏蔽中断	1/3
MAR　Smem	mar(Smem) 或： If CMPT = 0，then modify Arx，ARP is unchanged If cmpt = 1 and Arx! = AR0，then modify Arx，ARP = x If CMPT = 1 and Arx = AR0，then modify AR (ARP)，ARP is unchanged	修改辅助寄存器	1/1
NOP	noperation	空操作	1/1
POPD　Smem	Smem = pop ( ) 或：Smem = SP + +	把数据从栈顶弹入到数据存储器	1/1

（续）

助记符方式	表达式方式	说　明	字数/周期
程序控制指令			
POPM　MMR	MMR = pop（　）；mmr（MMR）= pop（　）或: MMR = SP + +	把数据从栈顶弹入到存储器映射寄存器中	1/1
PSHD　Smem	push（Smem）或 --SP = Smem	把数据存储器中的数据压入堆栈	1/1
PSHM　MMR	push（MMR）；push（mmr（MMR））或: --SP = MMR	把存储器映射寄存器中的数据压入堆栈	1/1
RC[D]　cond[,cond[,cond]]	if(cond[,cond[,cond]]) 　return if(cond[,cond[,cond]]) dreturn 或: if(cond(s)) then PC = SP + +	条件返回，可选择延迟	1/5，3[3]
RESET	reset	软件复位	1/3
RET[D]	Return；　dreturn 或 PC = SP + +	可选择延迟的返回	1/5[3]
RETE[D]	return __ enable；dreturn __ enable 或: PC = SP + + , INTM = 0	返回并允许中断，可选择延迟	1/5[3]
RETF[D]	return_ fast；dreturn __ fast 或 PC = RTN, SP + + , INTM = 0	快速返回并允许中断，可选择延迟	1/3[1]
RPT　Smem	repeat（Smem）或 repeat single, RC = Smem	重复执行下条指令（Smem）+ 1 次	1/1
RPT　#K	repeat（#k）或 repeat single, RC = # K	重复执行下条指令 K + 1 次	1/1
RPT　#lk	repeat # lk 或 repeat single, RC = # lk	重复执行下条指令#lk + 1 次	2/2
RPTB[D]　pmad	blockrepeat(pmad) dblockrepeat(pmad) 或 repeat block, RSA = PC + 2[4], REA = pmad	可选择延迟的块循环	2/4[2]
RPTZ　dst, #lk	repeat(# lk), dst = 0 或 repeat single, RC = # lk, dst = 0	循环执行下指令并对累加器清0	2/2
RSBX　N, SBIT	SBIT = 0；ST(N,SBIT) = 0 或 STN(SBIT) = 0	状态寄存器位复位	1/1
SSBX　N, SBIT	SBIT = 1；ST(N,SBIT) = 1 或 STN(SBIT) = 1	状态寄存器位置位	1/1

（续）

助记符方式	表达式方式	说　　明	字数/周期
程序控制指令			
TRAP　K	trap(K)　或 --SP = PC，PC = IPTR(15 − 7) + K ≪ 2	不可屏蔽的软件中断，不影响 INTM 位	1/3

XC n，cond[，cond[，cond]]	if (cond[，cond[，cond]])
	execute(n)　或
	if (cond(s)) then execute the next n
	instructions；n = 1 or 2
		有条件执行	1/1

装入和存储指令			
CMPS　src，Smem	cmps(src，Smem)或 If src(31 − 16) > src(15 − 0) Then Smem = src(31 − 16) If src(31 − 16) ≤ src(15 − 0) Then Smem = src(15 − 0)	比较选择并存储最大值	1/1
DLD　Lmem，dst	dst = Lmem 或 dst = dbl(Lmem) dst = dual(Lmem)	双精度/双 16 位长字加载到累加器	1/1
DST　src，Lmem	Lmem = src 或：dbl(Lmem) = src dual(Lmem) = src	把累加器的值存放到长字单元中	1/2
LD　Smem，dst	dst = Smem 或：dst = dbl(Lmem) dst = dual(Lmem)	把操作数装入累加器	1/1
LD　Smem，TS，dst	dst = Smem ≪ TS	把操作数按 T 寄存器的 5～0 位移位后装入累加器	1/1
LD　Smem，16，dst	dst = Smem ≪ 16	把操作数左移 16 位后装入累加器	1/1
LD　Smem[，SHIFT]，dst	dst = Smem[≪ SHIFT]	操作数按 SHIFT 移位后装入累加器	2/2
LD　Xmem，SHFT，dst	dst = Xmem[≪ SHFT]	操作数按 SHFT 移位后装入累加器	1/1
LD　# K，dst	dst = # K	把短立即数装入累加器	1/1
LD　# lk[，SHFT]，dst	dst = # lk[≪ SHFT]	长立即数按 SHFT 移位后装入累加器	2/2
LD　# lk，16，dst	dst = # lk ≪ 16	长立即数左移 16 位后装入累加器	2/2
LD　src，ASM[，dst]	dst = src ≪ ASM	源累加器按 ASM 移位后装入目的累加器	1/1

（续）

助记符方式	表达式方式	说　明	字数/周期
装入和存储指令			
LD　src[,SHIFT][,dst]	dst = src[<< SHIFT]	源累加器按 SHIFT 移位后装入目的累加器	1/1
LD　Smem, T	T = Smem	单数据存储器操作数装入 T 寄存器	1/1
LD　Smem, DP	DP = Smem	把 9 位单数据存储器操作数装入 DP	1/3
LD　# k9, DP	DP = # k9,	把 9 位立即数装入 DP	1/1
LD　# k5, ASM	ASM = # k5	把 5 位立即数装入累加器移位方式寄存器中	1/1
LD　# k3, ARP	ARP = # k3	把 3 位立即数装入 ARP	1/1
LD　Smem, ASM	ASM = Smem	把操作数的 4~0 位装入 ASM	1/1
LD　Xmem, dst ‖ MAC[R] Ymem[,dst __]	dst = Xmem[<< 16] ‖ dst __ = [rnd] (dst __ + T * Ymem)	双数据存储器操作数左移 16 位装入目的累加器高端，并行乘累加凑整	1/1
LD　Xmem, dst ‖ MAS[R] Ymem[,dst __]	dst = Xmem[<< 16 ‖ dst __ = [rnd] (dst __ – T * Ymem)	双数据存储器操作数左移 16 位装入目的累加器高端，并行乘减凑整	1/1
LDM　MMR, dst	dst = MMR dst = mmr(MMR)	把存储器映射寄存器值装入累加器	1/1
LDR　Smem, dst	dst(31 – 16) = rnd(Smem)或： dst = rnd(Smem)	把存储器值凑整装入累加器高端	1/1
LDU　Smem, dst	dst = uns(Smem)	把无符号存储器值装入累加器中	1/1
LTD　Smem	T = Smem, (Smem + 1) = Smem, 或：ltd(Smem)	单数据存储器值装入 T 寄存器并延迟	1/1
SACCD src, Xmem, cond	if　(cond) Xmem = hi(src) << ASM	有条件存储累加器的值	1/1
SRCCD　Xmem, cond	if(cond) Xmem = BRC	有条件存储块循环计数器	1/1
ST　T, Smem	Smem = T	存储 T 寄存器的值	1/1
ST　TRN, Smem	Smem = TRN	存储 TRN 寄存器的值	1/1
ST　# lk, Smem	Smem = # lk	存储长立即数的值	2/2
STH　src, Smem	Smem = src(31 – 16)	把累加器的高端存放到数据存储器	1/1
STH　src, ASM, Smem	Smem = src(31 – 16) << (ASM)	源累加器高端按 ASM 移位后存放到数据存储器	1/1

（续）

助记符方式	表达式方式	说　明	字数/周期
装入和存储指令			
STH src, SHFT, Xmem	Xmem = src(31 − 16) << SHFT	源累加器高端按 SHFT 移位后存放到数据存储器	1/1
STH src[,SHIFT], Smem	Smem = src(31 − 16) << SHIFT	源累加器高端按 SHIFT 移位后存放到数据存储器	2/2
ST src, Ymem ‖ ADD Xmem, dst	Ymem = hi(src) [<< ASM] ‖ dst = dst __ + Xmem << 16	源累加器高端移位后存储并行执行加法运算	1/1
ST src, Ymem ‖ LD Xmem, dst	Ymem = hi(src) [<< ASM] ‖ dst = Xmem << 16	源累加器高端移位后存储并行执行装入累加器	1/1
ST src, Ymem ‖ LD Xmem, T	Ymem = hi(src) [<< ASM] ‖ T = Xmem	源累加器高端移位后存储并行执行装入到 T 寄存器	1/1
ST src, Ymem ‖ MAC[R] Xmem, dst	1. Ymem = hi(src) [<< ASM] ‖ dst = dst + T * Xmem 2. Ymem = hi(src) [<< ASM] ‖ dst = rnd(dst + T * Xmem)	源累加器高端移位后存储并行执行乘法/累加运算，可凑整	1/1
ST src, Ymem ‖ MAS[R] Xmem, dst	1. Ymem = hi(src) [<< ASM] ‖ dst = dst − T * Xmem 2. Ymem = hi(src) [<< ASM] ‖ dst = rnd(dst − T * Xmem)	源累加器高端移位后存储并行执行乘法/减法运算，可凑整	1/1
ST src, Ymem ‖ MPY Xmem, dst	Ymem = hi(src) [<< ASM] ‖ dst = T * Xmem	源累加器高端移位后存储并行执行乘法运算	1/1
ST src, Ymem ‖ SUB Xmem, dst	Ymem = hi(src) [<< ASM] ‖ dst = Xmem << 16 − dst __	源累加器高端移位后存储并行执行减法运算	1/1
STL src, Smem	Smem = src(15 − 0)	把累加器低端存放到数据存储器中	1/1
STL src, ASM, Smem	Smem = src(15 − 0) << ASM	把累加器低端按 ASM 移位后存储	1/1
STL src, SHFT, Xmem	Xmem = src(15 − 0) << SHFT	把累加器低端按 SHFT 移位后存储	1/1
STL src[,SHIFT], Smem	Smem = src(15 − 0) << SHIFT	把累加器低端按 SHIFT 移位后存储	2/2
STLM src, MMR	1. MMR = src(15 − 0) 2. mmr(MMR) = src	把累加器低端存放到存储器映射寄存器 MMR 中	1/1
STM # lk, MMR	1. MMR = # lk 2. mmr(MMR) = # lk	长立即数存放到存储器映射寄存器 MMR 中	2/2

（续）

助记符方式	表达式方式	说　　明	字数/周期
装入和存储指令			
STRCD　Xmem, cond	if （cond）　Xmem = T	有条件存储 T 寄存器的值	1/1
MVDD　Xmem, Ymem	Ymem = Xmem	数据存储器内部传送数据	1/1
MVDK　Smem, dmad	dmad = Smem	把一个单数据存储器操作数的值复制到一个通过 dmad 寻址的数据存储器单元	2/2
MVDM　dmad, MMR	1. MMR = dmad 2. mmr(MMR) = data(dmad)	把数据从一个数据存储器单元 dmad 复制到一个存储器映射寄存器中	2/2
MVDP　Smem, pmad	pmad = Smem	数据存储器向程序存储器传送数据	2/4
MVKD　dmad, Smem	Smem = dmad	dmad 地址指定的数据存储器值传送到数据存储器 Smem 中	2/2
MVMD　MMR, dmad	1. dmad = MMR 2. data(dmad) = mmr(MMR)	存储器映射寄存器的值传送到立即数 dmad 寻址的数据存储器	2/2
MVMM　MMRx, MMRy	1. MMRy = MMRx 2. mmr(MMRy) = mmr(MMRx)	存储器映射寄存器 MMRx 的值传送到存储器映射寄存器 MMRy	1/1
MVPD　pmad, Smem	Smem = pmad	程序存储器向数据存储器传送数据	2/3
READA　Smem	Smem = prog(A)	把由累加器 A 寻址的程序存储器单元的值读到数据存储器单元中	1/5
WRITA　Smem	prog(A) = Smem	数据存储器单元中的值写入到由累加器 A 寻址的程序存储器单元	1/5
PORTR　PA, Smem	Smem = PA	从端口 PA 把数据读入到数据存储器单元中	2/2
PORTW　Smem, PA	PA = Smem	把数据存储器单元中的数据写到 PA 端口	2/2

　　表 3-15 中，在字数/周期一栏中的 1/4[2] 表示该指令代码占 1 个字，需用 4 个机器周期执行该指令，但如果采用了延迟方式就只花 2 个机器周期。2/5，3[3] 表示该指令代码占 2 个字，当满足条件时执行该指令需用 5 个机器周期，当不满足条件时只用 3 个机器周期，如

用延迟也只需用 3 个机器周期。

另外，表中的凑整运算指将该数加 2^{15}，然后将低 16 位清零。

思 考 题

1. C54x 有哪些寻址方式？它们是如何寻址的？

2. 当使用位倒序寻址时，应使用什么辅助寄存器？试述地址以位倒序方式产生的过程。

3. 对 C54x 而言有哪些分支转移形式？它们是如何工作的？

4. 带延迟的分支转移与不带延迟的分支转移指令有何差异？

5. 可重复操作指令的特点是什么？其最多重复次数是多少？

6. RC 在执行减 1 操作时能否被访问？

7. 进行块重复操作要用到几个计数器或寄存器，块重复可否嵌套？重复次数如何设置？

8. 长度为 R 的循环缓冲器必须从一个 N 位地址的边界开始，N 与 R 应满足何种关系？

9. C54x 的 6 级流水线的功能是什么？流水线操作中哪些情况不会发生冲突？哪些情况可能发生冲突？解决冲突的办法有哪些？

10. 由于 DSP 采用多级流水线操作，当分支转移指令到达流水线的执行阶段时，其后面的两个指令字已经被取指。在什么条件下它们才能被执行？

11. 为什么 DARAM 能够在单周期内对 CPU 进行两次访问？试述访问 PAB/PB、DAB/DB、CAB/CB、EAB/EB 时，何时会发生冲突？如何避免？

12. C54x 是如何进行凑整运算的？为什么要进行凑整运算？

13. *(lk) 寻址方式的指令可与循环指令（RPT，RPTZ）一起使用？

14. 直接寻址方式可以用于程序空间的寻址？

15. 汇编指令中的 *ARx 表示 ARF 所选择的辅助寄存器吗？

16. 用双操作数指令编程有何特点？用何种寻址方式获得操作数，且只用哪些辅助寄存器？

17. 有些指令，如 MAC、MAS 等，后面带有后缀 R，这表示要对结果进行舍入处理，舍入是如何进行的？

第四章　DSP 软件开发过程

DSP 的软件开发过程就是程序编写、编译、汇编和链接以产生可执行文件的过程。程序的编写可以用汇编语言或 C 语言，这两者在编程的方便性与效率方面各有所长，因此常常根据任务的不同混合使用。在进行软件开发时，先要编写文本程序，然后进行编译、汇编和链接。在获得一个良好的可执行程序前，不仅要反复检查程序语法是否正确，还要验证程序是否达到预定的设计功能及最佳的资源利用率。为此，常用到一些辅助类文件，如 .lst、.map、.cmd 等，因此对这些文件的作用也应有所了解。

TMS320C54x DSP 的软件开发过程如图 4-1 所示，该图具有一定的代表性，也可作为其他 DSP 芯片开发的参考思路。对图中部分功能说明如下：

（1）C 编译器（C Compiler）　将 C 源程序代码编译成为 C54x 汇编语言源代码程序。

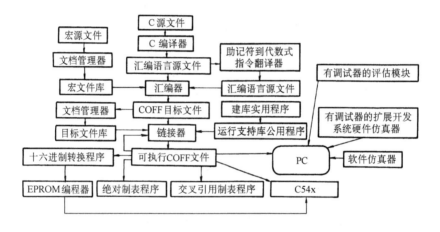

图 4-1　TMS320C54x DSP 的软件开发过程

（2）汇编器（Assembler）　将汇编语言源文件转变为基于公用目标文件格式（COFF）的机器语言目标文件。源文件中包括助记符指令、汇编命令以及宏命令。

（3）链接器（Linker）　将汇编生成的、可重新定位的 COFF 目标模块和目标库文件组合成一个可执行的 COFF 目标模块。当链接器生成可执行模块时，它要调整对符号的引用，并解决外部引用的问题。它也可以接受来自文档管理器中的目标文件，以及链接以前运行时所生成的输出模块。

（4）文档管理器（Archiver）　将一组文件（包括源文件或目标文件）集中归入一个文档文件库。利用文档管理器，可以方便地替换、添加、删除和提取文件来调整库，其最有用的应用之一是建立目标文件库，C 编译器自带目标文件库。汇编时，可以搜索宏文件库，并通过源文件中的宏命令来调用。

（5）助记符到代数式指令翻译器（Mnemonic-to-algbraic translator utility）　将包含助记符指令的汇编语言源文件转换成包含代数式指令的汇编语言源文件。

（6）运行支持库公用程序（Runtime-suport utility）　建立用户的 C 语言运行支持库。标准运行支持库在 rts. src 里提供源代码，在 rts. lib 里提供目标代码。包含 ANSI 标准运行支持函数、编译器公用程序函数、浮点算术函数和被 C54x 编译器支持的 C 输入/输出函数。

（7）建库实用程序（Library-build utility）　用来建立用户自己的、用 C 语言编写的支持运行的库函数。链接时，用 rts. src 中的源文件代码和 rts. lib 中的目标代码提供标准的支持运行的库函数。

（8）十六进制转换程序（Hex conversion utlity）　可以很方便地将 COFF 目标文件转换成 TI、Intel、Motorola 或 Tektronix 公司的目标文件格式。转换后生成的文件可以下载到 EPROM 编程器，以便对用户的 EPROM 进行编程。

（9）绝对制表程序（Absolute lister）　将链接后的目标文件作为输入，生成 . abs 输出文件。对 . abs 文件汇编产生包含绝对地址而不是相对地址的清单。如果没有绝对制表程序，所生成清单可能是冗长的，并要求进行许多人工操作。

（10）交叉引用制表程序（Cross-reference lister）　利用目标文件生成一个交叉引用清单，列出所链接的源文件中的符号以及它们的定义和引用情况。

图 4-1 中，软件开发的目的，就是要产生一个可以由 C54x 目标系统执行的模块。然后，可以用软件仿真器（Simulator）或可扩展开发系统硬件仿真器（XDS510）或评价模块（EVM）工具来修正或改进程序。

软件开发过程还可用图 4-2 来说明。在将汇编语言源程序编好后，经过汇编和链接生成可执行 . out 文件。

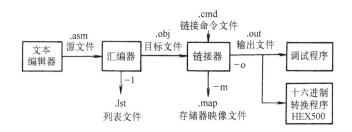

图 4-2　汇编语言源程序的编辑、汇编和链接过程

（1）编辑　可利用文本编辑器，编写汇编语言源程序×××. asm。

（2）汇编　利用 C54x 的汇编器对已经编好的一个或多个文件分别进行汇编，并生成列表文件（. lst）和目标文件（. obj）。

（3）链接　利用 C54x 的链接器，根据链接命令文件（. cmd）对已汇编过的一个或多个目标文件（. obj）进行链接，生成存储器映像文件（. map）和输出文件（. out）。

（4）调试　对经过链接所产生的输出文件（. out）进行调试。

（5）固化用户程序　调试完成后，利用 HEX500 格式转换器对 ROM 编程（为掩模 ROM 提供文件），或对 EPROM 编程，最后安装到用户的应用系统中。

第一节 汇编语言程序的编写方法

1. 汇编语言程序的句法格式

汇编语言程序以 .asm 为扩展名，程序的每一行由 4 个部分组成，其句法格式为：

[标号][:] 空格 [助记符] 空格 [操作数] 空格 [;注释]

[ ]中的内容为可选择部分。

标号：供本程序的其他部分或其他程序调用。标号是任选项，标号后面可以加也可以不加冒号":"。标号必须从第一列写起，标号最多可达 32 个字符，可以是 A ~ Z、a ~ z、0 ~ 9、__以及$，但标号的第一个字符不能是数字。引用标号时，标号的大小写必须一致。标号的值就是段程序计数器 SPC 的值。如果不用标号，则第一个字母必须为空格、分号或星号(*)。

助记符：可以是助记符指令、汇编命令、宏指令和宏调用命令。作为助记符指令，一般用大写；汇编命令和宏命令以句号"."开始，且为通常用小写。汇编命令可以形成常数和变量，当用它控制汇编和链接过程时，可以不占存储空间。助记符指令和汇编命令都不能写在第一列。

操作数：指令中的操作数或汇编命令中定义的内容。操作数之间必须用逗号","分开。有的指令无操作数，如 NOP、RESET。

注释：注释从分号";"开始，可以放在指令或汇编命令的后面，也可以放在单独的一行或数行，注释是任选项。如果注释从第一列开始，也可以用"*"号。

2. 汇编语言程序的数据形式

汇编语言程序中的数据形式有下列几种：

二进制：如 1110001b 或 1111001B。

八进制：226q 或 572Q。

十进制：1234 或 + 1234 或-1234(默认型)。

十六进制：0A40h 或 0A40H 或 0xA40。

浮点数：1.623e – 23(仅 C 语言程序中能用,汇编程序不能用)。

字符：'D'。

字符串："this is a string"。

3. 汇编命令

汇编命令是用来为程序提供数据和控制汇编进程的。C54x 汇编器共有 64 条汇编命令，根据它们的功能，可以将汇编命令分成 8 类：

1) 对各种段进行定义的命令。

2) 对常数(数据和存储器)进行初始化的命令。

3) 调整段程序计数器(SPC)的指令。

4) 对输出列表文件格式化的命令。

5) 引用其他文件的命令。

6) 控制条件汇编的命令。

7) 在汇编时定义符号的命令。

8）执行其他功能的命令。

这些命令的说明见表 4-1 ~ 表 4-8。在表 4-1 ~ 表 4-8 中给出了 50 条汇编命令。

表 4-1　段定义命令

助记符和句法	说　　明
. bss 符号，字空间大小［,合块情况］［,队列］	在未初始化段为所给符号预留空间
. data	汇编到已初始化数据段
. sect　"段名"	汇编到段名所指的已初始化段
. text	汇编到 . text 可执行代码段
符号 . usect　"段名"，字空间大小［,合块情况］［,队列标记］	为所给段名的未初始化段预留空间

表 4-2　常数（数据和存储器）初始化命令

助记符和句法	说　　明
. bes 位长度	在当前段预留位长度所给的位空间，注意：用标号指出保留空间的上一个可寻址字的地址
. byte 值 1［,…, 值 n］	在当前段初始化一个或多个相链接的字节
. field 值［,位长度］	初始化一个可变长度域
. float 值 1［,…, 值 n］	初始化一个或多个 32 位，IEEE 单精度，浮点常数
. int　值 1［,…, 值 n］	初始化一个或多个 16 位整数
. log　值 1［,…, 值 n］	初始化一个或多个 32 位整数
. space 位长度	在当前段预留位长度所给的位空间，注意：用标号指出保留空间的起始地址
. string "串 1"［,…, "串 n"］	初始化一个或多个字符串
. pstring "串 1"［,…, "串 n"］	初始化一个或多个已封装的字符串
. xfloat　值 1［,…, 值 n］	初始化一个或多个 32 位整数，IEEE 单精度，浮点常数，但不进行字边界对齐
. xlong　值 1［,…, 值 n］	初始化一个或多个 32 位整数，但不进行长字边界对齐
. word　值 1［,…, 值 n］	初始化一个或多个 16 位整数

表 4-3　调整段程序计数器（SPC）

助记符和句法	说　　明
. align［字长度］	按照参数所指定的字边界将段程序计数器的值进行边界对齐，参数必须大于 2 或默认页边界

表 4-4　对输出列表文件格式的命令

助记符和句法	说　　明
. drlist	列出所有的指令行(默认情况)
. drnolist	禁止某些指令行列出

表 4-5　引用其他文件的命令

助记符和句法	说　　明
. copy　 ["]文件名["]	包括另一文件的说明一起复制
. def　　符号 1[,…, 符号 n]	说明一个或多个在当前模块或可在其他模块中引用的符号
. global 符号 1[,…, 符号 n]	说明一个或多个可在外部引用的全域符号
. include　["]文件名["]	包括另一文件的源说明
. mlib　 ["]文件名["]	定义宏库
. ref　　符号 1[,…, 符号 n]	说明一个或多个在当前模块中使用但可在另一模块中定义的符号

表 4-6　控制条件汇编的命令

助记符和句法	说　　明
. break　[定义明确的表达式]	如果条件为真, 结束循环汇编, . break 结构是可选的
. else　 定义明确的表达式	如果条件为假, 汇编代码块, . else 结构是可选的
. elseif 定义明确的表达式	如果 . if 条件为假, . elseif 条件为真, 汇编代码块 . elseif 结构是可选的
. endif	结束 . if 代码块
. endloop	结束 . loop 代码块
. if　 定义明确的表达式	如果条件为真, 汇编代码块
. loop　[定义明确的表达式]	开始一个代码块的循环汇编

表 4-7　在汇编时定义符号的命令

助记符和句法	说　　明
. asg　 ["]字符串["] , 替换符	将一个字符串赋给一个替换符
. endstruct	结束对结构的定义
. equ	使一个值与一个符号相等
. eval　定义明确的表达式, 替换符	完成对数值替换符的算术运算
. label　标号	在一个段中定义一个可重定位标号
. set	使一个值与一个符号相等
. struct	开始定义一个结构
. tag	将结构的属性赋给一标号

表 4-8 其他汇编命令

助记符和句法	说　明
. algebraic	指出文件中包含代数式汇编的源程序
. emsg　串	向输出设备发送用户定义的出错信息
. end	结束程序
. mmregs	将存储器映像寄存器加入到符号表中
. mmsg　串	向输出设备发送用户定义的信息
. newblock	未定义局部标号
. sblock　["]段名["]［,…,"段名"］	为合块指定段
. version　[值]	指明正在建造处理器指令的设备
. wmsg　串	向输出设备发送用户定义的警告信息

表 4-9 中列出了常用汇编命令及说明。

表 4-9 常用汇编命令及说明

汇编命令	作　用	举　例
. title	紧跟其后的是用双引号括起的源程序名	. title "example. asm"
. end	结束汇编命令	放在汇编语言源程序的最后
. text	紧跟其后的是汇编语言程序正文	例 4-1 中 . text 段是源程序正文。经汇编后,紧随 . text 后的是可执行程序代码
. data	紧跟其后的是已初始化数据	有两种数据形式:. int 和 . word
. int	. int 用来设置一个或多个 16 位无符号整型常数	Table:. word 1, 2, 3, 4　　　　　. word 8, 6, 4, 2
. word	. word 用来设置一个或多个 16 位带符号整型常数	表示在程序存储器标号为 table 开始的 8 个单元中存放初始化数据 1、2、3、4、8、6、4、2
. bss	. bss 为未初始化变量保留存储空间	. bss x,4 表示在数据存储器中空出 4 个存储单元存放变量 x1,x2,x3 和 x4
. sect	建立包含代码和数据的自定义段	. sect "vectors" 定义向量表,紧随其后的是复位向量和中断向量,名为 vectors
. usect	为未初始化变量保留存储空间的自定义段	STACK . usect "STACK", 10h 在数据存储器中留出 16 个单元作为堆栈区,名为 STACK

下面以例 4-1 来说明如何应用汇编规则和汇编命令及助记符指令来编写汇编源程序。

例 4-1 编写计算 $y = a1 * x1 + a2 * x2 + a3 * x3 + a4 * x4$ 的汇编源程序。

```
* * * * * * * * * * * * * * * * * * * * * * * * * * * * * * * * * *
*   example. asm    y = a1 * x1 + a2 * x2 + a3 * x3 + a4 * x4          *
* * * * * * * * * * * * * * * * * * * * * * * * * * * * * * * * * *
        . title "example. asm"              ;为汇编源程序取名
```

	. mmregs		;定义存储器映像寄存器
STACK	. usect	"STACK",10h	;分配 10 个单元的堆栈空间
	. bss	a,4	;为系数 a 分配 4 个单元的空间
	. bss	x,4	;为变量 x 分配 4 个单元的空间
	. bss	y,1	;为结果 y 分配 1 个单元的空间
	. def	start	;定义标号 start
	. data		;定义数据代码段
table：	. word	1,2,3,4	;在标号 table 开始的 8 个单元中
	. word	8,6,4,2	;为这 8 个单元赋初值
	. text		;定义文本代码段
start：	STM	# 0,SWWSR	;软件等待状态寄存器置 0,不设等待
	STM	# STACK + 10h,SP	;设置堆栈指针初值
	STM	# a,AR1	;AR1 指向 a 的地址
	RPT	# 7	;从程序存储器向数据存储器
	MVPD	table, ∗ AR1 +	;重复传送 8 个数据
	CALL	SUM	;调用 SUM 实现乘法累加和的子程序
end：	B	end	;循环等待
SUM：	STM	# a,AR3	;将系数 a 的地址赋给 AR3
	STM	# x,AR4	;将变量 x 的地址赋给 AR4
	RPTZ	A,# 3	;将 A 清 0,并重复执行下条指令 4 次
	MAC	∗ AR3 + , ∗ AR4 + ,A	;执行乘法并累加,结果放在 A 中
	STL	A,@ y	;将 A 的低字内容送结果单元 y
	RET		;结束子程序
	. end		;结束全部程序

4. 宏定义和宏调用

C54x 汇编器支持宏指令语言。如果程序中有一段程序需要执行多次，就可以把这一段程序定义(宏定义)为一条宏指令，然后在需要重复执行这段程序的地方调用这条宏指令(宏调用)。利用宏指令，可以使源程序变得简短。

宏指令与子程序一样，都是可多次重复执行的一段程序，其两者的区别为：

1) 宏指令和子程序都可以被多次调用，但是把子程序汇编成目标代码的过程只进行一次，而在用到宏指令的每个地方都要对宏指令中的语句逐条地进行汇编。

2) 在调用前，由于子程序不使用参数，故子程序所需要的寄存器等都必须事先设置好；而对于宏指令来说，由于可以使用参数，调用时只要直接代入参数就行了。

宏指令可以在源程序的任何位置上定义，但必须在用到它之前先定义好。宏定义可以嵌套，即在一个宏指令中调用其他的宏指令。

宏定义的格式如下：

macname   . macro[parameter 1][,…, parameter n]
                    model statements or macro directives

　　　　　　　　　　［. mexit］

　　　　　　　　　　. endm

其中：

　　macname：宏指令名，必须放在源程序语句的标号位置。

　　. macro：作为宏定义第一行的记号，必须放在助记符操作码位置。

　　［parameters］：是任选的替代符号，就像是宏指令的操作数。

　　model statements：这些都是每次宏调用时要执行的指令或汇编命令。

　　［. mexit］：相当于一条 goto . endm 语句。当检测确认宏展开将失败时，. mexit 命令是有用的。

　　. endm：结束宏定义。

　　宏指令定义好之后，就可以在后面的源程序中调用它。

　　宏调用的格式为：

　　　　　　［label］［:］　　macname［parameter 1］［,…, parameter n］

其中，标号是任选项，macname 为宏指令名，写在助记符操作码的位置上，其后是替代的参数，参数的数目应当与宏指令定义的参数相等。

　　当源程序中调用宏指令时，汇编时就将宏指令展开。在宏展开时，汇编器将实在参数传递给宏参数，再用宏定义替代宏调用语句，并对其进行汇编。下面是宏定义、宏调用和宏展开的一个例子。

　　例 4-2　宏定义、宏调用和宏展开的一个例子。

1		*		
2				
3		*	add3	
4		*		
5		*	ADDRP = P1 + P2 + P3	;说明宏功能
6				
7	add3	. macro	p1, p2, p3, ADDRP	;定义宏
8				
9		LD	p1, A	;将参数 1 赋给 A
10		ADD	p2, A	;将参数 2 与 A 相加
11		ADD	p3, A	;将参数 3 与 A 相加
12		STL	A, ADDRP	;将结果 A 的低字存参数 4
13		. endm		;结束宏
14				
15				
16		. global abc, def, ghi, adr		;定义全局符号
17				
18	000000	add3	abc, def, ghi, adr	;调用宏
1				
1	000000	1000!	LD	abc, A	;宏展开

1	000001	0000!	ADD	def,A
1	000002	0000!	ADD	ghi,A
1	000003	8000!	STL	A,adr

第二节　汇编语言程序的汇编

将汇编语言源程序转换成机器语言目标文件，即公共文件格式（Common Object File Format, COFF）的目标文件，是由汇编器（汇编程序）完成的。在汇编语言源程序文件中可能包含的汇编要素有：汇编命令、汇编语言的助记符指令和宏指令。

汇编器的功能为：将汇编语言源程序汇编成一个可重新定位的目标文件（.obj 文件）；如果需要，可以生成一个列表文件（.lst 文件）；将程序代码分成若干个段，每个段的目标代码都有一个 SPC（段程序计数器）管理；定义和引用全局符号，需要的话还可以在列表文件后面附加一张交叉引用表；对条件程序块进行汇编；支持宏功能，允许定义宏指令。

1. 运行汇编程序

运行汇编程序有两种方式，一种是在 CCS 软件开发环境下，在 Project/Build 菜单项中完成编译，这将在第六章和第七章中介绍。另一种是 C54x 的汇编程序（汇编器），它是名为 asm500.exe 的可执行程序。

2. 列表文件

汇编器对源程序汇编时，如果采用-l（小写 L）选项，汇编后将生成一个列表文件。列表文件中包括源程序语句和目标代码。例 4-3 给出了一个列表文件的例子，用来说明它的各部分内容。

例 4-3　列表文件举例。

```
TMS320C54x COFF Assembler        Version 1.20      Thu Sep 12 17:23:38 2002
Copyright ( c) 1997        Texas Instruments Incorporated
cjytest. asm                                        PAGE    1


     1            . global RESET,INT0,INT1,INT2
     2            . global TINT,RINT,XINT,USER
     3            . global ISR0,ISR1,ISR2
     4            . global time,rev,xmt,proc
     5
     6    initmac. macro
     7            * initialize macro
     8            SSBX OVM          ;disable oflow
     9            LD   # 0,DP        ;dp = 0
    10            LD   # 7,ARP       ;arp = ar7
    11            LD   # 037h,A      ;acc = 03fh
    12            RSBX INTM          ;enable ints
    13            . endm
```

```
14              *  *  *  *  *  *  *  *  *  *  *  *  *  *  *  *  *  *  *  *  *  *
15              *      Reset and interrupt vectors                          *
16              *  *  *  *  *  *  *  *  *  *  *  *  *  *  *  *  *  *  *  *  *  *
17     000000                              . sect "reset"
18     000000  F073   RESET：  B   init
       000001  0008 +
19     000002  F073   INT0：   B   ISR0
       000003  0000 !
20     000004  F073   INT1：   B   ISR1
       000005  0000 !
21     000006  F073   INT2：   B   ISR2
       000007  0000 !
22
23              *
24     000000                              . sect "ints"
25     000000  F073   TINT   B   time
       000001  0000 !
26     000002  F073   RINT   B   rcv
       000003  0000 !
27     000004  F073   XINT   B   xmt
       000005  0000 !
28     000006  F073   USER   B   proc
       000007  0000 !
29              *  *  *  *  *  *  *  *  *  *  *  *  *  *  *
30              *          Initialize processor.            *
31              *  *  *  *  *  *  *  *  *  *  *  *  *  *  *
32     000008  init：  initmac
1                *  initialize macro
1      000008  F7B9   SSBX OVM           ; disable oflow
1      000009  EA00   LD   # 0 , DP      ; dp = 0
1      00000a  F4A7   LD   # 7 , ARP     ; arp = ar7
1      00000b  E837   LD   # 037h , A    ; acc = 03fh
1      00000c  F6BB   RSBX INTM          ; enable ints

 Field1    Field2  Field3           Field4
```

源文件的每一行都会在列表文件中生成一行。这一行的内容包括行号、段程序计数器
SPC 的数值、汇编后的目标代码，以及源程序语句。一条指令可以生成 1 或 2 个字的目标代
码。汇编器为第 2 字单独列一行，列出了 SPC 的数值和目标代码。上例列表文件可以分成 4
个部分：

Field 1：源程序语句的行号，用十进制数表示。有些语句（如 .title）只列行号，不列语句。汇编器可能在一行的左边加一个字母，表示这一行是从一个包含文件汇编的。汇编器还可能在一行的左边加一个数字，表示这是嵌入的宏展开或循环程序块。

Field 2：段程序计数器（SPC），用十六进制数表示。所有的段（包括 .text、.data、.bss 以及标有名字的段）都有 SPC。有些命令对 SPC 不发生影响，此时这部分为空格。

Field 3：目标代码，用十六进制数表示。所有指令经汇编都会产生目标代码。目标代码后面的一些记号，表示在链接时需要重新定位。如：

!：未定义的外部引用。

'：.text 段重新定位。

"：.data 段重新定位。

+：.sect 段重新定位。

−：.bss 和 .usect 段重新定位。

Field 4：源程序语句。这一部分包含被汇编器搜索到的源程序的所有字符。汇编器每行可以接受的字符最多为 200 个。

第三节　COFF 的一般概念

汇编器和链接器建立的目标文件，是一个可以在 TMS320C54x 器件上执行的文件。这些目标文件的格式称为公共目标文件格式，即 COFF（Common Object File Format）。COFF 会使模块编程和管理变得更加方便，因为当编写一个汇编语言程序时，它可以按照代码和数据段来考虑问题。汇编器和链接器都有一些命令建立并管理各种各样的段。

1. COFF 文件中的段

COFF 文件有 3 种形式：COFF0、COFF1 和 COFF2。每种形式的 COFF 文件的标题格式不相同，而其数据部分是相同的。C54x 汇编器和 C 编译器建立的是 COFF2 文件。C54x 能够读/写所有形式的 COFF 文件，默认值下链接器生成的是 COFF2 文件，用链接器-vn 选项可以选择不同形式的 COFF 文件。

段（sections）是 COFF 文件中最重要的概念。每个目标文件都分成若干个段。所谓段，就是在存储器图中占据相邻空间的代码或数据块。一个目标文件中的每一个段都是分开的和不相同的。所有的 COFF 目标文件都包含以下 3 种形式的段：

.text 段，此段通常包含可执行代码。

.data 段，此段通常包含初始化数据。

.bss 段，此段通常为未初始化变量保留存储空间。

此外，汇编器和链接器可以建立、命名和链接自定义段。这种自定义段是程序员自己定义的段，使用起来与 .data、.text 以及 .bss 段类似。它的好处是在目标文件中与 .data、.text 以及 .bss 分开汇编，链接时作为一个单独的部分分配到存储器。

汇编器在汇编的过程中，根据汇编命令用适当的段将各部分程序代码和数据连在一起，构成目标文件；链接器的一个任务就是分配存储单元，即把各个段重新定位到目标存储器中，如图 4-3 所示。由于大多数系统都有好几种形式的存储器，通过对各个段重新定位，可以使目标存储器得到更为有效的利用。

2. COFF 文件中的符号

COFF 文件中有一张符号表，用来存放程序中的符号信息，链接时对符号进行重新定位要用到它，调试程序时也要用到它。其中的外部符号是在一个模块中定义，又可在另一个模块中引用的符号。可以用. def、.ref 或. global 命令来指出某些符号为外部符号，即：

图 4-3 目标文件中的段与目标
存储器之间的关系

. def：在当前模块中定义，并可在别的模块中使用的符号。

. ref：在当前模块中使用，但在别的模块中定义的符号。

. global：可以是上面的随便哪一种情况。

例如：

x:	ADD	#56h,A	;为 x 分配地址
	B	y	;引用 y，y 的地址在别处分配
	. def	x	;x 在此模块中定义，可为别的模块引用
	. ref	y	;y 在这里引用，它在别的模块中定义

汇编时，汇编器把 x 和 y 都放在目标文件的符号表中。当这个文件与其他目标文件链接时，一遇到符号 x，就定义了其他文件不能辨别的 x。同样，遇到符号 y 时，链接器就检查其他文件对 y 的定义。总之，链接器必须使所引用的符号与相应的定义相匹配。如果链接器不能找到某个符号的定义，它就给出不能辨认所引用符号的出错信息。

3. 汇编器对段的处理

汇编器靠 5 条命令识别汇编语言程序的各个部分。这 5 条命令为：

. bss：未初始化段。

. usect：未初始化自定义段。

. text：已初始化程序文本段。

. data：已初始化程序数据段。

. sect：已初始化自定义段。

如果汇编语言程序中一个段命令都没有用，那么汇编器把程序中的内容都汇编到. text 段。

（1）未初始化段 未初始化段由. bss 和. usect 命令建立。未初始化段就是 C54x 存储器中的保留空间，通常将它们定位到 RAM 区。在目标文件中，这些段中没有确切的内容；在程序运行时，可以利用这些存储空间存放变量。这两条命令的句法为：

	. bss	符号，	字数
符号	. usect	"段名"，	字数

其中：

符号：对应于保留的存储空间第一个字的变量名称。这个符号可以让其他段引用，也可以用. global 命令定义为全局符号。

字数：表示在. bss 段或标有名字的段中保留多少个存储单元。

段名：程序员为自定义未初始化段起的名字。

（2）已初始化段　已初始化段是由.text、.data 和.sect 命令建立段。已初始化段中包含有可执行代码或初始化数据。这些段中的内容都在目标文件中，当加载程序时再放到 C54x 的存储器中。每一个已初始化段是可以重新定位的，并且可以引用其他段中所定义的符号。链接器在链接时会自动地处理段间的相互引用。

这 3 条初始化命令的句法为：

```
.text      [段起点]
.data      [段起点]
.sect      "段名"[,段起点]
```

其中，段起点是任选项，如果选用，它就是为段程序计数器(SPC)定义的一个起始值。SPC 值只能定义一次，而且必须在第一次遇到这个段时定义。SPC 默认从 0 开始。

当汇编器在汇编时遇到.bss 或.usect 命令时，并不结束对当前段的汇编，只是暂时从当前段脱离出来，并开始对新的段进行汇编。.bss 和.usect 命令可以出现在一个已初始化段的任何位置，而不会对它的内容发生影响。

段的构成要经过一个反复过程。例如，当汇编器第一次遇到.data 命令时，这个.data 段是空的。接着将紧跟其后的语句汇编到.data 段，直到汇编器遇到一条.text 或.sect 命令。如果汇编器再遇到一个.data 段，它就将紧跟这条命令的语句汇编后加到已经存在的.data 中。这样，就建立了单一的.data 段，段内数据都是连续地安排到存储器中的。

（3）子段　子段是大段中的小段。链接器可以像处理段一样处理子段。采用子段结构，可以使存储器分配图更加紧密。子段命名的句法为：

基段名：子段名

当汇编器在基段名后面发现冒号，则紧跟其后的段就是子段名。对于子段，可以单独为其分配存储单元，或者在相同的基段名下与其他段组合在一起。例如，若要在.text 段内建立一个称之为_func 的子段，可以用如下的命令：

.sect".text:_func"

子段也有两种：用.sect 命令建立的是已初始化段，而用.usect 命令建立的段是未初始化段。

（4）段程序计数器(SPC)　汇编器为每个段都安排了一个单独的程序计数器，即段程序计数器(SPC)。SPC 表示一个程序代码段或数据段内的当前地址。一开始，汇编器将每个 SPC 置 0。当汇编器将程序代码或数据加到一个段内时，相应的 SPC 就增加。如果再继续对某个段汇编，则相应的 SPC 就在先前的数值上继续增加。链接器在链接时要对每个段进行重新定位。

下例列出的是一个汇编语言程序经汇编后的.lst 文件(部分)。

例 4-4　段命令应用举例。

```
2                    * * * * * * * * * * * * * * * * * * * * * * *
3                    *      Assemble an initialized table into .data      *
4                    * * * * * * * * * * * * * * * * * * * * * * *
5      0000                      .data
6      0000    0011      coeff    .word 011h,022h,033h
       0001    0022
```

	0002	0033			
7			＊ ＊ ＊ ＊ ＊ ＊ ＊ ＊ ＊ ＊ ＊ ＊ ＊ ＊ ＊ ＊ ＊ ＊ ＊ ＊			
8			＊ ＊	Reserve space in . bss for a variable	＊ ＊	
9			＊ ＊ ＊ ＊ ＊ ＊ ＊ ＊ ＊ ＊ ＊ ＊ ＊ ＊ ＊ ＊ ＊ ＊ ＊ ＊			
10	0000			. bss	buffer, 10	
11			＊ ＊ ＊ ＊ ＊ ＊ ＊ ＊ ＊ ＊ ＊ ＊ ＊ ＊ ＊ ＊ ＊ ＊ ＊ ＊			
12			＊ ＊	still in . data	＊ ＊	
13			＊ ＊ ＊ ＊ ＊ ＊ ＊ ＊ ＊ ＊ ＊ ＊ ＊ ＊ ＊ ＊ ＊ ＊ ＊ ＊			
14	0003	0123	ptr	. word	0123h	
15			＊ ＊ ＊ ＊ ＊ ＊ ＊ ＊ ＊ ＊ ＊ ＊ ＊ ＊ ＊ ＊ ＊ ＊ ＊ ＊			
16			＊ ＊	Assemble code into the . text section	＊ ＊	
17			＊ ＊ ＊ ＊ ＊ ＊ ＊ ＊ ＊ ＊ ＊ ＊ ＊ ＊ ＊ ＊ ＊ ＊ ＊ ＊			
18	0000			. text		
19	0000	100f	add：	LD	0Fh, A	
20	0001	f010	aloop：	SUB	#1, A	
	0002	0001				
21	0003	f842		BC	aloop, AGEQ	
	0004	0001'				
22			＊ ＊ ＊ ＊ ＊ ＊ ＊ ＊ ＊ ＊ ＊ ＊ ＊ ＊ ＊ ＊ ＊ ＊ ＊ ＊			
23			＊ ＊	Another initialized table into . data	＊ ＊	
24			＊ ＊ ＊ ＊ ＊ ＊ ＊ ＊ ＊ ＊ ＊ ＊ ＊ ＊ ＊ ＊ ＊ ＊ ＊ ＊			
25	0004			. data		
26	0004	00aa	ivals	. word	0Aah, 0BBh, 0CCh	
	0005	00bb				
	0006	00cc				
27			＊ ＊ ＊ ＊ ＊ ＊ ＊ ＊ ＊ ＊ ＊ ＊ ＊ ＊ ＊ ＊ ＊ ＊ ＊ ＊			
28			＊ ＊ Define another section for more variables		＊ ＊	
29			＊ ＊ ＊ ＊ ＊ ＊ ＊ ＊ ＊ ＊ ＊ ＊ ＊ ＊ ＊ ＊ ＊ ＊ ＊ ＊			
30	0000		var2	. usect	"newvars", 1	
31	0001		inbuf	. usect	"newvars", 7	
32			＊ ＊ ＊ ＊ ＊ ＊ ＊ ＊ ＊ ＊ ＊ ＊ ＊ ＊ ＊ ＊ ＊ ＊ ＊ ＊			
33			＊ ＊	Assemble more code into . text	＊ ＊	
34			＊ ＊ ＊ ＊ ＊ ＊ ＊ ＊ ＊ ＊ ＊ ＊ ＊ ＊ ＊ ＊ ＊ ＊ ＊ ＊			
35	0005			. text		
36	0005	110a	mpy：	LD	0Ah, B	
37	0006	f166	mloop：	MPY	#0Ah, B	
	0007	000a				
38	0008	f868		BC	mloop, BNOV	
	0009	0006'				

39			* * * * * * * * * * * * * * * * * *
40			* * Define a named section for int. vectors		* *
41			* * * * * * * * * * * * * * * * * *
42	0000		.sect	"vectors"
43	0000	0011	.word	011h,033h
44	0001	0033		

在此例中，一共建立了 5 个段：

.text 段内有 10 个字的程序代码。

.data 段内有 7 个字的数据。

vectors 是一个用.sect 建立的自定义段，段内有 2 个字的已初始化数据。

.bss 在存储器中为变量保留 10 个存储单元。

newvars 是一个用.usect 命令建立的自定义段，它在存储器中为变量保留 8 个存储单元。

本例的目标代码如图 4-4 所示。

行号	目标代码	段
19	100f	.text
20	f010	
20	0001	
21	f842	
21	0001	
36	110a	
37	f166	
37	000a	
38	f868	
38	0006'	
6	0011	.data
6	0022	
6	0033	
14	0123	
26	00aa	
26	00bb	
26	00cc	
43	0011	vectors
44	0033	
10	No data-10 words reserved	.bss
30	No data-8 words reserved	newvars
31		

图 4-4 目标代码

第四节 目标文件的链接

链接器的主要任务是根据链接命令或链接命令文件(.cmd)，将一个或多个 COFF 目标文件链接起来，生成存储器映像文件(.map)和可执行的输出文件(.out, COFF 目标模块)，如图 4-5 所示。

在链接过程中，链接器将各个目标文件合并起来，将各个文件的各个段配置到目标系统的存储器中；对各个符号和段进行重定位，并给它们指定一个最终的地址；解决输入文件之间未定义的外部引用。

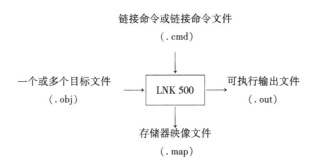

图 4-5　链接时的输入、输出文件

1. 运行链接程序

运行链接程序有两种方式：一种是在 CCS 软件开发环境下，在 Project/Build 菜单项中完成链接，这将在第六章和第七章中介绍。另一种是 C54x 的链接器（链接程序）名为 lnk500.exe。

2. 链接器选项

在链接时，一般通过链接器选项控制链接操作，在选项前，必须加一短划"-"。

3. 链接器对段的处理

链接器在对段进行处理时，主要完成：

1）把一个或多个 COFF 目标文件中的各种段作为链接器的输入段，经链接后在一个可执行的 COFF 输出模块中建立各个输出段。

2）为各个输出段选定存储器地址。

图 4-6 说明了两个文件的链接过程。图中，链接器对目标文件 file1. obj 和 file2. obj 进行

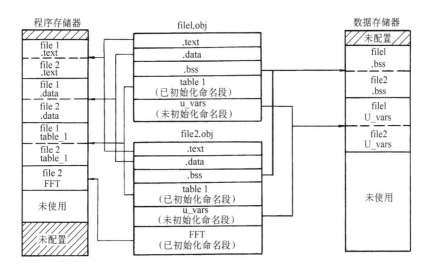

图 4-6　链接器将输入段组合成一个可执行的目标模块

链接。每个目标文件中，都有.text、.data 和.bss 段，此外还有自定义段。链接器将两个文件的.text 段组合在一起，以形成一个.text 段，然后再将两个文件的.data 段、.bss 段、自定义段组合在一起。在多数情况下，系统中配置有各种型式的存储器，如 RAM、ROM 和 EPROM 等，因此必须将各个段放在所指定的存储器中。

汇编器处理每个段都是从地址 0 开始，而所有需要重新定位的符号或标号在段内都是相对于地址 0 的。事实上，所有段都不可能从存储器中地址 0 单元开始，因此链接器通过以下方法对各个段进行重新定位，即：

1）将各个段定位到存储器分配图中，这样一来每个段都从一个恰当的地址开始。

2）将符号的数值调整到相对于新的段地址的数值。

3）调整对重新定位后符号的引用。

汇编器在需要引用重新定位的符号处都留了一个重定位入口。链接器对符号重定位时，利用这些入口修正对符号的引用值，见例 4-5。

例 4-5   列表文件中，汇编器为需要重新定位的符号所留的重定位入口。

```
1           0100  X      .set  0100h
2    0000                .text
3    0000  F073   B   Y              ;生成一个重定位入口
     0000  0004'
4    0002  F020   LD  #X,A           ;生成一个重定位入口
     0003  0000!
5    0004  F7E0  Y：    RESET
```

在本例中，有两个符号 X 和 Y 需要重新定位。Y 是在这个模块的.text 段中定义的；X 是在另一个模块中定义的。这里仅给变量 X 赋初值，X 所在的地址在另一个模块中定义。当程序汇编时，汇编器假设所有未定义的外部符号的值为 0，故 X 的值为 0。Y 相对于.text 段地址 0 的值为 4。就这一段程序而言，汇编器形成了两个重定位入口：一个是 X，另一个是 Y。在.text 段对 X 的引用是一次外部引用，列表文件中用符号! 表示；而.text 段内对 Y 的引用是一次内部引用，用符号' 表示。

假设链接时 X 重新定位在地址 7100h，.text 段重新定位到从地址 7200h 开始，那么 Y 的重定位值为 7204h。链接器利用两个重定位入口，对目标文件中的两次引用进行修正：

```
f073       B   Y       变成      f073
0004'                            7204
f020       LD  #X,A    变成      f020
0000!                            7100
```

在 COFF 目标文件中有一张重定位入口表。链接器在处理完之后就将重定位入口消去，以防止在重新链接或加载时再次重新定位。一个没有重定位入口的文件称为绝对文件，它的所有地址都是绝对地址。

4. 链接器命令文件

对于有多个选项的命令，可以写成一个链接器命令文件 link. cmd。其内容如下（链接器命令文件中，也可以加注释，注释的内容用/∗ 和 ∗/符号括起来）：

```
a. obj             /∗   第一个被链接的文件              ∗/
```

b. obj　　　　　　　/ *　第二个被链接的文件　　　　　　　* /
-m prog. map　　　/ *　选项,生成一个映像文件　　　　　* /
-o prog. out　　　 / *　选项,生成一个可执行输出文件　　 * /

就可以将两个目标文件 a. obj 和 b. obj 链接起来,并生成一个映像文件 prog. map 和一个可执行的输出文件 prog. out,其效果与前面带-m 和-o 选项的链接器命令完全一样。

例 4-6　链接器命令文件举例。

```
a. obj b. obj          / *    输入文件名          * /
-o prog. out           / *    选项               * /
-m prog. map           / *    选项               * /
MEMORY                 / *    MEMORY 命令         * /
{
  PAGE0：  ROM：  origin = 1000h,      length = 0100h
  PAGE1：  RAM：  origin = 0100h,      length = 0100h
}
SECTIONS               / *    SECTIONS 命令       * /
{
    . text： > ROM
    . data： > ROM
    . bss： > RAM
}
```

链接器命令文件的扩展名为. cmd,文件名由用户自定。链接器按照命令文件中的先后次序处理输入文件。如果链接器认定一个文件为目标文件,就对它链接;否则就假定它是一个命令文件,并从中读出命令和进行处理。链接器对命令文件名的大小写是敏感的。空格和空行是没有意义的,但可以用作定界符。链接器命令文件都是 ASCII 码文件,由上例可见,它主要包含如下内容:

1) 输入文件名是要链接的目标文件和文档库文件,或者是其他的命令文件。如果要调用另一个命令文件作为输入文件,则此命令文件一定要放在该目标文件的最后,因为链接器不能从新调用的命令文件返回。

2) 链接器选项既可以用在链接器命令行,也可以编在命令文件中。

3) MEMORY 和 SECTIONS 都是链接器命令。MEMORY 命令用来定义目标系统的存储器配置图,包括对存储器各部分命名,以及规定它们的起始地址和长度。SECTIONS 命令告诉链接器如何将输入段合成输出段,以及将输出段放在存储器中的什么位置。如果链接命令文件中没有 MEMORY 和 SECTIONS 命令(默认情况),则链接器就从地址 0080h 像图 4-6 所示的那样一个段接着一个段进行配置。

在链接器命令文件中,下列符号不能作为段名或符号名:

align	DSECT	len	o	run	ALIGN	f	length	org	RUN
attr	fill	LENGTH	origin	SECTIONS	ATTR	FILL	load	ORIGIN	apare
block	group	LOAD	page	type	BLOCK	GROUP	MEMORY	PAGE	TYPE
COPY	l(小写 L)		NOLOAD	range	UNION				

5. 两条链接器命令的使用方法

（1）MEMORY 命令　链接器命令应当确定输出各段放在存储器的什么位置。要达到这个目的，首先应当有一个目标存储器的模型。MEMORY 命令就是用来规定目标存储器的模型的。通过这条命令，可以定义系统中所包含的各种形式的存储器，以及它们占据的地址范围。

C54x DSP 芯片的型号不同或者所构成的系统的用处不同，其存储器配置也可能是不相同的。通过 MEMORY 命令，可以进行各种各样的存储器配置，在此基础上再用 SECTIONS 命令将各输出段定位到所定义的存储器。

MEMORY 命令的一般句法为：

MEMORY
{
　　PAGE 0：name 1 [（attr）]：origin = constant，length = constant
⋮
　　PAGE n：name n[（attr）]：origin = constant，length = constant
}

在链接器命令文件中，MEMORY 命令用大写字母，紧随其后并用大括号括起的是一个定义存储器范围的清单。其中：

PAGE：对一个存储空间加以标记，每一个 PAGE 代表一个完全独立的地址空间。页号 n 最多可规定为 255，取决于目标存储器的配置。通常 PAGE 0 定为程序存储器，PAGE 1 定为数据存储器。如果没有规定 PAGE，则链接器就将目标存储器配置在 PAGE 0。

name：对一个存储器区间取名。一个存储器名字可以包含 8 个字符，A ~ Z、a ~ z、$、.、_均可。对链接器来说，这个名字并没有什么特殊的含义，它们只不过用来标记存储器的区间而已；存储器区间名字都是内部记号，因此不需要保留在输出文件或者符号表中。不同 PAGE 上的存储器区间可以取相同的名字，但在同一 PAGE 内的名字不能相同，且不许重叠配置。

attr：这是一个任选项，为命名区规定 1 ~ 4 个属性。如果有选项，应写在括号内。当输出段定位到存储器时，可利用属性加以限制。属性选项一共有 4 项：

R：规定可以对存储器执行读操作。

W：规定可以对存储器执行写操作。

X：规定存储器可以装入可执行的程序代码。

I：规定可以对存储器进行初始化。

如果一项属性都没有选，就可以将输出段不受限制地定位到任何一个存储器位置。任何一个没有规定属性的存储器都默认有全部 4 项属性。

origin：规定一个存储区的起始地址。键入 origin、org 或 o 都可以。这个值是一个 16 位二进制常数，可以用十进制数、八进制数或十六进制数表示。

length：规定一个存储区的长度，键入 length、len 或 l 都可以。这个值是一个 16 位二进制常数，也可以用十进制数、八进制数或十六进制数表示。

fill：这是一个任选项，不常用，在句法中未列出，为没有定位输出段的存储器空单元填充一个数，键入 fill 或 f 均可。这个值是 2 个字节的整型常数，可以用十进制数、八进制数或十六进制数表示。如 fill = 0FFFFh。

例 4-7 MEMORY 命令的使用方法。

```
/ * Example command file with MEMORY directive    * /
file1. obj file2. obj            / * Input files * /
-o prog. out                    / * Options * /
MEMORY
{
  PAGE0： ROM：        origin = cooh，   length = 1000h
  PAGE1： SCRTCH：     origin = 60h，    length = 20h
         ONCHIP：     origin = 80h，    length = 200h
}
```

本例中 MEMORY 命令所定义系统的存储器配置如下：

程序存储器： 4K 字 ROM，起始地址为 C00h，取名为 ROM。

数据存储器： 32 字 RAM，起始地址为 60h，取名为 SCRATCH。

512 字 RAM，起始地址为 80h，取名为 ONCHIP。

(2) SECTIONS 命令 SECTIONS 命令的任务是说明如何将输入段组合成输出段；在可执行程序中定义输出段；规定输出段在存储器中的存放位置；允许重新命名输出项。

SECTIONS 命令的一般句法为：

```
SECTIONS
{
  name：[ property，property，property，... ]
  name：[ property，property，property，... ]
  name：[ property，property，property，... ]
}
```

在链接器命令文件中，SECTIONS 命令用大写字母，紧随其后并用大括号括起来的是关于输出段的详细说明。每一个输出段的说明都从段名开始。段名后面是一行说明段的内容和如何给段分配存储单元的性能参数。一个段可能的性能参数有：

1) load allocation：用来定义将输出段加载到存储器中的什么位置。

句法：load = allocation 或者用大于号代替 "load = "

    > allocation   或者省掉 "load = "

    allocation

其中，allocation 是关于输出段地址的说明，即给输出段分配存储单元。具体写法有以下多种形式：

. text：load = 0x1000	将输出段. text 定位到一个特定的地址 0x1000 处。
. text：> ROM	将输出段. text 定位到命名为 ROM 的存储区。
. bss：> (RW)	将输出段. bss 定位到属性为 R、W 的存储区。
. text：align = 0x80	将输出段. text 对齐定位到从地址 0x80 开始的存储区。
. bss：load = block(0x80)	将输出段. bss 定位到一个 n 字存储器块的任何一个位置（n 为 2 的幂次）。

. text：PAGE 0　　　　　　　　　　　　　将输出段. text 定位到 PAGE 0。

如果要用到一个以上参数，可以将它们排成一行，例如：

　　. text：> ROM align（16）PAGE(2)

或者为方便阅读，可用括号括起来：

　　. text：load =（ROM align（16）PAGE(2)）

2）Run allocation：用来定义输出段在存储器的什么位置上开始运行。

句法：run = allocation　　　或者用大于号代替等号

　　　　run > allocation

链接器为每个输出段在目标存储器中分配两个地址：一个是加载的地址，另一个是执行程序的地址。通常，这两个地址是相同的，可以认为每个输出段只有一个地址。有时要想把程序的加载和运行区分开(先将程序加载到 ROM,然后在 RAM 中以较快的速度运行)，只要用 SECTIONS 命令让链接器对这个段定位两次就行了。一次是设置加载地址，另一次是设置运行地址。例如：

. fir load = ROM, run = RAM

3）Input sections：用来定义由哪些输入段组成输出段。

句法：{input _ sections}

大多数情况下，在 SECTIONS 命令中是不列出每个输入文件的输入段的段名的：

SECTIONS
{
　. text：
　. data：
　. bss
}

这样，在链接时，链接器就将所有输入文件的. text 段链接成. text 输出段，其他段也一样。当然，也可能明确地用文件名和段名来规定输入段：

SECTIONS
{
　. text：　　　　　　　　/ *　　建立. text 输出段　　　　　　　　* /
　{
　f1. obj(. text)　　　　/ *　　链接源于 f1. obj 的. text 段　　　　* /
　f2. obj(sec1)　　　　 / *　　链接源于 f2. obj 的 sec1 段　　　　* /
　f3. obj　　　　　　　 / *　　链接源于 f3. obj 的所有段　　　　　* /
　f4. obj(. text,sec2)　/ *　　链接源于 f4. obj 的. text 段和 sec2 段　* /
　}
}

4）Section type：用它为输出段定义特殊形式的标记。

句法：　　　type = COPY　　　或者

　　　　　 type = DSECT　　　或者

　　　　　 type = NOLOAD

这些参数将对程序的处理产生影响。

5）Fill value：对未初始化空单元定义一个数值。

句法：　　　fill = value　　　或者

　　　　　　name：…｛…｝= value

最后，需要说明的是，在实际编写链接命令文件时，许多参数是不一定要用的，因而可以大大简化。

（3）MEMORY 和 SECTIONS 命令的默认算法　如果没有利用 MEMORY 和 SECTIONS 命令，链接器就按默认算法来定位输出段：

```
MEMORY
{
  PAGE 0：PROG：origin = 0x0080，length = 0xFF00
  PAGE 1：DATA：origin = 0x0080，length = 0xFF80
}
SECTIONS
{
  . text：   PAGE = 0
  . data：   PAGE = 0
  . cinit：  PAGE = 0
  . bss：    PAGE = 1
}
```

在默认 MEMORY 和 SECTIONS 命令情况下，链接器将所有的. text 输入段，链接成一个. text 输出段，它是可执行的输出文件；所有的. data 输入段组合成. data 输出段。又将. text 和. data段定位到配置为 PAGE 0 上的存储器，即程序存储空间。所有的. bss 输入段则组合成一个. bss 输出段，并由链接器定位到配置为 PAGE 1 上的存储器，即数据存储空间。

如果输入文件中包含有自定义已初始化段（如上面的. cinit 段），则链接器将它们定位到程序存储器，紧随. data 段之后；如果输入文件中包括有自定义未初始段，则链接器将它们定位到数据存储器，并紧随. bss 之后。

6. 多个文件的链接

下面举例说明多个文件系统的链接方法。以例 4-1 中的 example. asm 和下面的复位向量（vextors. asm）文件为例，将复位向量列为一个单独的文件，对两个目标文件进行链接。

（1）编写复位向量文件 vextors. asm　如例 4-8 所示。

例 4-8　编写复位向量文件 vextors. asm。

```
* * * * * * * * * * * * * * * * * * * * * * * *
*        Reset vector for example. asm                          *
* * * * * * * * * * * * * * * * * * * * * * * *
        . title   "vectors. asm"
        . ref    start
        . sect   ". vectors"
        B        start
```

. end

vectors. asm 文件中引用 example. asm 中的标号"start"，这是在两个文件之间通过. ref 和
. def命令实现的。

（2）编写 example. asm　见例 4-1。example. asm 文件中". def　start"是用来定义语句
标号 start 的汇编命令，start 是源程序. text 段开头的标号，供其他文件引用。

（3）分别对两个源文件 example. asm 和 vectors. asm 进行汇编，生成目标文件 example.
obj 和 vectors. obj。

（4）编写链接命令文件 example. cmd　此命令文件链接 example. obj 和 vectors. obj 两个
目标文件，并生成一个映像文件 example. map 以及一个可执行的输出文件 example. out，标号
"start"是程序的入口。

假设目标存储器的配置如下：

程序存储器：

EPROM　　　E000h ~ FFFFh(片外)

数据存储器：

SPRAM　　　0060h ~ 007Fh(片内)

DARAM　　　0080h ~ 017Fh(片内)

例 4-9　根据例 4-1 和例 4-8 编写链接器命令文件 example. cmd。

```
vectors. obj
example. obj
-o example. out
-m example. map
-e start
MEMORY
{
  PAGE 0:
        EPROM:   org = 0E000h,   len = 100h
        VECS:    org = 0FF80h,   len = 04h
  PAGE 1:
        SPRAM:   org = 0060h,    len = 20h
        DARAM:   org = 0080h,    len = 100h
}
SECTIONS
{
  . text:      > EPROM    PAGE 0
  . data:      > EPROM    PAGE 0
  . bss:       > SPRAM    PAGE 1
  STACK:       > DARAM    PAGE 1
  . vectors:   > VECS     PAGE 0
}
```

在例4-9中，在程序存储器中配置了一个空间 VECS，它的起始地址 0FF80h，长度为04h，并将复位向量段. vectors 放在 VECS 空间。这样，C54x 复位后，首先进入 0FF80h，再从 0FF80h 复位向量处跳转到主程序。

在 example. cmd 文件中，有一条命令"-e start"，是软件仿真器的入口地址命令，为了在软件仿真时屏幕上从 start 语句标号起显示程序清单，且 PC 也指向 start(0e000h)。

（5）链接　链接后生成一个可执行的输出文件 example. out 和映像文件 example. map。映像文件中给出了存储器的配置情况，程序文本段、数据段、堆栈段、向量段在存储器中的定位表，以及全局符号在存储器中的位置。

例 4-10　由例 4-9 得到的映像文件 example. map。

OUTPUT FILE NAME：< example. out >

ENTRY POINT SYMBOL："start"address：0000e000

MEMORY CONFIGURATION

	name	origin	length	attributes	fill
PAGE 0：	EPROM	0000e000	000000100	RWIX	
	VECS	0000ff80	000000004	RWIX	
PAGE 1：	SPRAM	00000060	000000020	RWIX	
	DARAM	00000080	000000100	RWIX	

SECTION ALLOCATION MAP

output section	page	origin	length	attributes/ input sections
. text	0	0000e000	00000016	
		0000e000	00000000	vectors. obj(. text)
		0000e000	00000016	example. obj(. text)
. data	0	0000e016	00000008	
		0000e016	00000000	vectors. obj(. data)
		0000e016	00000008	example. obj(. data)
. bss	1	00000060	00000009	UNINITIALIZED
		00000060	00000000	vectors. obj(. bss)
		00000060	00000009	example. obj(. bss)
STACK	1	00000080	00000010	UNINITIALIZED
		00000080	00000010	example. obj(STACK)
. vectors	0	0000ff80	00000002	
		0000ff80	00000002	vectors. obj(. vectors)
. xref	0	00000000	0000008c	COPY SECTION
		00000000	00000016	vectors. obj(. xref)
		00000016	00000076	example. obj(. xref)

GLOBAL SYMBOLS

address	name	address	name
00000060	. bss	00000060	. bss

0000e016	. data	00000069	end
0000e000	. text	0000e000	. start
0000e01e	edata	0000e000	. text
00000069	end	0000e016	etext
0000e016	etext	0000e016	. data
0000e000	start	0000e01e	. edata

[7 symbols]

上述可执行输出文件 example. out 装入目标系统后就可以运行了。系统复位后，PC 首先指向 0ff80h，这是复位向量地址。在这个地址上，有一条 B start 指令，程序马上跳转到 start 语句标号，从程序起始地址 0e000h 开始执行主程序。

第五节　DSP 的 C 语言开发方法

C54x 的软件设计通常有三种途径：

(1) 利用 C 语言进行编程　TI 公司提供的 CCS 平台有一个优化 ANSI C 编译器，可以在 C 源程序级进行开发调试。这种方式大大提高了软件的开发速度和可读性，方便了软件的修改和移植。但是，在某些情况下，C 代码的效率还是无法与手工编写的汇编代码的效率相比，如 FFT 程序。这是因为即使最佳的 C 编译器，也无法在所有的情况下都能合理地利用 DSP 芯片所提供的各种资源。此外，用 C 语言实现 DSP 芯片的某些硬件控制也不如汇编语言方便，有些甚至无法用 C 语言实现。

(2) 纯汇编语言编程　利用 TI 公司提供的 TMS320C54x 汇编语言，可以更为充分合理地利用芯片提供的硬件资源，其代码效率高，程序执行速度快。但是用汇编语言编写的程序是比较复杂的，一般来说，不同公司的芯片汇编语言是不同的，即使是同一公司的芯片，由于芯片类型不同(如定点和浮点)和芯片的升级换代，其汇编语言也不同。因此，用汇编语言开发基于某种芯片的产品周期较长，并且软件的修改和升级较困难。此外，汇编语言的可读性和可移植性也较差。

(3) 利用 C 和汇编语言进行混合编程　这既可充分利用 DSP 芯片的资源，又充分发挥了 C 语言的优点，使两者有机结合起来。因此，在很多情况下，采用混合编程方法能更好地达到设计要求，完成设计任务。但是，采用 C 和汇编语言混合编程必须遵循有关的规则，否则会遇到一些意想不到的问题，给开发设计带来许多麻烦。

DSP 的 C 语言开发主要涉及：ANSI C 编译器、运行环境、运行支持库的使用与建立、I/O 口编程、C 语言编程各种工具的使用以及 C 调试器的使用等主要内容。

TI 公司提供有 C2x、C2xx、C3x、C4x、C54x、C6x、C8x 的优化 ANSI C 编译器，C 编译器将 DSP 的 C 语言程序转化为汇编程序，然后再按汇编程序调试手段进行调试，ANSI C 编译器支持代码级调试。采用 ANSI C 编译器进行 DSP 软件编程具有标准化、兼容性、补充的新类型(const 和 volatile 类型)、改进的函数约定等优点。

C 编译器提供了一个优化编译器。采用优化编译可以生成高效率的汇编代码，从而提高程序的运行速度，减少目标代码的长度。在一定程度也可以认为，C 编译器的效率主要取决于 C 编译器所能进行优化的范围和数量。C 编译器的优化方法可以分为两类，即通用优化和特定优化。

通用优化主要包括：简化表达式；优化数据流；删除公共子表达式和冗余分配；优化跳转；简化控制流；优化与循环有关的变量；将循环体内计算值不变的表达式移至循环体前；运行支持库函数的行内扩展。

特定优化主要包括：有效地使用寄存器；自动增量寄存器寻址方式；使用块重复；使用并行指令；使用延时跳转；安排局部变量的位置；使用寄存器避免冲突。

一、C 语言开发的运行环境

用 C 语言进行开发时，必须遵循的运行环境包括：存储器模式、目标表征、寄存器规则、函数结构与调用规则、C 与汇编的接口、中断处理、运行支持算术函数、系统初始化。

1. 存储器模式

TMS320C54x 定点处理器有两种类型的存储器：程序存储器和数据存储器。程序存储器中主要包含可执行的程序代码，数据存储器中主要包含外部变量、静态变量和系统堆栈。由 C 程序生成的每一块程序或数据存放于存储空间的一个连续块中。编译器既不考虑所提供的存储器的类型，也不考虑哪些空间不能为代码段或数据段使用，或哪些空间是为 I/O 或控制而保留的。编译器只是产生程序代码，但它们都是可重定位的，由链接器将它们放到合适的存储器空间。如将全局变量放到片内 RAM，将可执行代码放至 ROM 中。

（1）C 编译器生成的块　编译器对 C 语言进行编译时产生可重定位代码或数据块，这些块就称为段，共有 7 个，即 .text、.cinct、.const、.switch、.bss、.stack 和 .sysmem。根据不同的系统配置，这些段包括已初始化段和未初始化段，它们可按不同的方式被放到存储器中。已初始化段包括 .text、.cinct、.const、.switch 段四种类型，主要用于数据或可执行代码。其中，.text 段包含所有可执行代码以及浮点常数；.cinct 段包含用于对变量与常数进行初始化的数值表；.const 包含字符串常量和以 const 关键字定义的变量；.switch 段是为 .const 语句建立的表格。未初始化段用于为系统保留存储器空间，通常是 RAM，程序运行时，利用这些空间创建和存储变量。编译器创建三种类型的未初始化块：.bss、.stack 和 .sysmem。其中 .bss 段为系统保留全局和静态变量空间。在小存储器模式中，.bss 也为常数表保留空间。在程序开始运行时，C 初始化 BOOT 程序将数据从 .cinct 段复制到 .bss 中，.stack 段为系统堆栈分配存储器。这个存储器用于将变量传递至函数以及分配的局部变量。.system 段为动态存储器函数 malloc、calloc、realloc 分配存储器空间。当然，若 C 程序没有用到这些函数，那么编译器就不必创建 .sysmem 段。

通常，.text、.cinit、.switch 段可以链接到系统的 ROM 或者 RAM 中去，但是必须放在程序段（page 0）；.const 段可以链接到系统的 ROM 或者 RAM 中去，但是必须放在数据段（page 1）；而 .bss、.statck 和 .sysmem 段必须链接到系统的 RAM 中去，并且必须放在数据段（page 1）。

（2）C 系统堆栈　C 系统的堆栈完成分配局部变量、传递函数参数和保存处理器的状态位的功能。运行堆栈的增长方向是从高地址到低地址，C 编译器利用堆栈指针 SP 来管理堆栈。在 TMS320C54x 中，有专门的 SP 寄存器，辅助寄存器 AR0 ~ AR7 可直接用作指针或用于表达式中，在需要时 AR7 可用作帧指针。C 环境能够自动管理这些寄存器。如果需要编写用到运行堆栈的汇编程序，必须采用与 C 一样的方式使用这些寄存器。C 编译器采用传统的堆栈机制来分配局部变量和向函数传递参数。当函数需要局部存储时，编译器在堆栈中建立一个工作区，叫局部帧。这一局部帧在发生函数调用时建立，在函数返回时撤销。堆栈长度由链接器确定，链接器会创建一个名为_STACK_SIZE 的全局变量，并给它赋予一个与堆栈大小相等的值，默认值为 1K 字。需要改变堆栈长度时，在链接时用-stack 选项，并在其后指定一个数值。系统初始化时，SP 指针指向堆栈底部的地址，也就是.stack 段的首地址。由于堆栈的位置取决于.stack 分配到的空间，因此堆栈的实际位置是在链接时才确定的。由于编译器不提供任何检查堆栈是否溢出的手段，不管是在编译时还是在运行时，必须保证有足够的内存空间用作堆栈。否则一旦堆栈溢出将会导致运行环境被破坏，程序瘫痪。

（3）动态存储器分配　　在运行支持库中，有几个允许在运行时进行动态存储器分配的函数，如 malloc、calloc、realloc。动态分配不是 C 语言本身的标准，而是由运行支持函数所提供，为全局 pool 和 heap 分配的存储器空间定义在.sysmem 中。.sysmem 段的大小由链接器选项中的 heep 项设定。同样，链接器还创建一个名为_sysmem_size 的全局标识符，并将.sysmem 的大小赋给这一标识符。.sysmem 段的大小默认值为 1KB。对动态分配的目标一般不采用直接寻址的方式，而是通过指针来对它们进行访问，而且它们的存储区被分配在一个独立的段中，因此，即使是在小存储器模式中，动态存储区也没有大小的限制。这样即使在程序中定义了大的数据目标，也可以采用小存储器模式以提高程序的运行效率。为了在.bss 段中保留空间，可以用.heap 分配大的数据而不是将它们定义为全局或静态变量。

定义：　　struct big table[100]

可以改为用指针并调用 malloc 函数：

struct big * table

table = (struct big) malloc(100 * sizeof(struct big));

（4）静态和全局变量的存储器分配　　在 C 程序中说明的每一个外部或静态变量被分配给一个唯一的连续空间。空间的地址由链接器确定。编译器保证这些变量的空间分配在多个字中以使每个变量按字边界对准。

1）小存储器模式这是编译器的默认模式。它要求整个.bss 段限制在 64K 字的一个存储器数据页的大小以内。这意味着程序中所有的静态和全局数据之和必须小于 64K 字，而且.bss 段不能跨越任何 64K 字地址边界。编译器在程序初始化时，将数据页指针寄存器 DP 指向.bss 块的起点，之后，编译器可以通过直接寻址（@）对.bss 块中的所有目标，包括全局与静态变量以及常数表进行访问，而无须修改 DP 寄存器。

2）大存储器模式该模式不限制.bss 段的大小，全局与静态数据有无限的空间。但是当编译器对存储器在.bss 段中的全局与静态目标进行操作时，必须先保证 DP 正确地指向目标所在的存储器页。为此，每次对数据或全局数据进行操作时，需先对 DP 寄存器进行设置。在使用存储器模式时，需使用-mb 编译选项。

3）RAM 和 ROM 模式 C 编译器产生适合写入 ROM 系统的程序代码。在这种系统中，用于对静态和全局变量进行初始化的.cinct 段中的初始化表存放在 ROM 中。在系统初始化时，C 装载程序将数据从 ROM 表中复制到 RAM 的.bss 段中的相应位置。在程序的目标文件被直接装载到存储器中并马上运行的场合，可以节省.cinct 段占据的存储器空间。自定义的装载可以直接从目标文件而非 ROM 读取初始化表并在装载时直接进行初始化。通过设置-cr 链接器选项，可以给链接器明确这一要求。

（5）域/结构的对准 编译器为结构分配空间时，它分配足够的字以包含所有的结构成员，在一组结构中，每个结构开始于字边界。所有的非域类型对准于字的边界。对域分配足够多的比特，相邻域组装进一个字的相邻比特，但不跨越两个字。如果一个域要跨越两个字，则整个域分配到下一个字中。

2. 寄存器规则

C 编译器中定义了严格的寄存器使用规则。这些规则对于编写汇编语言与 C 语言的接口非常重要。如果编写的汇编程序不符合寄存器使用规则，则 C 环境将会被破坏。C 编译器使用寄存器的方法在使用和不使用优化器时是不一样的。因为优化器需要使用额外的寄存器作为寄存器变量以提高程序的运行效率。但函数调用时保护寄存器的规则在使用和不使用优化器时是一样的。调用函数时，被调用函数负责保护某些寄存器，这些寄存器不必由调用者来保护。如果调用者需要使用没有保护的寄存器，则调用者在调用函数前必须对其予以保护。

（1）辅助寄存器 AR1、AR6、AR7 由被调用函数保护，即可以在函数执行过程中修改，但在函数返回时必须恢复。在 C54x 中，编译器将 AR1 和 AR6 用作寄存器变量，AR0、AR2、AR3、AR4、AR5 可以自由地使用，即在使用过程中可以修改，而且不必恢复。

（2）栈指针 SP 堆栈指针 SP 在函数调用时必须予以保护，但它是自动保护的，即在返回时，压入堆栈的内容全部被弹出。

（3）ARP 在函数进入和返回的时候，必须为 0，即当前辅助寄存器为 AR0。函数执行时可以是其他值。

（4）默认 在默认的情况下，编译器总是认为 OVM 为 0。因此，若在汇编程序中将 OVM 置为 1，则在返回 C 环境时必须将其恢复为 0。

（5）其他状态位和寄存器 它们在子程序中可以任意使用，不必恢复。

（6）寄存器变量的说明 寄存器变量是定义在寄存器中而不是存储器中的局部变量或编译器的临时值。将局部变量存放在寄存器中可以明显加快访问速度，从而提高编译后代码的执行效率。在一个函数中，定点 C 编译器可以自由使用两个寄存器变量。如果要在函数中使用寄存器变量，则应在函数的参数表或函数的第一块中定义。否则，作为一般的变量处理。编译器用 AR1 和 AR6 作为寄存器变量，其中 AR1 分配给第一个寄存器变量，AR6 分配给第二个寄存器变量。由于在运行时建立一个寄存器变量约需 4 个指令周期，因此，只有当一个变量访问两次以上，使用寄存器变量的效果才能明显地体现出来。

3. 函数调用规则

定点 C 编译器规定了一组严格的函数调用规则。除了特殊的运行支持函数外，任何调用 C 函数或被 C 函数所调用的函数都必须遵循这些规则，否则就会破坏 C 环境，造成不可预测的后果。

（1）参数传递 将参数传递给一个 C 函数时，必须遵循下列规则：函数调用前，将参数压入运行堆栈；以逆序传递参数，即第一个参数（最左边）最后压栈，而最后一个参数（最右边）最先压栈；若参数是浮点数或长整型数，则低位字先压栈，高位字后压栈；对于 C54x，调用函数时，第一个参数放入累加器 A 中进行传递；传递结构时，采用多字方式。若参数中有结构形式，则调用函数给结构分配空间，其地址通过累加器 A 传递给被调用函数。

（2）函数结束 函数进入编译器时，对于 C54x，认为 ARP 为 0。函数结束时必须完成如下工作以恢复 C 调用环境；处理要传递给调用者的返回值；撤销为局部变量和临存值分配的空间；恢复原来的帧指针；将返回地址压入堆栈并返回调用程序；如果被调用函数修改了寄存器 AR1、AR6 和 AR7，则必须予以恢复，将函数的返回值放入累加器 A 中；如果函数返回一个结构体，则被调用函数将结构体的内容复制到累加器 A 所指向的存储器空间。如果函数没有返回值，则将累加器 A 置位 0，撤销为局部帧开辟的存储空间，ARP 在从函数返回时，必须为 0，即当前辅助寄存器为 AR0。参数不是由被调用函数弹出堆栈，而是由调用函数弹出。因此，调用函数可以传递任意数目的参数至函数，同时，函数不必知道由多少个参数传递。需要注意的是：函数在 ACC 中返回函数值，整数和指针在 ACC 的低 16 位中返回，浮点数和长整型数使用 ACC 全部 32 位返回；由于用 ACC 返回函数值，因此必须保证 ACC 不被结束程序所修改。

（3）局部帧的产生　函数调用时，编译器在运行堆栈中建立一个帧以存储信息，当前函数帧成为局部帧。C 环境利用局部帧来保护调用者的有关信息、传递参数和为局部变量分配存储空间。每调用一个函数，就建立一个新的局部帧。

4. 中断函数

在定点 C 编译器中，中断可以用 C 函数直接处理。每个中断采用固定的程序名，例如：c_int0 为系统复位中断，c_int1 为外部中断 0，c_int2 为外部中断 1，c_int3 为外部中断 2，c_int 为外部中断 3，c_int4 为内部定时中断，c_int5 为串行口接收中断，c_int6 为串行口发送中断，c_int7 为 TDM 口接收中断，c_int8 为 TDM 口发关中断。

调用上述中断程序时，首先调用一个名为 I$$SAVE 的子程序，这个子程序保护了所有的寄存器。同样，在函数返回时，调用一个名为 I$$REST 的子程序用于恢复被保护的寄存器。用 C 语言编写中断程序时，必须注意以下几点：对于由 SP 指向的字，编译器可能正在使用，因此必须加以保护；中断的屏蔽和使能必须由程序员设置，设置的方法是用嵌入汇编语句的方法修改 IMR 寄存器，这样修改不会破坏 C 环境或 C 指针；中断程序没有参数传递，即使说明也将被忽略；由于用 C 编写中断程序时，需要保护所有的寄存器，因此效率不高；中断子程序可以被普通的 C 程序调用，但这样是无效的，因为所有的寄存器都已经被保护了；将一个程序与某个中断关联时，必须在相应的中断向量处放置一条跳转指令，采用.sect 汇编指令建立一个简单的跳转指令表就可以实现这个功能；在汇编语言中，注意必须在中断程序名前加一下划杠，如 C 语言中的 c_int1，在汇编语言中为_c_int1；用 C 语言编写的中断程序必须用关键字 interrupt 予以说明；中断程序用到的所有寄存器，包括状态寄存器都必须予以保护；如果中断程序中调用了其他的程序，则所有的寄存器都必须予以保护；中断程序或在中断程序中需要调用的程序都不能用-oe 选项进行优化编译。

5. 表达式分析

当 C 程序中需要计算整型表达式时，必须注意到以下几点：

（1）算术上溢和下溢　即使采用 16 位操作数，对于 C54x 也会产生 40 位结果，因此算术溢出是不能以一种可预测的方式进行处理的。

（2）整除和取模　C54x 没有直接提供整除指令，因此，所有的整除和取模运算都需要调用函数来实现。这些函数将运算表达式的右操作数压入堆栈，将左操作数放入累加器的低 16 位。函数的计算结果在累加器中返回。

（3）32 位表达式分析　下面的一些运算函数调用时并不遵循标准的 C 调用规则，目的在于提高程序运行速度和减少程序代码空间：通过变量的左移、通过变量的右移、除法、取模、乘法。

（4）C 代码访问 16 位乘法结果的高 16 位 采用如下方法可以访问 16 位乘法结果的高 16 位，无需调用 32 位乘法的库函数。下面是有符号和无符号的定义。

有符号：

```
int m1,m2;
int result;
result = ((long)m1 * (long)m2) >>16;
```

无符号：

```
unsigned m1,m2;
unsigned result;
result = ((long)m1 * (long)m2) >>16;
```

C54x 的 C 编译器将浮点数表示为 IEEE 单精度格式，单精度和双精度都表示为 32 位，两者没有区别。在运行支持函数库中提供了一组浮点运算的数学函数库，包括加法、减法、乘法、除法、比较、整数和浮点数的转换以及标准的错误处理等。

6. 系统初始化

在运行 C 程序之前，首先必须建立 C 语言的运行环境。这一项任务由 C 装载程序来完成。装载程序其实就是 c_int0 函数。运行该函数的方法可以是跳转到这一函数，也可以是调用这个函数，还可以是将硬件中断的向量入口地址指向这个函数，在运行支持库中必须与其他的 C 目标模块相链接。只要在链接时，使用_c 或_cr 选项，并将运行支持 rts.src 作为链接器的输入，c_int0 就可以被自动连入。完成 C 程序的链接之后，链接器将可执行模块的入口点设置为 c_int0。为了完成 C 环境的初始化，c_int0 函数要完成如下工作：

1）为系统堆栈定义一个.stack 的块，并建立初始堆栈和帧指针。

2）将.cinit 块中的数据表中的数据复制到.bss 块中，以完成全局和静态变量的初始化。在小存储器模块中，常数表也是从.const 复制到.bss 块中。注意，这并不参考.const 段中的数据，在 RAM 初始化模块中，这项工作由一个装载器在程序运行前完成。

3）仅对小存储器模块而言，设置页指针 DP 指向.bss 块中的全局存储器页。

4）调用 main 函数开始运行 C 程序。

根据用户系统的要求，可以对装载程序进行修改，甚至可以干脆使用自己的装载程序。不过装载程序必须完成上述规定的工作，以使 C 环境得到正确的初始化。运行支持库中包含一个名为 boot.asm 的装载程序的源程序。

例 4-11 用 C 语言编写通过 C54x 的 I/O 口地址 0x8000h 连续读入 100 个数据并存入数组中的程序。

```
# include"portio.h"          /*包含头文件 portio.h */
# define RD_PORT 0x8000       /*定义输入 I/O 口      */
static int data[100];
main( )
{
```

```
int i;
for( i = 0; i < 100; i + + )
portRead( RD _ PORT);
}
```

二、C 语言和汇编语言的混合编程

虽然 C 编译器的优化功能可以使 C 代码的效率大大增加，但在很多情况下，DSP 应用程序往往需要用 C 语言和汇编语言的混合编程方法来实现，以达到最佳地利用 DSP 芯片软硬件资源的目的。

用 C 语言和汇编语言的混合编程方法主要有以下三种：

1）独立编写 C 程序和汇编程序，分开编译或汇编形成各自的目标代码模块，然后用链接器将 C 模块和汇编模块链接起来。例如，FFT 程序一般用汇编语言编写，对 FFT 程序用汇编器进行汇编形成目标代码模块，与 C 模块链接就可以在 C 程序中调用 FFT 程序。这是一种灵活性较大的方法，但用户必须自己维护各汇编模块的入口和出口的代码，自己计算传递的参数在堆栈中的偏移量，工作量稍大，以此换取对程序的绝对控制。

2）直接在 C 语言程序的相应位置嵌入汇编语句。此种方法可以在 C 程序中实现 C 语言无法实现的一些硬件控制功能，如修改中断控制寄存器、中断标志寄存器等。

3）对 C 程序进行编译生成相应的汇编程序，然后对汇编程序进行手工优化和修改。采用此种方法可以控制 C 编译器，从而产生具有交叉列表的汇编程序，而程序员可以对其中的汇编语句进行修改，然后对汇编程序进行汇编，产生目标文件。

1. 独立的 C 程序和汇编模块的接口

采用这种方法需注意的是，在编写汇编语言和 C 语言时必须遵循有关的调用规则和寄存器规则，这样，C 程序既可以调用汇编程序，也可以访问汇编程序中定义的变量；汇编程序也可以调用 C 函数或访问 C 程序中定义的变量。为此，需注意如下几点：

1）不论是 C 函数还是汇编模块编写的函数，都必须遵循寄存器使用规则，如 AR1、AR6、AR7 寄存器和堆栈指针 SP。

2）必须保护函数要用到的几个特定寄存器，不同型号的芯片的寄存器可能不同，如要保护 FP、SP、AR0、AR1、AR6、AR7 等。其目的是压入栈中的数据能在函数返回之前正确的弹出，以保证汇编函数自由地使用堆栈。其他寄存器可以自由使用，函数返回时 ARP 必须为 0。

3）中断程序必须保护所有用到的寄存器。

4）从汇编程序调用 C 函数时，第一个参数必须放在累加器 A 中，以逆序方式将其他参数压入堆栈，调用之后将参数弹出。

5）如果函数有返回值，则返回值在累加器 A 中。

6）长整型和浮点数在存储器中的存放顺序是低位字在低地址，高位字在高地址。

7）在汇编程序中，除了自动初始化全局变量外，不要将 . cinit 段作其他用途。C 程序在 boot. asm 中的启动程序认为 . cinit 段中放置的全部是初始化表，因此，将其他一些信息放入 . cinit 段将产生不可预料的结果。

8）C 编译器在 C 程序中定义的所有标识符前加上一下画线 "_"。因此，在汇编模块中，必须将 C 语言程序中要访问的变量或标识符前加一下画线。例如，在 C 目标代码中的变量 x，在汇编中调用时就应为_ x。如果仅在汇编中使用，则不用加下画线。

9）若要定义能在 C 程序中调用或访问的汇编函数或变量，必须在汇编语言程序中用 . global命令将其说明为外部变量。同样，在汇编中要调用 C 函数或访问 C 变量，也必须用 . global命令将它们说明为外部变量。

例 4-12　名为 main 的 C 函数调用一个名为 asmfunc 的汇编函数。

C 程序：

```
extern int asmfunc( )            /*定义外部汇编函数*/
int gvar;                        /*定义全局变量      */
main( )
{
  int i = 3;
  i = asmfunc(i)                 /*调用汇编函数      */
}
```

汇编程序：

```
_ asmfunc:                        ;函数名前一定要加下画线
        ADD  * ( _ gvar),A        ;i 的值在累加器 A 中
        STL A, * ( _ gvar)        ;返回结果在累加器 A 中
        RETD                      ;子程序返回
```

2. 从 C 程序中访问汇编语言变量

从 C 程序中访问汇编语言变量或常数，根据变量或常数定义的地点与方式，可以用下述三种方法来实现这种操作。

（1）访问在 . bss 中定义的变量　其方法是：

1）用 . bss 命令定义变量。

2）用 . global 命令将其定义为外部变量。

3）在变量前加下画线 "_"。

4）在 C 程序中将变量说明为外部变量。

例 4-13　从 C 中访问 . bss 中定义的变量。

汇编程序：

```
. bss            _ var,1         ;定义变量
. global         _ var           ;说明为外部变量
```

C 程序：

```
extern int var;                  /*外部变量*/
var = 1;                         /*使用变量*/
```

（2）访问不在 . bss 中定义的变量　为访问不在 . bss 中定义的变量而在汇编程序中定义的常数表，必须定义一个指向该常数表变量的指针，然后在 C 程序间接地访问这个变量。在汇编中定义一常数表时，可以为这个表定义一个独立的块或一个单独的段，也可以在现有的块中定义。定义完成后，说明一个指向该表起始的全局标号。如果定义为一个独立的块，则可以在链接时将它分配至任意可用的存储器空间。如果在 C 程序中访问它，则必须在 C

程序中以 extern 方式予以声明，并且变量名前不必加下画线 "_"。这样，就可以像其他普通变量一样进行访问了。

例 **4-14**　在 C 程序中访问不在 . bss 中定义的汇编常数表。

汇编常数表：

```
    . global        _ sine              ;定义外部变量
    . sect          "sine _ tab"        ;定义一个独立块
_ sine:                                 ;常数表起始地址
    . float         0. 0
    . float         0. 01
    . float         0. 02
    . float         0. 03
```

C 程序：

```
    extern          float sine[ ];        / *定义外部变量            */
    float           * sine _ pointer = sine; / *定义一个指针变量      */
    f = sine _ pointer[2];                 / *访问指针变量所指地址中的值 */
```

（3）从 C 程序中访问其他汇编语言常数　在汇编语言中，可以使用.set 和.global 命令来定义全局常数，也可以在链接器命令文件中通过使用链接器分配表达式来定义。一般对在 C 或汇编语言中定义的变量，符号表实际上是变量的地址。然而，对汇编常数而言，符号表包括的是常数的值，编译器无法判别符号表中哪些是常数值，哪些是它们的地址。因此，在 C 程序中访问汇编程序中的常数不能直接用常数的符号名，而应在常数名之前加一个地址操作符 &。如在汇编中的常数名为_ x，则在 C 程序中应为 &x。

例 **4-15**　在 C 程序中访问汇编程序中的常数。

汇编程序：

```
    _ table _ size      . set         10000           ;常数定义
                        . global      _ table _ size   ;定义为全局变量
```

C 程序：

```
    extern              int           table _ size;
    #define             TABLE _ SIZE     (( int) ( &table _ size) ) ;
        ⋮
for( i = 0 ; i < TABLE _ SIZE; + + i)
```

3. 在汇编程序中访问 C 程序

在汇编程序中访问 C 程序的关键是对汇编程序中的变量或函数名前加 "_" 来与 C 程序中的变量或函数对应。下面举例说明如何在汇编程序中访问 C 程序定义的变量和数组。

例 **4-16**　在汇编程序中访问 C 程序定义的变量和数组。

C 程序：

```
        int   i;
        int   h[ ];
        float   x;
```

```
        main( )
        {
        }
```

汇编程序：

```
        . glabal _ i              ;/ * 定义_ i 为全局变量 * /
        . global _ x              ;/ * 定义_ x 为全局变量 * /
        . global _ h              ;/ * 定义_ h 为全局变量 * /
        . data
h _ add . word _ h               ;数组 h 的起始地址
        . text
        LD      @ _ i,A          ;A = i
        ST      A,@ _ x          ;x = A
        ST      A,@ _ h + 1      ;h[ 1 ] = i
        LD      @ h _ add, A     ; A = 数组 h 的起始地址
```

4. 在 C 程序中嵌入汇编语句

在 C 程序中嵌入汇编语句是一种直接的 C 和汇编程序接口方法。嵌入汇编语句的方法是在汇编语句的前后加上一个双引号，再用小括弧将汇编语句括住，并在括弧前加上 asm 标志符即可，如下所示：

        asm（"汇编语句"）；

虽然 TI 公司建议不要采用这种方法改变 C 变量的数值，因为这容易改变 C 环境。但是如果程序员对 C 编译器及 C 环境有充分的理解，并且小心使用，用这种方法也可以对 C 变量进行自由的操作。

需注意的是，采用这种方法后，对程序进行编译时不能采用优化功能，否则将使程序产生不可预测的结果。

三、C 源程序的编译过程

将 C 源程序转换成可执行文件的过程包括编译、汇编和链接。其中 C 编译器又包括分析器、优化器、代码生成器。它们各自的作用为：

分析器（parser）：将 C 源文件输入到分析器中，分析器检查其有无语义、语法错误，然后产生程序的内部表示中间文件。它的运行分预处理代码和分析代码两个阶段。

优化器（optimizer）：优化器是分析器和代码生成器之间一个可选择的途径。其输入是由分析器产生的中间文件（. if），优化器对其优化后，产生一个高效版本的文件，它与中间文件的格式相同。运行优化器时，优化级别是可选的。

代码生成器（code generator）：分析器产生的文件（. if）或由优化产生的文件（. opt）作为输入，通过代码生成器将产生一个汇编语言源文件。

内部列表公用程序（interlist utitity）：编译器产生的汇编文件和 C 源文件作为输入，公用程序产生扩展的汇编源文件，包含 C 文件中的语句和汇编语言注解。

汇编器（assembler）：代码生成器产生的汇编语言文件作为输入，汇编器产生一个 COFF 目标文件。

　　链接器(linker)：汇编器产生的 COFF 目标文件作为输入，链接器产生一个可执行的目标文件。

　　例 4-17　对 C 语言程序 function. c 进行编译。

　　function. c 程序为：

```
/* * * * * * * * * * * * * * * * * * * * * * * * * * * * * * * */
/*                              function                        */
/* * * * * * * * * * * * * * * * * * * * * * * * * * * * * * * */
int i;
int main(i)
{
  return(i < 0? -i:i);
}
```

　　经 CCS2. 0 编译后的汇编语言列表文件 function. lst 为：

TMS320C54x COFF Assembler　　　　　Version 3. 70　　　Tue Oct 26 10:14:37 2004
Copyright(c)1996-2001　　　　　　Texas Instruments Incorporated
function. asm

```
1              ;* * * * * * * * * * * * * * * * * * * * * * * * * * * *
2              ;* TMS320C54x ANSI C Codegen     Version 3. 70          *
3              ;* Date/Time created:Tue Oct 2610:14:37 2004            *
4              ;* * * * * * * * * * * * * * * * * * * * * * * * * * * *
5                          . mmregs
6      0017  FP            . set          AR7
7                          . c _ mode
8                          . file         "c _ 17. c"
9                          . global _ i
10  000000                . bas          _ i,1,0,0
11                         . sym          _ i,_ i,4,2,16
12;c:\ti\c5400\cgtools\bin\acp500. exe-q-D _ DEBUG
   ;-Ic:/ti/c5400/bios/include -Ic:/ti/c5400/rtdx/include
13  000000                . sect         ". text"
14                         . global       _ main
15                         . sym          _ main,_ main,36,2,0
16                         . func         2
17
18              ;* * * * * * * * * * * * * * * * * * * * * * * * * * * *
19              ;*    FUNCTION DEF:_ main                               *
20              ;* * * * * * * * * * * * * * * * * * * * * * * * * * * *
21  000000     _ main:
22                         . line         2
```

23			; * A	assigned to _ i	
24			. sym	_ i,0,4,17,16	
25			. sym	_ i,0,4,1,16	
26	000000	EEFF	FRAME	#-1	
27	000001	F495	NOP		
28	000002	8000	STL	A, * SP(0)	
29			. line 3		
30	000003	F7B8	SSBX	SXM	
31	000004	F495	NOP		
32	000005	1000	LD	* SP(0),A	; |4|
33	000006	F842	BC	L1,AGEQ	; |4|
	000007	000C'			
34			;branch occurs		; |4|
35	000008	1000	LD	* SP(0),A	; |4|
36	000009	F484	NEG	A,A	; |4|
37	00000a	F073	B	L2	; |4|
	00000b	000D'			
38			;branch occurs		; |4|
39	00000c	L1:			
40	00000c	1000	LD	* SP(0),A	
41	00000d	L2:			
42			. line 4		
43	00000d	EE01	FRAME	#1	; |4|
44	00000e	FC00	RET		; |4|
45			; return occurs		; |4|
46			. endfunc 5,000000000h,1		
47					
48					
49					
50			; *		
51			; * TYPE INFORMATION *		
52			; *		

No Assembly Errors,No Assembly Warnings

经 CCS2. 0 后链接的映像文件 function. map 为:

* *
TMS320C54x COFF Linker   PC Version 3. 70
* *
> >Linked Tue Oct 26 10:14:38 2004

OUTPUT FILE NAME: < ./Debug/exer4_17. out >
ENTRY POINT SYMBOL:"_c_int00"address:00000000

MEMORY CONFIGURATION

	name	origin	length	used	attr	fill
PAGE 0:PROG		00000080	0000ff00	0000000f	RWIX	
PAGE 1:DATA		00000080	0000ff80	00000001	RW	

SECTION ALLOCATION MAP

output section	page	origin	attributes/ length	input sections
. text	0	00000080	0000000f	
		00000080	0000000f	function. obj(. text)
. data	0	00000000	00000000	UNINITIALIZED
		00000000	00000000	function. obj(. data)
. cinit	0	00000000	00000000	
. pinit	0	00000000	00000000	
. bss	1	00000080	00000001	UNINITIALIZED
		00000080	00000001	function. obj(. bss)

GLOBAL SYMBOLS:SORTED ALPHABETICALLY BY Name

address	name
00000080	. bss
00000000	. data
00000080	. text
00000080	_ bss _
ffffffff	_ cinit _

00000000	_data_
00000000	_edata_
00000081	_end_
0000008f	_etext_
ffffffff	_pinit_
00000080	_text_
00000001	_lflags
UNDEFED	_c_int00
00000080	_i
00000080	_main
ffffffff	cinit
00000000	edata
00000081	end
0000008f	etext
ffffffff	pinit

GLOBAL SYMBOLS:SORTED BY Symbol Address

address	name
00000000	edata
00000000	_data_
00000000	_edata_
00000000	. data
00000001	_lflags
00000080	_i
00000080	_text_
00000080	_main
00000080	. text
00000080	_bss_
00000080	. bss
00000081	end
00000081	_end_
0000008f	_etext_
0000008f	etext
ffffffff	pinit
ffffffff	_pinit_
ffffffff	_cinit_
ffffffff	cinit

UNDEFED   _c_int00

[20 symbols]

思 考 题

1. 以. asm 为扩展名的汇编语言源程序由哪几个部分组成？对它们有何规定？

2. 常用汇编命令有哪些？它们的作用是什么？

3. 画出汇编程序的编辑、汇编和链接过程图，并说明各部分的作用。

4. 汇编器和链接器在对段进行管理时的区别是什么？

5. 段程序计数器(SPC)是怎样工作的？试述已初始化段和未初始化段的区别。

6. 宏指令与子程序有何异同？

7. 编制一个由 3 个目标文件组成的. cmd 文件，并对存储器空间进行分配。

8. MEMORY 命令和 SECTIONS 命令的作用是什么？如何使用？

9. C 源程序如何与汇编语言程序接口？

10. 将 C 源程序转换成可执行文件需要经过哪些步骤？

11. C 源程序调用汇编程序函数时，哪些辅助寄存器需要保护？

12. 在 C 语言程序中如何嵌入汇编程序？在汇编程序中如何与 C 语言程序相链接？

第五章 汇编语言编程举例

在第一章中已经提到，DSP 技术已广泛应用于通信、图像处理、信号处理、语音、军事、仪器仪表、自动控制、医疗、家用电器、汽车等领域。对于不同的应用领域，对 DSP 有不同的硬件要求和计算方法及实现技巧，并形成各应用领域的分支。由于 DSP 同 MPU 和 CPU 相比更适合计算，尤其适合数字信号处理中涉及的算法，为此读者应对这些算法有一定的了解。限于篇幅，本书并不介绍这些算法。下面仅对若干基本的应用做介绍，主要目的是让读者了解一些基本指令的用法和编程技巧。

第一节 汇编语言基本指令的应用

1. 堆栈的使用

C54x 提供一个用 16 位堆栈指针(SP)寻址的软件堆栈。当向堆栈压入数据时，堆栈从高地址向低地址延伸。堆栈指针是减在前，即先将 SP-1，再压入数据；出栈时先弹出数据，再做 SP + 1。如果程序中要用到堆栈，必须先进行设置，下面用例 5-1 来说明其方法。

例 5-1 设计一存储空间为 100 个单元的堆栈。

```
size     . set     100              ;设置堆栈空间的大小为100
stack    . usect    "STK",size      ;设置堆栈段的首地址和堆栈空间
STM      #stack + size,SP           ;将栈底地址指针送SP,对其初始化
```

上述语句是在数据 RAM 空间开辟一个堆栈区。前两句是在数据 RAM 中自定义一个名为 STK 的段作为保留空间，共 100 个单元。第 3 句是将这个保留空间的高地址(#stack + size)赋给 SP，作为栈底。如图 5-1 所示。自定义未初始化段 STK 究竟定位在数据 RAM 中的什么位置，应当在链接器命令文件中规定。

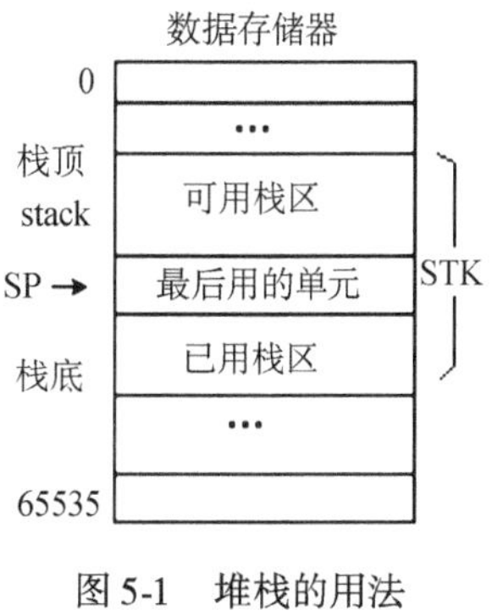

设置好堆栈之后，就可以使用堆栈了，例如：

```
CALL     pmad      ;(SP) - 1→SP,      (PC) +2→TOS
                   ;pmad→PC
RET                ;(TOS)→PC,         (SP) +1→SP
```

在不知道究竟应用多大的堆栈时，堆栈区的大小可用下面程序来确定：

```
          LD        #-8531,A
          STM       #length,AR1
          MVMM      SP,AR7
Loop：STL       A, * AR7 -
          BANZ      loop, * AR1 -
```

图 5-1 堆栈的用法

（图中文字：数据存储器；0；栈顶 stack；可用栈区；SP → 最后用的单元；栈底；已用栈区；STK；65535）

执行以上程序后，堆栈区中的所有单元均填充 0DEADh （即-8531），如图 5-2a 所示。然后运行用户程序，执行所有的操作。暂停程序运行，检查堆栈中的数值，如图 5-2b 所示。从中可以看出堆栈用了多少个存储单元，用过的堆栈区才是实际需要的堆栈空间，并以此来设置实际堆栈区域的大小。

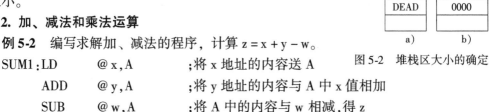

图 5-2　堆栈区大小的确定

2. 加、减法和乘法运算

例 5-2　编写求解加、减法的程序，计算 $z = x + y - w$。

```
SUM1:LD      @x,A       ;将 x 地址的内容送 A
     ADD     @y,A       ;将 y 地址的内容与 A 中 x 值相加
     SUB     @w,A       ;将 A 中的内容与 w 相减,得 z
     STL     A,@z       ;将 A 的计算值存入 z 地址中
```

例 5-3　写求解直线方程的程序，计算 $y = mx + b$。

```
SUM2:LD      @m,T       ;将 m 地址的内容送 T
     MPY     @x,A       ;将 x 地址的内容与 T 中的 m 相乘,结果送 A
     ADD     @b,A       ;将 A 中的 mx 与 b 地址的内容相加,结果送 A
     STL     A,@y       ;将 A 的计算结果存入 y 地址中
```

例 5-4　编写求解简单的乘积和的程序，计算 $y = x1 \times a1 + x2 \times a2$。

```
SUM3:LD      @x1,T      ;将 x1 地址的内容送 T
     MPY     @a1,B      ;将 a1 地址的内容与 T 中的 x1 相乘,结果送 B
     LD      @x2,T      ;将 x2 地址的内容送 T
     MAC     @a2,B      ;将 a2 地址的内容与 T 中的 x2 相乘,再与 B 相加
     STL     B,@y       ;将计算结果 B 中的低 16 位存入 y 地址
     STH     B,@y+1     ;将计算结果 B 中的高 16 位存入 y 地址的下一地址
```

上述例子所用指令均为单周期指令。

例 5-5　在 $y = \sum_{i=1}^{4} a_i x_i$ 的四项中找出最大一个乘积项的值，并存放在累加器 A 中。

```
MAX: STM     #a,AR1     ;将系数 a 地址的赋给 AR1
     STM     #x,AR2     ;将变量 x 地址的赋给 AR2
     STM     #2,AR3     ;将循环次数赋给 AR3
     LD      *AR1+,T    ;将 a1 赋给 T,AR1 指向 a2
     MPY     *AR2+,A    ;x1 与 a1 相乘,结果放在累加器 A 中
Loopl:LD     *AR1+,T    ;第一次循环将 a2 赋给 T,AR1 指向 a3,
     MPY     *AR2+,B    ;x2 与 a2 相乘,结果放在累加器 B 中,AR2 指向 x3
     MAX     A          ;累加器 A 和 B 比较,选大的放在 A 中
     BANZ    loopl,*AR3- ;减循环次数,此循环中共进行 3 次乘法和比较
```

3. 数据块传送

数据传送指令有 10 条，其特点为：传送速度比加载和存储指令要快；传送数据不需要通过累加器；可以寻址程序存储器；与 RPT 指令相结合（重复时，这些指令都变成单周期指

令），可以实现数据块传送。

（1）数据存储器⟷数据存储器 这类指令有：

MVDK	Smem,dmad	;dmad = Smem	2/2
MVKD	dmad,Smem	;Smem = dmad	2/2
MVDD	Xmem,Ymem	;Ymem = Xmem	1/1

（2）程序存储器⟷数据存储器 这类指令有：

MVPD	pmad,Smem	;Smem = pmad	2/3
MVDP	Smem,pmad	;pmad = Smem	2/4

（3）数据存储器⟷MMR 这类指令有：

MVDM	dmad, MMR	; MMR = dmad	2/2
MVMD	MMR, dmad	; dmad = MMR	2/2
MVMM	mmrx, mmry	; mmry = mmrx	1/1

（4）程序存储器（Acc）⟷数据存储器 这类指令有：

READA	Smem	; Smem = prog（A）	1/5
WRITA	Smem	; prog（A）= Smem	1/5

其中，pmad 为 16 位立即数程序存储器地址；dmad 为 16 位立即数数据存储器地址；Smem 为数据存储器地址；mmr 为 AR0 ~ AR7 或 SP；MMR 为任何一个存储器映像寄存器；Xmem、Ymem 为双操作数数据存储器地址，Xmem 从 DB 数据总线上读出，Ymem 从 CB 数据总线上读出 prog 程序存储器操作数。

（1）程序存储器→数据存储器 重复执行 MVPD 指令，实现程序存储器至数据存储器的数据传送，在系统初始化过程中，可以用来将数据表格与文本一道留在程序存储器中，系统复位后，将数据表格传送到数据存储器。

例 5-6 将数组 x[5]初始化为{1,2,3,4,5}。

```
        . data              ;定义初始化数据段起始地址
TBL：   . word  1,2,3,4,5   ;为标号地址 TBL 开始的 5 个单元赋初值
        . sect  ". vectors" ;定义自定义段,并获得该段起始地址
        B       START       ;无条件转移到标号为 START 的地址
        . bss   x,5         ;为数组 x 分配 5 个存储单元
        . text              ;定义代码段起始地址
START： STM     #x,AR5      ;将 x 的首地址存入 AR5
        RPT     #4          ;设置重复执行 5 次下条指令
        MVPD    TBL, * AR5 + ;将 TBL 开始的 5 个值传给 x
        …
```

（2）数据存储器→数据存储器 数据存储器传数据存储器用于将数据存储器中的一批数据复制到数据存储器的另一个地址空间。

例 5-7 将数据存储器中的数组 x[20]复制到数组 y[20]。

```
        . title   "cjy1. asm"   ;为汇编源程序取名
        . mmregs                ;定义存储器映像寄存器
STACK   . usect   "STACK",30H   ;设置堆栈
```

```
          . bss      x,20                    ;为数组 x 分配 20 个存储单元
          . bss      y,20                    ;为数组 y 分配 20 个存储单元
          . data
table：    . word     1,2,3,4,5,6,7,8,9,10,11,12,13,14,15,16,17,18,19,20
          . def      start                   ;定义标号 start
          . text
start：    STM       #0,SWWSR                ;复位 SWWSR
          STM       #STACK+30H,SP          ;初始化堆指针
          STM       #x,AR1                 ;将目的地首地址赋给 AR1
          RPT       #19                     ;设定重复传送的次数为 20 次
          MVPD      table,*AR1+            ;程序存储器传送到数据存储器
          STM       #x,AR2                 ;将 x 的首地址存入 AR2
          STM       #y,AR3                 ;将 y 的首地址存入 AR3
          RPT       #19                     ;设置重复执行 20 次下条指令
          MVDD      *AR2+,*AR3+           ;将地址 x 开始的 20 个值复制到地址 y 开始的 20 个单元
end：      B         end
          . end
vectors. obj
cjy1. obj
-o cjy1. out
-m cjy1. map
-e start
MEMORY    {
          PAGE 0 ：
                  EPROM： org=0EOOOH   len=01F80H
                  VECS：  org=0FF80H   len=00080H
          PAGE 1 ：
                  SPRAM： org=00060H   len=00030H
                  DARAM： org=00090H   len=01380H
          }
SECTIONS  {
          . vectors:> VECS      PAGE 0
          . text:>    EPROM     PAGE 0
          . data:>    EPROM     PAGE 0
          . bss:>     SPRAM     PAGE 1
          STACK:>     DARAM     PAGE 1
          }
```

4. 双操作数乘法

实现双操作数乘法是利用 DSP 的多总线结构，在一个机器周期内通过对两个 16 位数据

总线(C总线和D总线)寻址, 以获得两个数据和系数。如图5-3所示。

如果要求 y = mx + b, 单操作数方法和双操作数方法分别为:

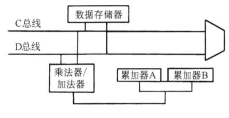

单操作数方法	双操作数方法
LD @ m, T	MPY * AR2, * AR3, A
MPY @ x, A	ADD @ b, A
ADD @ b, A	STL A, @ y
STL A, @ y	

图5-3 双操作数乘法

用双操作数指令编程的特点是: 用间接寻址方式获得操作数, 且辅助寄存器只用 AR2 ~ AR5; 占用程序空间小; 运行速度快。MAC 型双操作数的指令包括:

MPY	Xmem, Ymem, dst	; dst = Xmem * Ymem
MAC	Xmem, Ymem, src[, dst]	; dst = src + Xmem * Ymem
MAS	Xmem, Ymem, src[, dst]	; dst = src − Xmem * Ymem
MACP	Smem, pmad, src[, dst]	; dst = src + Smem * pmad

其中, pmad 为16位立即数程序存储器地址; Smem 为16位单寻址操作数数据存储器地址; Xmem, Ymem 为双操作数数据存储器地址; dst 为目的累加器; src 为源累加器。

对 Xmem 和 Ymem, 只能用以下辅助寄存器及寻址方式:

辅助寄存器: AR2	寻址方式: * ARn
AR3	* ARn +
AR4	* ARn −
AR5	* ARn + 0%

例5-8 编制求解 $y = \sum_{i=1}^{20} a_i x_i$ 的程序。

本例主要说明在迭代运算过程中, 利用双操作数指令可以节省机器周期。迭代次数越多, 节省的机器周期数也越多。

单操作数指令方案			双操作数指令方案		
LD	#0, B		LD	#0, B	
STM	#a, AR2		STM	#a, AR2	
STM	#x, AR3		STM	#x, AR3	
STM	#19, BRC		STM	#19, BRC	
RPTB	done-1		RPTB	done-1	
LD	* AR2 +, T	;1T	MPY	* AR2 +, * AR3 +, A	;1T
MPY	* AR3 +, A	;1T	ADD	A, B	;1T
ADD	A, B	;1T			
done: STH	B, @ y		done: STH	B, @ y	
STL	B, @ y + 1		STL	B, @ y + 1	

在每次循环中, 双操作数指令都比单操作数指令少用一个周期, 节省的总机器周期数 = 1T * N(迭代次数) = NT。

利用双操作数指令进行乘法累加运算，完成 N 项乘积求和需 2N 个机器周期。如果将乘法累加器单元、多总线以及硬件循环操作结合在一起，可以形成一个优化的乘法累加程序。写成一个 N 项乘积求和的操作，只需要 N + 2 个机器周期。本例可编写为：

```
        . title      "cjy2. asm"
        . mmregs
STACK. usect    "STACK",30H
        . bss       a,20
        . bss       x,20
        . bss       y,2
        . def       start
        . data
table：. word      1,2,3,4,5,6,7,8,9,10,11,12,13,14,15,16,17,18,19,20
        . text
start：  STM    #0,SWWSR
        STM    #STACK +30H,SP
        STM    #a,AR1
        RPT    #19
        MVPD table, * AR1 +
        CALL   SUM                    ;调用求和子程序 SUM
end：  B      end
SUM：STM    #a,AR2                   ;将 a 的首地址存入 AR2
        STM    #x,AR3                   ;将 x 的首地址存入 AR3
        RPTZ   A,#19                   ;2 个周期完成对 A 清零并置循环次数为 20 次
        MAC    * AR2 + , * AR3 + ,A    ;1 个机器周期完成乘法累加
        STH    A,@ y                   ;将 A 的高字端存入 y 地址单元
        STH    A,@ y +1                ;将 A 的低字端存入 y 地址的下一单元
        RET
        . end
```

5. 长字运算

长字运算是利用长操作数(32 位)实现的。长字指令包括：

```
        DLD     Lmem,dst          ;dst = Lmem
        DST     src,Lmem          ;Lmem = src
        DADD    Lmem,src[ ,dst]   ;dst = src + Lmem
        DSUB    Lmem,src[ ,dst]   ;dst = src − Lmem
        DRSUB   Lmem,src[ ,dst]   ;dst = Lmem − src
```

除 DST 指令(存储 32 位数要用 E 总线 2 次,需 2 个机器周期)外，都是单字单周期指令，也就是在单个周期内同时利用 C 总线和 D 总线，得到 32 位操作数。

使用长操作数指令时，按指令中给出的地址存取的总是高 16 位操作数。这样，有两种数据排列方法：

（1）偶地址排列法　指令中给出的地址为偶地址，存储器中低地址存放高16位操作数。如：

DLD　　＊AR3 － ,A

执行前：　A = 00 0000 0000　　　　　　执行后：A = 00 6CAC BD90

　　　　　AR3 = 0103　　　　　　　　　　　　AR3 = 0101

　　　　　(0102h) = 6CAC(高字)　　　　　　(0102h) = 6CAC

　　　　　(0103h) = BD90(低字)　　　　　　(0103h) = BD90

（2）奇地址排列法　指令中给出的地址为奇地址，存储器中低地址存放低16位操作数。如：

DLD　　＊AR3 + ,A

执行前：　A = 00 0000 0000　　　　　　执行后：A = 00 BD90 6CAC

　　　　　AR3 = 0101　　　　　　　　　　　　AR3 = 0103

　　　　　(0100h) = 6CAC(低字)　　　　　　(0100h) = 6CAC

　　　　　(0101h) = BD90(高字)　　　　　　(0101h) = BD90

在使用时，应选定一种方法。这里，推荐采用偶地址排列法，将高16位操作数放在偶地址存储单元中。编写汇编语言程序时，就应注意将高位字放在数据存储器的偶地址单元中。如：

		<u>程序存储器</u>
. long　　12345678 h		;偶地址：1234
		;奇地址：5678
		<u>数据存储器</u>
. bss　xhi,　　　2,　　　1,　　　1		;偶地址：xhi
↓　　　　↓　　　↓　　　　↓		;奇地址：xlo
变量名称　字长　页邻接　偶地址排列法		

例 5-9　计算 $Z_{32} = X_{32} + Y_{32}$。

标准运算　　　　　　　　　　　　　　长字运算

LD　　@ xhi,16,A　　　　　　　　　DLD　　　@ xhi,A

ADDS　@ xlo,A　　　　　　　　　　DADD　　@ yhi,A

ADD　　@ yhi,16,A　　　　　　　　DST　　　A,@ zhi

ADDS　@ ylo,A　　　　　　　　　　(3 个字,3 个 T)

STH　　A,@ zhi

STL　　A,@ zlo

(6 个字,6 个 T)

6. 并行运算

并行运算，指同时利用 D 总线和 E 总线。其中，D 总线用来执行加载或算术运算，E 总线用来存放先前的结果。并行指令有 4 种，如表5-1 所示。

表5-1　并行指令举例

指　　　令	助　记　符	举　　　例		操　作　说　明
并行加载和乘法指令	LD ‖ MAC[R]	LD	Xmem, dst	dst = Xmem ≪ 16
	LD ‖ MAS[R]	‖ MAC[R]	Ymem[,dst]	dst2 = dst2 + T ＊ Ymem
并行加载和存储指令	ST ‖ LD	ST	src, Yme	Ymem = src ≫ (16 – ASM)
		‖ LD	Xmem, dst	dst = Xmem ≪ 16

（续）

指　　令	助 记 符	举　　例	操 作 说 明
并行存储和乘法指令	ST ‖ MAY ST ‖ MAC[R] ST ‖ MAS[R]	ST　　　　src，Ymem ‖ MAC[R]　Xmem，dst	Ymem = src ≫ (16 − ASM) dst = dst + T ∗ Xmem
并行存储和加/减法指令	ST ‖ ADD ST ‖ SUB	ST　　　　src，Ymem ‖ ADD　　　Xmem，dst	Ymem = src ≫ (16 − ASM) dst = dst + Xmem

　　上述所有并行指令都是单字单周期指令。并行运算时所存储的是前面的运算结果，存储之后再进行加载或算术运算。这些指令都工作在累加器的高位，且大多数并行运算指令都受累加器移位方式 ASM 位影响。

　　例 5-10　编写计算 $z = x + y$ 和 $f = d + e$ 的程序段。

　　在此程序段中用到了并行加载/存储指令，即在同一机器周期内利用 D 总线加载和 E 总线存储。数据存储器分配如图 5-4 所示。

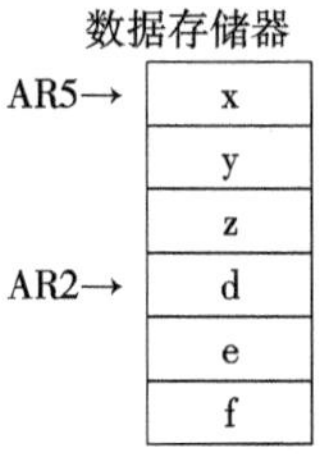

数据存储器

AR5→	x
	y
	z
AR2→	d
	e
	f

图 5-4　数据存储器分配

```
            . title      "cjy3. asm"
            . mmregs
STACK       . usect      "STACK",10H
            . bss        x,3                ;为第一组变量分配 3 个存储单元
            . bss        d,3                ;为第二组变量分配 3 个存储单元
            . def        start
            . data
table:      . word       0123H,1027H,0,1020H,0345H,0
            . text
start:      STM          #0,SWWSR
            STM          #STACK + 10H,SP
            STM          #x,AR1
            RPT          #5
            MVPD         table, ∗ AR1 +
            STM          #x,AR5             ;将第一组变量的首地址传给 AR5
            STM          #d,AR2             ;将第二组变量的首地址传给 AR2
            LD           #0,ASM             ;设置 ASM = 0
            LD           ∗ AR5 +,16,A       ;将 x 的值左移 16 位放入 A 的高端字
            ADD          ∗ AR5 +,16,A       ;将 y 的值左移 16 位与 A 的高端字的 x 相加
            ST           A, ∗ AR5           ;将 A 中的和值右移 16 位存入 z 中
            ‖ LD         ∗ AR2 +,B          ;将 d 的值左移 16 位放入 B 的高端字
            ADD          ∗ AR2 +,16,B       ;将 e 的值左移 16 位与 B 的高端字的 d 相加
            STH          B, ∗ AR2           ;将 B 的高端字中的和值存入 f 中
end:        B            end
            . end
```

7. 64 位加法和减法运算

例 5-11 编写计算 $Z_{64} = W_{64} + X_{64} - Y_{64}$ 的程序段。

这里的 W、X、Y 和结果 Z 都是 64 位数，它们都由两个 32 位的长字组成。利用长字指令可以完成 64 位数的加/减法。

	w3	w2		w1	w0	(W_{64})	
+	x3	x2	C	x1	x0	(X_{64})	低 32 位相加产生进位 C
−	y3	y2	C'	y1	y0	(Y_{64})	低 32 位相减产生借位 C'
	z3	z2		z1	z0	(Z_{64})	

DLD	@w1,A	;A = w1w0
DADD	@x1,A	;A = w1w0 + x1x0,产生进位 C
DLD	@w3,B	;B = w3w2
ADDC	@x2,B	;B = w3w2 + x2 + C
ADD	@x3,16,B	;B = w3w2 + x3x2 + C
DSUB	@y1,A	;A = w1w0 + x1x0 − y1y0,产生借位 C'
DST	A,@z1	;z1z0 = w1w0 + x1x0 − y1y0
SUBB	@y2,B	;B = w3w2 + x3x2 + C − y2-C'
SUB	@y3,16,B	;B = w3w2 + x3x2 + C − y3y2 − C'
DST	B,@z3	;z3z2 = w3w2 + x3x2 + C − y3y2 − C'

由于没有长字带进(借)位加/减法指令，所以上述程序中只能用 16 位带进(借)位指令 ADDC 和 SUBB。

8. 32 位乘法运算

例 5-12 编写计算 $W_{64} = X_{32} * Y_{32}$ 的程序段。

32 位乘法算式如下：

	x1	x0		S	U
×	y1	y0		S	U
		x0*y0			U*U
	y1*x0			S*U	
	x1*y0			S*U	
	y1*x1			S*S	
w3	w2	w1	w0	S U U U

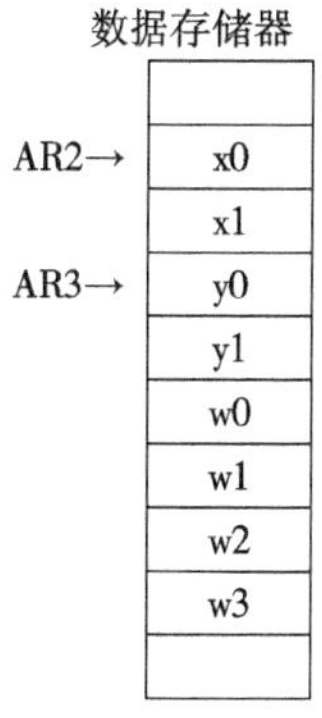

其中，S 为带符号数，U 为无符号数。数据存储器分配如图 5-5 所示。在 32 位乘法运算中，实际上包括了三种乘法运算：U*U、S*U 和 S*S。一般的乘法运算指令都是两个带符号数相乘，即 S*S。所以，在编程时，还要用到以下三条乘法指令：

MACSU	Xmem,Ymem,src	;无符号数与带符号数相乘并累加
		;src = U(Xmem) * S(Ymem) + src
MPYU	Smem,dst	;无符号数相乘
		;dst = U(T) * U(Smem)

图 5-5 数据存储器分配

数据存储器

AR2→ x0, x1
AR3→ y0, y1, w0, w1, w2, w3

| MAC | Xmem, Ymem, src | ; 两个符号数相乘并累加 |
| | | ; src = S（Xmem）* S（Ymem）+ src |

32 位乘法的程序段如下：

STM	#x0, AR2	;将 x 的首地址放入 AR2
STM	#y0, AR3	;将 y 的首地址存入 AR3
LD	* AR2, T	;T = x0
MPYU	* AR3 + , A	;A = ux0 * uy0
STL	A, @ w0	;w0 = ux0 * uy0
LD	A, - 16, A	;A = A ≫ 16
MACSU	* AR2 + , * AR3-, A	;A + = y1 * ux0
MACSU	* AR3 + , * AR2, A	;A + = x1 * uy0
STL	A, @ w1	;w1 = A
LD	A, - 16, A	;A = A ≫ 16
MAC	* AR2, * AR3, A	;A + = x1 * y1
STL	A, @ w2	;w2 = A 的低 16 位
STH	A, @ w3	;w3 = A 的高 16 位

9. 小数运算

两个 16 位整数相乘，乘积总是"向左增长"。这意味着多次相乘后，乘积将会很快超出定点器件的数据范围。而且要将 32 位乘积保存到存储器，就要花费 2 个机器周期以及 2 个字的存储器单元。而且由于乘法器都是 16 位相乘，因此很难在后续的递推运算中，将 32 位乘积作为乘法器的输入。

但是如果采用小数相乘，乘积总是"向右增长"。这就意味着超出定点器件数据范围的将是不太感兴趣的部分。在小数乘法情况下，既可以存储 32 位乘积，也可以存储高 16 位乘积，这就允许用较少的资源保存结果，也可以用于递推运算。这就是为什么定点 DSP 芯片都采用小数乘法的原因。

（1）小数的表示方法　C54x 采用 2 的补码表示小数，其最高位为符号位，数值范围从-1 ~ 1。一个 16 位 2 的补码小数（Q15 格式）的每一位的权值为：

MSB（最高位）　　　　　…　　　　　LSB（最低位）

-1　　$1/2$　　$1/4$　　$1/8$　　…　　2^{-15}

一个十进制小数乘以 32768 之后再将其十进制整数部分转换成十六进制数，就能得到这个十进制小数的 2 的补码表示了。

≈ 1	→	7FFFh
0.5	正数:乘以 32768	4000h
0	→	0000h
- 0.5	负数:其绝对值部分乘以 32768,再取反加 1	C000h
- 1		8000h

在汇编语言中，是不能直接写入十进制小数的。如果要定义一个系数 0.707，可以写成：. word　32768 * 707/1000，不能写成 32768 * 0.707。

　　在执行非整数运算时，Q 格式是普遍使用的一种数字表示法。在 Q 格式中，Q 之后的数字(如 Q15 格式中的 15)决定小数点右边有多少位二进制位，故 Q15 表示在小数点后有 15 位小数。当用一个 16 位的字来表示 Q15 格式时，在 MSB(最高位)的右边有一个小数点，而 MSB 表示符号位。所以 Q15 的表示数字可表示范围从 +1(以 +0.999997 表示)到 -1 的值。

　　例如用 Q15 对 0.5 的表示数为 010000000000000。最高位为 0 表示正数，次高位为 1 表示 $2^{-1} = 0.5$。

　　通过合适的 Q 格式，可以把数值根据所需的精确度做适当的转换，以便定点数的 DSP 也可以处理高精度的浮点数。下面以 Q15 为例，说明转换的过程。

　　1) 先确定准备转换的十进制数值 N，是在 Q15 格式的数值范围之间，即 $-1.000000 \leqslant N \leqslant +0.999997$。

　　2) 数值 N 乘以 2^{15}，即 $N^1 = N \times 2^{15} = N \times 32768$。

　　3) 把步骤 2) 的结果加 2^{16}，即 $N^{11} = N^1 + 2^{16} = N^1 + 65536$。

　　4) 步骤 3) 的结果转换成十六进制，并把第 17 位舍弃掉，得到的结果就是 N 的 Q15 转换值。

下面通过把 -0.2345 及 +0.2345 转换成 Q15 格式来说明转换方法。

-0.2345 的转换为：

　　　$-0.2345 \times 32768 = -7684.1 \approx -7684$

　　　$-7684 + 65536 = 57852$

57852 转换成十六进制数值为 0E1FCh，所以结果为 E1FCh。

+0.2345 的转换为：

0.2345 × 32768 = 7684.1 ≈ 7684

7684 + 65536 = 73320

73320 转换成十六进制数值为 11E04h，并把第 17 位舍弃掉，结果为 1E04h。

(2) 小数乘法与冗余符号位　　以字长为 4 位和 8 位累加器为例，先看一个小数乘法的例子。

$$
\begin{array}{r}
0\,1\,0\,0 \quad (0.5 \rightarrow 2^3 \times 0.5 = (4)_{10} = (0100)_2) \\
\times \quad 1\,1\,0\,1 \quad (-0.375 \rightarrow 2^3 \times (-0.375) = (-3)_{10} = (1101)_{补}) \\
\hline
0\,1\,0\,0 \\
0\,0\,0\,0 \\
0\,1\,0\,0 \\
1\,1\,0\,0 \\
\hline
1\,1\,1\,0\,1\,0\,0 \quad (-0.1875 = -12/2^6 \leftarrow -12 = (1110100)_{补})
\end{array}
$$

上述乘积是 7 位，当将其送到 8 位累加器时，为保持乘积的符号，必须进行符号位扩展，这样，累加器中的值为 11110100 ($-0.09375 = -12/2^7$)，出现了冗余符号位。原因是：

$$
\begin{array}{r}
S\,x\,x\,x \quad (Q3) \\
\times \quad S\,y\,y\,y \quad (Q3) \\
\hline
S\,S\,z\,z\,z\,z\,z\,z \quad (Q6\,格式)
\end{array}
$$

即两个带符号数相乘，得到的乘积带有 2 个符号位，造成错误的结果。

解决冗余符号的办法是：在程序中设定状态寄存器 ST1 中的 FRCT（小数方式）位 1，在乘法器将结果传送至累加器时就能自动地左移 1 位，累加器中的结果为：Szzzzzzz0（Q7 格式），即 11101000（$-0.1875 = -24/2^7 \leftarrow -24 = (11101000)_{补}$），自动地消去了两个带符号数相乘时产生的冗余符号位。所以在小数乘法编程时，应当事先设置 FRCT 位：

```
SSBX    FRCT
 …
MPY     * AR2, * AR3, A
STH     A,@ Z
```

这样，C54x 就完成了 Q15 * Q15 = Q15 的小数乘法。

例 5-13 编制计算 $y = \sum\limits_{i=1}^{4} a_i x_i$ 的程序段，其中数据均为小数：$a_1 = 0.1$，$a_2 = 0.2$，$a_3 = -0.3$，$a_4 = 0.4$，$x_1 = 0.8$，$x_2 = 0.6$，$x_3 = -0.4$，$x_4 = -0.2$。

```
        . title      "cjy4. asm"
        . mmregs
STACK . usect      "STACK",10H
        . bss        a,4                 ;为 a 分配 4 个存储单元
        . bss        x,4                 ;为 x 分配 4 个存储单元
        . bss        y,1                 ;为结果 y 分配 1 个存储单元
        . def        start
        . data                           ;定义数据代码段
table:  . word       1 * 32768/10        ;在 table 开始的 8 个地址放数据
        . word       2 * 32768/10
        . word       - 3 * 32768/10
        . word       4 * 32768/10
        . word       8 * 32768/10
        . word       6 * 32768/10
        . word       - 4 * 32768/10
        . word       - 2 * 32768/10
        . text                           ;定义可执行程序代码段
start:  SSBX         FRCT                ;设置 FRCT 位,表示进行小数乘
        STM          #a,AR1              ;将 a 的首地址传给 AR1
        RPT          #7                  ;重复 8 次下条指令
        MVPD         table, * AR1 +      ;将程序空间的 8 个数传给数据存储器
        STM          #a,AR2              ;将数据存储器第一个数 a 的地址传给 AR2
        STM          #x,AR3              ;将数据存储器第五个数 x 的地址传给 AR3
        RPTZ         A,#3                ;将 A 清零,重复 4 次下条指令
        MAC          * AR2 +, * AR3 +,A  ;执行乘法累加和,结果放在 A 中
        STH          A,@ y               ;将 A 的高端字存入结果 y,低端字省去
```

```
end：   B            end              ;原处循环等待
       . end
```

结果 y = 0x1EB7。转换为十进制数：$y = (1 \times 16^3 + 14 \times 16^2 + 11 \times 16^1 + 7 \times 16^0)/32768 = 0.24$。

10. 除法运算

在一般的 DSP 中，都没有除法器硬件，但可以利用条件减法指令（SUBC），加上重复指令 RPT #15 来实现两个无符号数的除法运算。

条件减法指令的功能如下：

SUBC Smem, src 　　；（src）–（Smem）≪15→ALU 输出端,如果 ALU 输出端≥0,

　　　　　　　　　　；则（ALU 输出端）≪1 + 1→src,否则（src）≪1→src。

除法运算有两种情况：

（1）|被除数| < |除数|　此时商为小数。

例 5-14　编写 0.4 ÷（ – 0.8）的程序段。

```
       . title       "cjy5. asm"
       . mmregs
STACK  . usect      "STACK",10H
       . bss        num,1          ;为分子分配单元
       . bss        den,1          ;为分母分配单元
       . bss        quot,1         ;为商分配单元
       . data                      ;定义数据段起始地址
table： . word       4 * 32768/10   ;在以 table 为地址的单元放入 0.4
       . word       -8 * 32768/10  ;在以 table 为地址的下一单元放入 -0.8
       . def        start
       . text                      ;定义数据段起始地址
start： STM         #num, AR1      ;将分子所在单元的地址传给 AR1
       RPT         #1             ;重复执行下一指令 2 次
       MVPD        table， * AR1 + ;传送程序空间的 2 个数据(分子、分母)至
                                  ;地址为 num 开始的数据存储器单元
       LD          @ den, 16, A   ;将分母移到累加器 A(31 ~ 16)
       MPYA        @ num          ;(num) * ( A(31 ~ 16))→B，获取商的符号
                                  ;(在累加器 B 中)
       ABS         A              ;分母取绝对值
       STH         A, @ den       ;分母绝对值存回原处
       LD          @ num, 16, A   ;分子加载到 A(31 ~ 16)
       ABS         A              ;分子取绝对值
       RPT         #14            ;15 次减法循环，完成除法
       SUBC        @ den, A
       XC          1, BLT         ;如果 B <0( 商是负数)，则需要变号
       NEG         A              ;如果 B <0 执行求反，否则跳过此指令
       STL         A, @ quot      ;保存商
```

end： B end

. end

需要指出的是，SUBC 指令仅对无符号数进行操作，因此事先必须对被除数和除数取绝对值。利用乘法操作，获取商的符号，到最后通过条件执行指令给商加上适当的符号。

结果 $quot = (0xC000)_{补} \rightarrow -0x4000 \rightarrow -16384/32768 = -0.5$。

在 SUBC 指令运算中，第一次做减法时，分子左移 16 位而分母只左移 15 位，即是将分子多乘了 2，相减后将结果左移一位，意味着在下一轮的运算中，分子又乘了 2，当重复 15 次减法循环后，意味着进行到 2^{-15} 精度的运算。如果 ALU 输出端≥0，则(ALU 输出端)≪1 +1→src，意指该位的商为 1，而(src)≪1→src 则指该位的商为 0。重复 15 次减法循环而不是 16 次是因为已知分子小于分母，并将分子移了 16 位从而隐含着已经作了一次除法运算。图 5-6a 是以 Q3 格式为例进行 0.4/(-0.8)运算过程。图 5-6b 是以 Q3 格式为例进行(-0.8)/0.4 运算过程。

以 Q3 格式为例(-0.8)/0.4
被除数 0.8×8=6.4→0110
运算 除数 0.4×8=3.2→0011

| 第一次 | (src) | 0000 0110 |
| | (Smem)分母左移 3 位 - | 001 1 |

ALU < 0	ALU	1110 1110
	(src)左移 1 位	0000 0110
		0000 1100

| 第二次 | (src) | 0000 1100 |
| | (Smem)分母左移 3 位 - | 001 1 |

ALU < 0	ALU	1110 0100
	(src)左移 1 位	0000 1100
		0001 1000

| 第三次 | (src) | 0001 1000 |
| | (Smem)分母左移 3 位 - | 001 1 |

ALU≥0	ALU	0000 0000
	ALU 左移 1 位	0000 0000
	+	1

| 第四次 | (src) | 0000 0001 |
| | (Smem)分母左移 3 位 -001 1 | |

ALU < 0	ALU	1110 1001
	(src)左移 1 位	0000 0001
		0000 0010

取符号	(src)	0000 0010
	-	0000 0010
保存商	(src) 低字节 →商@ quot = -0010	

十进制转换输出 -0010 = -2

以 Q3 格式为例 0.4/(-0.8)

被除数 0.4×8=3.2→0011

运算 除数 0.8×8=6.4→0110

第一次（src） 分子左移 4 位 0011 0000
第二次(Smem) 分母左移 3 位 - 011 0

ALU≥0	ALU	0000 0000
	ALU 左移 1 位	0000 0000
	+	1

| 第三次 | (src) | 0000 0001 |
| | (Smem)分母左移 3 位 - | 011 0 |

ALU < 0	ALU	1101 0001
	(src)左移 1 位	0000 0001
		0000 0010

| 第四次 | (src) | 0000 0010 |
| | (Smem)分母左移 3 位 - | 011 0 |

ALU < 0	ALU	1101 0010
	(src)左移 1 位	0000 0010
		0000 0100

取符号	(src)	0000 0100
	-	0000 0100
保存商	(src) 低字节 →商@ quot = -0100	

十进制转换输出 -0100 = -4→ -4/8 = -0.5

a)

b)

图 5-6 除法运算说明

a)|被除数|＜|除数|，商为小数 b)|被除数|≥|除数|，商为整数

（2）|被除数|≥|除数| 此时商为整数。

例 5-15 编写 16384÷512 的程序段。

将上例程序段仅作两处修改，其他不变，就得本例的程序段：

	LD	@ num,16,A	改成	LD	@ num,A
	RPT	#14	改成	RPT	#15

本例的程序段为：

```
            . title       "cjy6 asm"
            . mmregs
STACK       . usect      "STACK",10H
            . bss        num,1            ; 为分子分配单元
            . bss        den,1            ; 为分母分配单元
            . bss        quot,1           ; 为商分配单元
            . data                        ; 定义数据段起始地址
table:      . word       16384            ; 在以 table 为地址的单元放入 16384
            . word       512              ; 在以 table 为地址的下一单元放入 512
            . def        start
            . text                        ; 定义数据段起始地址
start:      STM          #num,AR1         ; 将分子所在单元的地址传给 AR1
            RPT          #1               ; 重复执行下一指令 2 次
            MVPD         table,* AR1 +    ; 传送程序空间的 2 个数据(分子、分母)至
                                          ; 地址为 num 开始的数据存储器单元
            LD           @ den,16,A       ; 将分母移到累加器 A(31 ~ 16)
            MPYA         @ num            ; (num) * ( A(31 ~ 16))→B，获取商的符号
                                          ; (在累加器 B 中)
            ABS          A                ; 分母取绝对值
            STH          A,@ den          ; 分母绝对值存回原处
            LD           @ num,A          ; 分子加载到 A(15 ~ 0)
            ABS          A                ; 分子取绝对值
            RPT          #15              ; 16 次减法循环，完成除法
            SUBC         @ den,A
            XC           1,BLT            ; 如果 B < 0( 商是负数)，则需要变号
            NEG          A                ; 如果 B < 0 执行求反，否则跳过此指令
            STL          A,@ quot         ; 保存商
end:        B            end
            . end
```

结果为 quot = 0x0020 = 32。

第二节 DSP 的浮点运算方法

1. 浮点数的表示方法

C54x 本身是定点 DSP 芯片，用定点 DSP 芯片进行浮点数运算，必须先将定点数转换为浮点数。

C54x 中的浮点数，采用尾数和指数两部分来表示，这种表示与定点数的关系为：

$$定点数 = 尾数 \times 2^{-(指数)} \quad 或 \quad x = m \times 2^e$$

式中，e 称为指数，m 称为尾数。尾数通常用归一化数表示，可以分为符号(s)和分数(f)两部分。在二进制表示中，符号用一位表示。由于表示尾数和分数的位数不同，可以分为不同精度的浮点数格式，如 IEEE 定义的单精度浮点格式、IEEE 双精度浮点格式等。即使是同一种精度的浮点格式，由于尾数域和指数域的位置不同，表示的浮点格式也不同。

IEEE 754—1985 标准定义了四种浮点数的格式，即单精度格式、扩展单精度格式、双精度格式和扩展双精度格式。在 DSP 芯片中，使用最多的是单精度格式，其表示方法为：

31	30	23	22	0
s	e		f	

在这个格式中，浮点数的总长度为 32 位。其中，s 是尾数 m 的符号位，用一位表示。s = 0 表示正数，s = 1 表示负数；e 是指数，用无符号数表示，共 8 位，取值范围为 0 ~ 255；f 是尾数的分数部分，共 23 位。

一个 IEEE 单精度浮点数 x 用 e、s、f 表示可分为以下 5 种情况：

1) 如果 $0 < e < 255$，则 $x = (-1)^s 2^{e-127}(1.f)$，式中 s = 0 或 1，而 e 和 f 均用十进制表示。

2) 如果 e = 0 且 $f \neq 0$，则 x 是一个非归一化的数，且 $x = (-1)^s 2^{-126}(0.f)$，s = 0 或 1，f 用十进制表示。

3) 如果 e = 0 且 f = 0，则 x = 0。

4) 如果 e = 255 且 $f \neq 0$，则 x 是一个无效数(Not a Number, NaN)。

5) 如果 e = 255 且 f = 0，则 x 无穷大。

由于 TMS320C54x DSP 用 16 位表示数字，其对浮点数的表示与 IEEE 754—1985 标准略有不同。C54x 采用两个 16 位二进制数来表示浮点数，一个用于保存指数，一个用于保存尾数。

例如，定点数 0x2000(0.25)用浮点数表示时，尾数为 0x4000(0.5)，指数为 1，即 0.5 $\times 2^{-1} = 0.25$。浮点数的尾数和指数可正可负，均用补码表示。指数的范围从 −8 ~ 31。

2. 定点数转换成浮点数

将一个定点数转换成浮点数可按如下 3 步来实现：

1) 先将定点数放在累加器 A 或 B 中，然后用指令：EXP A 或 EXP B。这是一条提取指数的指令，所提取的指数保存在 T 寄存器中。如果累加器 A = 0，则 0→T；否则，累加器 A 的冗余符号位数减8→T。累加器 A 中的内容不变。

例 5-16 提取 A = FF FFFF FFCB 中的指数值。

执行指令：EXP A

执行前	执行后
A = FF FFFF FFCB	A = FF FFFF FFCB
T = 0000	T = 0019 (25)

本例中，由于 A≠0，需要先求出 A 的冗余符号位并减去 8。

A = F	F	F	F	F	F	F	F	C	B
1111	1111	1111	1111	1111	1111	1111	1111	1100	1011

33 位冗余符号位 1，   33 − 8 = 25 = 0x0019

例 5-17 提取 B = 07 8543 2105 中的指数值。

执行指令：EXP B

    执行前   执行后

B = 07 8543 2105   B = 07 8543 2105

T =   0007   T =   FFFC（−4）

本例中，由于 B≠0，需要先求出 B 的冗余符号位并减去 8。

    B = 0   7   8   5   4   3   2   1   0   5

    <u>0000</u> 0111 1000 0101 0100 0011 0010 0001 0000 0101

    4 位冗余符号位 0，   4 − 8 = −4 = 0xFFFC

−4 = −(0x0004) = (1111 1111 1111 1011 + 1)$_补$ = (0xFFFC)$_补$

从上面两例可见，在提取指数时，冗余符号位数是对整个累加器的 40 位而言的，即包括了 8 位保护位，故指数值等于冗余符号位数减 8 位。

2）在 EXP 后，用指令 ST T，EXPONENT。将保存在 T 寄存器中的指数存放到数据存储器的指定单元 EXPONENT 中。如：

    EXP   A

    ST   T，@e1   ；将指数存入数据存储器 e1 所指定的单元中。

3）按 T 寄存器中的内容对累加器 A 进行归一化处理。使用指令 NORM A 。这里的将定点数转换成浮点数所进行的归一化处理，指通过左移或右移，使数值的符号位移到高字的最高位。移动的位数用指数表示，符号位后的数为小数点后第 1 位不为零的小数。

例如：

$0.3 = 0.6 \times 2^{-1} = (0.010011)_2 \times 2^{-0} = (0.10011)_2 \times 2^{-1}$

$-0.8 = -0.8 \times 2^{-0} = -(0.110011)_2 \times 2^{-0}$

$-0.24 = -(0.001111) \times 2^{-0} = -(0.1111)_2 \times 2^{-2}$

$3 = (11)_2 \times 2^{-0} = (0.11)_2 \times 2^2$

$-8 = -(1000)_2 \times 2^{-0} = -(0.1)_2 \times 2^4$

$-24 = -(11000)_2 \times 2^{-0} = -(0.11)_2 \times 2^5$

例 5-18 对累加器 A 进行归一化处理。

执行指令：NORM   A

    执行前   执行后

A = FF FFFF F001   A = FF 8008 0000

T =   0013   T =   0013（19）$_{10}$

执行时，按 T 中的十进制数值，这里为正 19，对累加器 A 中的值左移 19 位，即将在 A = FF FFFF F001 中的值左移 19 位，低位添零，高位溢出丢弃。

A = (1111 1111 1111 1111 1111 1111 1111 0000 0000 0001)$_2$

← <u>1111 1111 1111 1111 1111</u> 1111 1111 0000 0000 0001 <u>0000 0000 0000 0000 000</u>

    左移出去掉的 19 位   左移进 19 位添 0

← (1111 1111 1000 0000 0000 1000 0000 0000 0000 0000)$_2$ = (FF 8008 0000)$_{16}$

例 5-19 对累加器 B 中的值进行归一化处理后存入 A。

执行指令：NORM　　　B,A

执行前　　　　　　　　　　　　　　执行后

A = FF FFFF F001　　　　　　　　A = 00 4214 1414

B = 21 0A0A 0A0A　　　　　　　　B = 21 0A0A 0A0A

T =　　　　　　FFF9　　　　　　　T =　　　　　　FFF9($-7)_{10}$

将 B 移 -7 位，即右移 7 位：

　　B = (0010 0001 0000 1010 0000 1010 0000 1010 0000 1010)$_2$

→<u>0000 000</u> 0010 0001 0000 1010 0000 1010 0000 1010 <u>0000 1010</u>

　　右移进 7 位添 0　　　　　　　　　　　　　去掉移出的 7 位

→(0000 0000 0100 0010 0001 0100 0001 0100 0001 0100)$_2$ = (00 4214 1414)$_{16}$

3. 浮点数转换成定点数

在将浮点数转换成定点数时，按指数值将尾数右移(指数为负时左移)即可。其操作与定点数转换为浮点数相反。这种相反方向的移位是通过对指数取反实现的。

如指数在 A 中，尾数在 x 中，则将浮点数转换成定点数的指令为：

　　NEG　　　A　　　　　　；指数反号

　　STL　　　A,@ temp　　；将指数暂存在数据存储单元中

　　LD　　　@ temp,T　　；将指数装入 T 寄存器

　　LD　　　@ x,16,A　　；将尾数装入 A 的高 16 位

　　NORM　　A　　　　　　；将尾数按 T 移位，由于 T 中的指数是已经取反了的，

　　　　　　　　　　　　　；所进行的移位为反向移位。转换后的定点数在 A 中。

例 5-20　编写浮点乘法程序，完成 x1 × x2 = 0.3 × (-0.8)
运算。

程序中保留 10 个数据存储单元，数据存储器分配如图 5-7
所示。

程序清单为：

x1	(被乘数)	
x2	(乘数)	
e1	(被乘数的指数)	
m1	(被乘数的尾数)	
e2	(乘数的指数)	
m2	(乘数的尾数)	
ep	(乘积的指数)	
mp	(乘积的尾数)	
product	(乘积)	
temp	(暂存单元)	

图 5-7　数据存储器分配

```
          . title    "float. asm"      ; 程序名
          . def      start             ; 定义标号
STACK：. usect    "STACK",100       ; 设置堆栈
          . bss     x1,1              ; 为被乘数 x1 预留 1 个单元的空间
          . bss     x2,1              ; 为乘数 x2 预留 1 个单元的空间
          . bss     e1,1              ; 为被乘数的指数 e1 预留 1 个单元的空间
          . bss     m1,1              ; 为被乘数的尾数 m1 预留 1 个单元的空间
          . bss     e2,1              ; 为乘数的指数 e2 预留 1 个单元的空间
          . bss     m2,1              ; 为乘数的尾数 m2 预留 1 个单元的空间
          . bss     ep,1              ; 为乘积的指数 ep 预留 1 个单元的空间
          . bss     mp,1              ; 为乘积的尾数 mp 预留 1 个单元的空间
          . bss     product,1         ; 为乘积留空间
          . bss     temp,1            ; 为暂存留空间
          . data                      ; 定义数据段
```

table:	. word	3 * 32768/10	; 设初值 0.3
	. word	− 8 * 32768/10	; 设初值 − 0.8
	. text		; 定义代码段
start:	STM	#STACK + 100, SP	; 设置堆栈指针初值
	MVPD	table, @ x1	; 送 0.3、 − 0.8
	MVPD	table + 1, @ x2	; 至数据存储器
	LD	@ x1, 16, A	; 将 x1 送到 A
	EXP	A	; 取 A 中指数
	ST	T, @ e1	; 存指数到 e1
	NORM	A	; 对 A 归一化
	STH	A, @ m1	; 存尾数到 m1
	LD	@ x2, 16, A	; 将 x2 送到 A
	EXP	A	; 提取 A 中指数，放入 T
	ST	T, @ e2	; 保存 x2 的指数到 e2
	NORM	A	; 对累加器 A 归一化
	STH	A, @ m2	; 保存 x2 的尾数到 m2
	CALL	MULT	; 调用浮点乘法子程序
end:	B	end	; 循环等待
MULT:	SSBX	FRCT	; 设置小数乘法运算
	SSBX	SXM	; 数据进入 ALU 之前进行符号位扩展
	LD	@ e1, A	; x1 指数送 A
	ADD	@ e2, A	; x2 与 x1 指数相加
	STL	A, @ ep	; 乘积指数存入 ep
	LD	@ m1, T	; x1 尾数送 T
	MPY	@ m2, A	; x1 与 x1 尾数相乘，结果在 A 中
	EXP	A	; 提取 A 中指数，放入 T
	ST	T, @ temp	; 尾数乘积中提取的指数存入 temp
	NORM	A	; 对累加器 A 进行归一化处理
	STH	A, @ mp	; 保存提取指数后的尾数在 mp 中
	LD	@ temp, A	; 修正乘积指数，尾数乘积指数送 A
	ADD	@ ep, A	; (ep) + (temp)
	STL	A, @ ep	; 保存乘积指数在 ep 中
	NEG	A	; 将浮点数乘积转换成定点数
	STL	A, @ temp	; 乘积指数反号后存入 temp
	LD	@ temp, T	; 并加载到 T 寄存器
	LD	@ mp, 16, A	; 将乘积的尾数装入 A 的高 16 位
	NORM	A	; 将尾数按 T 中的指数移位
	STH	A, @ product	; 保存定点乘积到 product 中
	RET		; 返回

.end

程序执行结果为：

0.3×（−0.8）乘积的浮点数尾数 0x8520，指数为 0x0002。乘积的定点数为 0xE148，对应的十进制数为 −0.23999。程序执行后数据存储器中的数据值如图 5-8 所示。

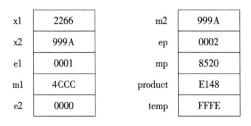

图 5-8　数据存储器中的数据值

第三节　DSP 在信号发生器上的应用

信号发生器是通信、电子技术应用领域中最常用的设备。目前很多信号可由 DDS 来产生，主要是采用查表法。此种方法适用于对精度要求不是很高的场合，如果对精度要求较高，查表量就很大，相应的存储容量也大。另一种产生信号的方法是通过计算获得输出信号的相关数据。

正弦和余弦信号是常见的信号，计算一个角度为 θ 的正弦和余弦函数的值，可以利用数字信号处理理论中的 Z 变换和 Z 反变换来求得，这种方法将在第七章中介绍。这里先介绍用泰勒级数来近似正弦和余弦信号的计算方法。

产生正弦信号的计算方法是先计算出一个角的正弦和余弦，再用倍角公式求得 2 倍角的正弦，直至求得 0～90°角的各角度正弦值，最后利用对称性求得 0～360°的各个角度正弦值，然后通过 I/O 口输出。余弦信号的输出只需将正弦波形从 90°的地方输出即可。

计算正弦和余弦信号的泰勒级数公式的前 5 项公式为：

$$\sin\theta = x - \frac{x^3}{3!} + \frac{x^5}{5!} - \frac{x^7}{7!} + \frac{x^9}{9!} = x\left(1 - \frac{x^2}{2\times3}\left(1 - \frac{x^2}{4\times5}\left(1 - \frac{x^2}{6\times7}\left(1 - \frac{x^2}{8\times9}\right)\right)\right)\right)$$

$$\cos\theta = 1 - \frac{x^2}{2!} + \frac{x^4}{4!} - \frac{x^6}{6!} + \frac{x^8}{8!} = 1 - \frac{x^2}{2}\left(1 - \frac{x^2}{3\times4}\left(1 - \frac{x^2}{5\times6}\left(1 - \frac{x^2}{7\times8}\right)\right)\right)$$

该公式的计算特点是乘法和累加，这正是 DSP 所擅长的，下面介绍相关的编程技巧和方法。

1. 一个角度正弦值的计算

例 5-21　计算一个角度为 $\theta = \dfrac{\pi}{4} = 0.7854$ 弧度的正弦值。

按 C54x 系列采用的 Q15 格式，将 θ 转换为十进制小数的 2 的补码形式为：$\theta = 0.7854 \times 32768 = 6487h$ 弧度。再将要计算的值 θ 放在如图 5-9 所示的 d _ x 单元中，计算结果放在 d _ sinx 单元中。其实现的汇编语言程序如下：

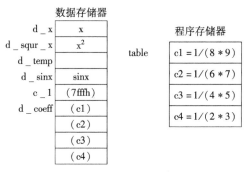

图 5-9　数据在存储器中的放置

```
              . title       "sinx. asm"              ; 为程序取名
; This function evaluates the sine of an angle using the Taylor series expansion
; sin(theta) = x(1 - x²/2 * 3(1 - x²/4 * 5(1 - x²/6 * 7(1 - x²/8 * 9))))
              . mmregs                               ; 定义存储器映像寄存器
              . def       start                      ; 定义标号 start
              . ref       sin_start,d_x,d_sinx       ; 引用别处定义的 sin_start,d_x,d_sinx
STACK：       . usect     "STACK",10                 ; 设置堆栈空间的大小和起始位置
start：       STM         #STACK + 10,SP             ; 设置堆栈指针初始指向的栈底位置
              LD          #d_x,DP                    ; 设置数据存储器页指针的起始位置
              ST          #6487h,d_x                 ; 将 θ 值送入地址为 d_x 的单元中
              CALL        sin_start                  ; 调用计算正弦值的子程序
end：         B           end                        ; 循环等待
sin_start：
              . def       sin_start                  ; 定义标号 sin_start 的起始位置
d_coeff       . usect     "coeff",4                  ; 定义 4 个单元的未初始化段 coeff
              . data
table：       . word      01c7h                      ; 在程序空间定义 4 个系数 c1 = 1/(8 * 9)
              . word      030bh                      ; c2 = 1/(6 * 7)
              . word      0666h                      ; c3 = 1/(4 * 5)
              . word      1556h                      ; c4 = 1/(2 * 3)
d_x           . usect     "sin_vars",1               ; 在自定义的未初始化段 sin_vars 中
d_squr_x      . usect     "sin_vars",1               ; 保留 5 个单元的空间,它们通常
d_temp        . usect     "sin_vars",1               ; 被安排在 RAM 中,用于暂存变量
d_sinx        . usect     "sin_vars",1
c_1           . usect     "sin_vars",1
              . text                                 ; 完成正弦计算的可执行代码段
              SSBX        FRCT                       ; 设置进行小数乘法,以便自动左移一位
              STM         #d_coeff,AR5               ; 将 4 个系数的首地址 d_coeff 送 AR5
              RPT         #3                         ; 重复执行下一指令 4 次,以便将程序空
```

```
        MVPD     #table, * AR5 +        ; 间的 4 个系数传送到数据空间 d _ coeff
        STM      #d _ coeff, AR3        ; 将系数所在空间 d _ coeff 首地址送 AR3
        STM      #d _ x, AR2            ; 将 θ 所在地址送 AR2
        STM      #c _ 1, AR4            ; 将小数的最大值 7fff 地址 c _ 1 送 AR4
        ST       #7FFFh, c _ 1          ; 将#7FFFh(即整数 1)送 c _ 1
        SQUR     * AR2 +, A             ; A = x², AR2 指向 d _ squr _ x
        ST       A, * AR2               ; d _ squr _ x = x²(A 右移 16 位, 即存高字节)
     ‖ LD        * AR4, B               ; B = 1(7FFFh 左移 16 位放在 B 的高字节)
        MASR     * AR2 +, * AR3 +, B, A ; A = 1 - x²/72, T = x², AR2 指向 d _ temp, AR3
                                        ; 指向 c2 (凑整运算为结果加 2¹⁵ 再对 15 ~ 0
                                        ; 位清 0)
        MPYA     A                      ; A = T * A = x²(1 - x²/72)
        STH      A, * AR2               ; (d _ temp) = x²(1 - x²/72)
        MASR     * AR2 -, * AR3 +, B, A ; A = 1 - x²/42(1 - x²/72); T = x²(1 - x²/72)
        MPYA     * AR2 +                ; B = x²(1 - x²/42(1 - x²/72))
        ST       B, * AR2               ; (d _ temp) = x²(1 - x²/42(1 - x²/72))
     ‖ LD        * AR4, B               ; B = 1
        MASR     * AR2 -, * AR3 +, B, A ; A = 1 - x²/20(1 - x²/42(1 - x²/72))
        MPYA     * AR2 +                ; B = x²(1 - x²/20(1 - x²/42(1 - x²/72)))
        ST       B, * AR2               ; (d _ temp) = B = x²(1 - x²/20(1 - x²/42(1 - x²/72)))
     ‖ LD        * AR4, B               ; B = 1
        MASR     * AR2 -, * AR3, B, A   ; A = 1 - x²/6(1 - x²/20(1 - x²/42(1 - x²/72)))
        MPYA     d _ x                  ; B = x(1 - x²/6(1 - x²/20(1 - x²/42(1 - x²/72))))
        STH      B, d _ sinx            ; sin(theta)
        RET
        . end
```

2. 一个角度余弦值的计算

例 5-22 计算一个角度为 $\theta = \dfrac{\pi}{4} = 0.7854$ 弧度的余弦值。

计算方法与正弦值的计算类似, 即先将 θ 转换为十进制小数的 2 的补码形式 θ = 0.7854 × 32768 = 6487h 弧度。再将要计算的值 θ 放在 d _ x 单元中, 计算结果放在 d _ cosx 单元中。其实现的汇编语言程序如下:

```
        . title      "cosx. asm"               ; 定义源程序名
; This function evaluates the cosine of an angle using the Taylor series expansion
; cos(theta) = 1 - x²/2(1 - x²/3 * 4(1 - x²/5 * 6(1 - x²/7 * 8)))
        . mmregs                               ; 说明存储器映像寄存器
        . def      start                       ; 定义语句标号 start
        . ref      cos _ start, d _ x, d _ cosx ; 引用别处定义的 cos _ start, d _ x, d _ cosx
STACK:  . usect    "STACK", 10                 ; 设置堆栈空间的大小和起始位置
```

start：	STM	#STACK + 10,SP	; 设置堆栈指针初始指向的栈底位置
	LD	#d _ x,DP	; 设置直接寻址时 128 个单元的首址
	ST	#6487h,d _ x	; 将 θ 值送入 DP 地址首个单元 d _ x 中
	CALL	cos _ start	; 调用计算余弦值的子程序
end：	B	end	; 循环等待
cos _ start：			
	. def	cos _ start	; 定义语句标号 cos _ start 的起始位置
d _ coeff	. usect	"coeff",4	; 定义 4 个单元的未初始化段 coeff
	. data		
table：	. word	0249h	; $c1 = 1/(7 * 8)$ 在程序空间定义 4 个系数
	. word	0444h	; $c2 = 1/(5 * 6)$
	. word	0aabh	; $c3 = 1/(3 * 4)$
	. word	4000h	; $c4 = 1/2$
d _ x	. usect	"cos _ vars",1	
d _ squr _ x	. usect	"cos _ vars",1	
d _ temp	. usect	"cos _ vars",1	
d _ cosx	. usect	"cos _ vars",1	
c _ 1	. usect	"cos _ vars",1	
	. text		
	SSBX	FRCT	; 设置进行小数乘法，以便自动左移一位
	STM	#d _ coeff,AR5	; 传送系数表 stable 中的 4 个系数
	RPT	#3	; 到数据空间的 4 个单元中
	MVPD	#table, * AR5 +	
	STM	#d _ coeff,AR3	; 将系数所在空间 d _ coeff 首地址送 AR3
	STM	#d _ x,AR2	; 将 θ 所在地址送 AR2
	STM	#c _ 1,AR4	; 将小数的最大值 7fff 地址 c _ 1 送 AR4
	ST	#7FFFh,c _ 1	; 将#7FFFh(即整数 1)送 c _ 1
	SQUR	* AR2 + ,A	; $A = x^2$；将#7FFFh(即整数 1)送 c _ 1
	ST	A, * AR2	; d _ squr _ $x = x^2$
	‖ LD	* AR4,B	; $B = 1$
	MASR	* AR2 + , * AR3 + ,B,A	; $A = 1 - x^2/56, T = x^2$
	MPYA	A	; $A = T * A = x^2(1 - x^2/56)$
	STH	A, * AR2	; $(d$ _ temp$) = x^2(1 - x^2/56)$
	MASR	* AR2 - , * AR3 + ,B,A	; $A = 1 - x^2/30(1 - x^2/56)$; $T = x^2(1 - x^2/56)$
	MPYA	* AR2 +	; $B = x^2(1 - x^2/30(1 - x^2/56))$
	ST	B, * AR2	; $(d$ _ temp$) = x^2(1 - x^2/30(1 - x^2/56))$
	‖ LD	* AR4,B	; $B = 1$
	MASR	* AR2 - , * AR3,B,A	; $A = 1 - x^2/12(1 - x^2/30(1 - x^2/56))$
	SFTA	A, - 1,A	; $A = 1/2(1 - x^2/12(1 - x^2/30(1 - x^2/56)))$

```
        NEG    A              ; A = -1/2(1 - x²/12(1 - x²/30(1 - x²/56)))
        MPYA   * AR2 +        ; B = -x²/2(1 - x²/12(1 - x²/30(1 - x²/56)))
        MAR    * AR2 +        ; AR2 指向 d_cosx
        RETD                  ; 执行完下面两条指令后返回
        ADD    * AR4,16,B     ; B = 1 - x²/2(1 - x²/12(1 - x²/30(1 - x²/56)))
        STH    B, * AR2       ; cos( theta)
        RET
        . end
```

3. 输出正弦波形

例 5-23 编写一个产生正弦波的程序。

利用正弦函数的对称性和周期性，可以不用计算 $360°$ 的所有角度值，而只计算 $45°$ 的值即可。其方法是：先计算 90 个 $0 \sim 45°$（间隔为 $0.5°$）的 $\sin x$ 和 $\cos x$ 值，再利用 $\sin 2\alpha = 2\sin\alpha \cdot \cos\alpha$ 求出 $0 \sim 90°$ 的 $\sin x$ 值（间隔为 $1°$）。然后通过复制，获得 $0 \sim 360°$ 的 $\sin x$ 值。这样便将要求的 $\sin x$ 值放到了一个表中，读出 $\sin x$ 表所在地址的内容，重复向 PA0 口输出，便可得到要求的正弦波。其实现的汇编语言程序如下：

```
; This function generates the sine wave of an angle using the Taylor series expansion
; sin( theta) = x(1 - x²/2 * 3(1 - x²/4 * 5(1 - x²/6 * 7(1 - x²/8 * 9)))))
; cos( theta) = 1 - x²/2 (1 - x²/3 * 4 (1 - x²/5 * 6 (1 - x²/7 * 8)))
; sin(2 * theta) = 2 * sin( theta) * cos( theta)
        . title    "sin. asm"                     ; 定义源程序名
        . mmregs                                  ; 说明存储器映像寄存器
        . def      start                          ; 定义语句标号 start
        . ref      sinx,d_xs,d_sin,cosx,d_xc,d_cosx  ; 引用说明
sin_x:  . usect    "sin_x",360                    ; 设置未初始化段 sin_x 的大小和起始位置
STACK： . usect    "STACK", 10                    ; 设置堆栈空间的大小和起始位置
k_theta . set      286                            ; k_theta = (2π × 0.5/360) × 32768 = 286
PA0     . set      0                              ; 设置端口 PA0 地址
start:                                            ; 标号 start 的起始执行位置
        . text
        STM    #STACK + 10,SP    ; 设置堆栈指针初始指向的栈底位置
        STM    k_theta,AR0       ; k_theta( increment)→AR0
        STM    0,AR1             ; x( rad. )→AR1
        STM    #sin_x,AR6        ; sin_x 首址→AR6
        STM    #90,BRC           ; 从 sin0° ~ sin90°计算间隔为一度的正弦
        RPTB   loop1 - 1         ; 在 loop1 - 1 处结束循环
        LDM    AR1,A             ; x( rad. )→A
        LD     #d_xs,DP          ; 设置直接寻址时 128 个单元的首址
        STL    A,@ d_xs          ; x( rad. )→d_xs
        STL    A,@ d_xc          ; x( rad. )→d_xc
```

	CALL	sinx	; (d _ sinx) = sinx
	CALL	cosx	; (d _ cosx) = cosx
	LD	#d _ sinx,DP	; 设置直接寻址 d _ sinx 时 128 个单元的首址
	LD	@ d _ sinx,16,A	; A = sin(x)
	MPYA	@ d _ cosx	; B = sin(x) * cos(x)
	STH	B,1, * AR6 +	; AR6 = 2 * sin(x) * cos(x),正弦值放在 sin _ x
	MAR	* AR1 +0	; 修改计算角度,先前角度加 0.5 度,准备下次用
loop1：	STM	#sin _ x + 89, AR7	; 存放 sin91° ~ sin179°的值, 赋 sin91°首地址
	STM	#88, BRC	; 重复 89 次
	RPTB	loop2 − 1	
	LD	* AR7 − ,A	; 将 89°,88°,87°,…,1°值送 91°,92°,93°,…,179°
	STL	A, * AR6 +	
loop2：	STM	#179,BRC	; 重复计算 180 次
	STM	#sin _ x, AR7	; 存放 sin180° ~ sin359°的值, 赋 180°首地址
	RPTB	loop3 − 1	
	LD	* AR7 + ,A	; 将 0°,1°,2°,3°,…,179°的值送 −1°, −2°,
			; − 3°,…, − 179°
	NEG	A	; 对 0° ~179°的值取反
	STL	A, * AR6 +	; 得 sin180° ~ sin359°
loop3：	STM	#sin _ x,AR6	; 产生正弦波
	STM	#1 ,AR0	; 设置地址增量, 即角度按 1°增加
	STM	#360,BK	; 设置输出 0° ~360°的值
loop4：	PORTW	* AR6 +0% ,PA0	; 向 PA0 端口连续输出正弦值, 间隔 1°
	B	loop4	; 循环输出
sinx：			; 计算正弦值的程序
	def	d _ xs,d _ sinx	; 定义 d _ xs, d _ sinx 标号
	. data		
table _ s	. word	01c7h	; c1 = 1/(8 * 9)在程序空间定义 4 个系数
	. word	030bh	; c2 = 1/(6 * 7)
	. word	0666h	; c3 = 1/(4 * 5)
	. word	1556h	; c4 = 1/(2 * 3)
d _ coef _ s . usect	"coef _ s",4		; 在自定义的未初始化段中保留 9 个
d _ xs	. usect	"sin _ vars",1	; 单元的空间, 它们通常被安排
d _ squr _ xs. usect	"sin _ vars",1		; 在 RAM 中,用于暂存变量
d _ temp _ s. usect	"sin _ vars",1		
d _ sinx	. usect	"sin _ vars",1	
c _ 1 _ s	. usect	"sin _ vars",1	
	. text		
	SSBX	FRCT	; 设置进行小数乘法, 以便自动左移一位

STM	#d _ coef _ s,AR5	; 将参数地址 coef _ s 送 AR5
RPT	#3	; 重复 4 次下条指令,将程序存储器 stable _ s
MVPD	#table _ s, * AR5 +	; 开始的 4 个参数送数据存储器 d _ coef _ s
STM	#d _ coef _ s,AR3	; 将参数地址 d _ coef _ s 送 AR3
STM	#d _ xs,AR2	; 将存放 sinx 值的地址 d _ xs 送 AR2
STM	#c _ 1 _ s,AR4	; 将存放 1 的地址 c _ 1 _ s 送 AR4
ST	#7FFFh,c _ 1 _ s	; 将小数最大值 1 送地址 c _ 1 _ s
SQUR	* AR2 + ,A	; $A = x^2$
ST	A, * AR2	; $d \_ squr \_ xs = x^2$
‖ LD	* AR4,B	; $B = 1$
MASR	* AR2 + , * AR3 + ,B,A	; $A = 1 - x^2/72$, $T = x^2$
MPYA	A	; $A = T * A = x^2(1 - x^2/72)$
STH	A, * AR2	; $(d \_ temp \_ s) = x^2(1 - x^2/72)$
MASR	* AR2 - , * AR3 + ,B,A	; $A = 1 - x^2/42(1 - x^2/72)$; $T = x^2(1 - x^2/72)$
MPYA	* AR2 +	; $B = x^2(1 - x^2/42(1 - x^2/72))$
ST	B, * AR2	; $(d \_ temp \_ s) = x^2(1 - x^2/42(1 - x^2/72))$
‖ LD	* AR4,B	; $B = 1$
MASR	* AR2 - , * AR3 + ,B,A	; $A = 1 - x^2/20(1 - x^2/42(1 - x^2/72))$
MPYA	* AR2 +	; $B = x^2(1 - x^2/20(1 - x^2/42(1 - x^2/72)))$
ST	B, * AR2	; $(d \_ temp \_ s) = x^2(1 - x^2/20(1 - x^2/42(1 - x^2/72)))$
‖ LD	* AR4,B	; $B = 1$
MASR	* AR2 - , * AR3 + ,B,A	; $A = 1 - x^2/6(1 - x^2/20(1 - x^2/42(1 - x^2/72)))$
MPYA	d _ xs	; $B = x(1 - x^2/6(1 - x^2/20(1 - x^2/42(1 - x^2/72))))$
STH	B,d _ sinx	; 存储 sin(theta) 高位字到 d _ sinx 单元中
RET		; 返回
. end		

cosx:			; 计算余弦值的程序
	. def	d _ xc,d _ cosx	; 定义 d _ xc,d _ cosx 标号
	. data		
table _ c	. word	0249h	; $c1 = 1/(7 * 8)$
	. word	0444h	; $c2 = 1/(5 * 6)$
	. word	0aabh	; $c3 = 1/(3 * 4)$
	. word	4000h	; $c4 = 1/2$
d _ coef _ c	. usect	"coef _ c",4	; 在自定义的未初始化段
d _ xc	. usect	"cos _ vars",1	; 中保留 9 个单元的空间,它们通常
d _ squr _ xc	. usect	"cos _ vars",1	; 被安排在 RAM 中,用于暂存变量
d _ temp _ c	. usect	"cos _ vars",1	
d _ cosx	. usect	"cos _ vars",1	
c _ 1 _ c	. usect	"cos _ vars",1	

```
        . text
        SSBX      FRCT                    ; 设置进行小数乘法，以便自动左移一位
        STM       #d _ coef _ c,AR5       ; 将参数地址 coef _ c 送 AR5
        RPT       #3                      ; 重复 4 次下条指令，将程序存储器 stable _ c
        MVPD      #table _ c, * AR5 +     ; 开始的 4 个参数送数据存储器 d _ coef _ c
        STM       #d _ coef _ c,AR3       ; 将参数地址 d _ coef _ c 送 AR3 地址
        STM       #d _ xc,AR2             ; 将存放 cosx 值的地址 d _ xc 送 AR2
        STM       #c _ 1 _ c,AR4          ; 将存放 1 的地址 c _ 1 _ c 送 AR4
        ST        #7FFFh,c _ 1 _ c        ; 将小数最大值 1 送地址 c _ 1 _ c
        SQUR      * AR2 + ,A              ; A = x²
        ST        A, * AR2                ; d _ squr _ xc = x²
      ‖ LD        * AR4,B                 ; B = 1
        MASR      * AR2 + , * AR3 + ,B,A  ; A = 1 - x²/56,T = x²
        MPYA      A                       ; A = T * A = x²(1 - x²/56)
        STH       A, * AR2                ; ( d _ temp _ c) = x²(1 - x²/56)
        MASR      * AR2 - , * AR3 + ,B,A  ; A = 1 - x²/30(1 - x²/56); T = x²(1 - x²/56)
        MPYA      * AR2 +                 ; B = x²(1 - x²/30(1 - x²/56))
        ST        B, * AR2                ; ( d _ temp _ c) = x²(1 - x²/30(1 - x²/56))
      ‖ LD        * AR4,B                 ; B = 1
        MASR      * AR2 - , * AR3 + ,B,A  ; A = 1 - x²/12(1 - x²/30(1 - x²/56))
        SFTA      A, - 1,A                ; A = 1/2(1 - x²/12(1 - x²/30(1 - x²/56)))
        NEG       A                       ; A = - 1/2(1 - x²/12(1 - x²/30(1 - x²/56)))
        MPYA      * AR2 +                 ; B = - x²/2(1 - x²/12(1 - x²/30(1 - x²/56)))
        MAR       * AR2 +                 ; 调整 AR2 指针 AR2 指向 d _ cosx
        RETD                              ; 执行完下面两条指令后返回
        ADD       * AR4,16,B              ; B = 1 - x²/2(1 - x²/12(1 - x²/30(1 - x²/56)))
        STH       B, * AR2                ; 存储 cos( theta)高位字到 d _ cosx 中
        RET
        . end
```

正弦波信号发生器程序的链接命令文件 sin. cmd 为：

```
vectors. obj
sin. obj
- o       sin. out
- m       sin. map
- e       start
MEMORY
  {
  PAGE 0：
            EPROM    ： org = 0E000h,len = 1000h
```

<pre>
                    VECS   : org = 0FF80h, len = 0080h
         PAGE 1 :
                    SPRAM   : org = 0060h, len = 0020h
                    DARAM1   : org = 0080h, len = 0010h
                    DARAM2   : org = 0090h, len = 0010h
                    DARAM3   : org = 0200h, len = 0200h
      }
      SECTIONS
      {
        . text   : > EPROM   PAGE 0
        . data   : > EPROM   PAGE 0
        STACK   : > SPRAM   PAGE 1
        sin _ vars   : > DARAM1   PAGE 1
        coef _ s   : > DARAM1 PAGE 1
        cos _ vars   : > DARAM2 PAGE 1
        coef _ c   : > DARAM2 PAGE 1
        sin _ x   : align(512) {} > DARAM3 PAGE 1
        . vectors   : > VECS   PAGE 0
      }
</pre>

sin. cmd 中的 vectors. obj 与前面讲述的内容相同，不再重复。

在实际应用中，正弦波是通过 D-A 输出的，选择每个正弦周期中的样点数、改变每个样点之间的延迟，就能够产生不同频率的正弦波。此外，利用软件改变正弦波的幅度以及起始相位都是很方便的。用类似的方法可以得到余弦波的波形输出。由于余弦信号的值只是正弦信号的相移，因此在求出正弦 360 个值的基础上，将第一个读出值从 sin _ x 存储空间的第 90 个值的位置开始读出，第 270 ~ 360 的值从 sin _ x 的 0 ~ 90 读出便可得到余弦值，故不再编写余弦信号波形的产生程序。

用 Z 变换和 Z 反变换来求 cos$x$ 的方法为：

根据 Z 变换定义，序列 $x(n)$ 的变换公式为：

$$X(z) = \sum_{n=-\infty}^{\infty} x(n)z^{-n}$$

Z 反变换为 $x(n) = £^{-1}[X(z)]$，可用留数法、部分分式展开法和长除法求得。则 $\cos(\omega_0 n)u(n)$ 的 Z 变换为：

$$H(z) = £[\cos(n)u(n)] = \frac{1}{2}£[e^{j\omega_0 n} + e^{-j\omega_0 n}u(n)]$$

$$= \sum_{n=-\infty}^{\infty}\left[\frac{e^{j\omega_0 n} + e^{-j\omega_0 n}}{2}u(n)\right]z^{-n}$$

$$= \frac{1}{2(1 - e^{j\omega_0}z^{-1})} + \frac{1}{2(1 - e^{-j\omega_0}z^{-1})}$$

$$= \frac{1 - z^{-1}\cos j\omega_0}{1 - 2z^{-1}\cos j\omega_0 + z^{-2}} = \frac{1 - Cz^{-1}}{1 - Az^{-1} - Bz^{-2}}$$

式中，$C = -\cos\omega_0$，$A = 2\cos\omega_0 T$，$B = -1$；ω_0 为余弦输出信号的频率；T 为离散余弦序列的采样频率。

如果以该函数设计一离散时间系统，则其单位冲击响应就是余弦输出信号。此时的输出序列 $Y(k)$ 为 $H(z)$ 的 Z 反变换。

$$Y(k) = \pounds^{-1}[H(z)] = AY[k-1] + BY[k-2] + X[k] + CX[k-1]$$

当 $k = -1$ 时　$Y(k) = Y(-1) = AY[-2] + BY[-3] + X[-1] + CX[-2] = 0$

当 $k = 0$ 时　$Y(k) = Y(0) = AY[-1] + BY[-2] + X[0] + CX[-1] = 0 + 0 + 1 + 0 = 1$

当 $k = 1$ 时　$Y(k) = Y(1) = AY[0] + BY[-1] + X[1] + CX[0] = 1 + 0 + 0 + C = A + C$

当 $k = 2$ 时　$Y(k) = Y(2) = AY[1] + BY[0] + X[2] + CX[1] = AY[1] + BY[0]$

当 $k = 3$ 时　$Y(k) = Y(3) = AY[2] + BY[1] + X[3] + CX[2] = AY[2] + BY[1]$

当 $k = n$ 时　$Y(k) = Y(n) = AY[n-1] + BY[n-2]$

当 $k > 2$ 以后，$Y(k)$ 能用 $Y[k-1]$ 和 $Y[k-2]$ 算出，这是一个递归的差分方程。如果按第七章实验二的方式产生余弦信号，对应的初始化程序为：

初始化 $y[1]$ 和 $y[2]$：

```
        SSBX    FRCT            ; 置 FRCT = 1，准备进行小数乘法运算
        ST      #INIT_ A, AA    ; 将常数 A 装入变量 AA
        ST      #INIT_ B, BB    ; 将常数 B 装入变量 BB
        ST      #INIT_ C, CC    ; 将常数 C 装入变量 CC
        PSHD    CC              ; 将变量 CC 压入堆栈
        POPD    Y2              ; 初始化 Y2 = CC
        LD      AA, A           ; 装 AA 到 A 累加器
        ADD     CC, A           ; A 累加器 = AA + CC
        STH     A, Y2           ; Y2 = Y[1] = AA + CC
        LD      AA, T           ; 装 AA 到 T 寄存器
        MPY     Y2, A           ; Y2 乘系数 A，结果 Y[1] * AA 放入 A 累加器
        ADD     BB, A           ; A 累加器 = Y[2] = Y[1] * AA + BB * Y[0]
        STH     A, Y1           ; 将 A 累加器中 Y[2] 的高 16 位存入变量 Y1 = Y[2]
```

以后的递推过程由中断服务程序完成 Y[3] 到 Y[n] 运算，相应的程序片段为：

```
        LD      BB, T           ; 将系数 B 装入 T 寄存器
        MPY     Y2, A           ; Y2 乘系数 B，结果 BB * Y[1] 放入 A 累加器
        LTD     Y1              ; 将 Y1 = Y[2] 装入 T，同时复制到 Y2，Y[2] 退化为 Y[1]
        MAC     AA, A           ; 完成新余弦数据的计算，A 累加器中为
                                ; Y1 * AA + Y2 * BB 或 Y[3] = AA * Y[2] + BB * Y[1]
        STH     A, 1, Y1        ; 将新数据存入 Y1，因所有系数都除过 2，所以在保存
                                ; 结果时左移一位，恢复数据正常大小。
        STH     A, 1, Y0        ; 将新正弦数据存入 Y0
```

4. 方波信号发生器设计

利用 DSP 的内部定时器的时延作用，可产生频率不是太高的方波信号，并且可调节方波信号的占空比。

例 5-24 设计一周期为 2s 的方波发生器，已知时钟频率为 40MHz，要求输出信号从 XF 引脚输出。

因为输出脉冲周期为 2s，可让 1s 为高电平，1s 为低电平。由于定时器中 TDDR 最大为 0Fh，PRD 最大为 0FFFFh，根据定时器长度计算公式得最大定时时间 T_{max} 为：

$$T_{max} = T \times (TDDR + 1) \times (PRD + 1) = T \times 16 \times 65536 = T \times 1048576 = \frac{1}{40} \times 1048576 \mu s$$

$$= 0.025 \times 1048576 \mu s = 26.2144 ms$$

最小定时时间 T_{min} 为：

$$T_{min} = T \times (TDDR + 1) \times (PRD + 1) = T \times (0 + 1) \times (0 + 1) = T = 0.025 \mu s$$

因此，仅用定时器实现延时是达不到预定时间长度的。为此在程序中设计一个计数器来增加延时。可先将定时器的延时设定为 10ms，计数器设计为 100，则总定时长度为（100 + 100）× 10ms = 2000ms = 2s。这样有 TDDR = 9，PRD = 39999，T = 25ns，定时长度 = 10ms。用 C5402 的定时器 0，其对应的汇编程序如下：

```
                .title   "for test square wave program…(2s)"
                .mmregs
                .global _c_int00,_tint        ;定义全域符号
                .ref    vector                ;引用中断向量程序中定义的符号
STACK           .usect "STACK",30             ;定义 30 个单元的堆栈区
t0_flag         .usect "vars",1               ;定义标记 t0_flag 到用户定义未初始化段"vars"
t0_counter      .usect "vars",1               ;定义计数器 t0_counter 到用户定义未初始化段"vars"
                .text
_c_int00:       STM   # STACK + 30,SP         ;给堆栈指针赋初值,指针指向栈底
                LD    # 0,DP                   ;设置 DP 指向 0 页
                SSBX  INTM                     ;关闭所有可屏蔽中断
                STM   # 0,SWWSR                ;清输出等状态寄存器
                LD    # vector,A               ;取中断向量表地址
                AND   # 0FF80h,A               ;提取中断向量指针
                ANDM  # 007Fh,PMST             ;屏蔽 PMST 高 9 位中断向量指针
                OR    PMST,A                   ;建立新的 PMST 内容
                STLM  A,PMST                   ;设置 IPTR
                STM   # 10h,TCR                ;定时器 0 停止工作
                STM   # 39999,TIM              ;为定时器周期寄存器 TIM 赋初值 39999
                STM   # 39999,PRD              ;为定时器周期寄存器 PRD 赋初值 39999
                ST    # 100, * (t0_counter)    ;设置计数器初值为 100
                STM   # 269h,TCR               ;设置 TDDR = 1001,启动定时器 0,PSC = 9
                LDM   IMR,A                     ;读中断屏蔽寄存器 IMR 的内容到 A
```

```
               OR      #08h,A              ;为定时器 0 开放中断准备数据
               STLM    A,IMR               ;设置开放定时器 0 中断
               RSBX    INTM                ;开放所有中断
again:         B       again               ;循环等定时器 0 定时到中断
;interrupt for INT_TIMER!                  ;中断后执行的子程序
_tint          PSHM    TRN                 ;压栈状态转移寄存器 TRN
               PSHM    T                   ;压栈暂存器 T
               PSHM    ST0                 ;压栈状态寄存器
               ADDM    #-1,*(t0_counter)   ;计数器减 1
               CMPM    *(t0_counter),#0    ;检查计数器是否减到 0,确定 TC 位
               BC      wait,NTC            ;如果 ST0 中的测试/控制位 TC 为 0,转到 wait
               BITF    ST1,#2000h          ;否则,测试 ST1 的 XF 位是否为 1,软仿真断点处
               BC      show_led,TC         ;如果 XF=1,转到 show_led
               SSBX    XF                  ;如果原 XF=0,则现在置 XF=1
               B       show_con            ;无条件转到 show_con
show_led:      RSBX    XF                  ;如果原 XF=1,则现在置 XF=0
show_con:      ST      #100,*(t0_counter)  ;重置计数器初值为 100
wait:          POPM    ST0                 ;弹出 ST0,恢复现场
               POPM    T                   ;弹出 T,恢复现场
               POPM    TRN                 ;弹出 TRN,恢复现场
               RETE
               .end
```

在进行软仿真时,上述程序中 XF 变化很慢,约 2min 变化一次。要看到 XF 的快速变化,可设置 t0_counter=5,TIM=PRD=3999。

本程序的.cmd 命令文件如下:

```
MEMORY
{
    PAGE 0:
      VEC:      origin=1000h,length=0ffh
      PROG:     origin=1100h,length=8000h
    PAGE 1:
      DATA:     origin=080h,length=0807fh
}
SECTIONS
{
    .text  >PROG PACE0
    .int_table >VEC PAGE 0
    .stack >DATA PACE 1
}
```

本程序所用的中断向量表文件如下：

```
        . mmregs                        . word  0,0,0          nop
;       . ref_ret        sint25         . word  0ff80h    dmacl  b_ret
        . ref_c_int00                   . word  0,0,0          nop
        . ref_tint       sint26         . word  01000h         nop
        . global vector                 . word  0,0,0     int3   b_ret
                         sint27         . word  0ff80h         nop
        . sect". int_table"             . word  0,0,0          nop
;interrupte vector table! sint28        . word  01000h    hpint  b_ret
vector:                                 . word  0,0,0          nop
rs      b_c_int00        sint29         . word  0ff80h         nop
        nop                             . word  0,0,0     q26    . word  0ff80h
        nop              sint30         . word  01000h            . word  0,0
nmi     b_ret                           . word  0,0,0     q27    . word  01000h
        nop              int0    b_ret                            . word  0,0
        nop                      nop                      dmac4  b_ret
sint17  b_ret                    nop                            nop
        nop              intl    b_ret                          nop
        nop                      nop                      dmac5  b_ret
sint18  b_ret                    nop                            nop
        nop              int2    b_ret                          nop
        nop                      nop                            nop
sint19  b_ret                    nop                      q30    . word  0ff80h
        nop              tint    b_tint                          . word  0,0
        nop                      nop                      q31    . word  01000h
sint20  b_ret                    nop                             . word  0,0
        . word  0,0      brint0  b_ret                    ;end of interrupte vector
sint21  b_ret                    nop                      table!
        . word  0,0              nop                      _ret rete
sint22  . word  01000h   bxint0  b_ret
        . word  0,0,0            nop
sint23  . word  0ff80h           nop
        . word  0,0,0    trint   b_ret
sint24  . word  01000h           nop
```

第四节　用 DSP 实现 FIR 滤波器

滤波器是通信设备中最基本的部件之一，数字滤波器是 DSP 的最基本的应用领域，一个 DSP 芯片执行数字滤波器算法的能力，在一定程序上反映了这种芯片的功能强弱。本节通过对数字滤波器的设计，介绍 DSP 专为设计滤波器安排的指令和其他编程方法与技巧。

1. FIR 滤波器基本概念

图 5-10 是横截型 FIR 滤波器的结构图和它的差分表达式。由于 FIR 滤波器没有反馈回路，因此它是无条件稳定系统，其单位冲激响应 $h(n)$ 是一个有限长序列。

由图 5-10 可见，FIR 滤波算法实际上是一种乘法累加运算。它不断地输入样本 $x(n)$，经延时 (z^{-1})，做乘法累加，再输出滤波结果 $y(n)$。

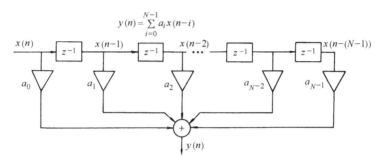

图 5-10　FIR 滤波器的结构图

C54x 片内没有 I/O 资源，CPU 通过外部译码可以寻址 64K I/O 单元。有两条指令实现实输入和输出：

PORTR　　　PA,Smem　　　;将 PA 的端口内容送数据存储器 Smem

PORTW　　　Smem,PA　　　;将地址 Smem 的数据存储器内容送端口 PA

这两条指令至少要 2 个字和 2 个机器周期。如果 I/O 设备是慢速器件，则需要插入等待状态。此外，当利用长偏移间接寻址或绝对寻址 Smem 时，还要增加 1 个字和 1 个机器周期。

2. FIR 滤波器中 z^{-1} 的实现

实现 FIR 运算的关键环节是实现 z^{-1}，常用的方法是用线性缓冲区法实现 z^{-1} 和用循环缓冲区法实现 z^{-1}。

（1）用线性缓冲区法实现 z^{-1}　　线性缓冲区法又称延迟线法，其特点是：对于 N 级的 FIR 滤波器，在数据存储器中开辟一个称之为滑窗的 N 个单元的缓冲区，存放最新的 N 个输入样本；从最老的样本开始，每读一个样本后，将此样本向下移位，读完最后一个样本后，输入最新样本至缓冲区的顶部。

以上过程，可以用 $N=6$ 的线性缓冲区存储器图来说明。如图 5-11 所示，图中线性缓冲

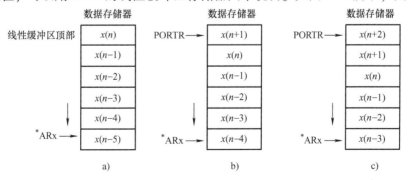

图 5-11　$N=6$ 的线性缓冲区存储器图

区顶部是存储器的低地址单元，底部为高地址单元。在图 5-11a 中，当第一次执行 $y(n) = \sum_{i=0}^{5} a_i x(n-i)$ 时，由 ARx 指向线性缓冲区的底部，并开始取数、运算。每次乘法累加运算之后，还要将该数据向下（高地址）移位。$y(n)$ 求得以后，从 I/O 口输入一个新数据 $x(n+1)$ 至线性缓冲区的顶部（低地址）单元，再将 ARx 指向底部高地址单元，开始第二次执行 $y(n+1) = \sum_{i=0}^{5} a_i x(n+1-i)$，如图 5-11b 所示。之后，再计算 $y(n+2)\cdots$。

对存储器的延时操作是通过使用存储器延时指令 DELAY 实现的，它可以将数据存储单元中的内容向较高地址的下一单元传送。实现 z^{-1} 的运算指令为：

DELAY　Smem　；(Smem)→Seme+1，即将数据存储器单元的内容送下一高地址单元

DELAY　*AR2　；AR2 指向源地址，即将 AR2 所指单元内容复制到下一高地址单元中

延时指令与其他指令相结合，可以在同样的机器周期内附加完成这些数据传送操作。例如下面指令：

LT + DELAY→LTD 指令　　；单数据存储器的值装入 T 寄存器并送下一单元延时

MAC + DELAY→MACD 指令 ；操作数与程序存储器值相乘后再做相加并送下一单元延时

用线性缓冲区实现 z^{-1} 的优点是，新老数据在存储器中存放的位置直接明了。

（2）用循环缓冲区法实现 z^{-1}　循环缓冲区法的特点是：对于 N 级的 FIR 滤波器，在数据存储器中开辟一个称之为滑窗的 N 个单元的缓冲区，滑窗中存放最新的 N 个输入样本；每次输入新的样本时，以新样本改写滑窗中的最老的数据，而滑窗中的其他数据不需要移动；利用片内 BK（循环缓冲区长度）寄存器对滑窗进行间接寻址，循环缓冲区地址首尾相邻。

下面以 $N=6$ 的 FIR 滤波器循环缓冲区为例，说明循环缓冲区中数据是如何寻址的。6 级循环缓冲区的结构如图 5-12 所示，循环缓冲区顶部为低地址单元。

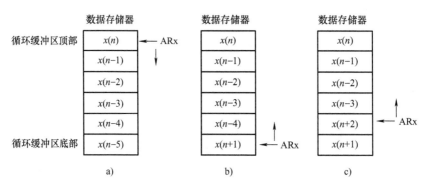

图 5-12　$N=6$ 的循环缓冲区存储器图

当第一次执行完 $y(n) = \sum_{i=0}^{5} a_i x(n-i)$ 之后，间接寻址的辅助寄存器 ARx 指向 $x(n-5)$。然后，从 I/O 口输入数据 $x(n+1)$，将原来存放 $x(n-5)$ 的数据存储单元改写为 $x(n+1)$。接着，进行第 2 次乘法累加运算 $y(n+1) = \sum_{i=0}^{5} a_i x(n+1-i)$，最后 ARx 指向 $x(n-4)$。

然后，从 I/O 口输入数据 $x(n+2)$，将原来存放 $x(n-4)$ 的数据存储单元改写为 $x(n+$

2)。之后，再进行第 3 次乘法累加运算 $y(n+2)$，最后 ARx 将指向 $x(n-3)$。然后，从 I/O 口输入数据 $x(n+3)$，将原来存放 $x(n-3)$ 的数据存储单元改写为 $x(n+3)$。依次循环进行。

从上面的数据更新可见，虽然循环缓冲区中新老数据不很直接明了，但是利用循环缓冲区实现 z^{-1} 的突出优点是它不需要移动数据，不存在一个机器周期中要求能一次读和一次写的数据存储器，因而可以将循环缓冲区定位在数据存储器的任何位置(线性缓冲区要求定位在 DARAM)。所以，在可能的情况下，建议尽量采用循环缓冲区。

实现循环缓冲区间接寻址的关键是使 N 个循环缓冲区单元首尾相邻。要做到这一点，必须利用 BK(循环缓冲器长度)寄存器实现按模间接寻址。可用的指令包括：

$$\cdots * ARx + \% \qquad ;增量、按模修正 ARx:addr = ARx, ARx = circ(ARx + 1)$$

$$\cdots * ARx - \% \qquad ;减量、按模修正 ARx:addr = ARx, ARx = circ(ARx - 1)$$

$$\cdots * ARx + 0\% \qquad ;增 AR0、按模修正 ARx:addr = ARx, ARx = circ(ARx + AR0)$$

$$\cdots * ARx - 0\% \qquad ;减 AR0、按模修正 ARx:addr = ARx, ARx = circ(ARx - AR0)$$

$$\cdots * + ARx(lk)\% \quad ;加(lk)、按模修正 ARx:addr = circ(ARx + lk), ARx = circ(ARx + lk)$$

其中，符号"circ"指按照循环缓冲区长度 BK 寄存器中的值(如 FIR 滤波器中的 N 值)，对 $(ARx+1)$、$(ARx-1)$、$(ARx+AR0)$、$(ARx-AR0)$ 或 $(ARx+lk)$ 值取模。这样，就能保证循环缓冲区的指针 ARx 始终指向循环缓冲区，实现循环缓冲区顶部和底部单元相邻。

例如，$(BK) = N = 6$，$(AR1) = 0060h$，用 $*ARx + \%$ 间接寻址。第一次间接寻址后，AR1 指向数据存储单元 0061h；第二次间接寻址后指向 0062h；到第 6 次间接寻址后指向 0066h；再按 BK 中的值 6 取模，AR1 又回到 0060h。

为了使循环寻址正常进行，除了用循环缓冲区长度寄存器(BK)来规定循环缓冲区的大小外，循环缓冲区的起始的 N 个最低有效位必须为 0。N 值满足 $2^N > R$，R 为循环缓冲区的长度。

对循环寻址的上述要求是通过 .ASM 文件和 .CMD 命令文件实现的。假定 $R=32$，则 $N=6$，辅助寄存器用 AR3，循环缓冲区自定义段的名字为 D_LINE，则 .ASM 和 .CMD 两个文件中应包含如下内容：

FIR.ASM：

```
        x0        .usect      "D_LINE",32
                  .text
        STM       #32,BK                    ;BK = 循环缓冲区的长度
        …          *AR3 + %                 ;循环寻址指令
```

LINK.CMD：

```
    SECTION
    {
      D_LINE：align (64) {   }   > RAM PAGE 1
    }
```

3. FIR 滤波器的实现方法

(1) 用线性缓冲区和直接寻址方法实现 FIR 滤波器

例 5-25 编写 $N=5$，$y(n) = a_0 x(n) + a_1 x(n-1) + a_2 x(n-2) + a_3 x(n-3) + a_4 x(n-4)$

的计算程序。

　　先将系数 $a_0 \sim a_4$ 存放在数据存储器中，然后设置线性缓冲区，用以存放输入和输出数据，如图 5-13 所示。

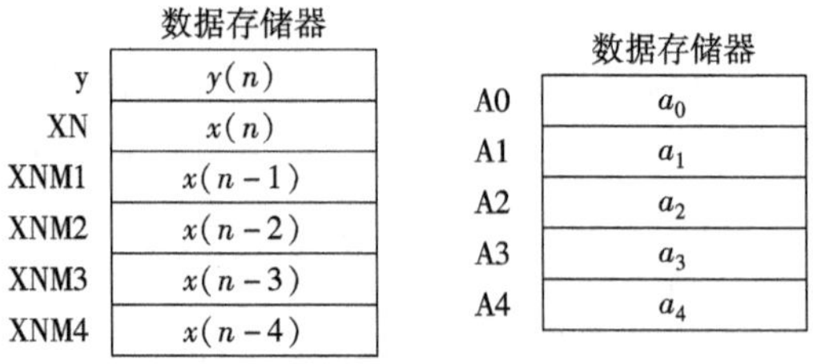

图 5-13　线性缓冲区安排

下面是利用直接寻址方式来实现 FIR 滤波器的程序：

```
            . title   "FIR1. ASM"        ;定义源程序名
            . mmregs                     ;定义存储器映像寄存器
            . def   start                ;定义语句标号 start
            . bss   y,1                  ;为结果 y 预留 1 个单元的空间
XN          . usect "XN",1               ;在自定义的未初始化段"XN"中保留 5 个
XNM1        . usect "XN",1               ;单元的空间
XNM2        . usect "XN",1
XNM3        . usect "XN",1
XNM4        . usect "XN",1
A0          . usect "A0",1               ;在自定义的未初始化段"A0"中保留 5 个
A1          . usect "A0",1               ;单元的空间
A2          . usect "A0",1
A3          . usect "A0",1
A4          . usect "A0",1
PA0         . set   0                    ;定义 PA0 为输出端口
PA1         . set   1                    ;定义 PA1 为输入端口
            . data
table：      . word  1 * 32768/10         ;假定程序空间有 5 个参数
            . word  - 3 * 32768/10
            . word  5 * 32768/10
            . word  - 3 * 32768/10
            . word  1 * 32768/10
            . text
start：      SSBX  FRCT                   ;设置进行小数相乘
            STM   #A0,AR1                 ;将数据空间用于放参数的首地址送 AR1
            RPT   #4                      ;重复下条指令 5 次传送
            MVPD table, * AR1 +           ;传送程序空间的参数到数据空间
            LD    #XN,DP                  ;设置数据存储器页指针的起始位置
```

```
                    PORTRPA1,@ XN           ;从数据输入端口 I/O 输入最新数据 x(n)
     FIR1：  LD     @ XNM4,T                ;x(n-4)→T
             MPY    @ A4,A                  ;a₄x(n-4)→A
             LTD    @ XNM3                  ;x(n-3)→T,x(n-3)→x(n-4)
             MAC    @ A3,A                  ;A+a₃x(n-3)→A
             LTD    @ XNM2                  ;x(n-2)→T,x(n-2)→x(n-3)
             MAC    @ A2,A                  ;A+a₂x(n-2)→A
             LTD    @ XNM1                  ;x(n-1)→T,x(n-1)→x(n-2)
             MAC    @ A1,A                  ;A+a₁x(n-1)→A
             LTD    @ XN                    ;x(n)→T,x(n)→x(n-1)
             MAC    @ A0,A                  ;A+a₀x(n)→A
             STH    A,@ y                   ;保存 y(n)的高字节
             PORTW@ y,PA0                   ;输出 y(n)
             BD     FIR1                    ;执行完下条指令后循环
             PORTRPA1,@ XN                  ;输入 x(n)
             . end
```

$$;x(n-4)\to T$$
$$;a_4x(n-4)\to A$$
$$;x(n-3)\to T,x(n-3)\to x(n-4)$$
$$;A+a_3x(n-3)\to A$$
$$;x(n-2)\to T,x(n-2)\to x(n-3)$$
$$;A+a_2x(n-2)\to A$$
$$;x(n-1)\to T,x(n-1)\to x(n-2)$$
$$;A+a_1x(n-1)\to A$$
$$;x(n)\to T,x(n)\to x(n-1)$$
$$;A+a_0x(n)\to A$$

编写存储器配置文件 FIR1. CMD。

```
vectors. obj
fir1. obj
-o fir1. out
-m fir1. map
-e start
MEMORY  {
          PAGE 0：
                      EPROM：   org = 0E000H   len = 01000H
                      VECS：    org = 0FF80H   len = 00080H
          PAGE 1 ：
                      SPRAM：   org = 00060H   len = 00020H
                      DARAM：   org = 00080H   len = 01380H
        }
SECTIONS  {
          . vectors：>    VECS      PAGE 0
          . text：>       EPROM     PAGE 0
          . data：>       EPROM     PAGE 0
          . bss：>        SPRAM     PAGE 1
          XN：align(8){ } >    DARAM   PAGE 1
          A0：align(8){ } >    DARAM   PAGE 1
        }
```

上述程序中出现了两个 I/O 端口地址，PA0 为输出端口，PA1 为输入端口，必须在汇编

语言程序中对 PA0 和 PA1 的端口地址加以定义，例如：

    PA0   . set   0000h

    PA1   . set   0001h

输出端口 PA0 的端口地址为 0000h，输入端口 PA1 的端口地址为 0001h。

（2）用线性缓冲区和间接寻址方法实现 FIR 滤波器

例 5-26 编写 $y(n) = a_0 x(n) + a_1 x(n-1) + a_2 x(n-2) + a_3 x(n-3) + a_4 x(n-4)$ 的计算程序，其中 $N = 5$。

将系数 $a_0 \sim a_4$ 存放在数据存储器中，并设置线性缓冲区存放输入数据。利用 AR1 和 AR2 分别作为间接寻址线性缓冲区和系数区的辅助寄存器，图 5-14 所示为存储器分配图。

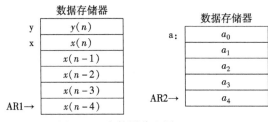

图 5-14   存储器分配图（一）

间接寻址 FIR 滤波器程序如下：

	. title	"FIR2. ASM"	;定义源程序名
	. mmregs		;定义存储器映像寄存器
	. def	start	;定义语句标号 start
	. bss	y , 1	;为结果 y 预留 1 个单元的空间
x	. usect	"x" , 5	;在自定义的未初始化段"x"中保留 5 个单元的空间
a	. usect	"a" , 5	;在自定义的未初始化段"a"中保留 5 个单元的空间
PA0	. set	0	;定义 PA0 为输出端口
PA1	. set	1	;定义 PA1 为输入端口
	. data		
table：	. word	2 ∗ 32768/10	;假定程序空间有 5 个参数
	. word	− 3 ∗ 32768/10	
	. word	4 ∗ 32768/10	
	. word	− 3 ∗ 32768/10	
	. word	2 ∗ 32768/10	
	. text		
start：	STM	#a , AR2	;将数据空间用于放参数的首地址送 AR2
	RPT	#4	;重复下条指令 5 次传送
	MVPD	table , ∗ AR2 +	;传送程序空间的参数到数据空间
	STM	#x + 4 , AR1	;AR1 指向 $x(n-4)$
	STM	#a + 4 , AR2	;AR2 指向 a_4
	STM	#4 , AR0	;指针复位值 4→AR0
	SSBX	FRCT	;小数相乘

```
            LD        #x,DP              ;设置数据存储器页指针的起始位置
            PORTR     PA1,@x             ;从端口 PA1 输入最新值 x(n)
FIR2:       LD        *AR1 - ,T          ;x(n-4)→T
            MPY       *AR2 - ,A          ;a₄x(n-4)→A
            LTD       *AR1 -             ;x(n-3)→T,x(n-3)→x(n-4)
            MAC       *AR2 - ,A          ;A+a₃x(n-3)→A
            LTD       *AR1 -             ;x(n-2)→T,x(n-2)→x(n-3)
            MAC       *AR2 - ,A          ;A+a₂x(n-2)→A
            LTD       *AR1 -             ;x(n-1)→T,x(n-1)→x(n-2)
            MAC       *AR2 - ,A          ;A+a₁x(n-1)→A
            LTD       *AR1               ;x(n)→T,x(n)→x(n-1)
            MAC       *AR2 +0,A          ;A+a₀x(n)→A ,AR2 复原,指向 a₄
            STH       A,@y               ;保存运算结果的高位字到 y(n)
            PORTW     @y(n),PA0          ;将运算结果 y(n)输出到端口 PA0
            BD        FIR2               ;执行完下条指令后,从 FIR2 开始循环
            PORTR     PA1,*AR1 +0        ;输入新值 x(n),AR1 复原指向 x+4 单元
            .end
```

（3）用线性缓冲区和带移位双操作数寻址方法实现 FIR 滤波器

例 5-27　编写 $y(n)=a_0x(n)+a_1x(n-1)+a_2x(n-2)+a_3x(n-3)+a_4x(n-4)$ 的程序，计算当 $N=5$ 时的 $y(n)$。

与前面的编程不同，本例中，系数 $a_0\sim a_4$ 存放在程序存储器中，输入数据存放在数据存储器的线性缓冲区中。乘法累加利用 MACD 指令，该指令完成数据存储器单元内容与程序存储器单元内容相乘并与前面结果累加，以及数据存储器单元移位的功能。数据存放的存储器分配图如图 5-15 所示。其 FIR 滤波器程序如下：

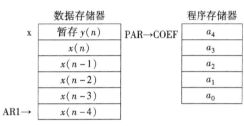

图 5-15　存储器分配图(二)

```
            .title    "FIR3.ASM"         ;定义源程序名
            .mmregs                      ;定义存储器映像寄存器
            .def      start              ;定义语句标号 start
x           .usect    "x",6              ;在自定义的未初始化段"x"中保留 6 个单元的空间
PA0         .set      0                  ;定义 PA0 为输出端口
PA1         .set      1                  ;定义 PA1 为输入端口
            .data
COEF:       .word     1*32768/10         ;假定程序空间有 5 个参数,a4
            .word     -4*32768/10        ;a3
            .word     3*32768/10         ;a2
            .word     -4*32768/10        ;a1
```

```
              . word   1 * 32768/10        ; a0
              . text
start:        SSBX     FRCT               ;小数乘法
              STM      #x + 5 , AR1       ;AR1 指向 x(n-4)
              STM      #4 , AR0           ;设置 AR1 复位值
              LD       #x + 1 , DP        ;设置数据存储器页指针的起始位置
              PORTR    PA1 , @ x + 1      ;输入最新值 x(n)
FIR3:         RPTZ     A , #4             ;累加器 A 清0,设置重复下条指令 5 次
              MACD     * AR1 - , COEF , A ;x(n-4)→T,A = x(n-4) × a4 + A
                                          ;(PAR) + 1→PAR, x(n-4)→x(n-5)
              STH      A , * AR1          ;暂存结果到 y(n)
              PORTW    * AR1 + , PA0      ;输出 y(n) 到 PA0 后,AR1 指向 x(n)
              BD       FIR3               ;执行下条指令后循环
              PORTR    PA1 , * AR1 + 0    ;输入新数据到 x(n),AR1 指向 x(n-4)
```

（4）用循环缓冲区和双操作数寻址方法实现 FIR 滤波器

例 5-28　编写计算 $y(n) = a_0 x(n) + a_1 x(n-1) + a_2 x(n-2) + a_3 x(n-3) + a_4 x(n-4)$ 的程序，$N = 5$。

本例中，存放 $a_0 \sim a_4$ 的系数表以及存放数据的循环缓冲区均设在 DARAM 中，存储器分配图如图 5-16 所示。实现 FIR 滤波器的源程序为：

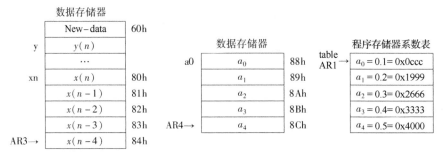

图 5-16　存储器分配图（三）

```
              . title   "FIR4. ASM"         ;给汇编程序取名
              . mmregs                      ;定义存储器映像寄存器
              . def     start               ;定义标号 start 的起始位置
              . bss     new_ data. 1        ;滤波器输入单元
              . bss     y, 1                ;滤波器输出单元
xn            . usect   "xn", 5             ;自定义 5 个单元空间的数据段 xn
a0            . usect   "a0", 5             ;自定义 5 个单元空间的数据段 a0
              . data
table:        . word    1 * 32768/10        ;a0 = 0. 1 = 0x0CCC
              . word    2 * 32768/10        ;a1 = 0. 2 = 0x1999
              . word    3 * 32768/10        ;a2 = 0. 3 = 0x2666
```

```
                . word    4 * 32768/10              ;a₃ = 0.4 = 0x3333
                . word    5 * 32768/10              ;a₄ = 0.5 = 0x4000
                . text
start：   SSBX      FRCT                      ;小数乘法
                STM      # a0，AR1                  ;AR1 指向 a₀
                RPT       # 4                        ;从程序存储器 table 开始的地址传送
                MVPD    table，* AR1 +            ;5 个系数至数据空间 a₀ 开始的数据段
                STM      # xn + 4，AR3             ;AR3 指向 x(n - 4)
                STM      # a0 + 4,AR4              ;AR4 指向 a₄
                STM      # 5,BK                     ;设循环缓冲区长度 BK = 5
                STM      # - 1,AR0                  ;AR0 = - 1，双操作数减量
                LD        # new_data,DP            ;设置数据存储器页指针的起始位置
FIR4：    RPTZ      A,#4                       ;A 清 0，重复执行下条指令 5 次
                MAC       * AR3 +0%，* AR4 +0% ,A  ;系数与输入数据双操作数相乘并累加
                STH       A,@ y                     ;保存结果的高字节到 y(n)
                BD        FIR4                      ;执行完下两条指令后循环
                LD        # new_data,B             ;从端口 new_data 输入新数据存入到累加器 B
                STL       B，* AR3 +0%            ;将累加器 B 中的新数据转存到 x(n),AR3
                                                    ;指向 x(n - 4)
                . end
```

$a_3 = 0.4 = 0x3333$

$a_4 = 0.5 = 0x4000$

本例中，当第一次循环结束时，输入的新数据放在 84h 中。当执行第二次循环时，第一个计算数据从 83h 中读出，相当于做了一个延时，上一循环的 $x(n-3)$ 在第二次循环时成了 $x(n-4)$，依此类推，上一循环的 $x(n-4)$ 在第二次循环时成了 $x(n)$。

本例相应的链接命令文件如下：

```
FIR4. obj
-o FIR4. out
-m FIR4. map
-e start
MEMORY
{
    PAGE 0：
            EPROM ：org = 0E000h， len = 1000h
    PAGE 1：
            SPRAM ：org = 0060h， len = 0020h
            DARAM ：org = 0080h， len = 40h
}
SECTIONS
{
    . text ：>                EPROM PAGE 0
```

```
        . data ： >              EPROM PAGE 0
        . bss ： >               SPRAM PAGE 1
        xn：align(8){ } >         DARAM PAGE 1
        ao：align(8){ } >         DARAM PAGE 1
        . vectors：> VECS PAGE 0
}
```

4. 系数对称 FIR 滤波器设计

如果 FIR 滤波器的 $h(n)$ 是实数，且满足偶对称 $h(n) = h(N-1-n)$ 或奇对称 $h(n) = -h(N-1-n)$ 的条件，则滤波器具有线性相位特性。系数对称的 FIR 滤波器具有线性相位特性，这种滤波器是用得最多的 FIR 滤波器，特别是对相位失真要求很高的场合，如调制解调器（MODEM）。

偶对称线性相位 FIR 滤波器（N 为偶数）的差分方程表达式为：

$$y(n) = \sum_{i=0}^{N/2-1} h_i [x(n-i) + x(n-N+1+i)]$$

一个对称 FIR 滤波器满足 $h(n) = h(N-1-n)$。例如，$N = 8$ 的 FIR 滤波器，其输出方程为：

$$y(n) = h_0 x(n) + h_1 x(n-1) + h_2 x(n-2) + h_3 x(n-3) + h_3 x(n-4) + h_2 x(n-5) +$$
$$h_1 x(n-6) + h_0 x(n-7)$$

总共有 8 次乘法和 7 次加法。如果利用对称性，可将其改写成：

$$y(n) = h_0 [x(n) + x(n-7)] + h_1 [x(n-1) + x(n-6)] + h_2 [x(n-2) + x(n-5)] +$$
$$h_3 [x(n-3) + x(n-4)]$$

变成 4 次乘法和 7 次加法。可见乘法运算的次数少了一半。这是对称 FIR 的以一个优点。对称 FIR 滤波器的实现可按如下步骤进行：

1）将数据存储器分为新旧两个循环缓冲区，New 循环缓冲区中存放 $N/2 = 4$ 个新数据；Old 循环缓冲区中存放 $N/2 = 4$ 个老数据。每个循环缓冲区的长度为 $N/2$。存储器分配图如图 5-17 所示。

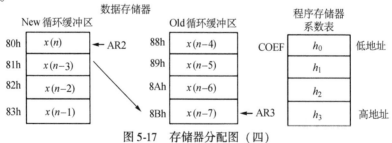

图 5-17 存储器分配图（四）

2）设置循环缓冲区指针，以 AR2 指向 New 循环缓冲区中最新的数据；以 AR3 指向 Old 循环缓冲区中最老的数据。

3）在程序存储器中设置系数表。

4）（AR2）+（AR3）→AH（累加器 A 的高位），AR2-1→AR2，AR3-1→AR3。

5）将累加器 B 清 0，重复执行 4 次（i = 0,1,2,3）下面的运算：

（AH）* 系数 h_i +（B）→B，系数指针（PAR）加 1；

（AR2）+（AR3）→AH，AR2 和 AR3 减 1。

6）保存和输出结果（结果在 BH 中）。

7）修正数据指针，让 AR2 和 AR3 分别指向 New 循环缓冲区最新的数据和 Old 循环缓冲区中最老的数据。

8）用 New 循环缓冲区中最老的数据替代 Old 循环缓冲区中最老的数据。Old 循环缓冲区指针减 1。

9）输入一个新数据替代 New 循环缓冲区中最老的数据。

重复执行 4）~9）步。

在编程中要用到系数对称有限冲激响应滤波器指令 FIRS，其操作为：

　　　FIRS　Xmem，Ymem，Pmad

该指令执行　Pmad→PAR（程序存储器地址寄存器）

当（RC）≠0

（B）+（A（32~16））×（由 PAR 寻址 Pmem）→B

（（Xmem）+（Ymem））<<16→A

（PAR）+1→PAR

（RC）-1→RC

FIRS 指令在同一个机器周期内，通过 C 和 D 总线读 2 次数据存储器，同时通过 P 总线读一个系数。

例 5-29　设计对称 FIR 滤波器（N=8）。

对称 FIR 滤波器（N=8）的源程序清单如下：

```
                . title    "FIR5. ASM"              ;给汇编程序取名
                . mmregs                            ;定义存储器映像寄存器
                . def     start                     ;定义标号 start 的起始位置
                . bss     y,1                       ;为未初始化变量 y 保留空间
x _ new         . usect   "DATA1",4                 ;自定义 4 个单元的未初始化段 DATA1
x _ old         . usect   "DATA2",4                 ;自定义 4 个单元的未初始化段 DATA2
size            . set     4                         ;定义符号 size =4
PA0             . set     0                         ;设置数据输出端口 I/O,PA0 =0
PA1             . set     1                         ;设置数据输入端口 I/O,PA1 =1
                . data
COEF            . word    1 * 32768/10,2 * 32768/10 ;系数对称,只需给出 N/2 =4 个系数
                . word    3 * 32768/10,4 * 32768/10
                . text
start：          LD       #y,DP                     ;设置数据存储器页指针的起始位置
                SSBX     FRCT                       ;小数乘法
                STM      #x _ new,AR2               ;AR2 指向新缓冲区第 1 个单元
                STM      #x _ old + (size-1),AR3    ;AR3 指向老缓冲区最后 1 个单元
                STM      #size,BK                   ;设置循环缓冲区长度 BK = size
                STM      #-1,AR0                    ;循环控制增量 AR0 = -1
```

	PORTR	PA1 ,#x _ new	;从 I/O 输入端口 PA1 输入数据到 $x(n)$
FIR5：	ADD	* AR2 +0% , * AR3 +0% ,A	;AH = $x(n)$ + $x(n-7)$（第 1 次）
	RPTZ	B ,#(size - 1)	;B = 0,下条指令执行 size 次
	FIRS	* AR2 +0% , * AR3 +0% ,COEF	;B + = AH × h_0 ,AH = $x(n-1)$
			+ $x(n-6)$,…
	STH	B ,@ y	;保存结果到 y
	PORTW	@ y ,PA0	;输出结果到 PA0
	MAR	* + AR2(2)%	;修正 AR2,指向新缓冲区最老的数据
	MAR	* AR3 + %	;修正 AR3,指向老缓冲区最老的数据
	MVDD	* AR2 , * AR3 +0%	;新缓冲区向老缓冲区传送一个数
	BD	FIR5	;执行完下条指令后转移到 FIR5 并
			;循环
	PORTR	PA1 , * AR2	;输入新数据至新缓冲区
	. end		

第五节   用 DSP 实现 IIR 滤波器

1. IIR 滤波器的基本概念

N 阶无限冲激响应(IIR)滤波器的脉冲传输函数可以表示为:

$$H(z) = \frac{\sum_{i=0}^{M} b_i z^{-i}}{1 - \sum_{j=1}^{N} a_j z^{-j}}$$

其差分方程表达式可写为:

$$y(n) = \sum_{i=0}^{M} b_i x(n - i) + \sum_{j=1}^{N} a_j y(n - j)$$

由该表达式可见, $y(n)$ 由两部分构成: 第一部分 $\sum_{i=0}^{M} b_i x(n - i)$ 是一个对 $x(n)$ 的 M 节延时链结构, 每节延时抽头后加权相加, 是一个横向结构网络; 第二部分 $\sum_{j=1}^{N} a_j y(n - j)$ 也是一个 N 节延时链的横向结构网络, 不过它是对 $y(n)$ 的延时, 因此是个反馈网络。

若 $a_i = 0$, IIR 滤波器就变为 FIR 滤波器, 其脉冲传输函数只有零点, 系统总是稳定的, 其单位冲激响应是有限长序列。而 IIR 滤波器的脉冲传递在 Z 平面上有极点存在, 其单位冲激响应是无限长序列。

IIR 滤波器与 FIR 滤波器的一个重要区别是, IIR 滤波器可以用较少的阶数获得很高的选择特性, 所用的存储单元少, 运算次数少, 具有经济、高效的特点。但是, 在有限精度的运算中, 可能出现不稳定现象。而且, 选择性越好, 相位的非线性越严重, 不像 FIR 滤波器可以得到严格的线性相位。因此, 在相位要求不敏感的场合, 如语言通信等, 选用 IIR 滤波器较为合适; 而对于图像信号处理、数据传输等以波形携带信息的系统, 对线性相位要求较高, 在条件许可的情况下, 采用系数对称 FIR 滤波器较好。

2. 二阶 IIR 滤波器的实现方法

对于一个高阶的 IIR 滤波器，由于总可化成多个二阶基本节（或称二阶节）相级联或并联的形式，为此，这里主要讨论二阶节 IIR 滤波器的实现。图 5-18 所示为一个六阶 IIR 滤波器，它由 3 个二阶节级联而成。

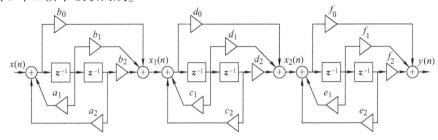

图 5-18　3 个二阶节级联的六阶 IIR 滤波

图 5-19 为二阶节的标准形式，由图可以写出反馈通道和前向通道的差分方程：

反馈通道：$x_0 = w(n) = x(n) + A_1 x_1 + A_2 x_2$

前向通道：$y(n) = B_0 x_0 + B_1 x_1 + B_2 x_2$

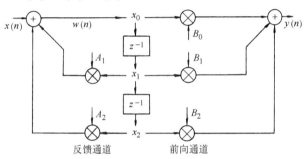

图 5-19　二阶节 IIR 滤波器

下面以例说明用 C54x 的汇编语言设计 IIR 滤波器的方法。

（1）二阶 IIR 滤波器的单操作数指令实现法　根据图 5-19 所示的二阶 IIR 滤波器结构编制程序时，先设置数据存放单元和系数表，图 5-20 为存储器分配图。其中，x0 单元有三个用处：存放输入数据 $x(n)$、暂时存放相加器的输出 x0 和输出数据 $y(n)$。

数据存储器			数据存储器
	x0	$x(n)y(n)$	COEF	B2

数据存储器

x0
x1
x2

$x(n)y(n)$

数据存储器

COEF	B2
	B1
	B0
	A2
	A1

图 5-20　存储器分配图（五）

例 5-30　编写二阶 IIR 滤波器的程序。

```
        . title      "IIR1. ASM"        ;给汇编程序取名
        . mmregs                        ;定义存储器映像寄存器
        . def        start              ;定义标号 start 的起始位置
x0      . usect      "x",1              ;自定义 3 个单元的未初始化段 x
```

x1	. usect	"x",1	
x2	. usect	"x",1	
B2	. usect	"COEF",1	;自定义 5 个单元的未初始化段 COEF
B1	. usect	"COEF",1	
B0	. usect	"COEF",1	
A2	. usect	"COEF",1	
A1	. usect	"COEF",1	
PA0	. set	0	;设置数据输出端口 I/O,PA0 = 0
PA1	. set	1	;设置数据输入端口 I/O,PA1 = 1
	. data		
table:	. word	0, 0	;x(n−1), x(n−2)
	. word	1 * 32768/10,2 * 32768/10,3 * 32768/10;B2,B1,B0	
	. word	5 * 32768/10, − 4 * 32768/10;A2,A1	
	. text		
start:	LD	#x0,DP	;以 x0 所在地址为数据存储器页指针起始位置
	SSBX	FRCT	;小数乘法
	STM	#x1,AR1	;x1 首地址传给 AR1
	RPT	#1	;重复两次下条指令
	MVPD	#table, * AR1 +	;用程序空间的两个系数 0 对 x1、x2 单元清零
	STM	#B2,AR1	;B2 首地址传给 AR1
	RPT	#4	;重复 5 次下条指令
	MVPD	#table + 2, * AR1 +	;用 5 个系数对 B2、B1、B0、A2、A1 单元赋值
IIR1:	PORTR	PA1,@ x0	;从 PA1 输入数据到 $x(n)$
	LD	@ x0,16,A	;计算反馈通道,x0 送 A 的 16 位高端字
	LD	@ x1,T	;x1 送 T 寄存器
	MAC	@ A1,A	;x0 + x1 * A1→A
	LD	@ x2,T	;x2 送 T 寄存器
	MAC	@ A2,A	;x0 + x1 * A1 + x2 * A2→A
	STH	A,@ x0	;暂存 x0 + x1 * A1 + x2 * A2→x0 单元
	MPY	@ B2,A	;计算前向通道,x2 * B2→A
	LTD	@ x1	;x1 送 T 寄存器,x1 移至 x2 单元
	MAC	@ B1,A	;x2 * B2 + x1 * B1→A
	LTD	@ x0	;x0 送 T 寄存器,x0 移至 x1 单元
	MAC	@ B0,A	;x2 * B2 + x1 * B1 + x0 * B0→A
	STH	A,@ x0	;暂存 $y(n)$ =x2 * B2 + x1 * B1 +x0 * B0→x0 单元
	BD	IIR1	;执行完下条指令后循环
	PORTW	@ x0,PA0	;给出结果 $y(n)$ 到 PA0 端口
	. end		

上述程序中，先进行反馈通道的计算，然后计算前向通道，并输出结果 $y(n)$，重复循

环。其特点是先衰减后增益。

（2）二阶 IIR 滤波器的双操作数指令实现　采用此种方法的特点是，乘法累加运算利用双操作数指令，数据和系数表在数据存储器（DARAM），其存储器分配图如图 5-21 所示。

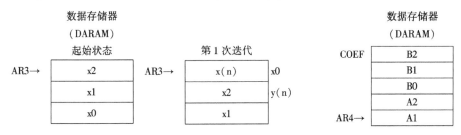

图 5-21　存储器分配图（六）

例 5-31　用双操作数指令实现二阶 IIR 滤波器。

$$H(z) = \frac{0.0676(1 + 2z^{-1} + z^{-2})}{1 - 1.4142z^{-1} + 0.4142z^{-2}}$$

. title	IIR2. ASM"	;给汇编程序取名
. mmregs		;定义存储器映像寄存器
. def	start	;定义标号 start 的起始位置
x2　. usect	"x",1	;自定义 3 个单元的未初始化段 x
x1　. usect	"x",1	
x0　. usect	"x",1	
COEF . usect	"COEF",5	;自定义 5 个单元的未初始化段 COEF
PA0　. set	0	;设置数据输出端口 I/O,PA0 = 0
PA1　. set	1	;设置数据输入端口 I/O,PA1 = 1
. data		
table：. word	0, 0	;x(n − 2), x(n − 1)
. word	676 * 32768/10000 ,1352 * 32768/10000	;B2,B1
. word	676 * 32768/10000	;B0
. word	− 4142 * 32768/10000, 7071 * 32768/10000	;A2,A1/2
. text		
start：SSBX	FRCT	;小数乘法
STM	#x2,AR1	;x2 首地址传给 AR1
RPT	#1	;重复 2 次下条指令
MVPD	#table, * AR1 +	;用程序空间的 2 个系数 0 对 x2、x1 单元清零
STM	#COEF,AR1	;COEF 首地址传给 AR1
RPT	#4	;重复 5 次下条指令
MVPD	#table + 2, * AR1 +	;将 5 个系数传到 COEF 单元
STM	#x0,AR3	;x0 首地址传给 AR3
STM	#COEF + 4,AR4	;COEF 中的 A1 地址传给 AR4

```
        MVMM      AR4,AR1              ;保存 AR4 地址值在 AR1 中
        STM       #3,BK               ;设置循环缓冲区长度
        STM       # - 1,AR0           ;设置间接寻址步长
IIR2：  PORTR     PA1,* AR3           ;从 PA1 口输入数据 x(n)
        LD        * AR3 +0% ,16,A     ;计算反馈通道,A = x(n)
        MAC       * AR3,* AR4,A       ;A = x(n) + A1 * x1
        MAC       * AR3 +0% ,* AR4 - ,A  ;A = x(n) + A1 * x1 + A1 * x1
        MAC       * AR3 +0% ,* AR4 - ,A  ;A = x(n) + 2 * A1 * x1 + A2 * x2 = x0
        STH       A,* AR3             ;保存 x0
        MPY       * AR3 +0% ,* AR4 - ,A  ;计算前向通道。A = B0 * x0
        MAC       * AR3 +0% ,* AR4 - ,A  ;A = B0 * x0 + B1 * x1
        MAC       * AR3,* AR4 - ,A    ;A = B0 * x0 + B1 * x1 + B2 * x2 = y(n)
        STH       A,* AR3             ;保存 y(n)
        MVMM      AR1,AR4             ;AR4 重新指向 A1
        BD        IIR2                ;执行完下条指令后循环
        PORTW     * AR3,PA0           ;向 PA0 口输出数据
        . end
```

程序开始时，AR3 指向 x2。当进行第一次迭代运算时 x2 已经没用了，就将输入数据 $x(n)$ 暂存在这个单元中，而原先的数据 x1 和 x0，在新一轮的迭代运算中延迟一个周期，已经成为 x2 和 x1。在迭代运算中，首先计算反馈通道值，求得 x0 后保存在 $x(n)$ 单元中，再计算前向通道值 $y(n)$。为了便于输出，将 $y(n)$ 暂存在 x2 单元中，在下一轮迭代运算中，x2 已经不用了，此时 AR3 指向 x2 的地址，新输入的数据将放在这里，并且 x1 变为 x2。如此继续下去，进行以后的各轮迭代运算。另外，运算中，由于是小数运算，而 A1 = 1.4142，故将其分为两个小数 0.707，并运算两次。

（3）直接形式二阶 IIR 滤波器的实现方法　二阶 IIR 滤波器可化成直接形式，在迭代运算中对信号先衰减后增益，系统的动态范围和鲁棒性较好。直接形式二阶 IIR 滤波器的差分方程为：

$$y(n) = B_0 x(n) + B_1 x(n-1) + B_2 x(n-2) + A_1 y(n-1) + A_2 y(n-2)$$

直接形式二阶 IIR 滤波器的脉冲传递函数为：

$$H(z) = \frac{B_0 + B_1 z^{-1} + B_2 z^{-2}}{1 - A_1 z^{-1} - A_2 z^{-2}}$$

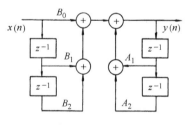

图 5-22　直接形式二阶 IIR 滤波器

对应的结构图如图 5-22 所示。编程时，将变量和系数都存放在 DARAM 中，并采用循环缓冲区方式寻址，共需开辟 4 个循环缓冲区，用来存放变量和系数。这 4 个循环缓冲区的结构如图 5-23 所示。

图 5-23　循环缓冲区的结构

例5-32 编写直接形式二阶 IIR 滤波器的源程序。

	.title	"IIR3.asm"	;给汇编程序取名
	.mmregs		;说明存储器映像寄存器
	.def	start	;定义标号 start 的起始位置
X	.usect	"X",3	;自定义 3 个单元的未初始化段 X
Y	.usect	"Y",3	;自定义 3 个单元的未初始化段 Y
B	.usect	"B",3	;自定义 3 个单元的未初始化段 B
A	.usect	"A",3	;自定义 3 个单元的未初始化段 A
PA0	.set	0	;设置数据输出端口 I/O,PA0 = 0
PA1	.set	1	;设置数据输入端口 I/O,PA1 = 1
	.data		
table:	.word	0,0	;为 $x(n-2),x(n-1)$ 预留一个单元的空间
	.word	0,0	;为 $y(n-2),y(n-1)$ 预留一个单元的空间
	.word	$1*32768/10,2*32768/10,3*32768/10$;放置系数 B_2,B_1,B_0
	.word	$5*32768/10,-4*32768/10$;放置系数 A_2,A_1
	.text		
start:	SSBX	FRCT	;指明进行小数乘法
	STM	#x,AR1	;传送初始数据 $x(n-2),x(n-1)$
	RPT	#1	;重复二次下条指令
	MVPD	#table,*AR1 +	;$x(n-2)=0,x(n-1)=0$
	STM	#Y,AR1	;传送初始数据 $y(n-2),y(n-1)$
	RPT	#1	;重复两次下条指令
	MVPD	#table +2,*AR1 +	;$y(n-2)=0,y(n-1)=0$
	STM	#B,AR1	;传送系数 B_2,B_1,B_0
	RPT	#2	;重复三次下条指令
	MVPD	#table +4,*AR1 +	;将系数 B 从程序存储器传送到数据存储器
	STM	#A,AR1	;传送系数 A_2,A_1
	RPT	#1	;重复二次下条指令
	MVPD	#table +7,*AR1 +	;将系数 A 从程序存储器传送到数据存储器
	STM	#X +2,AR2	;辅助寄存器指针初始化,AR2 指向 $x(n)$
	STM	#A +1,AR3	;辅助寄存器指针初始化,AR3 指向 A1
	STM	#Y +1,AR4	;辅助寄存器指针初始化,AR4 指向 $y(n-1)$
	STM	#B +2,AR5	;辅助寄存器指针初始化,AR5 指向 B0
	STM	#3,BK	;设置循环缓冲区长度,(BK) = 3
	STM	# -1,AR0	;设置间接寻址步长,(AR0) = -1
IIR3:	PORTR	PA1,*AR2	;从 PA1 口输入数据 $x(n)$
	MPY	*AR2 +0%,*AR5 +0%,A	;计算前向通道,A = $x(n)*B0$
	MAC	*AR2 +0%,*AR5 +0%,A	;A = $x(n)*B0 + x(n-1)*B1$
	MAC	*AR2,*AR5 +0%,A	;A = $x(n)*B0 + x(n-1)*B1 + x(n-2)*B2$

```
MAC      * AR4 +0% , * AR3 +0% , A    ;计算反馈通道，A = A + y(n-1) * A1
MAC      * AR4 +0% , * AR3 +0% , A    ;A = A + y(n-2) * A2
MAR      * AR3 +0%                    ;AR3 指向 A1
STH      A , * AR4                    ;保存 y(n)
BD       IIR3                         ;执行完下条指令后循环
PORTW    * AR4 , PA0                  ;输出 y(n) 到 I/O 端口 PA0
. end
```

上述程序相应的链接器命令文件清单如下：

```
vectors. obj
IIR3. obj
-o IIR3. out
-m IIR3. map
-e start
MEMORY {
        PAGE 0:
                EPROM : org = 0E000h,   len = 1000h
                VECS  : org = 0FF80h,   len = 0080h
        PAGE 1:
                SPRAM : org = 0060h,    len = 0020h
                DARAM : org = 0080h,    len = 1380h
}
SECTIONS
        {
        . text : >            EPROM PAGE 0
        . data : >            EPROM PAGE 0
        X : > align(4) { } > DARAM PAGE 1
        Y : > align(4) { } > DARAM PAGE 1
        B : > align(4) { } > DARAM PAGE 1
        A : > align(4) { } > DARAM PAGE 1
        . vectors : >         VECS PAGE 0
        }
```

3. 高阶 IIR 滤波器的实现

一个高阶 IIR 滤波器可以分解成若干个二阶基本节相级联。由于调整每个二阶基本节的系数，只涉及这个二阶节的一对极点和零点，不影响其他零、极点，因此便于调整系统的性能。此外，由于字长有限，每个二阶基本节运算后都会带来一定的误差，合理安排各二阶基本节的前后次序，将使系统的精度得到优化。

（1）系数 ≥1 时的定标方法 在设计 IIR 滤波器时，可能会出现一个或一个以上系数 ≥1。在这种情况下，既可以用最大的系数来定标，即用最大的系数去除所有的系数，也可以将此 ≥1 的系数分解成两个 <1 的系数进行运算和相加，例如 $B_0 = 1.2$，则：

$$x(n)B_0 = x(n)(B_0/2) + x(n)(B_0/2) = 0.6x(n) + 0.6x(n)$$

这样，将使所有的系数保持精度，而仅仅多开销一个机器周期。前面的例 5-31 中的系数 A1 就是这样处理的。

（2）对输入数据定标　一般地，从外设口输入一个数据加载到累加器 A，可用以下指令：

PORTR　　　0001h，@ Xin

LD　　　　　@ Xin，16，A

如果运算过程中可能出现≥1 的输出值，可在输入数据时将其缩小若干倍，如：

PORTR　　　0001h，@ Xin

LD　　　　　@ Xin，16 – 3，A

将输入数据除以 8，将使输出值小于 1。

上面用多种不同的方法进行了滤波器的设计，在实现滤波器功能的前提下，程序的繁简和对存储器的使用情况是不同的，应用中应根据具体情况进行选择。

第六节　用 DSP 实现 FFT

1. FFT 基本概念

在数字信号处理系统中，FFT 作为一个非常重要的工具经常使用，常作为考核 DSP 运算能力的一个因素。FFT 是一种高效实现离散傅里叶变换的算法。下面以基数为 2 按时间抽取来讨论 FFT 算法的实现。

离散傅里叶变换（DFT）是连续傅里叶变换的离散形式，对于有限长离散数字信号 $\{x[n]\}, 0 \leqslant n \leqslant N-1$，其离散谱 $\{X[k]\}$ 可以由 DFT 求得。DFT 的定义为：

$$X(k) = \sum_{n=0}^{N-1} x[n] \mathrm{e}^{-\mathrm{j}\left(\frac{2\pi}{N}\right)nk} \quad k = 0,1,\cdots,N-1$$

可以将上式改写为如下形式：

$$X(k) = \sum_{n=0}^{N-1} x[n] W_N^{nk} \quad k = 0,1,\cdots,N-1$$

其中，$W_N = \mathrm{e}^{-\mathrm{j}\left(\frac{2\pi}{N}\right)}$，$W_N^{(n+mN)(k+1N)} = W_N^{nk}$　m，$1 = 0$，± 1，± 2。

这里，W_N 具有周期性，周期为 N，称为蝶形因子，上式称为 N 点的 DFT。W_N 的周期性是 DFT 的关键性质之一，即有 $W_N^k = W_N^{N+k}$。W_N 的另一特性是对称性，即 $W_N^k = -W_N^{N/2+k}$。

由分析可知，在 $x[n]$ 为复数序列的情况下，直接运算 N 点 DFT 需要 $(N-1)^2$ 次复数乘法和 $N(N-1)$ 次复数加法。基数为 2 的 FFT 算法的最小变换（或称蝶形）是 2 点 DFT。如果取 $N = 2^M$，则总共有 M 级运算，每级中有 $N/2$ 个 2 点 FFT 蝶形运算，N 点 FFT 总共有 $(N/2)\log_2 N$ 个蝶形运算。基数为 2 的 DIT FFT 的蝶形如图 5-24 所示。

设蝶形的输入分别为 P 和 Q，输出分别为 P' 和 Q'，则有：

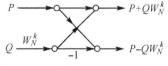

$$P' = P + QW_N^k$$

$$Q' = P - QW_N^k$$

图 5-24　基数为 2 的 DIT FFT 的蝶形

如果采用更高基数的 FFT，则 FFT 的运算速度可以进一步加快。但当基数大于 4 时，FFT 的运算速度提高不多，一般而言，采用基数为 4 的 FFT 算法的速度要比基数为 2 的 FFT 算法提高 20% 左右。

2. 实数 FFT 运算的实现方法

一般假定输入序列是复数。当实际输入是实数时，可把原始的 2N 个点的实输入序列组合成一个 N 点的复序列，然后对复序列进行 N 点的 FFT 运算，最后再由 N 点的复数输出拆散成 2N 点的复数序列，这 2N 点的复数序列与原始的 2N 点的实数输入序列的 DFT 输出一致。通常将输入序列的长度取为 $2^M = N$，M 为整数。这样，在组合输入和拆散输出的操作中，FFT 运算量减半。使利用实数 FFT 算法来计算实数输入序列的 DFT 的速度几乎是一般复数 FFT 算法的两倍。下面以利用实数 FFT 算法来计算 256 点实输入序列的 DFT(2N = 256) 运算。

图 5-25 所示为 FFT 算法使用的存储器配置图。对应的程序说明部分如下：

		程序存储区
实数 FFT 程序	1800h 1FFFh	FFT 程序存储空间
		数据存储区
test_val	0C00h	对输入数据进行符号扩展的测试值
temp_ar5	0C01h	输出缓冲区的指针
temp_ar3	0C02h	输入缓冲区的指针
input cnt	0C03h	输入数据计数器
output_cnt	0C04h	输出数据计数器
d_grps_cnt	0C05h	组指针
d_twid_idx	0C06h	旋转因子指针
d_data_idx	0C07h	数据处理缓冲指针
sine_table	0D00h 0DFFh	正弦表
cos_table	0E00h 0EFFh	余弦表
	0F00h 0FFFh	堆栈
fft_data	2200h 22FFh	数据处理缓冲同时又是功率谱输出缓冲
d_input_a ddr	2300h 23FFh	数据输入缓冲

图 5-25　FFT 算法使用的存储器配置图

INSTR_B	. set	0f073h	
ADDR_INTR_3	. set	020Ch	
fft_data	. set	2200h	;数据处理缓冲器
d_input_addr	. set	2300h	;输入地址
d_output_addr	. set	2200h	;输出地址
initst0	. set	1800h	;设置 ST0 初值
initst1	. set	2a40h	;设置 ST1 初值

_ DEBUG	. set	0208h	;中断服务程序入口地址
K _ ST1	. set	2a40h	;ST1 复位值
K _ FFT _ SIZE	. set	128	;128 点复数 FFT
K _ LOGN	. set	7	;蝶形结分级数($=\log_2^N$)
K _ ZERO _ BK	. set	0	;置 BK 初值
K _ DATA _ IDX _ 1	. set	2	;第一级数据指针
K _ DATA _ IDX _ 2	. set	4	;第二级数据指针
K _ DATA _ IDX _ 3	. set	8	;第三级数据指针
K _ TWID _ TBL _ SIZE	. set	128	;旋转因子表大小
K _ FLY _ COUNT _ 3	. set	4	;第三级蝶形结指针
K _ TWID _ IDX _ 3	. set	32	;第三级旋转索引

基数为 2 的实数 FFT 运算的算法主要分为四步：

步骤一：先将输入序列做位倒序，以便在整个运算最后的输出中得到自然顺序。

首先，将原始输入的 $2N=256$ 个点的实数序列复制放到标记有"d _ input _ addr"的相邻单元，作为 $N=128$ 点的复数序列 $d[n]$。以奇数地址作为 $d[n]$ 的实部，偶数地址作为 $d[n]$ 的虚部。这个过程叫做组合(n 是从 0 到无穷，指示时间的变量，N 是常量)。然后，复数序列经过位倒序，存储在数据处理缓冲器中，标记为"fft _ data"。如图 5-26a 所示，输入实数序列为 $a[n]$，$n=0,1,2,3,\cdots,255$。分离 $a[n]$ 成两个序列，如图 5-26b 所示。原始的输入序列是从地址 0x2300 到 0x23FF，其余的从 0x2200 到 0x22FF 的是经过位倒序之后的组合序列：$n=0$，1，2，3，$\cdots$，127。$d[n]$ 表示复合 FFT 的输入，$r[n]$ 表示实部，$i[n]$ 表示虚部，$d[n]=r[n]+ji[n]$。按位倒序的方式存储 $d[n]$ 到数据处理缓冲单元中，如图 5-26b 所示。

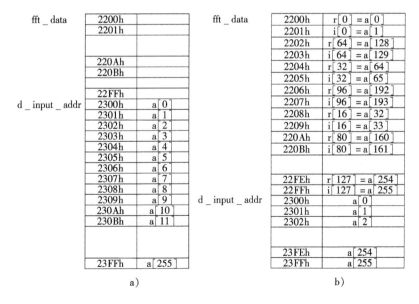

图 5-26 输入实数序列与经过位倒序之后的组合序列

在用 C54x 进行位倒序组合时，使用位倒序寻址方式可以大大提高程序执行的速度和使用存储器的效率。在这种寻址方式中，AR0 存放的整数 N 是 FFT 点数的一半，一个辅助寄存器指向一个数据存放的单元。实现 256 点数据位倒序存储的具体程序段编写如下：

```
bit _ rev :
    STM     #d _ input _ addr,ORIGINAL _ INPUT        ;在 AR3(ORIGINAL _ INPUT)中
                                                       ;放入输入地址
    STM     #fft _ data,DATA _ PROC _ BUF             ;在 AR7(DATA _ PROC _ BUF)中
                                                       ;放入处理后输出的地址
    MVMM    DATA _ PROC _ BUF,REORDERED _            ;AR2(REORDERED _ DATA)
            DATA                                       ;中装入第一个位倒序数据指针
    STM     #K _ FFT _ SIZE – 1,BRC                   ;将迭代次数加载到块重复计数器 BRC
    RPTB    bit _ rev _ end – 1                        ;重复 128 次到 bit _ rev _ end 间的指令
    STM     #K _ FFT _ SIZE,AR0                       ;将输入数据数长度值的一半 128 送 AR0
    MVDD    * ORIGINAL _ INPUT + ,                    ;将 d _ input _ addr 中的数据
            * REORDERED _ DATA +                      ;按位倒序放入到数据缓冲区 fft _ data 中
                                                       ;后,输入
                                                       ;缓冲 AR3 指针加 1,位倒序缓冲 AR2
                                                       ;指针也加 1
    MVDD    * ORIGINAL _ INPUT – ,                    ;将 d _ input _ addr 中的数据按位倒序放入
            * REORDERED _ DATA +                      ;到数据缓冲区 fft _data 中后,输入缓冲
                                                       ;AR3
                                                       ;指针减 1,位倒序缓冲 AR2 指针加 1
                                                       ;以保证位倒序寻址正确
    MAR     * ORIGINAL _ INPUT + 0B                   ;按位倒序寻址方式修改 AR3,即按位倒
                                                       ;序方式寻址 d _ input _ addr 取下一数据
bit _ rev _ end :
```

在上面的程序中，输入缓冲指针 AR3(即 ORIGINAL _ INPUT)在操作时先加 1 再减 1，是因为把输入数据相邻的两个字看成一个复数，在用寄存器间接寻址移动了一个复数(两个字的数据)之后，对 AR3 进行位倒序寻址之前要把 AR3 的值恢复到这个复数的首字的地址，这样才能保证位倒序寻址的正确。上述程序执行后，就完成了将原始输入的实数数据变为复数数据并按位倒序方式存储在 fft _ data 中的目的。

步骤二：N 点复数 FFT。

在数据处理缓冲器里进行 N 点复数 FFT 运算时，由于在 FFT 运算中要用到旋转因子 W_N 这个复数，可将其分为正弦和余弦部分，用 Q15 格式将它们存储在两个分离的表中。每个表中有 128 项，对应 0～180°。因为采用循环寻址来对表寻址，$128 = 2^7 < 2^8$，因此每张表排队的开始地址就必须是 8 个 LSB 位为 0 的地址。

1）设 FFT 完成以后的结果序列为 $D[k]$，并可用公式

$$D(k) = \sum_{n=0}^{N-1} d[n] W_N^{nk} \qquad k = 0,1,\cdots,N-1$$

来表达。利用蝶形对 $d[n]$ 进行 $N = 128$ 点复数 FFT 运算，其中

$$W_N^{nk} = e^{-j\left(\frac{2\pi}{N}\right)nk} = \cos\left(\frac{2\pi}{N}nk\right) - j\sin\left(\frac{2\pi}{N}nk\right)$$

所需的正弦值和余弦值分别以 Q15 的格式存储于内存区以 0x0D00 开始的正弦表和以 0x0E00 开始的余弦表中。可以把 $128 = 2^7$ 点的复数 FFT 分为七级来算，第一级是计算两点的 FFT 蝶形结，第二级是计算 4 点的 FFT 蝶形结，然后是 8 点、16 点、32 点、64 点、128 点的蝶形结计算。最后所得的结果表示为：

$$D[k] = F\{d[n]\} = R[k] + jI[k]$$

其中，$R[k]$、$I[k]$ 分别是 $D[k]$ 的实部和虚部。

2）FFT 完成以后，结果序列 $D[k]$ 就存储到数据处理缓冲器的上半部分（fft _ data 区间），如图 5-27 所示。下半部分（d _ input _ addr 区间）仍然保留原始的输入序列 $a[n]$，这半部分将在第三步中被改写。这样原始的 $a[n]$ 序列的所有 DFT 的信息都在 $D[k]$ 中了，第三步中需要做的就是把 $D[k]$ 变为最终的 $2N = 256$ 点复合序列，$A[k] = F\{a(n)\}$。

实现 FFT 计算的具体程序如下：

2200h	$R[0]$
2201h	$I[0]$
2202h	$R[1]$
2203h	$I[1]$
2204h	$R[2]$
2205h	$I[2]$
2206h	$R[3]$
2207h	$I[3]$
22FEh	$R[127]$
22FFh	$I[127]$
2300h	$a[0]$
2301h	$a[1]$
2302h	$a[2]$
2303h	$a[3]$
23FFh	$a[254]$
23FFh	$a[255]$

图 5-27　FFT 完成后 $D[k]$ 存储到数据缓冲器的上半部分

```
fft:
; ┄┄┄┄ FFT Code：                  ;计算 FFT 的代码
    . asg   AR1,GROUP _ COUNTER     ;定义 AR1 为 FFT 计算的组指针
    . asg   AR2,PX                  ;定义 AR2 为指向参加蝶形运算第一个数据
                                    ;的指针
    . asg   AR3,QX                  ;定义 AR3 为指向参加蝶形运算第二个数据
                                    ;的指针
    . asg   AR4,WR                  ;定义 AR4 为指向余弦表的指针
    . asg   AR5,WI                  ;定义 AR5 为指向正弦表的指针
    . asg   AR6,BUTTERFLY _ COUNTER ;定义 AR6 为指向蝶形结的指针
    . asg   AR7,DATA _ PROC _ BUF   ;定义在第一步中的数据处理缓冲指针为 AR7
    . asg   AR7,STAGE _ COUNTE      ;定义剩下几步中的数据处理缓冲指针为 AR7

    PSHM   ST0                      ;压栈 ST0,保护现场
    PSHM   AR0                      ;压栈 AR0,保护现场
    PSHM   BK                       ;压栈 BK,保存环境变量
    SSBX   SXM                      ;设置状态寄存器 1(ST1)中的符号扩展模式
; ┄┄┄┄ stage1：                    ;计算 FFT 的第一级,两点的 FFT 蝶形运算
    STM    #K _ ZERO _ BK,BK        ;K _ ZERO _ BK =0,从而 BK =0,使 * ARn +
                                    ;0% = * ARn +0
    LD     # - 1,ASM                ;为避免溢出,在每一步输出时右移一位,ASM
                                    ; = - 1
```

MVMM	DATA _ PROC _ BUF,PX	;AR2 指向参加蝶形运算的第一个数的实部 ;(PR)
LD	* PX,16,A	;将第一个数的实部装入 A 的高端,AH = PR
STM	#fft _ data + K _ DATA _ IDX _ 1,QX	;AR3 指向参加蝶形运算的第二个数的实部 ;(QR)
STM	#K _ FFT _ SIZE/2 − 1,BRC	;设置块循环计数器 BRC 为 K _ FFT _ SIZE/2 ; − 1 = 63
RPTBD	stage1end − 1	;语句重复执行的范围到地址 stage1end − 1 处
STM	#K _ DATA _ IDX _ 1 + 1,AR0	;延迟执行 K _ DATA _ IDX _ 1 + 1 = 3,AR0 = 3
SUB	* QX,16,A,B	;BH = PR − QR,开始循环到 stage1end − 1 处
ADD	* QX,16,A	;AH = PR + QR,进行实部运算
STH	A,ASM, * PX +	;PR' = (PR + QR)/2,AR2 = AR2 + 1 指向下一 ;虚数
ST	B, * QX +	;QR' = (PR − QR)/2,AR3 = AR3 + 1 指向下 ;一虚数
‖ LD	* PX,A	;下一数据(虚部)装入 A 的高端,AH = PI
SUB	* QX,16,A,B	;BH = PI − QI,进行虚部运算
ADD	* QX,16,A	;AH = PI + QI
STH	A,ASM, * PX +0%	;PI' = (PI + QI)/2,AR2 = AR2 + 3 指向下一 ;实数
ST	B, * QX +0%	;QI' = (PI − QI)/2,AR3 = AR3 + 3 指向下一 ;实数
‖ LD	* PX,A	;下一数据(实部)装入 A 的高端,AH = next PR

;上述程序运行后,2200h ~ 22FFh 单元内的数据为第一级两点的 FFT 蝶形结计算结果
;其中实部 PR'、QR' 各 64 个,虚部 PI'、QI' 各 64 个,共占 256 个单元
stage1end：

;	········ Stage 2 :	;计算 FFT 的第二级,4 点的 FFT 蝶形运算
MVMM	DATA _ PROC _ BUF,PX	;AR2 指向参加蝶形运算第一个数据的实部 ;(PR)
STM	#fft _ data + K _ DATA _ IDX _ 2,QX	;AR3 指向参加蝶形运算第二个数据的实部 ;(QR)
STM	#K _ FFT _ SIZE/4 − 1,BRC	;设置块循环计数器,BRC = K _ FFT _ SIZE/4 ;1 = 31
LD	* PX,16,A	;将第一个数的实部装入 A 的高端,AH = PR
RPTBD	stage2end − 1	;语句重复执行的范围为地址 stage2end − 1 处
STM	#K _ DATA _ IDX _ 2 + 1,AR0	;延迟执行 AR0 = K _ DATA _ IDX _ 2 + 1 = 5 ;以便循环

;以下是第二级运算的第一个蝶形结运算过程

SUB	* QX,16,A,B	;BH = PR − QR,开始循环到 stage2end − 1 处
ADD	* QX,16,A	;AH = PR + QR,进行实部运算
STH	A,ASM, * PX +	;PR' = (PR + QR)/2,AR2 = AR2 + 1 指向下一 ;虚数
ST	B, * QX +	;QR' = (PR − QR)/2,AR3 = AR3 + 1 指向下 ;一虚数
‖ LD	* PX,A	;下一数据(虚部)装入 A 的高端,AH = PI
SUB	* QX,16,A,B	;BH = PI − QI,进行虚部运算
ADD	* QX,16,A	;AH = PI + QI
STH	A,ASM, * PX +	;PI' = (PI + QI)/2,AR2 = AR2 + 1 指向下一 ;实数
STH	B,ASM, * QX +	;QI' = (PI − QI)/2,AR3 = AR3 + 1 指向下一 ;实数

;以下是第二级运算的第二个蝶形结运算过程

MAR	* QX +	;QX 中的地址加 1,AR3 = AR3 + 1 指向下一 ;虚数
ADD	* PX, * QX,A	;AH = PR + QI,实部与虚部相加
SUB	* PX, * QX − ,B	;BH = PR − QI,实部减虚部,AR3 指向上一 ;实数
STH	A,ASM, * PX +	;PR' = (PR + QI)/2,AR2 = AR2 + 1 指向下一 ;虚数
SUB	* PX, * QX,A	;AH = PI − QR,虚部减实部
ST	B, * QX	;QR' = (PR − QI)/2
‖ LD	* QX + ,B	;BH = QR,AR3 = AR3 + 1 指向下一虚数
ST	A, * PX	;PI' = (PI − QR)/2,保存虚部
‖ ADD	* PX + 0% ,A	;AH = PI + QR,AR2 = AR2 + 5 指向下一蝶形 ;实数
ST	A, * QX + 0%	;QI' = (PI + QR)/2,保存虚部
‖ LD	* PX,A	;下一蝶形实数送 A 的高端,AH = PR

stage2end:

; Stage 3 through Stage $\log_2 N$:从第三级到第 $\log_2 N$ 级的过程如下

STM	#K _ TWID _ TBL _ SIZE,BK	;BK = 旋转因子表格的大小值 = 128
ST	#K _ TWID _ IDX _ 3,d _ twid _ idx	;初始化旋转表格索引值为 32
STM	#K _ TWID _ IDX _ 3,AR0	;AR0 = 旋转表格初始索引值 = 32
STM	#cos _ table,WR	;初始化 WR 指针为 cos _ table 首址
STM	#sine _ table,WI	;初始化 WI 指针为 sine _ table 首址
STM	#K _ LOGN − 2 − 1,STAGE _ COUNTE	;初始化步骤指针,为 $\log_2 N − 1$ = 6 步
ST	#K _ FFT _ SIZE/8 − 1,d _ grps _ cnt	;初始化组指针,为 15

```
        STM    #K_FLY_COUNT_3-1,BUTTERFLY_COUNTER;初始化蝶形结指针,为3
        ST     #K_DATA_IDX_3,d_data_idx;初始化输入数据的索引,为8
stage:                                          ;以下是每一级的运算过程
        STM    #fft_data,PX                     ;PX 指向参加蝶形运算第一个数据的实部
                                                ;(PR)
        LD     d_data_idx,A                     ;向 A 中装入 K_DATA_IDX_3=8
        ADD    *(PX),A                          ;A=8+fft_data
        STLM   A,QX                             ;QX 指向参加蝶形运算第二个数据的实部
                                                ;(QR)
        MVDK   d_grps_cnt,GROUP_COUNTER         ;AR1 是组个数计数器,AR1=15
group:                                          ;以下是每一组的运算过程
        MVMD   BUTTERFLY_COUNTER,BRC            ;将每一组中的蝶形结的个数装入 BRC,BRC=3
        RPTBD  butterflyend-1                   ;重复执行至 butterflyend-1 处
        LD     *WR,T                            ;cos_table 首址,即 AR4 的内容送 T
        MPY    *QX+,A                           ;A=QR*cos=QR*WR,QX 指向 QI
        MACR   *WI+0%,*QX-,A                    ;A=QR*cos+QI*sine=QR*WR+QI*WI,
                                                ;QX 指向 QR
        ADD    *PX,16,A,B                       ;B=QR*cos+QI*sine+PR=QR*WR+QI
                                                ;*WI+PR
        ST     B,*PX                            ;PR'=((QR*WR+QI*WI)+PR)/2
        ‖ SUB  *PX+,B                           ;B=PR-(QR*WR+QI*WI)
        ST     B,*QX                            ;QR'=(PR-(QR*WR+QI*WI))/2
        ‖ MPY  *QX+,A                           ;A=QR*WI,[T=WI],QX 指向 QI
        MASR   *QX,*WR+0%,A                      ;A=QR*WI-QI*WR
        ADD    *PX,16,A,B                       ;B=(QR*WI-QI*WR)+PI
        ST     B,*QX+                           ;QI'=((QR*WI-QI*WR)+PI)/2,QX 指
                                                ;向 QR
        ‖ SUB  *PX,B                            ;B=PI-(QR*WI-QI*WR)
        LD     *WR,T                            ;T=WR,下一个 cos
        ST     B,*PX+                           ;PI'=(PI-(QR*WI-QI*WR))/2,PX 指
                                                ;向 PR
        ‖ MPY  *QX+,A                           ;A=QR*WR,QX 指向 QI
butterflyend:

;更新指针以准备下一组蝶形结的运算
        PSHM   AR0                              ;保存 AR0
        MVDK   d_data_idx,AR0                   ;AR0 中装入在该步运算中每一组所用的蝶形
                                                ;结的数目8
        MAR    *PX+0                            ;增加 PX 准备进行下一组的运算
```

MAR	* QX + 0	;增加 QX 准备进行下一组的运算
BANZD	group, * GROUP _ COUNTER -	;当组计数器减一后不等于零时,延迟跳转
		;至 group 处
POPM	AR0	;恢复 AR0
MAR	QX -	;修改 QX 以适应下一组的运算

;更新蝶形指针和步骤以便进入下一个级的运算

LD	d _ data _ idx , A	;A = 8
SUB	#1 , A , B	;B = A - 1 = 7
STLM	B , BUTTERFLY _ COUNTER	;修改蝶形结个数计数器为 7
STL	A , 1 , d _ data _ idx	;下一步计算的数据指针 d _ data _ idx = 16
LD	d _ grps _ cnt , A	;A = d _ grps _ cnt = 15
STL	A , - 1 , d _ grps _ cnt	;下一步计算的组数目减少一半 d _ grps _ cnt = 7
LD	d _ twid _ idx , A	;A = 32
STL	A , - 1 , d _ twid _ idx	;下一步计算的旋转因子索引减半 d _ twid _
		;idx = 16
BANZD	stage , * STAGE _ COUNTER -	;若步计数器减一后不为零,延迟跳转至
		;stage 处
MVDK	d _ twid _ idx , AR0	;AR0 = 16 = 旋转因子索引(两字节)
POPM	BK	;恢复 BK
POPM	AR0	;恢复 AR0
POPM	ST0	;恢复环境变量

fft _ end :

    RET

步骤三:分离复数 FFT 的输出为奇部分和偶部分。

分离 FFT 输出为相关的四个序列:*RP*、*RM*、*IP* 和 *IM*,即偶实数、奇实数、偶虚数和奇虚数四部分,以便第四步形成最终结果。

1) 利用信号分析的理论把 $D[k]$ 通过下面的公式分为偶实数 $RP[k]$、奇实数 $RM[k]$、偶虚数 $IP[k]$ 和奇虚数 $IM[k]$:

$$RP[k] = RP[N-k] = 0.5(R[k] + R[N-k])$$

$$RM[k] = -RM[N-k] = 0.5(R[k] - R[N-k])$$

$$IP[k] = IP[N-k] = 0.5(I[k] + I[N-k])$$

$$IM[k] = -IM[N-k] = 0.5(I[k] - I[N-k])$$

$$RP[0] = R[0]$$

$$IP[0] = I[0]$$

$$RM[0] = IM[0] = RM[N/2] = IM[N/2] = 0$$

$$RP[N/2] = R[N/2]$$

$$IP[N/2] = I[N/2]$$

2) 图 5-28 显示了分离复数 FFT 的输出为奇部分和偶部分

2200h	$RP[0] = R[0]$
2201h	$IP[0] = I[0]$
2202h	$RP[1]$
2203h	$IP[1]$
2204h	$RP[2]$
2205h	$IP[2]$
22FEh	$RP[127]$
22FFh	$IP[127]$
2300h	$a[0]$
2301h	$a[1]$
2302h	$IM[127]$
2303h	$RM[127]$
2304h	$IM[126]$
2305h	$RM[126]$
23FEh	$IM[1]$
23FFh	$RM[1]$

图 5-28 第三步完成后存储器中的数据情况

完成以后存储器中的数据情况，$RP[k]$ 和 $IP[k]$ 存储在上半部分，$RM[k]$ 和 $IM[k]$ 存储在下半部分。

这一过程的程序代码如下所示：

```
unpack:
        . asg    AR2,XP_k                              ;定义 AR2 为 XP_k
        . asg    AR3,XP_Nminusk                        ;定义 AR3 为 XP_Nminusk
        . asg    AR6,XM_k                              ;定义 AR6 为 XM_k
        . asg    AR7,XM_Nminusk                        ;定义 AR7 为 XM_Nminusk
        STM      # fft_data+2,XP_k                     ;AR2 指向 R[k]（temp RP[k]）
        STM      # fft_data+2*K_FFT_SIZE-2,XP_Nminusk  ;AR3 指向 R[N-K]（temp RP
                                                       ;[N-K]）
        STM      # fft_data+2*K_FFT_SIZE+3,XM_Nminusk  ;AR7 指向 temp RM[N-K]
        STM      # fft_data+4*K_FFT_SIZE-1,XM_k        ;AR6 指向 temp RM[K]
        STM      #-2+K_FFT_SIZE/2,BRC                  ;设置块循环计数器
        RPTBD    phase3end-1                           ;从以下指令到 phase3end-1 处
                                                       ;一直重复执行 BRC 中规定的次数
        STM      # 3,AR0                               ;设置 AR0 以备下面程序寻址使用
        ADD      * XP_k,* XP_Nminusk,A                 ;A = R[k]+R[N-K] = 2RP[k]
        SUB      * XP_k,* XP_Nminusk,B                 ;B = R[k]-R[N-K] = 2RM[k]
        STH      A,ASM,* XP_k+                         ;在 AR[k]处存储 RP[k]
        STH      A,ASM,* XP_Nminusk+                   ;在 AR[N-K]处存储 RP[N-K] = RP[k]
        STH      B,ASM,* XM_k-                         ;在 AI[2N-K]处存储 RM[k]
        NEG      B                                     ;B = R[N-K]-R[k] = 2RM[N-K]
        STH      B,ASM,* XM_Nminusk-                   ;在 AI[N+k]处存储 RM[N-K]
        ADD      * XP_k,* XP_Nminusk,A                 ;A = I[k]+I[N-K] = 2IP[k]
        SUB      * XP_k,* XP_Nminusk,B                 ;B = I[k]-I[N-K] = 2IM[k]
        STH      A,ASM,* XP_k+                         ;在 AI[k]处存储 IP[k]
        STH      A,ASM,* XP_Nminusk-0                  ;在 AI[N-K]处存储 IP[N-K] = IP[k]
        STH      B,ASM,* XM_k-                         ;在 AR[2N-K]处存储 IM[k]
        NEG      B                                     ;B = I[N-K]-I[k] = 2*IM[N-K]
        STH      B,ASM,* XM_Nminusk+0                  ;在 AR[N+k]处存储 IM[N-K]
phase3end:
```

步骤四：产生最后的 $2N=256$ 点的复数 FFT 结果。

产生 $2N=256$ 个点的复数输出，它与原始的 256 个点的实输入序列的 DFT 一致。输出驻留在数据缓冲器中。

1）通过下面的公式由 $RP[k]$、$RM[n]$、$IP[n]$ 和 $IM[n]$ 四个序列可以计算出 $a[n]$ 的 DFT：

$$AR[k] = AR[2N-k] = RP[k] + \cos(k\pi/N)IP[k] - \sin(k\pi/N)RM[k]$$

$$AI[k] = -AI[2N-k] = IM[k] - \cos(k\pi/N)RM[k] - \sin(k\pi/N)IP[k]$$

$$AR[0] = RP[0] + IP[0]$$
$$AI[0] = IM[0] - RM[0]$$
$$AR[N] = R[0] - I[0]$$
$$AI[N] = 0$$

其中：$A[k] = A*[2N-k] = AR[k] + jAI[k] = F\{a(n)\}$

2）实数 FFT 输出按照实数/虚数的自然顺序填满整个 $4N = 512$ 个字节的数据处理缓冲器，如图 5-29 所示。

这一段程序可以和上面的步骤三的程序合成一个子程序 unpack，这一步的程序代码如下：

2200h	$AR[0]$
2201h	$AI[0]$
2202h	$AR[1]$
2203h	$AI[1]$
2204h	$AR[2]$
2205h	$AI[2]$
22FFh	$AI[127]$
2300h	$AR[128]$
2301h	$AI[128]$
2302h	$AR[129]$
2303h	$AI[129]$
2304h	$AR[200]$
2305h	$AI[200]$
23FFh	$AI[255]$

图 5-29　实数 FFT 在数据处理缓冲器的分布

```
ST    #0, * XM _ k –              ;RM[N/2] = 0
ST    #0, * XM _ k               ;IM[N/2] = 0
;计算 AR[0],AI[0],AR[N],AI[N]
.asg   AR2, AX _ k                ;定义 AR2 为 AX _ k
.asg   AR4, IP _ 0                ;定义 AR4 为 IP _ 0
.asg   AR5, AX _ N                ;定义 AR5 为 AX _ N
STM   # fft _ data, AX _ k        ;AR2 指向 AR[0](temp RP[0])
STM   # fft _ data + 1, IP _ 0    ;AR4 指向 AI[0](temp IP[0])
STM   # fft _ data + 2 * K _ FFT _ SIZE + 1, AX _ N   ;AR5 指向 AI[N]
ADD    * AX _ k, * IP _ 0, A      ;A = RP[0] + IP[0]
SUB    * AX _ k, * IP _ 0, B      ;B = RP[0] – IP[0]
STH    A, ASM, * AX _ k +         ;AR[0] = (RP[0] + IP[0])/2
ST    # 0, * AX _ k              ;AI[0] = 0
MVDD  * AX _ k + , * AX _ N –     ;AI[N] = 0
STH    B, ASM, * AX _ N          ;AR[N] = (RP[0] – IP[0])/2
;计算最后的输出值 AR[k],AI[k]
.asg   AR3, AX _ 2Nminusk         ;定义 AR3 为 AX _ k
.asg   AR4, COS                   ;定义 AR4 为 COS
.asg   AR5, SIN                   ;定义 AR5 为 SIN
STM   # fft _ data + 4 * K _ FFT _ SIZE – 1, AX _ 2Nminusk  ;AR3 指向 AI[2N – 1](temp
                                                            ;RM[1])
STM   # cos _ table + K _ TWID _ TBL _ SIZE/K _ FFT _ SIZE, COS  ;AR4 指向 cos(kπ/N)
STM   # sine _ table + K _ TWID _ TBL _ SIZE/K _ FFT _ SIZE, SIN  ;AR5 指向 sin(kπ/N)
STM   # K _ FFT _ SIZE – 2, BRC   ;BRC = K _ FFT _ SIZE – 2 = 126
RPTBDphase4end – 4                ;执行下一指令后,循环
STM   # K _ TWID _ TBL _ SIZE/K _ FFT _ SIZE, AR0 ;AR0 中存入旋转因子表的大小
                                   ;以备循环寻址时使用 AR0 = 128/128 = 1
LD     * AX _ k + ,16, A          ;A = RP[k],修改 AR2 指向 IP[k]
MACR  * COS, * AX _ k, A          ;A = A + cos(kπ/N)IP[k]
MASR  * SIN, * AX _ 2Nminusk – , A  ;A = A – sin(kπ/N)RM[k],
```

		;修改 AR3 指向 $IM[k]$
LD	$* AX\_2Nminusk+,16,B$	;$B=IM[k]$,修改 AR3 指向 $RM[k]$
MASR	$*SIN+0\%,*AX\_k-,B$	;$B=B-\sin(k\pi/N)IP[k]$
		;修改 AR2 指向 $RP[k]$
MASR	$*COS+0\%,*AX\_2Nminusk,B$	;$B=B-\cos(k\pi/N)RM[k]$
STH	$A,ASM,*AX\_k+$	;$AR[k]=A/2$
STH	$B,ASM,*AX\_k+$	;$AI[k]=B/2$
NEG	B	;$B=-B$
STH	$B,ASM,*AX\_2Nminusk-$	;$AI[2N-K]=-AI[k]=B/2$
STH	$A,ASM,*AX\_2Nminusk-$	;$AR[2N-K]=AR[k]=A/2$

phase4end：

3. 信号功率运算的实现方法

对所得的 FFT 数据进行取其实部和虚部的平方和，即求得该信号的功率。

power：

. asg	AR2,AX	;定义 AR2 为 AX
. asg	AR3,OUTPUT_BUF	;定义 AR3 为 OUTPUT_BUF
PSHM STO		;保存状态寄存器 0 的值
PSHM AR0		;保存 AR0 的值
PSHM BK		;保存循环缓冲区长度计数器 BK 的值
STM	# d_output_addr,OUTPUT_BUF	;AR3 指向输出缓冲地址
STM	# K_FFT_SIZE*2－1,BRC	;块循环计数器设置为 255
RPTBDpower_end－1		;带延迟方式的重复执行指令
STM	#fft_data,AX	;AR2 为数据处理缓冲器 fft_data 地址
SQUR	$* AX+,A$	;$A=AR^2$
SQURA	$* AX+,A$	;$A=AR^2+AI^2$
STH	A,7,*OUTPUT_BUF	;将 A 中的数据存入输出缓冲中
ANDM #7FFFH,*OUTPUT_BUF+		;避免输出数据过大在虚拟示波器
		;中显示错误
POPM BK		;恢复所保存的各个寄存器值
POPM AR0		
POPM STO		

power_end：

      RET

在上面的程序中将数据放回输出缓冲准备输出时使用了指令：STH A,7, * OUTPUT_BUF 对累加器 A 左移 7 位是为了让显示的数据值在一个合适的范围内有利于观察显示的图形，从总体上看整个波形的性质是一样的。同时为了避免显示数据的溢出而导致在虚拟示波器中观察到的波形错误所以使用了指令：ANDM#7FFFH, * OUTPUT_BUF + 来取出有效的数据位数。

思　考　题

1. 假定 $N = 37$，辅助寄存器用 AR4，循环缓冲区自定义段的名字为 MY ＿ BUF，则 . ASM 和 . CMD 两个文件中相应部分应包含哪些内容?

2. 用线性缓冲区和带移位双操作数寻址方法实现 FIR 滤波器，编写计算 $N = 4$，$y(n) = a_0x(n) + a_1x(n-1) + a_2x(n-2) + a_3x(n-3)$ 的程序。

3. 编写使用带 MAC 指令的循环寻址模式实现 FIR 滤波器的程序片段，其中输入数据在 BL 中，滤波结果在 BH 中，FIR 滤波系数存放 FIR ＿ COFF ＿ P 指定在数据存储区中。

4. 比较实现数据块传送各种指令的应用和区别。

5. 比较单操作数与双操作数乘法以及长字运算和并行运算的差异。

6. 在 32 位数寻址时，如 DST B，＊ AR3 + ;AR3 = 0101，B = 00 C621 AAEE，则执行完该指令后，数据存储器 0101、0102、0103 单元的内容是多少?

7. 怎样进行小数乘法运算和除法运算以及浮点运算?

8. 用汇编语言实现:

$$y_1 = x_1a_1 - x_2a_2$$
$$y_2 = 12/3 + 1$$
$$y_3 = 0.3 \times (-0.5) + 1$$

9. 在 $y = \sum_{i=1}^{4} a_ix_i$ 的四项中找出最小一个乘积项的值，并存入累加器。

10. 编写计算 $y = \sum_{i=0}^{6} x_i$ 的程序。

11. 试设计一大小为 200 个单元的堆栈并初始化指针。

12. 在 $y = \sum_{i=1}^{4} a_ix_i$ 各项中找出最小值的项，并存放在累加器 B 中。

13. TMS320C54x 是如何解决冗余符号以区别小数乘法和整数乘法的? 小数系数应如何书写?

14. 在一般的 DSP 中，都没有除法器硬件，如何完成除法运算?

15. TMS320C54x 如何将定点数转换为浮点数或将浮点数转换为定点数?

16. 数据存储区的哪些区域可用作线性缓冲区?

17. 对累加器 A 的内容进行归一化，已知 A = FF FFFF FFC3。

18. 一个浮点数由尾数 m、基数 b 和指数 e 三部分组成，即:

$$mb^e$$

图 5-30 举例说明了 IEEE 标准里的浮点数表示方法。这个格式用带符号的表示方法来表示尾数，指数含有 127 的偏移。在一个 32 位表示的浮点数中，第一位是符号位，记为 S。接下来的 8 位表示指数，采用 127 的偏移格式(实际是 $e - 127$)。然后的 23 位表示尾数的绝对值，考虑到最高一位是符号位，它也应归于尾数的范围，所以尾数一共有 24 位。

1	8	23
S	Biased Exponent-e	Mantissa-f

图 5-30　IEEE 标准里的浮点数表示方法

例如：十进制数 –29.625 可以用二进制表示为 –11101.101B，用科学计数法表示为 –1.1101101×2⁴，其指数为 127 + 4 = 131，化为二进制表示为 10000011B，故此数的浮点格式表示为 11000001111011010000000000000000，转换成 16 进制表示为 0xC1ED0000。说明下面程序段完成什么功能。

①
```
        DLD     op1 _ hsw , A
        SFTA    A , 8
        SFTA    A , – 8
        BC      op1 _ zero , AEQ
        STH     A , – 7 , op1se
        STL     A , op1lm
        AND     # 07Fh , 16 , A
        ADD     # 080h , 16 , A
        STH     A , op1hm
```

②
```
        BITF    op1se , #100h
        BC      testop2 , NTC
        LD      #0 , A
        DSUB    op1hm , A
        DST     A , op1hm
testop2： BITf   op2se , #100h
        BC      compexp , NTC
        LD      #0 , A
        DSUB    op2hm , A
        DST     A , op2hm
```

③ compexp：
```
        LD      op1se , A
        AND     # 00FFh , A
        LD      op2se , B
        AND     # 00FFh , A
        SUB     A , B
        BC      op1 _ gt _ op2 , BLT
        BC      op2 _ gt _ op1 , BGT
a _ eq _ b：
        DLD     op1hm , A
        DADD    op2hm , A
        BC      res _ zero , AEQ
        LD      op1se , B
```

④ op1 _ gt _ op2：
```
        ABS     B
        SUB     # 24 , B
        BC      return _ op1 , BGEQ
        ADD     # 23 , B
        STL     B , rltsign
        DLD     op2hm , A
        RPT     rltsign
SFTA A , – 1
        BD      normalize
        LD      op1se , B
        DADD    op1hm , A
```

第六章 信号处理方法的硬件实现

第一节 信号源设计

一、Z 变换与 Z 反变换的运算法则

在图 6-1 所示的信号系统中，信号通过线性时不变系统后，在时域，输出 $y(t)$ 与输入信号 $x(t)$ 和传输函数 $h(t)$ 为卷积关系，如式（6-1）所示。在频域，输出 $Y(\omega)$ 信号为输入信号 $X(\omega)$ 与系统的传输函数 $H(\omega)$ 之积，如式（6-2）所示。

$$y(t) = h(t)^* x(t) = \int_{-\infty}^{\infty} h(\tau)x(t-\tau)\mathrm{d}\tau \tag{6-1}$$

$$H(\omega) = \frac{Y(\omega)}{X(\omega)} \tag{6-2}$$

当 $\delta(t)$ 信号通过系统 $h(t)$ 时，系统输出就是 $h(t)$ 的特性。因此如果 $\delta(t)$ 信号过后，在输出端仍有信号 $y(t)$ 持续输出，则系统传输函数 $h(t)$ 可看作信号发生器。如无信号 $y(t)$ 输出，则 $h(t)$ 可看作普通传输函数。因此对 $h(t)$ 的应用设计有两种考虑，一种是将 $h(t)$ 当作信号源来处理，另一种是将 $h(t)$ 当作普通传输函数来设计。本节介绍第一种情况的设计方法，第二节介绍第二种情况的设计方法。

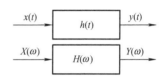

图 6-1　信号输入输出与系统之间的关系

二、Z 变换与 Z 反变换运算的实现方法

下面以用 DSP 实现余弦信号发生器为例，来说明将 $h(t)$ 当作信号源来处理的设计方法。

信号发生器本身是没有输入信号的，其输出是按一定的周期，根据输出波形的函数式计算出输出信号的数值，因而能连续地、周期性地产生输出信号。其基本思路是：首先，对欲产生的输出波形的函数表达式做 Z 变换，然后再做 Z 反变换，求出对应的差分方程的递推公式。第二步，编写计算递推公式的初始化程序。第三步，编写中断后的递推程序，利用中断程序周期性地计算新的输出值，从而获得欲求的基于 DSP 的信号源。

1. 求递推公式

根据 Z 变换定义，序列 $x(k)$ 的 Z 变换公式如下

$$X(Z) = \sum_{k=-\infty}^{\infty} x(k)z^{-k} \tag{6-3}$$

式中，$x(k)$ 为要输出的信号波形的函数表达式。

$X(Z)$ 的 Z 反变换公式如下

$$x(k) = Z^{-1}\left[X(Z)\right] \tag{6-4}$$

Z 反变换可用留数法、部分分式展开法和长除法求得。借助于 Z 变换和 Z 反变换，可用 DSP 硬件来完成对数字信号的处理。

设有 $\cos(\omega Tk)u(k)$，这是欲求的输出信号波形。当有 $\delta(k)$ 信号通过系统 $h(k) = \cos(\omega Tk)u(k)$ 时，其输出信号 $y(k)$ 就是所求的输出信号。对 $h(k)$ 作 Z 变换为

$$H(z) = Z\left[\cos(\omega Tk)u(k)\right] = Z\left[\frac{e^{j\omega Tk} + e^{-j\omega Tk}}{2}u(k)\right]$$

$$H(z) = \sum_{k=-\infty}^{\infty} \frac{e^{j\omega Tk} + e^{-j\omega Tk}}{2}u(k)z^{-k} = \frac{1}{2}\sum_{k=0}^{\infty}(e^{j\omega T}z^{-1})^k + \frac{1}{2}\sum_{k=0}^{\infty}(e^{-j\omega T}z^{-1})^k$$

$$= \frac{1}{2(1 - e^{j\omega T}z^{-1})} + \frac{1}{2(1 - e^{-j\omega T}z^{-1})} = \frac{1 - z^{-1}\cos\omega T}{1 - 2z^{-1}\cos\omega T + z^{-2}} \quad (6\text{-}5)$$

$$= \frac{1 + Cz^{-1}}{1 - Az^{-1} - Bz^{-2}}$$

在式（6-5）中，$C = -\cos\omega T = -\cos(2\pi \times 2000/40000) = -0.951$，$A = 2\cos\omega T = 1.902$，$B = -1$。$\omega$ 为欲求余弦输出信号的频率，这里假设 $f = 2\text{kHz}$，T 为离散余弦序列的采样时间，这里假设为 $1/40\,000\text{s}$，即采样频率 $f_c = 40\text{ kHz}$。考虑到 $A > 1$，为了进行小数运算，将所有的系数除 2，使其满足小数运算条件。然后将各小数系数作 Q15 格式转换，得到 $A/2 = 79\text{BAH}$，$B/2 = \text{C000H}$，$C/2 = \text{C323H}$。

如果以该 $H(z)$ 函数设计一个离散时间系统，则其单位冲激响应就是余弦输出信号。此时的输出序列 $Y(k)$ 为 $H(z)$ 的 Z 反变换。

$Y(k) = Z^{-1}[H(z)] = AY[k-1] + BY[k-2] + X[k] + CX[k-1]$

当 $k = -1$ 时，$Y(k) = Y(-1) = AY[-2] + BY[-3] + X[-1] + CX[-2] = 0$

当 $k = 0$ 时，$Y(k) = Y(0) = AY[-1] + BY[-2] + X[0] + CX[-1] = 0 + 0 + 1 + 0 = 1$

当 $k = 1$ 时，$Y(k) = Y(1) = AY[0] + BY[-1] + X[1] + CX[0] = A + 0 + 0 + C = A + C$

当 $k = 2$ 时，$Y(k) = Y(2) = AY[1] + BY[0] + X[2] + CX[1] = AY[1] + BY[0]$

当 $k = 3$ 时，$Y(k) = Y(3) = AY[2] + BY[1] + X[3] + CX[2] = AY[2] + BY[1]$

当 $k = n$ 时，$Y(k) = Y(n) = AY[n-1] + BY[n-2]$ (6-6)

可以看出，在 $k > 2$ 以后，$Y(k)$ 能用 $Y[k-1]$ 和 $Y[k-2]$ 递推算出，因此式（6-6）可看作一个递推的差分方程。

2. 编写计算递推公式的初始化程序

```
        . title   "cos (2PI * 20000) wave"
        . mmregs
        . global _ c_ int00, _ tint, vector
INIT_ A . set     79BAh        ; A/2 = 0.951
INIT_ B . set     C000h        ; B/2 = -0.5
INIT_ C . set     C323h        ; C/2 = 0.4755
        . bss     y1, 1        ; 为 y1 预留一个存储单元
        . bss     y2, 1        ; 为 y2 预留一个存储单元
        . bss     AA, 1        ; 为 AA 预留一个存储单元
        . bss     BB, 1        ; 为 BB 预留一个存储单元
```

	.bss	CC，1	；为 CC 预留一个存储单元
	.text		
_ c_ int00：	LD	#0，DP	；下面是对存储器映像寄存器设置，DP = 0
	SSBX	INTM	；关闭所有中断
	LD	#vector，A	；取中断向量表地址到 A 获得 IPTR
	AND	#0FF80h，A	；设置 PMST 高 9 位，低 7 位被屏蔽掉
	ANDM	#007Fh，PMST	；提取 PMST 低 7 位，高 9 位被屏蔽掉
	OR	PMST，A	；A 中的高 9 位与 PMST 中的低 7 位组合
	STLM	A，PMST	；将原 PMST 中的 IPTR 换为 vector 高 9 位
	STM	#10h，TCR	；关定时器
	STM	#2499，PRD	；设置采样频率 f = 100M/（2499 + 1）= 40kHz
	STM	#20h，TCR	；PRD 加载 TIM，TDDR 加载 PSC
	LDM	IMR，A	；回读 IMR 中的值
	OR	#08h，A	；开放 TIMER 中断
	STLM	A，IMR	；开放 IMR
	LD	#AA，DP	；下面是对 y[1]、y[2] 设置，DP 指向 AA
			；所在页
	SSBX	FRCT	；准备进行小数乘法
	ST	#INIT_ A，AA	；初始化 AA = 0x79BA
	ST	#INIT_ B，BB	；初始化 BB = 0xC000
	ST	#INIT_ C，CC	；初始化 CC = 0xC323
	LD	AA，A	；装载 AA 到 A 累加器
	ADD	CC，A	；A 累加器 = AA + CC
	STL	A，y2	；y2 = Y[1] = AA + CC = A + C
	LD	AA，T	；装 AA 到 T 寄存器
	MPY	y2，A	；y2 乘系数 A，结果 AA * Y[1] 放入 A 累加器
	ADD	BB，A	；A 累加器 = Y[2] = AA * Y[1] + BB * Y[0]
	STH	A，y1	；A 中 Y[2] 高 16 位存入 y1 = Y[2] =
			；AY[1] + BY[0]
	STM	#0h，TCR	；启动定时器工作
	RSBX	INTM	；开放所有中断
again：	NOP		；空操作等待
	B	again	；死循环，等待定时器中断

根据上述程序，数据存储器空间分配如图 6-2 所示。

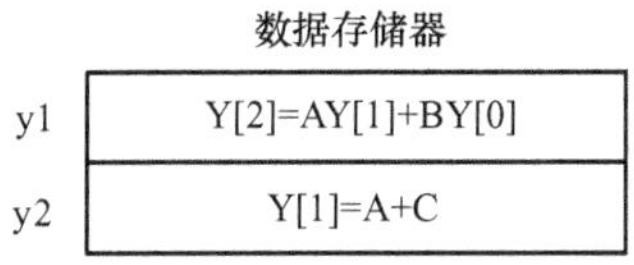

数据存储器

y1	Y[2]=AY[1]+BY[0]
y2	Y[1]=A+C

图 6-2 数据存储器空间分配

3. 编写中断后的递推程序

以后的递推过程由中断服务程序完成 Y[3] 到 Y[n] 运算，相应的程序片段为：

```
_tint:   LD    BB, T      ; 将系数 B 装入 T 寄存器
         MPY   y2, A      ; y2 乘系数 B, 结果 BB*Y[1] 放入 A 累加器
         LTD   y1         ; 将 y1 = Y[2] 装入 T, 同时复制到 y2, Y[2] 退化为 Y[1]
         MAC   AA, A      ; 完成新余弦数据的计算, A 累加器中为
                          ; AA*y1 + BB*y2 或 Y[3] = AA*Y[2] + BB*Y[1]
         STH   A, 1, y1   ; 将新数据存入 y1, 因所有系数都除过 2,
                          ; 所以在保存结果时左移一位, 恢复数据正常大小。
         RETE
         .end
```

4. 编写中断向量程序

```
         . mmregs
         . ref    _c_int00
         . ref    _tint
         . global vector
         . sect". int_table"

vector:
rs       B_c_int00          ;复位时跳转到_c_int00 开始的地址
         NOP
         NOP
nmi      B_ret              ;非屏蔽可断时跳转到_ret
         NOP
         NOP
sint17   B_ret              ;软中断 sint17 时跳转到_ret
         NOP
         NOP
sint18   B_ret              ;软中断 sint18 时跳转到_ret
         NOP
         NOP
sint19   B_ret              ;软中断 sint19 时跳转到_ret
         NOP
         NOP
sint20   B_ret              ;软中断 sint20 时跳转到_ret
         . word   0,0
sint21   B_ret              ;软中断 sint21 时跳转到_ret
         . word   0,0
sint22   . word   01000h
         . word   0,0,0
```

```
sint23      . word      0ff80h
            . word      0,0,0
sint24      . word      01000h
            . word      0,0,0
sint25      . word      0ff80h
            . word      0,0,0
sint26      . word      01000h
            . word      0,0,0
sint27      . word      0ff80h
            . word      0,0,0
sint28      . word      01000h
            . word      0,0,0
sint29      . word      0ff80h
            . word      0,0,0
sint30      . word      01000h
            . word      0,0,0
int0        B_ret                   ;中断 int0 时跳转到_ret
            NOP
            NOP
int1        B_ret                   ;中断 int1 时跳转到_ret
            NOP
            NOP
int2        B_ret                   ;中断 int2 时跳转到_ret
            NOP
            NOP
tint        B_tint                  ;定时器中断跳转到主程序的_ tint 标号处执行
_ret        rete
```

5. 编写存储器分配的命令文件程序

```
MEMORY
{
  PAGE 0： EXT_ P ：ORIGIN = 2000h, LENGTH = 0200h
  PAGE 1： INT_ D ：ORIGIN = 0060h, LENGTH = 0080h
}
SECTIONS
{
  . text          ：> EXT_ P   EXT_ P   PAGE 0
  . int_ table    ：> (EXT_ P ALIGN (128) PAGE (0))
  . bss           ：> INT_ D PAGE 1
}
```

6. 运行仿真

图 6-3 所示为上述程序运行后，数据存储器空间使用情况和仿真输出波形，这正是设计所需要的余弦信号发生器的输出波形。

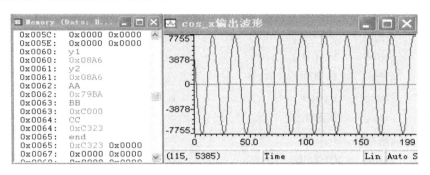

图 6-3   数据存储器空间使用情况和仿真输出波形

第二节　线性时不变系统设计

一、线性时不变系统的运算法则

当把图 6-1 所示的信号系统 $h(t)$ 看作普通传输函数时，只要该传输函数为一个线性时不变系统，就可用 DSP 硬件来实现 $h(t)$。设计时需先将连续时间系统转变为离散时间系统，即将时间变量 t 用序列 n 来替换，如图 6-4 所示。此时输出 $y(n)$ 与输入信号 $x(n)$ 和传输函数 $h(n)$ 之间为式（6-7）所示的卷积关系。在频域，输出信号 $Y(z)$ 为输入信号 $X(z)$ 与系统的传输函数 $H(z)$ 之积，如式（6-8）所示。

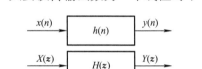

图 6-4   离散信号与系统之间的关系

$$y(n) = h(n) * x(n) = \sum_{k=-\infty}^{\infty} h(k)x(n-k) \tag{6-7}$$

$$Y(z) = H(z)X(z) \tag{6-8}$$

二、线性时不变系统的设计方法

下面用已知 $h(n) = 4\delta(n) + 3\delta(n-1) + 2\delta(n-2) + \delta(n-3)$，输入信号 $x(n) = \delta(n) + \delta(n-1) + \delta(n-2) + \delta(n-3)$ 为例，通过编写求 $y(n)$ 的汇编语言程序来说明把 $h(t)$ 看作普通传输函数时的程序设计方法。

1. 编写汇编语言程序

将 $h(n)$ 作为系数，$h(0) = 4, h(1) = 3, h(2) = 2, h(3) = 1$。$x(n)$ 作为输入量，$x(0) = x(1) = x(2) = x(3) = 1$。计算 $y(n)$ 序列就是求 $h(n)$ 与 $x(n)$ 的乘法累加和。

```
        . title    "convolution. asm"     ;计算"y(n) = h(n) * x(n)"
        . mmregs                          ;定义存储器映像寄存器
        . def      _c_int00               ;定义主程序起始位置_c_int00 的标号
```

```
              . bss      indata,1              ;为输入数据 indata 保留空间
              . bss      y,1                   ;为输出数据 y 保留空间
xn            . usect    "xn",4                ;自定义 4 个单元空间的数据段 xn
hn            . usect    "hn",4                ;自定义 4 个单元空间的数据段 hn
              . data
table:        . word     4,3,2,1               ;定义系统传输函数值 h0 = 4,h1 = 3,h2 =
                                               ;2,h3 = 1

              . text
_c_int00:     STM        #hn,AR1               ;AR1 指向 hn
              RPT        #3                    ;从程序存储器 table 开始的地址传送
              MVPD       table, * AR1 +        ;4 个系数至数据空间 hn 开始的数据段
              STM        #xn + 3,AR3           ;AR3 指向 x(n - 3)
              STM        #hn + 3,AR4           ;AR4 指向 h(n - 3)
              STM        #4,BK                 ;设循环缓冲区长度 BK = 4
              STM        # - 1,AR0             ;设置下次运算的地址修正量 AR0 = - 1
              LD         #indata,DP            ;设置数据存储器页指针的起始页位置
hn3:          RPTZ       A,#3                  ;A 清 0,重复执行下条指令 4 次
              MAC        * AR3 +0%, * AR4      ;对一个输入进行 4 次乘法累加和的卷积运算
                         +0%,A
              STL        A,@ y                 ;保存结果的低字节到 y(n)
              BD         hn3                   ;执行完下条指令后循环
              LD         indata, B             ;输入新数据 indata 到 B
              STL        B, * AR3 +0%          ;将 B 中的数据存放到 * AR3 所指最老单元
              . end
```

根据上述程序，数据存储器空间分配如图 6-5 所示。图 6-5 中，xn 所在的自定义数据段为 4 个单元的循环缓冲区。通过 * AR3 +0% 的地址修正，新数据 indata 被放入最老的数据单元，使原来的 $x(n-3)$ 变为 $x(n)$，然后 AR3 地址减 1，将次老的数据单元 $x(n-2)$ 变为新的 $x(n-3)$，为下一次运算做准备。* AR4 +0% 控制使每轮运算系数都从 $h(n-3)$ 开始。

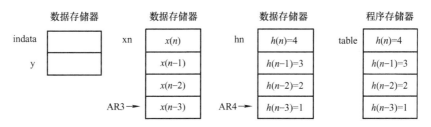

图 6-5 存储器空间分配

2. 编写存储器分配的命令文件程序

convolution. obj

-o convolution. out

```
-m convolution. map
MEMORY
{
        PAGE 0：    EPROM：org = 0080h，len = 0080h
        PAGE 1：    SPRAM：org = 0060h，len = 0010h
                    DARAM：org = 0080h，len = 0020h
}
SECTIONS
{
        . text   :                    > EPROM PAGE 0
        . data   :                    > EPROM PAGE 0
        . bss    :                    > SPRAM PAGE 1
         xn     : align（8）｛｝         > DARAM PAGE 1
         hn     : align（8）｛｝         > DARAM PAGE 1
}
```

在命令文件程序中，将数据段 xn 和 hn 安排在 DARAM 空间，并按 $2^N > 4$，取 $N = 3$，开辟 8 个单元的循环缓冲区空间。

3. 运行仿真

在进行软仿真时，在 LD indata, B 行设置断点和探针，将输入数据 $x(n)$ 从 convolution. dat 文件输入到 indata 单元中。图 6-6 所示为上述程序运行后，数据存储器空间使用情况和仿真输出波形，其输出序列 $y(n) = 4\delta(n) + 7\delta(n-1) + 9\delta(n-2) + 10\delta(n-3) + 6\delta(n-4) + 3\delta(n-5) + \delta(n-6)$。这个输出值可通过计算来验证，convolution. dat 中的数据可取 ｛0，1，1，1，1｝。

计算方法是将 $h(n) = 4\delta(n) + 3\delta(n-1) + 2\delta(n-2) + \delta(n-3)$ 乘 $x(n) = \delta(n) + \delta(n-1) + \delta(n-2) + (n-3)$ 各项，每用 $x(n)$ 中的一项乘 $h(n)$ 各项，$h(n)$ 延时一个单元并写在新的一行中。这样，$h(n)$ 第一行为 $4\delta(n) + 3\delta(n-1) + 2\delta(n-2) + \delta(n-3)$，第二行为 $4\delta(n-1) + 3\delta(n-2) + 2\delta(n-3) + \delta(n-4)$，第三行为 $4\delta(n-2) + 3\delta(n-3) + 2\delta(n-4) + \delta(n-5)$，第四行为 $4\delta(n-3) + 3\delta(n-4) + 2\delta(n-5) + \delta(n-6)$。最后将各行相同时延所在的列相加，就求得输出 $y(n)$，这个值 $y(n)$ 与图 6-6 中的输出波形一致。

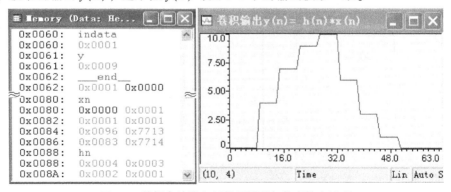

图 6-6　数据存储器空间使用情况与仿真输出波形

$$4\delta(n) + 3\delta(n-1) + 2\delta(n-2) + \delta(n-3)$$
$$4\delta(n-1) + 3\delta(n-2) + 2\delta(n-3) + \delta(n-4)$$
$$4\delta(n-2) + 3\delta(n-3) + 2\delta(n-4) + \delta(n-5)$$
$$+\qquad\qquad 4\delta(n-3) + 3\delta(n-4) + 2\delta(n-5) + \delta(n-6)$$
$$\overline{y(n) = 4\delta(n) + 7\delta(n-1) + 9\delta(n-2) + 10\delta(n-3) + 6\delta(n-4) + 3\delta(n-5) + \delta(n-6)}$$

如果 $h(n)$ 和 $x(n)$ 的第一项不是从 $\delta(n)$ 项开始，而是从 $h(n-m)$ 和 $x(n-k)$ 开始，则 $y(n)$ 的第一项从 $\delta(n-m-k)$ 开始，后面各项的延时依次递加。

第三节　信号检测系统设计

一、信号检测的基本原理

在数字信号处理中，信号的相关性是一个重要概念。利用相关函数不仅可帮助分析信号的功率谱密度，还可分析两个信号的相似程度，从而帮助分析信号的成分，这在回波检测技术中有广泛的应用。如雷达目标检测、超声波信号检测、地下物体探测、水下障碍探测等。在进行这类信号的回波检测中，一个基本的现象就是回波信号常常被淹没在接收到的各种杂波和背景噪声中。由于这些杂波和干扰信号的频带与有用回波信号的频带相重叠，因此干扰信号是不能通过滤波的方法去除的。另一方面，由于所发出的信号的特征是已知的，反射的回波信号的特征与发射波是同一个波，只是产生了传输时延和幅度变化，因此发射波与接收波是相关的，通过做相关运算可以得到最大的相关系数。而各种杂波和背景噪声与发射信号是不相关的，经过运算得到的互相关函数输出会很小，故只要给出适当阈值门限，就可将回波信号从干扰中检测出来。利用相关运算进行从复杂电磁背景信号中过滤出噪声信号的技术，还可用于电子对抗时从干扰信号中检测出预定信号。在语音识别技术中，可将原录音的单词或语句作为模板，与输入的语音流进行相关运算，只有与模板自相关的信号部分才有最大值输出，从而达到判断语音是否为某一内容，或判断语音流是否为相同的单词和语句。信号检测的电路结构可用图 6-7 来表示。输入的微弱信号经放大后做 A-D 转换变为数字信号，由 DSP 芯片完成相关运算，对信号检测和判断的结果输出到相应的应用电路。

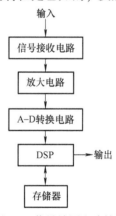

图 6-7　信号检测电路结构

利用 DSP 可进行相关运算，包括对式（6-9）所示的自相关函数的计算和式（6-10）所示的互相关函数的计算。

$$R_{xx}(n) = x(n) \oplus x(n) = \sum_{m=-\infty}^{+\infty} x(m)x(m-n) \tag{6-9}$$

$$R_{xy}(n) = x(n) \oplus y(n) = \sum_{m=-\infty}^{+\infty} x(m)y(m-n) \tag{6-10}$$

设有一个已知检测模板信号为 $x(n)$，接收信号为 $y(n)$，$y(n)$ 中包括发射信号 $x(n)$ 的反射回波信号和各种杂波及背景噪声 $N(n)$，如式（6-11）所示。由于检测目标的出现具有随机性，因此绝大多数时间内，接收信号 $y(n)$ 中是没有回波 $x(n)$ 信号的，只有各种杂波及背景噪声信号 $N(n)$。鉴于目标信号 $x(n)$ 表现出的强弱不同，接收到的 $y(n)$ 中的 $x(n)$ 的幅度是不一样的，设信号 $x(n)$ 的幅度为 A，各种杂波及背景噪声的幅度为 B。

$$y(n) = A x(n) + B N(n) \tag{6-11}$$

为了在进行相关运算前使不同强度的 $x(n)$ 幅度值变化不大，使做相关运算后的 $R_{xy}(n)$ 数值范围变化不大，可通过在接收回路中加入自动增益控制电路来保证进行相关运算时 $x(n)$ 的幅度值接近某一常数，从而保证 $R_{xy}(n)$ 的输出基本一致，这样就可通过阈值来判断是否在 $y(n)$ 中含 $x(n)$。

在用 DSP 做相关运算时，由于 $y(n)$ 中既有 $x(n)$，也有 $N(n)$，因此程序运算结果中可能既有自相关结果 $R_{xx}(n)$ 也有互相关结果 $R_{xN}(n)$。

例如已知某信号为 $x(n) = 3\delta(n) + 2\delta(n-1) + \delta(n-2)$，接收回路中经放大后输出为 $y(n) = \delta(n+1) + \delta(n) + \delta(n-1)$，则 $x(n)$ 与 $y(n)$ 的相关函数 $R_{xy}(n) = \delta(n+2) + 3\delta(n+1) + 6\delta(n) + 5\delta(n-1) + 3\delta(n-2)$。如果收到的信号中有 $x(n) = 3\delta(n) + 2\delta(n-1) + \delta(n-2)$，则相关函数 $R_{xy}(n) = R_{xx}(n) = 3\delta(n+2) + 8\delta(n+1) + 14\delta(n) + 8\delta(n-1) + 3\delta(n-2)$。此时将阈值设定为 14 便可判定检测到预定目标。在信号检测过程中，噪声信号 $BN(n)$ 与发射信号 $x(n)$ 不相关，$R_{xN}(n)$ 输出可忽略，如式（6-12）中的第二项。

$$R_{xy}(n) = \sum_{m=-\infty}^{+\infty} x(m)y(m-n) = \sum_{m=-\infty}^{\infty} Ax(m)x(m-n) +$$

$$B\sum_{m=-\infty}^{\infty} x(m)N(m-n) = AR_{xx} + BR_{xN} \tag{6-12}$$

下面以 $x(n) = 4\delta(n) + 3\delta(n) + 2\delta(n-1) + \delta(n-2)$，$y(n) = A\sum x(n) + B\sum N(n)$ 为例来介绍用 DSP 实现相关运算的设计方法。要求在从 $y(n)$ 中检测出 $x(n)$ 时，输出 R_{xx} 的最大值 $R_{xx\max}$。

二、信号检测的设计方法

1. 根据自相关函数 R_{xx} 的基本性质检索 $R_{xx\max}$

要从 R_{xy} 中找出自相关函数 R_{xx}，需要利用自相关函数的三个基本性质：

1）自相关函数 R_{xx} 的最大值出现在 $R_{xx}(0)$ 处。假设 R_{xx} 关于纵坐标轴对称，则有

$$R_{xx}(0) = R_{xx\max} \tag{6-13}$$

2）R_{xx} 序列的长度 k 为 $x(n)$ 序列的长度 i 加上 $y(n)$ 序列的长度 j 减 1，则有

$$k = i + j - 1 \tag{6-14}$$

3）R_{xx} 序列关于中心点对称。假设 R_{xx} 关于纵坐标轴对称，只要让 k 为奇数，最大值的左右两边的值满足下式：

$$R_{xx}(-m) = R_{xx}(+m) \tag{6-15}$$

通常情况下，由于输入信号是连续不断的，因此 R_{xx} 不能关于纵坐标轴对称，而是一个序列流，此时 R_{xx} 最大值出现的位置 h 为下式所指的地方：

$$h = (i+j)/2 = (k+1)/2 \tag{6-16}$$

根据自相关函数 R_{xx} 的上述性质，要从输出信号序列 R_{xy} 中挑选出 $R_{xx}(h) = R_{xx\max}$，需要根据式（6-14）安排 $k = i + j - 1$ 个存储单元存放已经算出的 R_{xy} 值，然后从中分析是否关于

$R_{xy}(h)$ 对称，并且在 $R_{xy}(h)$ 左边数据是逐渐增大，在 $R_{xy}(h)$ 右边数据是逐渐减小。如果满足这两个条件，则 $R_{xx}(h) = R_{xx\max}$。

为此，编写一个 C 语言程序模块，用以完成 $R_{xy}(n)$ 对称性和最大值判断，该模块供汇编语言主程序调用。如果判断检测到一个自相关函数，则让 Rxy1[7] 输出最大值，否则 Rxy1[7] 输出为零。其 C 语言程序为：

```
#include  <stdio. h>
extern int Rxy1[8];                     //引用汇编中定义的 8 个单元存放 Rxy1
void compxy ( );                        //说明判断函数
void main ( )
{
    int i;                              //设置输出信号的脉冲宽度
    compxy ( );                         //调用判断函数
    for (i = 1; i < = 3; i + +) { };    //延长输出信号的脉冲宽度
}
void compxy ( )                         //定义判断函数
{
    if (Rxy1[0] = = Rxy1[6] && Rxy1[1]
     = = Rxy1[5] && Rxy1[2] = = Rxy1[4])  //判断对称性
    if (Rxy1[3] > Rxy1[2] && Rxy1[2] >
    Rxy1[1] && Rxy1[1] > Rxy1[0])         //寻找最大值
    Rxy1[7] = Rxy1[3];                    // Rxy1 长度为 7，并关于最大值 Rxy1
                                          //  [3]对称
    else
        Rxy1[7] = 0;                      //未检测到自相关函数序列，输出为 0
}
```

2. 编写汇编语言程序

用标号 xn 定义 4 个单元空间的用户自定义未初始化数据段 . usect，yn 定义 4 个单元的 . usect 用户自定义未初始化数据段。用标号 table 定义 4 个单元的 . data 段空间装入 $x(n)$ 模板初始值 $x(n) = 4$，$x(n-1) = 3$，$x(n-2) = 2$，$x(n-3) = 1$。程序运行时，先将这 4 个数据从程序存储器搬移到数据存储器空间，如图 6-8 所示。设循环缓冲区长度 BK = 4，利用汇编语言 MAC　 * AR3 + 0%，* AR4 + 0%，A 完成 $x(n)$ 与输入数据 $y(n)$ 的相关运算。通过

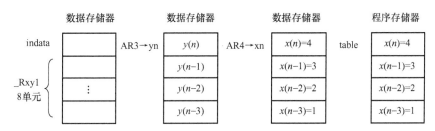

图 6-8　存储器空间分配

＊AR3 +0% 的地址修正，新数据 indata 被放入 $y(n)$ 4 个单元中最老的数据单元，使原来的 y $(n-3)$ 变为新的 $y(n)$，然后 AR3 地址加 1，将次老的数据单元 $x(n-2)$ 变为新的 $x(n-3)$，为下一次运算做准备。＊AR4 +0% 控制使每轮运算 $x(n)$ 都从 $x(n)$ =4 处开始。为了求最大值，采用延时指令 DELAY 先将 Rxy1(n) 中最老的数据移走，再将其他数据依次下移，从而得到 7 个 Rxy1 值，为检测自相关函数序列做准备。

编写汇编语言程序如下：

	. title	"correlation. asm"	; $Rxy(n) = x(n) \oplus y(n)$
	. mmregs		; 定义存储器映像寄存器
	. def	_ c_ int00	; 定义标号_ c_ int00 的起始位置
	. def	_ Rxy1	; 定义 C 程序中的数组 Rxy1
	. ref	_ compxy	; 说明将引用 C 程序中的函数
	. bss	indata, 1	; 将输入信号 y(n) 的一个数值放在 indata 单元
	. bss	_ Rxy, 8	; $x(n)$ 为 4 个数据，Rxy 有 7 个值，另加 $R_{xymax.}$
xn	. usect	"xn", 4	; 定义 4 个单元存放模板数据 xn
yn	. usect	"yn", 4	; 定义 4 个单元存放新输入数据 yn
	. data		
table：	. word	4, 3, 2, 1	; $x(n)$ =4, $x(n-1)$ =3, $x(n-2)$ =2, ; $x(n-3)$ =1
	. text		
_ c_ int00：	STM	#xn, AR1	; AR1 指向 xn
	RPT	#3	; 从程序存储器 table 开始的地址传送
	MVPD	table, ＊AR1 +	; 4 个程序空间 xn 至数据空间 xn 开始的数据段
	STM	#xn, AR3	; AR3 指向 xn
	STM	#yn, AR4	; AR4 指向 yn
	STM	#4, BK	; 设置循环缓冲区长度 BK =4
	STM	#1, AR0	; AR0 =1, 存储器地址修正量
	LD	#indata, DP	; 设置数据存储器页指针所在页
rn3：	RPTZ	A, #3	; A 清 0, 重复执行下条指令 4 次
	MAC	＊AR3 +0%, ＊AR4 +0%, A	
			; 完成 $x(n)$ 与 $y(n)$ 的相乘并累加相关运算
	STL	A, _ Rxy1	; 保存结果的低字节到 Rxy1, 设置输出探针
	CALL	_ compxy	; 调用 C 模块判断是否检测到自相关序列
	DELAY	@ (_ Rxy1 +5)	; Rxy6→Rxy7; 依次下移存放 Rxy1 的 7 个值
	DELAY	@ (_ Rxy1 +4)	; Rxy5→Rxy6
	DELAY	@ (_ Rxy1 +3)	; Rxy4→Rxy5
	DELAY	@ (_ Rxy1 +2)	; Rxy3→Rxy4
	DELAY	@ (_ Rxy1 +1)	; Rxy2→Rxy3
	DELAY	@_ Rxy1	; Rxy1→Rxy2
	BD	rn3	; 执行完下面两条指令, 转 rn3 计算新数据

LD	indata，B	；输入新数据 y 到 B，设置断点和输入探针
STL	B，＊AR4 ＋0%	；输入新数据到 $y(n)$
.end		

3. 编写存储器分配的命令文件程序

根据图 6-8 对存储器安排，命令文件为：

correlation. obj

-o correlation. out

-m correlation. map

MEMORY

{

　　　　PAGE 0：　　　EPROM：org ＝0080h，len ＝0080h

　　　　PAGE 1：　　　SPRAM：org ＝0060h，len ＝0020h

　　　　　　　　　　　DARAM：org ＝0080h，len ＝0020h

}

SECTIONS

{

　　　. text　：　　　　　　　　　＞ EPROM PAGE 0

　　　. data　：　　　　　　　　　＞ EPROM PAGE 0

　　　. bss　：　　　　　　　　　＞ SPRAM PAGE 1

　　　xn　：align（8）｛｝　　　＞ DARAM PAGE 1

　　　yn　：align（8）｛｝　　　＞ DARAM PAGE 1

}

4. 运行仿真

运行该工程文件可得输出结果波形。当输入为 $y(n) ＝$ ｛0x0000，0x0000，0x0000，0x0000，0x0000，0x0004，0x0003，0x0002，0x0001，0x0000，0x0000，0x0000，0x0000，0x0000，0x0000，0x0000，0x0000，0x0000，0x0000，0x0001，0x0002，0x0003，0x0004，0x0000，0x0000，0x0000，0x0000，0x0000，0x0000，0x0000，0x0000，0x0000，0x0000｝时，输出数据和存储器单元分配如图 6-9 所示。其中，存储器单元 60 存放新输入数据 indata，

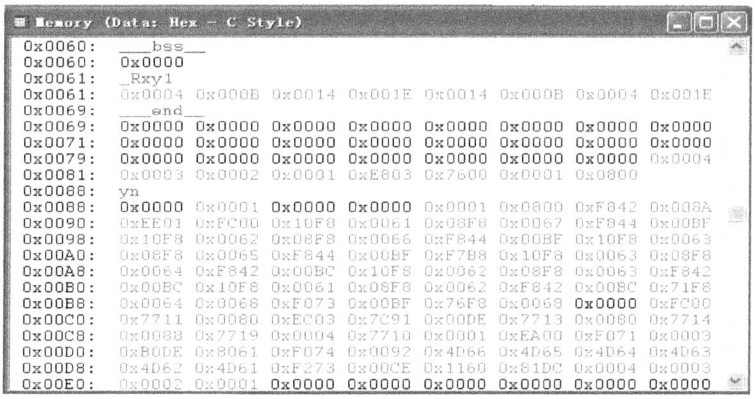

图 6-9　输出数据和存储器单元分配图

单元 61 ~ 67 存放 7 个相关函数输出数据 Rxy1，它们关于单元 64 对称，（64）= 0x001E，并在该单元取得最大值。在单元 64 左右两边分别为单元 63、65，62、66，61、67，并有（63）=（65）= 0x0014，（62）=（66）= 0x000B，（61）=（67）= 0x0004，这正好反映了自相关函数关于最大值两侧具有对称性的特点。单元 64 的最大值被存入 68 单元，（68）=（64）= $R_{xx}(4) = R_{xx\max}$。

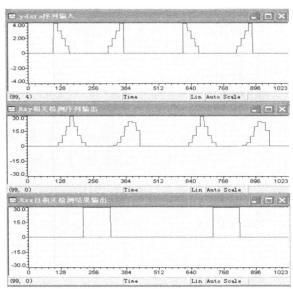

当输入为 $y(n)$ 序列后，输出波形如图 6-10 所示：其中上图为输入中所包含的 $x(n)$ 序列和 $N(n) = \{1，2，3，4\}$ 序列；中图为输出的相关函数序列，其中包含了关于 $x(n)$ 的自相关函数 $R_{xx}(h)$ 和互相关函数 $R_{xN}(h)$ 序列。图中清晰地反映了自相关函数的对称性及互相关函数的非对称性特点。图 6-10 的下图为通过 C 语言程序检测出的自相关函数的最大值输出。

在图 6-10 上图的输入数据中有两个子序列，一个是 $x_1(n) = x(n) = \{4，3，2，1\} = 4\delta(n) + 3\delta(n-1) + 2\delta(n-2) + \delta(n-3)$，另一个是 $N(n) \neq x(n)$，$N(n) = \{1，2，3，4\} = \delta(n) + 2\delta(n-1) + 3\delta$

图 6-10   输入 $y(n)$ 及输出 Rxy 和 $R_{xx\max}$ 波形图

$(n-2) + 4\delta(n-3)$。在序列 $x(n)$ 和 $N(n)$ 之间有足够的 0 将这两个子序列隔开，使对应输出的相关函数 $R_{xx}(h)$、$R_{xN}(h)$ 互不干扰。但在通常情况下，输入 DSP 的是数据流，连续输入的紧邻的 $x_1(n)$ 和 $N(n)$ 在计算 $R_{xx}(h)$、$R_{xN}(h)$ 时会发生相互干扰的情况，此时自相关函数的对称性会被破坏，导致由 compxy( ) 的计算找不出 $R_{xx\max}$。

5. 扩频序列的相关函数计算

设序列 $\{x_1\} = 1110010$ 为一个 7 位码 m 序列，并有 $\{x_2\} = 1010101$ 为一个非 m 序列的 7 位码。现欲传输数据 $\{x\} = 1011$，可用 $\{x_1\}$ 表示 1，用 $\{x_2\}$ 表示 0，则所需要传输的数据被编码为：$\{x\} = 1011 = \{\{x_1\}，\{x_2\}，\{x_1\}，\{x_1\}\} = \{1110010\ 1010101\ 1110010\ 1110010\}$。

接收端解码时，用 $\{x_1\} = 1110010$ 对所收到的 $\{x\}$ 序列作相关运算。由于接收码中的 $\{x_1\}$ 与接收端设置的 1110010 是自相关的，输出最大值，判决为输出 1。而接收码中的 $\{x_2\}$ 与接收端设置的 1110010 是互相关的，输出值小，判决为输出 0。

序列 $\{x_1\} = 1110010 = \delta(n) + \delta(n-1) + \delta(n-2) + \delta(n-5)$ 的自相关函数 $R_{xx}(h)$ 可按如下方法来进行计算：

$$1\delta(n) + 1\delta(n-1) + 1\delta(n-2) + 0\delta(n-3) + 0\delta(n-4) + 1\delta(n-5) + 0\delta(n-6)$$
$$1\delta(n+1) + 1\delta(n) + 1\delta(n-1) + 0\delta(n-2) + 0\delta(n-3) + 1\delta(n-4) + 0\delta(n-5)$$
$$1\delta(n+2) + 1\delta(n+1) + 1\delta(n) + 0\delta(n-1) + 0\delta(n-2) + 1\delta(n-3) + 0\delta(n-4)$$
$$0\delta(n+3) + 0\delta(n+2) + 0\delta(n+1) + 0\delta(n) + 0\delta(n-1) + 0\delta(n-2) + 0\delta(n-3)$$
$$0\delta(n+4) + 0\delta(n+3) + 0\delta(n+2) + 0\delta(n+1) + 0\delta(n) + 0\delta(n-1) + 0\delta(n-2)$$
$$1\delta(n+5) + 1\delta(n+4) + 1\delta(n+3) + 0\delta(n+2) + 0\delta(n+1) + 1\delta(n) + 0\delta(n-1)$$
$$0\delta(n+6) + 0\delta(n+5) + 0\delta(n+4) + 0\delta(n+3) + 0\delta(n+2) + 0\delta(n+1) + 0\delta(n)$$
$$0\delta(n+6) + 1\delta(n+5) + 1\delta(n+4) + 1\delta(n+3) + 1\delta(n+2) + 2\delta(n) + 4\delta(n) + 2\delta(n-1) + 1\delta(n-2) + 1\delta(n-3) + 1\delta(n-4) + 1\delta(n-5) + 0\delta(n-6)$$

即 $R_{xx}(h) = \{0, 1, 1, 1, 1, 2, 4, 2, 1, 1, 1, 1, 0\}$

上面计算方法是将自相关的两个序列 $\{x_1\}$、$\{x_1\}$，用第一个序列的第 1 项系数乘第二个序列每一项的系数并写为一行，再用第一个序列的第 2 项乘第二个序列各项系数写为一行，依次乘 6 次，写出 6 行。从上到下每行的延时依次减少 1 个。可简写为下面的表达方法：

```
                    1  1  1  0  0  1  0
                 1  1  1  0  0  1  0
              1  1  1  0  0  1  0
           0  0  0  0  0  0  0
        0  0  0  0  0  0  0
     1  1  1  0  0  1  0
  +  0  0  0  0  0  0  0
```

$$R_{xx}(h) = \quad 0 \ 1 \ 1 \ 1 \ 1 \ 2 \ 4 \ 2 \ 1 \ 1 \ 1 \ 1 \ 0$$
$$h \quad = -6 \ -5 \ -4 \ -3 \ -2 \ -1 \ 0 \ 1 \ 2 \ 3 \ 4 \ 5 \ 6$$

类似地，若 $X_2(n) = \delta(n) + \delta(n-2) + \delta(n-4) + \delta(n-6)$，则 $R_{x1x2}(h)$ 为

```
                    1  0  1  0  1  0  1
                 1  0  1  0  1  0  1
              1  0  1  0  1  0  1
           0  0  0  0  0  0  0
        0  0  0  0  0  0  0
     1  0  1  0  1  0  1
  +  0  0  0  0  0  0  0
```

$$R_{x1x2}(h) = \quad 0 \ 1 \ 0 \ 1 \ 1 \ 2 \ 2 \ 2 \ 1 \ 2 \ 1 \ 1$$
$$h \quad = -6 \ -5 \ -4 \ -3 \ -2 \ -1 \ 0 \ 1 \ 2 \ 3 \ 4 \ 5 \ 6$$

可见，$R_{xx}(m)$ 具有自相关函数的特性，有对称性，最大值为 4。而 $R_{x1x2}(m)$ 是互相关函数，无对称性，最大值只有 2。

现计算 $\{x_1\}$ 与 $\{x\} = 1011 = \{\{x_1\}, \{x_2\}, \{x_1\}, \{x_1\}\} = \{1110010 \ 1010101 \ 1110010 \ 1110010\}$ 相关时，相邻码元间的干扰情况。按照前述相关运算法则，$\{x_1\}$ 与 $\{x\}$ 的相关为

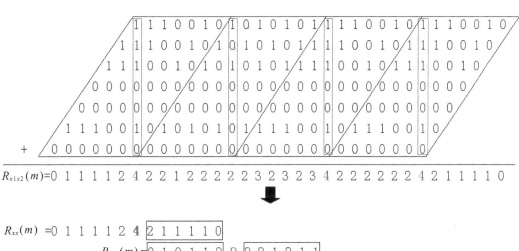

$R_{x1x2}(m) = 0 \ 1 \ 1 \ 1 \ 1 \ 2 \ 4 \ 2 \ 2 \ 1 \ 2 \ 2 \ 2 \ 2 \ 2 \ 3 \ 2 \ 3 \ 2 \ 3 \ 4 \ 2 \ 2 \ 2 \ 2 \ 2 \ 2 \ 4 \ 2 \ 1 \ 1 \ 1 \ 1 \ 0$

$R_{xx}(m) = 0 \ 1 \ 1 \ 1 \ 1 \ 2 \ \mathbf{4} \ \boxed{2 \ 1 \ 1 \ 1 \ 1 \ 0}$

$R_{xx2}(m) = \boxed{0 \ 1 \ 0 \ 1 \ 1 \ 2} \ 2 \ \boxed{2 \ 2 \ 1 \ 2 \ 1 \ 1}$

$R_{xx}(m) = \boxed{0 \ 1 \ 1 \ 1 \ 1 \ 2} \ \mathbf{4} \ \boxed{2 \ 1 \ 1 \ 1 \ 1 \ 0}$

$+ \qquad\qquad R_{xx}(m) = \boxed{0 \ 1 \ 1 \ 1 \ 1 \ 2} \ 4 \ 2 \ 1 \ 1 \ 1 \ 1 \ 0$

$R_{x1x2}(m) = 0 \ 1 \ 1 \ 1 \ 1 \ 2 \ 4 \ \boxed{2 \ 2 \ 1 \ 2 \ 2 \ 2} \ 2 \ \boxed{2 \ 3 \ 2 \ 3 \ 2 \ 3} \ 4 \ \boxed{2 \ 2 \ 2 \ 2 \ 2 \ 2} \ 4 \ 2 \ 1 \ 1 \ 1 \ 1 \ 0$

上面计算中，方框部分为相邻码在进行相关运算时产生干扰的部分，但干扰都不超过自相关运算的最大值。

编写汇编语言程序如下：

```
        .title   "m_ code_ check.asm"  ; 计算 x(n) 与 y(m) 的 Rxy(h) = x(n) ⊕ y(m)
        .mmregs                        ; 定义存储器映像寄存器
        .def    _ c_ int00            ; 定义标号 _ c_ int00 的起始位置
        .def    _ Rxy1                ; 定义可供 C 程序识别的数组变量
        .def    _ Rxyout              ; 定义可供 C 程序识别的相关运算输出变量
        .ref    _ xy_ search_ peak    ; 引用 C 程序的峰值选取函数 xy_ search_ peak
        .bss    indata, 1             ; 为输入信号 indata 保留一个单元的空间
        .bss    _ Rxy1, 13            ; 为输出相关函数 Rxy1 保留 13 个单元的空间
        .bss    _ Rxyout, 1           ; 为检测的峰值输出保留 1 个单元的空间
xn      .usect  "xn", 7               ; 自定义 7 个单元空间的数据段 xn
yn      .usect  "yn", 7               ; 自定义 7 个单元空间的数据段 yn
        .data
table:  .word   1, 1, 1, 0, 0, 1, 0   ; x(n) = 1, x1 = 1, x2 = 1, x3 = 0, x4 = 0, x5 =
                                      ; 1, x6 = 0

        .text
_ c_ int00: STM  #xn, AR1             ; AR1 指向 xn
        RPT     #6                    ; 从程序存储器 table 开始的地址传送
        MVPD    table, * AR1 +        ; 7 个程序空间数至数据空间 xn 开始的数据段
        STM     #xn, AR3              ; AR3 指向 x(n)
        STM     #yn, AR4              ; AR4 指向 y(n)
        STM     #7, BK                ; 设循环缓冲区长度 BK = 7
        STM     #1, AR0               ; AR0 = 1，数据存储器地址修正量
        LD      #indata, DP           ; 设数据存储器页指针，DP 指向 indata 所在页
rn3:    RPTZ    A, #6                 ; A 清 0，重复执行下条指令 7 次
        MAC     * AR3 + 0%, * AR4 + 0%, A
                                      ; x 与输入数据 y 进行 1 个输入数据的相关运算
        STL     A, @_ Rxy1            ; 保存结果的低字节到 Rxy1，此外设输出探针
        CALL    _ xy_ search_ peak    ; 调用判断函数是否检测到自相关序列最大值
        DELAY   @ (_ Rxy1 + 11)       ; Rxy12→Rxy13；依次下移数据单元中的内容
        DELAY   @ (_ Rxy1 + 10)       ; Rxy11→Rxy12；以便获得已算出的 13 个相关
        DELAY   @ (_ Rxy1 + 9)        ; Rxy10→Rxy11；数据，并从中选出最大值
        DELAY   @ (_ Rxy1 + 8)        ; Rxy9→Rxy10
        DELAY   @ (_ Rxy1 + 7)        ; Rxy8→Rxy9
        DELAY   @ (_ Rxy1 + 6)        ; Rxy7→Rxy8
        DELAY   @ (_ Rxy1 + 5)        ; Rxy6→Rxy7
        DELAY   @ (_ Rxy1 + 4)        ; Rxy5→Rxy6
```

```
        DELAY  @（_ Rxy1 +3）   ; Rxy4→Rxy5
        DELAY  @（_ Rxy1 +2）   ; Rxy3→Rxy4
        DELAY  @（_ Rxy1 +1）   ; Rxy2→Rxy3
        DELAY  @_ Rxy1          ; Rxy1→Rxy2
        BD     rn3              ; 执行完下面两条指令后转到 rn3 循环
        LD     indata, B        ; 输入新数据 y 到 B，此处设置断点和输入探针
        STL    B，* AR4 +0%     ; 输入新数据到 yn
        . end
```

编写 C 程序，完成峰值数据的选取，函数取名为 xy_ search_ peak（）。

```
#include  < stdio. h >
extern int Rxy1[13];                //引用汇编中定义的 13 个单元存放 Rxy1
extern int Rxyout;                  //引用汇编中定义的相关函数峰值输出 Rxyout
void xy_ search_ peak（）;           //说明峰值判断函数
void main（）
{
    int  i;                          //设置输出信号的脉冲宽度
    xy_ search_ peak（）;             //调用峰值判断函数
    for（i =1; i < =13; i + +）｛｝; //延长 13bit 延长输出信号的脉冲宽度
}
void xy_ search_ peak（）
{
    if（Rxy1[7] = =4）              //如果自相关函数输出为峰值
        Rxyout = Rxy1[7];           //确认检测到自相关函数序列峰值
    else
        Rxyout =0;                  //未检测到自相关函数峰值输出 0
}
```

编写存储器分配的命令文件程序如下：

```
m_ code_ check. obj
-o m_ code_ check. out
-m m_ code_ check. map
MEMORY
｛
        PAGE 0：    EPROM : org =0080h, len =0100h
        PAGE 1：    SPRAM : org =0060h, len =0020h
                    DARAM : org =0080h, len =0020h
｝
SECTIONS
｛
        . text  :                         > EPROM PAGE 0
```

```
. data    :                 > EPROM PAGE 0
. bss     :                 > SPRAM PAGE 1
xn        : align (8) {}     > DARAM PAGE 1
yn        : align (8) {}     > DARAM PAGE 1
}
```

运行上面的程序得到图 6-11 所示输出波形。图 6-11 上图为输入的对 $\{x\} = 1011$ 进行扩频后得到的序列 $\{x\} = \{\{x_1\}, \{x_2\}, \{x_1\}, \{x_1\}\} = \{1110010\ 1010101\ 1110010\ 1110010\}$ 波形。图 6-11 的中图为用 $\{x_1\} = 1110010$ 对 $\{x\}$ 进行相关检测后的输出波形，图中可以清楚地看两个相邻的码组在做相关运算时所产生的重叠现象，导致自相关函数 $R_{x_1x_1}(m)$ 的对称性被破坏。但 $R_{xx}(m)$ 的最大值 $R_{x_1x_1\max}$ 未受干扰影响，$R_{x_1x_2}(m)$ 的最大值小于 $R_{x_1x_1}(m)$ 最大值。图 6-11 下图为在 $R_{x_1x_1}(7) = 4$ 处进行判断处理后，若 $R_{x_1x_1}(7) = 4$，则解码输出"1"，否则输出"0"。由此实现了通过相关运算从数据码流 $\{x\} = 1011 = \{\{x_1\}, \{x_2\}, \{x_1\}, \{x_1\}\} = \{1110010\ 1010101\ 1110010\ 1110010\}$ 中解码还原出数据"1011"的目的。

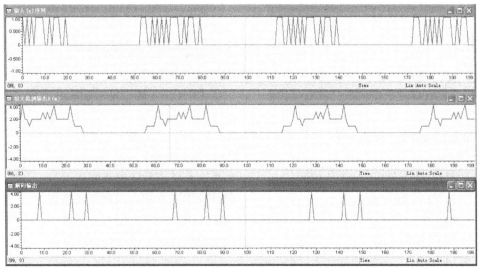

图 6-11   输入 $\{x\} = 1011 = \{\{x_1\}, \{x_2\}, \{x_1\}, \{x_1\}\}$ 及输出 $R_{x_1x_1}$ 和解码输出 $\{x\} = 1011$ 波形图

第四节　信号调制功能设计

一、信号调制的基本原理

设有数字基带输入信号 $x(n)$ 与模拟载波信号 $\sin\omega(n)$ 进行调制，调制后得到输出信号 $y(n)$，其计算公式为

$$y(n) = x(n) \times \sin(k) \tag{6-17}$$

其中，$x(n)$ 为脉冲信号 $\{0, 1\}$ 组成的序列。这里假设所采用的调制方式为：如果 $x(n)$ 为高电平，则输出正弦信号，如果 $x(n)$ 为低电平，则无正弦信号输出。这种调制方式可完成将数字脉冲信号转换为单一频率的模拟信号输出。在一个 $x(n)$ 高电平期间，$\sin(k)$ 的持续时间和周期数是可以调整的，这依赖于信号接收端的响应程度，持续时间越长，$y(n)$ 就越

容易被检测出来，但从信号的连续性来讲，最好能持续半个周期以上，以减少信号突变产生的谐波。在本设计中，以正半周期的 $\sin(k)$ 表示 $x(n)$ 高电平，以负半周期的 $\sin(k)$ 表示 $x(n)$ 低电平。

二、信号调制的设计方法

1. 正弦信号的获取

获得模拟信号 $\sin(k)$ 的方法有两种，一种是利用本章第一节的方法，通过求 Z 变换的方法获得，另一种方法是用第五章中所介绍的查表法得到。这里采用查表法所获得的 $\sin(k)$ 数据来代替 $x(n)$ 的高低电平，以此实现数字信号向模拟信号的转换。

利用 MATLAB 工具可方便地获取正弦信号数据。设计一个产生半波正弦信号的 MATLAB 程序如下：

```
t = 0：10：180
y = sin (t*pi/180)
plot (t, y);
```

所得数据如下：

t =0	10	20	30	40	50	60	70	80	90
	100	110	120	130	140	150	160	170	180
y =0	0.1736	0.3420	0.5000	0.6428	0.7660	0.8660	0.9397	0.9848	1.0000
	0.9848	0.9397	0.8660	0.7660	0.6428	0.5000	0.3420	0.1736	0.0000

所得半波正弦信号如图 6-12 所示。如果对 $\sin(k)$ 精度要求较高，可多取一些计算点。

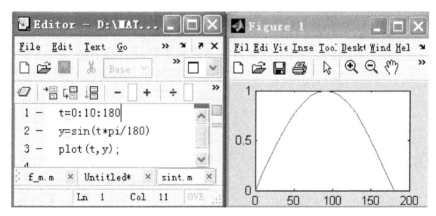

图 6-12　利用 MATLAB 工具计算所得半波正弦信号

2. 编写汇编语言程序

根据正弦波的对称性，要得到 $0° \sim 180°$ 的数据输出，只需要利用输入 $0° \sim 90°$ 的数据即可，$90° \sim 180°$ 的数据可通过对折 $0° \sim 90°$ 的图形得到。同样，$180° \sim 360°$ 的数据可通过对折 $0° \sim 180°$ 的图形得到。这样只需输入 $0° \sim 90°$ 的 10 个数据即可。其程序如下：

```
.title  "half_ pulse_ modulate . asm"；信号调制 y(n) =x(n)sin(k)
.mmregs                                ；定义存储器映像寄存器
.def   _ c_ int00                      ；定义标号_ c_ int00 的起始位置
```

```
           . bss    xn, 1                        ; 为输入信号 xn 保留一个单元的空间
           . bss    yn, 1                        ; 为输出调制信号 yn 保留 1 个单元的
                                                 ; 空间
sin        . usect "sin", 20                     ; 自定义 20 个单元空间的数据段存放半
                                                 ; 周正弦波
           . data                                ; 0 0.1736 0.3420 0.5000 0.6428 0.7660
table:     . word   0                            ; 0°    0x0000  ; 0.8660 0.9397 0.9848 1.0
           . word   1736 * 32768/10000           ; 10°   0x1638  ; 10 个正弦 0°~90°的
                                                 ; 数据
           . word   3420 * 32768/10000           ; 20°   0x2BC6
           . word   5000 * 32768/10000           ; 30°   0x4000
           . word   6428 * 32768/10000           ; 40°   0x5247
           . word   7660 * 32768/10000           ; 50°   0x620C
           . word   8660 * 32768/10000           ; 60°   0x6ED9
           . word   9397 * 32768/10000           ; 70°   0x7848
           . word   9848 * 32768/10000           ; 80°   0x7E0D
           . word   7FFFh                        ; 90°   0x7FFF
           . text
_ c_ int00: LD      #xn, DP                      ; 设置数据存储器页指针的起始位置
           STM      . sin, AR1                   ; AR1 指向 sin
           SSBX     SXM                          ; 符号位扩展
           RPT      #10                          ; 从程序存储器 table 开始的地址传送正弦值
           MVPD     table, * AR1 +               ; 正弦波半波 10 个数据送到 sin 开始的数据段
           STM      #sin, AR1                    ; sin 开始的 0°~90°的数据段地址送 AR1
           STM      #sin + 10, AR3               ; sin + 10 开始的 180°~270°数据段地址送 AR3
           STM      #9, AR2                      ; 设置将 0°~90°的数据转换为 180°~270°的
                                                 ; 数据
cmplt:     LD       * AR1 +, A                   ; 将 sin 正弦波 0°~90°的数据送 A
           CMPL     A                            ; 将 A 取反，得正弦波的负半周数据
           STL      A, * AR3 +                   ; 将 180°~270°数据放在 sin + 10 地址开始处
           BANZ     cmplt, * AR2 -               ; 未处理完则循环执行
bgn:       STM      #9, AR2                      ; 设置输出 10 个数据
           LD       xn, A                        ; 将新输入数据送 A。此处设置输入探针
           SUB      #1, A                        ; 判断输入是 1 还是 0
           BC       send_ 0, ANEQ                ; 为 0 跳转到负半周处理处，为 1 往下按正半
                                                 ; 波处理
send_ 1:   STM      #sin, AR1                    ; AR1 指向 sin 正弦波 0°~90°数据的开始地址
           B        send_ a                      ; 跳转到正或负半周的前 0°~90°数据输出处
send_ 0:   STM      #sin + 10, AR1               ; AR1 指向 sin 正弦波 180°~270°数据的开始
```

```
                                        ; 地址
send_ a:       MVDK    * AR1 + , yn     ; 输出正或负半波前 90°数据。
               BANZ    send_ a, * AR2 - ; AR2 不为零表示前 90°数据未输出完，循环
               STM     #9, AR2          ; 设置输出后 90°10 个数据
               LTD     * AR1 -          ; 调整指针，避免在两个 90°之间输出 0 值
send_ b:       MVDK    * AR1 - , yn     ; 输出正负半波后 90°。此处设置断点和输出
                                        ; 探针
               BANZ    send_ b, * AR2 - ; AR2 不为零表示后 90°数据未输出完，循环
               B       bgn              ; 输出 sin 正弦波半波完成，取下一个输入脉冲
               . end
```

3. 编写存储器分配的命令文件程序

```
half_ pulse_ modulate. obj
-o half_ pulse_ modulate. out
-m half_ pulse_ modulate. map
MEMORY
{
        PAGE 0:     EPROM : org = 0080h, len = 0180h
        PAGE 1:     SPRAM : org = 0060h, len = 0020h
                    DARAM : org = 0080h, len = 0100h
}
SECTIONS
{
        . text  :                       > EPROM PAGE 0
        . data  :                       > EPROM PAGE 0
        . bss   :                       > SPRAM PAGE 1
          sin   :                       > DARAM PAGE 1
}
```

4. 运行仿真

当循环输入信号 $x(n) = \{0, 0, 1, 1, 0, 1\}$ 时运行程序，通过执行单步长仿真输出波形 $y(n) = x(n)\sin(k)$ 和数据存储器使用情况如图 6-13 所示。

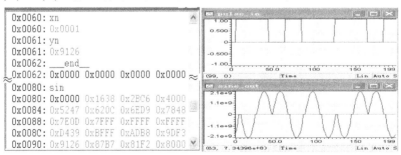

图 6-13　仿真输出波形 $y(n) = x(n)\sin(k)$ 和数据存储器使用情况

根据这里所采用的 $y(n) = x(n)\sin(k)$ 调制方式，对应的解调方法可利用第三节所述方法，以正、负半波 $\sin(k)$ 为模板，对输入序列 $y(n)$ 做相关运算，与正半波信号自相关输出"1"，与负半波信号自相关输出"0"，具体设计不再重复。

第五节　模拟电路功能设计

一、模拟系统与数字系统的转换法则

对图 6-1 所示的线性时不变系统，总会有式（6-2）所示的传输函数存在，$H(\omega)$ 通常为有理分式。如果对 $H(\omega)$ 做拉普拉斯变换就得 $H(s)$，进一步对 $H(s)$ 做 Z 变换，就可得 $H(z)$。$H(z)$ 通常也为有理分式，如式（6-18）所示，$H(z)$ 对应的差分方程如式（6-19）所示。

$$H(\mathrm{j}\omega) = H(s)\Big|_{s=\mathrm{j}\omega} = H(z)\Big| s = \frac{2}{T}\frac{1-z^{-1}}{1+z^{-1}} = \frac{\displaystyle\sum_{i=0}^{M} b_i z^{-i}}{1 - \displaystyle\sum_{j=1}^{N} a_j z^{-j}} \tag{6-18}$$

$$y(n) = \sum_{i=0}^{M} b_i x(n-i) + \sum_{j=1}^{N} a_j y(n-j) \tag{6-19}$$

比较由式（6-18）所表示的传输函数与第五章所介绍的 IIR 滤波器，两者完全相同。因此，对于一个模拟的线性时不变系统的设计，可转换为对 IIR 滤波器的设计，当 $a_j = 0$ 时，式（6-18）变为 FIR 滤波器。设计步骤是，先根据欲求的电路特性设计出模块电路，求出复频域的传输函数 $H(\mathrm{j}\omega)$，然后令 $s = \mathrm{j}\omega$，得到 $H(s)$。再对 $H(s)$ 做 Z 变换，采用双积分变换式，令 $s = \frac{2}{T}\frac{1-z^{-1}}{1+z^{-1}}$，将 $s = \frac{2}{T}\frac{1-z^{-1}}{1+z^{-1}}$ 代入 $H(s)$ 就得到 $H(z)$，对分子分母进行整理后便得式（6-18）。最后用求解滤波器的方法进行编程，便可实现用 DSP 代替模块电路的相同功能。下面用数字鉴频器的设计来说明设计方法。

二、模拟系统参数与数字系统参数的转换

鉴频器电路通常采用模拟方法进行设计，优点是电路比较简单，但缺点是在某些软件无线电和认知无线电应用中，因模拟电路的工作频率范围固定，不能工作于不同的频率段，如果确需更换鉴频频段，则必须进行元件值的更换。利用 DSP 芯片技术，可通过选择不同的参数来改变系统的工作频段，从而可在不对硬件电路作任何变更的前提下通过软件完成对不同频段的鉴频工作。

设有图 6-14 所示的模拟鉴频器电路，这是一个有负反馈的运算放大器电路，为求出系统的传输函数，先进行拆环处理。

1. 进行电路拆环

根据图 6-14 所示的模拟鉴频器电路，画出拆环后的等效电路结构，如图 6-15 所示。根据等效电路结构可求出网络的传输函数，它可以看作传输网络 $h_1(\mathrm{j}\omega)$ 和 $h_2(\mathrm{j}\omega)$ 的接联。

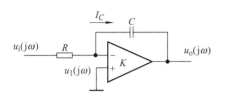

图 6-14　模拟鉴频器电路

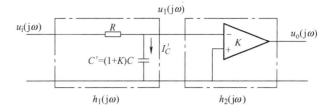

图 6-15　等效电路结构

2. 求网络 $h_1(j\omega)$ 的等效电容 C'

设放大器负向输入端电压为 $u_1(j\omega)$，图 6-14 中流过 C 的电流为 I_c，且有

$$I_C = \frac{u_1(j\omega) - u_o(j\omega)}{\dfrac{1}{j\omega C}} = \frac{u_1(j\omega) - (-K)u_1(j\omega)}{\dfrac{1}{j\omega C}} = \frac{(1+K)u_1(j\omega)}{\dfrac{1}{j\omega C}} = \frac{u_1(j\omega)}{\dfrac{1}{j\omega(1+K)C}} \qquad (6\text{-}20)$$

要使图 6-14 与图 6-15 等效，必须有图 6-15 中 $I'_C = I_C$，即有 $C' = (1+K)C$。

3. 求网络函数 $H(j\omega)$

设图 6-15 所示网络的传输函数为 $h(j\omega)$，则网络传输函数可表达为

$$\begin{aligned}
H(j\omega) &= \frac{u_o(j\omega)}{u_i(j\omega)} = \frac{u_o(j\omega) \cdot u_1(j\omega)}{u_i(j\omega) \cdot u_1(j\omega)} = \frac{u_1(j\omega) \cdot u_o(j\omega)}{u_i(j\omega) \cdot u_1(j\omega)} \\
&= H_1(j\omega) \cdot H_2(j\omega) = H_1(j\omega) \cdot (-K) = -K \cdot h_1(j\omega) \\
&= K \cdot \frac{u_1(j\omega)}{u_i(j\omega)} = -K \cdot \frac{\dfrac{u_i(j\omega)}{j\omega(1+K)C}}{R + \dfrac{1}{j\omega(1+K)C}} = -K \cdot \frac{\dfrac{1}{j\omega(1+K)C}}{R + \dfrac{1}{j\omega(1+K)C}} \\
&= \frac{-K}{j\omega(1+K)CR + 1}
\end{aligned} \qquad (6\text{-}21)$$

4. 对 $H(j\omega)$ 做拉普拉斯变换和 Z 变换

令 $s = j\omega$，得

$$H(s) = \frac{-K}{1 + (1+K)RCs} \qquad (6\text{-}22)$$

对 $H(s)$ 做 Z 变换，采用双积分变换式，令 $s = \dfrac{2}{T} \dfrac{1 - z^{-1}}{1 + z^{-1}}$，为简化计算，设在图 6-14 所示的鉴频器电路中，$K = 100$，$(1+K)RC/T = 400$，T 是数字电路采样的时钟，得

$$\begin{aligned}
H(z) &= \frac{-K}{1 + 400T \cdot \dfrac{2}{T} \cdot \dfrac{1 - z^{-1}}{1 + z^{-1}}} = -K \cdot \frac{1 + z^{-1}}{1 + z^{-1} + 800\,(1 - z^{-1})} \\
&= -K \frac{1 + z^{-1}}{(1 + 800) - (800 - 1)z^{-1}} = \left(\frac{-K}{800 + 1}\right) \cdot \frac{1 + z^{-1}}{1 - \dfrac{800 - 1}{800 + 1} \cdot z^{-1}} = b \cdot \frac{1 + z^{-1}}{1 - az^{-1}}
\end{aligned} \qquad (6\text{-}23)$$

上式中，令

$$b_0 = b_1 = \frac{-K}{800+1} = \frac{-100}{801} = -0.12484, \quad a_1 = \frac{800-1}{800+1} = 0.9975$$

故有

$$H(z) = \frac{b_0 + b_1 z^{-1}}{1 - a_1 z^{-1}} = \frac{-0.125 - 0.125 z^{-1}}{1 - 0.9975 z^{-1}} \tag{6-24}$$

5. 建立数字系统结构图

由式（6-24）可得对应的差分方程为

$$Y(z) = a_1 Y(z) z^{-1} + b_0 X(z) + b_1 X(z) z^{-1} \tag{6-25}$$

式（6-24）、式（6-25）所表示的方程为一阶 IIR 结构，如图 6-16 所示，它包括前向通道和反馈通道两个部分。

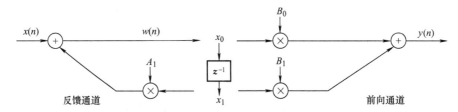

图 6-16　一阶 IIR 结构所表示的数字鉴频器电路

反馈通道： $\qquad x_0 = w(n) = x(n) + A_1 * x_1 \tag{6-26}$

前向通道： $\qquad y(n) = B_0 * x_0 + B_1 * x_1 \tag{6-27}$

三、数字系统的 DSP 程序设计方法

由图 6-14 的电路结构所得到的数字系统结构有两种描述方式，一种是按式（6-24）所表达的有理分式，用 DSP 硬件进行 IIR 滤波器设计所得到的是系统的传输函数。另一种是按式（6-25）所表达的线性多项式，对该表达式求 Z 反变换得到差分方程，并利用移位公式 $Z[x(n-m)] \longleftrightarrow z^{-m} X(z)$，可得

$$y(k) = a_1 y[k-1] + b_0 x[k] + b_1 x(k-1) \tag{6-28}$$

当对 $y(k)$ 施加冲激信号时，便得到递推公式

$$y(0) = b_0$$

$$y(1) = a_1 b_0 + b_1$$

$$y(n) = a_1 y[n-1] = a_1^n b_0 + a_1^{n-1} b_1 = a_1^n b_0 + a_1^{n-1} b_0 = b_0 a_1^{n-1}(a_1 + 1) \tag{6-29}$$

这正是第一节所介绍的利用 DSP 设计信号发生器的设计方法，所不同的是，第一节所求的输出信号波形是某已知函数，而这里所求的输出信号波形是根据某一具体电路求得，具有更为广泛的意义。即只要所求的模拟电路信号发生器的输出波形能用式（6-29）的线性多项式表达，就可用数字方式采用 DSP 来实现相同功能。

下面分别说明这两种设计方法。

1. 用鉴频器电路作为信号发生器

用鉴频器电路作为信号发生器时，网络只加一个冲激信号，便可从输出端获得相关的响应信号。由于本例不同于本章第一节的余弦信号的传输函数，其传输函数 $H(z)$ 为一阶函数，不构成振荡条件，故输出只能是一个暂态响应。

（1）编写汇编语言程序　用类似第一节中的方法，对式（6-29）编写汇编语言程序，并取采样频率为40kHz。数据存储器按图6-17所示进行分配。

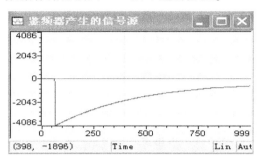

图6-17　用鉴频器作为信号源输出仿真波形

```
            . title      "discriminator_oscillator. asm"      ;鉴频器产生的信号源
            . mmregs                                          ;定义存储器映像寄存器
            . global    _c_int00,_tint,vector                 ;定义全局标号
            . bss       y1,1                                  ;为 y1 预留一个存储单元
            . bss       AA,1                                  ;为 AA 预留一个存储单元
            . text
_c_int00：   LD     #0,DP              ;下面是对存储器映像寄存器设置,DP = 0
            SSBX   INTM               ;关闭所有中断
            LD     #vector, A         ;取中断向量表地址到 A 获得 IPTR
            AND    #0FF80h, A         ;设置 PMST 高 9 位,低 7 位被屏蔽掉
            ANDM   #007Fh, PMST       ;提取 PMST 低 7 位,高 9 位被屏蔽掉
            OR     PMST, A            ;A 中的高 9 位与 PMST 中的低 7 位组合
            STLM   A, PMST            ;将原 PMST 中的 IPTR 换为 vector 高 9 位
            STM    #10h,TCR           ;关定时器
            STM    #2499,PRD          ;设置采样频率 f = 100M/(2499 + 1) = 40kHz
            STM    #20h,TCR           ;PRD 加载 TIM,TDDR 加载 PSC
            LDM    IMR, A             ;回读 IMR 中的值
            OR     #08h, A            ;开放 TIMER 中断
            STLM   A, IMR             ;开放 IMR
            LD     #AA, DP            ;设置 DP 指向 AA 所在页
            SSBX   FRCT               ;准备进行小数乘法
            ST     #7FAEh,AA          ;初始化 AA = 7FAEh = 9975 * 32768/1000
            LD     #0xF000,A          ;A = y[0] = bx[0] = b = F000 = - 125 * 32768/1000
            LD     AA,T               ;装载 AA 到 T 寄存器
            MAC    #0xF000,A          ;A = a * y[0] + b * x[0]
            STH    A,y1               ;y1 = y[1] = a * y[0] + b * x[0]
            STM    #0h,TCR            ;启动定时器工作
            RSBX   INTM               ;开放所有中断
```

```
again:      NOP                         ;空操作等待
            B       again               ;死循环,等待定时器中断
_tint:                                  ;定时器中断程序入口
            LD      AA,T                ;T = AA
            MPY     y1,A                ;y1 = AA * y[1]
            STH     A,y1                ;将新数据存入 y1
            RETE
            . end
```

汇编中断向量表与第一节相同,不再重复。

(2)编写命令文件程序

```
discriminator_oscillator. obj vec_table. obj
-o discriminator_oscillator. out
-m discriminator_oscillator. map
MEMORY
{           PAGE 0:     EPROM :org = 0080h,len = 0180h
            PAGE 1:     DARAM :org = 0080h,len = 0100h
}
SECTIONS
{           . text:             > EPROM    PAGE 0
            . int_table:        >(EPROM ALIGN (128) PAGE (0))
            . bss:              > DARAM PAGE 1
}
```

(3) 运行程序进行仿真   复位后执行 c_ int00 开始的汇编主程序,先进行初始化设置,然后定时器每 25μs 中断一次,中断程序跳转到主程序地址_ tint 执行,执行 y1 = AA * y[1]。程序执行起始地址为 0x0080,数据存放起始地址为 0x 0080。执行程序后的输出仿真波形如图 6-17所示。图中输出为负值是因为鉴频器的 $h_2(j\omega) = -K$。此外,由于图 6-14 电路结构图只有一个电抗元件,在式 (6-24) 中只有一个零极点,不构成周期振荡条件,只在 $\delta(0)$ 时刻的冲激信号作用下有一个暂态响应过程,这可应用于实现单稳态电路。

2. 用鉴频器电路作为传输函数

(1) 编写汇编语言程序   由式 (6-24) 可知,这是一个零、极点均不为零的网络,可按设计 IIR 结构的方法进行。

如图 6-17 所示,由式 (6-24) 所表达的传输函数包括反馈通道式 (6-26) 和前向通道式 (6-27) 两个部分。

数据与系数在存储器中的分配如图 6-18 所示。利用辅助寄存器地址增量寻址编写程序,优点是程序简练。汇编语言程序如下:

```
            . title      "discriminator. asm"    ; 给汇编程序取名
            . mmregs                             ; 定义存储器映像寄存器
            . def     _ c_ int00                 ; 定义全局标号_ c_ int00 的起始位置
xn          . usect    "xn", 3                   ; xn 存放输入数据 xn
```

yn	. usect	"y", 1	; yn 存入输出数据 yn
COEF	. usect	"COEF", 2	; COEF 的第一个单元存放 B0、B1，第二个单 ; 元存放 A1
PA0	. set	0	; 设置数据输出端口 I/O, PA0 = 0
PA1	. set	1	; 设置数据输入端口 I/O, PA1 = 1
	. text		
_ c_ int00:	SSBX	FRCT	; 定义小数乘法
	STM	#COEF, AR1	; COEF 首地址传给 AR1
	STM	#0xF000, * AR1 +	; 将 B0、B1 = F000h = − 125 * 32768/1000 ; 传到 COEF 单元
	STM	#7FAEh, * AR1	; 传送第二个系数 A1 = 7FAEh = 9975 * ; 32768/1000
	STM	#xn, AR2	; xn 地址传给 AR2
	STM	#COEF + 1, AR5	; COEF 中的 A1 地址传给 AR5
dscrmntr:	PORTR	PA1, * AR2	; 从 PA1 口输入数据到 AR2 地址指向的单 ; 元 x(n) = x_0
	DELAY	* AR2 +	; 将 xn 复制到 x_0 单元中，AR2 指向 x_0，设 ; 输入探针
	LD	* AR2 +, 16, A	; 计算反馈通道：AH = x(n), AR2 指向 x_1
	MAC	* AR2 −, * AR5 −, A	; A = x(n) + A1 * x1 = x0, AR2 指向 x_0, AR5 ; 指向 B_0
	STH	A, * AR2	; 保存 x_0, x_0 单元内容为 x_0 = x(n) + A1 * x_1
	MPY	* AR2 +, * AR5, A	; 计算前向通道：A = B_0 * x_0, AR2 指向 x_1 ; AR5 指向 B_1, B_0、B_1 在同一单元
	MAC	* AR2 −, * AR5 +, A	; A = B_0 * x_0 + B_1 * x_1 = y(n), AR2 指向 x_0, ; AR5 指向 A1, 为下一轮运算做准备
	DELAY	* AR2 −	; 将 AR2 = x_0 所指单元内容复制到 x_1 单元中 ; 使 x_0 退变为 x_1, 为下一轮运算做准备
	STH	A, yn	; 保存 A , yn = AH, 设置输出探针地址 yn
	BD	dscrmntr	; 执行完下条指令后循环
	PORTW	yn, PA0	; 向 PA0 口输出数据 y(n)
	. end		

（2）编写命令文件程序　根据图 6-18 所示的存储器编写命令文件 discriminator. cmd 程序如下：

discriminator. obj

-o discriminator. out

-m discriminator. map

MEMORY

{

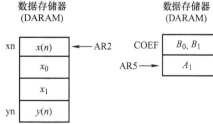

图 6-18　数据与系数在存储器中的分配

```
    PAGE 0：     EPROM：org = 0080h，len = 0180h
    PAGE 1：          SPRAM：org = 0060h，len = 0020h
                      DARAM：org = 0080h，len = 0100h
}
SECTIONS
{
    . text：          > EPROM PAGE 0
    . bss：           > SPRAM PAGE 1
    xn：              > DARAM PAGE 1
    yn：              > DARAM PAGE 1
    . COEF：          > DARAM PAGE 1
}
```

（3）制作输入信号　在 MATLAB 工具下生成 2 个正弦信号加白噪声的合成信号作为软件仿真的输入信号，MATLAB 程序如下：

```
% 产生两个正弦信号加白噪声
N = 128；
f1 = 1300；
f2 = 2100；
fs = 40000；
w = 2 * pi/fs；
x1 = sin（w * f1 *（0：N - 1））+ sin（w * f2 *（0：N - 1））
x2 = sin（w * f1 *（0：N - 1））+ sin（w * f2 *（0：N - 1））+ 100 * randn（1，N）；
% 画曲线
subplot（2，1，1）；
plot（x1（1：N））；
ylabel（'两个正弦信号'）
subplot（2，1，2）；
plot（x2（1：N））；
ylabel（'正弦信号加白噪声'）
c1 = x2'
```

该信号的时域波形如图 6-19 所示。由 MAT-LAB 生成的数据为十进制数据，而 CCS 仿真所要求的输入数据为十六进制数据，应进行数据转换，转换后的数据文件 s2_ n100_ data. dat 如下所示。

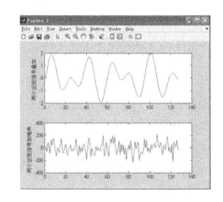

图 6-19　两个正弦与噪声合成时域波形

1651 1 200 1 1

0xEE24	0x6322	0xBDEB	0xF395	0x2106	0xA536	0x1B80
0xBB16	0xC86F	0x0B0A	0x2D1D	0x278C	0x2949	0xCF98
0x049D	0x1DAE	0xD454	0xB30F	0xD714	0xEABD	0xEDC0
0x0BBA	0x4245	0x3A35	0x1111	0x08F5	0x0E1E	0xF539
0xD010	0xE362	0xDE7D	0x2505	0x0991	0x095C	0xCE7F
0x317A	0x22D7	0x153C	0x1D63	0xD601	0x011C	0xC961
0x30E0	0x33EC	0x0904	0x17E4	0xE111	0xD5C8	0x266D
0xFF37	0xBE38	0xD985	0x0147	0x2C2B	0xD8E3	
0x0D85	0xC4E8	0xA6E6	0xE3B2	0xFABB	0xEFD6	
0x07EA	0x1808	0xFD7F	0x17B2	0x0FE4	0xCF3E	
0xF816	0xEFB2	0xD719	0xF5E6	0x0456	0xD43F	
0x1E20	0x1CD7	0x194F	0xF0D1	0xE5C5	0x3D50	
0xE731	0x214A	0x4576	0xF3CF	0xE9AA	0x0298	
0x59D9	0x1D6D	0x1860	0xC33D	0x1218	0xCE20	
0xF9FB	0x347B	0xE4D5	0xF5C2	0xD915	0xFE8D	
0x0473	0x1BA5	0x0F6E	0x04D5	0x1FA7	0xD135	
0x2C40	0x308F	0xD61D	0x0C3B	0x1757	0xC840	
0x027D	0xFB15	0xFF25	0x3BCA	0xDD83	0xF485	
0xFCC1	0xFF16	0xFE6E	0xF11D	0xF4E5	0x2755	
0xDDAB	0xFA3D	0x0014	0x1A5E	0xCEF5	0x04AD	

s2_ n100_ data. dat 中第一行为文件头信息，下面每个数据占一行。数据类型可以是十六进制数、整型、长整型 、浮点型，但在 C54x 系列 DSP 中，只能用十六进制数或整型。文件头信息中的 1651 为固定格式，下一个字段为数据类型格式，用 1 表示十六进制数，2 表示整型数，3 表示长整型数，4 表示浮点型数。后面三个量分别表示保存数据的起始地址、页号和数据长度。

（4）运行程序　运行 discriminator. out 可执行程序后所得振幅波形和频谱波形如图 6-20

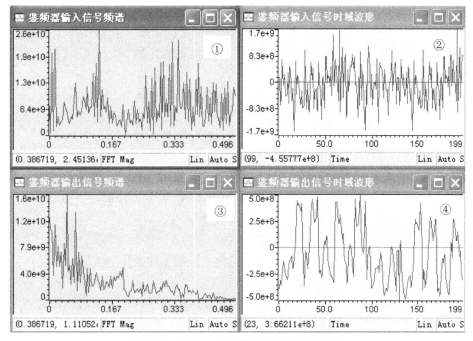

图 6-20　输入、输出信号频域和时域波形

所示。图中①为输入信号的频谱；②为输入模拟信号的时域幅度，信号含有较多的高频分量；③为经图 6-14 等效的 DSP 数字电路处理后的频谱，由于图 6-14 为鉴频器电路，对高频信号衰减较大，只让低频信号通过，故③中低频信号幅度较大，而高频信号幅度较小；④为输出信号的时域幅度，高频分量大大减少。图 6-21 为存储器的使用情况。

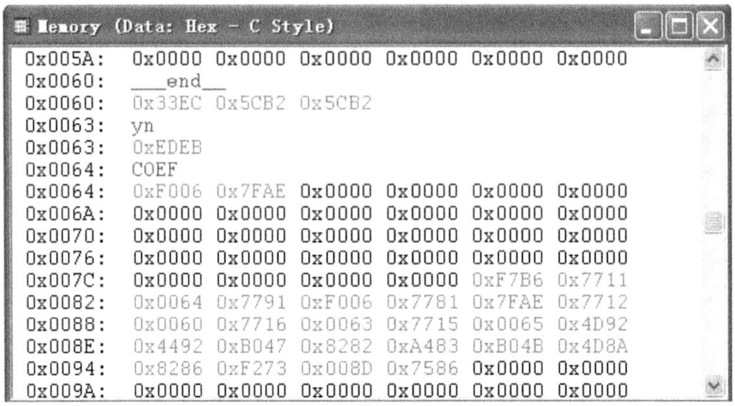

```
Memory (Data: Hex - C Style)
0x005A:   0x0000 0x0000 0x0000 0x0000 0x0000 0x0000
0x0060:   ___end__
0x0060:   0x33EC 0x5CB2 0x5CB2
0x0063:   yn
0x0063:   0xEDEB
0x0064:   COEF
0x0064:   0xF006 0x7FAE 0x0000 0x0000 0x0000 0x0000
0x006A:   0x0000 0x0000 0x0000 0x0000 0x0000 0x0000
0x0070:   0x0000 0x0000 0x0000 0x0000 0x0000 0x0000
0x0076:   0x0000 0x0000 0x0000 0x0000 0x0000 0x0000
0x007C:   0x0000 0x0000 0x0000 0x0000 0xF7B6 0x7711
0x0082:   0x0064 0x7791 0xF006 0x7781 0x7FAE 0x7712
0x0088:   0x0060 0x7716 0x0063 0x7715 0x0065 0x4D92
0x008E:   0x4492 0xB047 0x8282 0xA483 0xB04B 0x4D8A
0x0094:   0x8286 0xF273 0x008D 0x7586 0x0000 0x0000
0x009A:   0x0000 0x0000 0x0000 0x0000 0x0000 0x0000
```

图 6-21   存储器的使用情况

（5）用 C 语言编写程序   除用汇编语言按上述方法编写完成图 6-14 所示结构功能的程序外，也可用 C 语言编写程序来达到相同目的。C 语言程序如下：

```
asm（"PA0.set 0"）;              /*  定义输入数据端口  */
asm（"PA1.set 1"）;              /*  定义输出数据端口  */
float buf[1];                   /*  存放缓冲数据  */
const float a1 = 0.99975;       /*  说明浮点型常数 a1  */
const float b0 = -0.12484;      /*  说明浮点型常数 b0  */
const float b1 = -0.12484;      /*  说明浮点型常数 b1  */
int xn = 0, x0 = 0, x1 = 0, yn = 0;   /*  说明整型变量数 xn、x0、x1、yn，并清零  */
void read（void）               /*  定义输入数据函数  */
{
  asm（"PORTR PA0,_xn"）;        /*  将端口并行数据输入给变量 xn  */
}
void  write（float val）        /*  定义输出数据函数  */
{
  asm（"PORTR #_yn,PA1"）;       /*  将输出数据 yn 送给并行输出端口  */
}
void main（）                    /*  主函数  */
{
    while（1）                   /*  设定主函数工作条件  */
    {
      read（）;                  /*  调用输入数据函数为后面的计算赋值  */
                                /*  此处设置输入探针，地址 0x0088，长度为 1  */
      x0 = xn + a1 * x1;        /*  计算赋值反馈通道  */
```

```
yn = b0 * x0 + b1 * x1;        /*  计算赋值前向通道 */
x1 = x0;                       /*  产生延迟, 得到 z⁻¹, 为下一轮计算做准备 */
write (yn);                    /*  调用输出数据函数, 输出计算后的结果数据 */
                               /*  此处设置断点和输出探针, 地址 0x008B, 长
                                   度为 1 */

    }
}
```

与上面程序相应的命令文件程序：

```
MEMORY
{
PAGE 0: EPROM: org  = 0x0080      len  = 0x0300
PAGE 1: DARAM: org  = 0x0080      len  = 0x0500
}
SECTIONS
{
    . text:    >        EPROM    PAGE 0
    . cinit:   >        EPROM    PAGE 0
    . switch:  >        EPROM    PAGE 0
    . data:    >        EPROM    PAGE 0
    . const:   >        DARAM    PAGE 1
    . bss:     >        DARAM    PAGE 1
    . stack:   >        DARAM    PAGE 1
    . system:  >        DARAM    PAGE 1
}
```

仿真波形图如图 6-22 所示：图中①为输入信号的频谱；②为输入信号的时域波形；

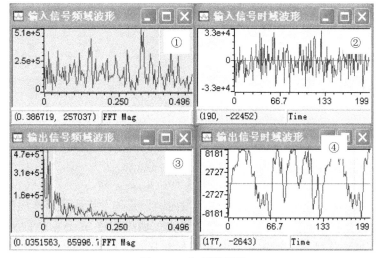

图 6-22 仿真波形图

③为经等效的 DSP 处理后的频谱图，由于图 6-14 为鉴频器电路，对高频信号衰减较大，只让低频信号通过，故图③中，低频信号幅度较大，而高频信号幅度较小；④为经等效的 DSP 处理后的输出信号的时域波形。

图 6-23 所示为存储器使用和分配情况。图 6-24 所示为工程目录下的文件。

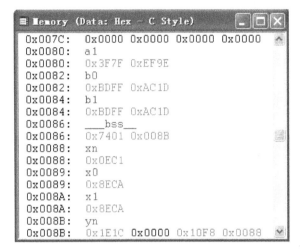

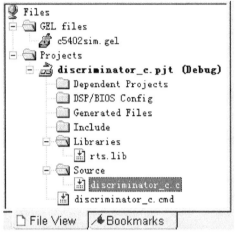

图 6-23　存储器使用和分配情况　　　　图 6-24　工程目录下的文件

第六节　信号抗干扰与衰落设计

一、信号抗干扰与衰落的基本概念

把 $m \times n$ 矩阵 A 中的行列互换之后得到一个 $n \times m$ 矩阵，称为 A 的转置矩阵，记作 A^T，转置矩阵的行列式不变。若有 $m \times n$ 矩阵 A 为

$$A = \begin{pmatrix} a_{11} & a_{12} & a_{13} & \cdots & a_{1(n-1)} & a_{1n} \\ a_{21} & a_{22} & a_{23} & \cdots & a_{2(n-1)} & a_{2n} \\ \vdots & \vdots & \vdots & & \vdots & \vdots \\ a_{m1} & a_{m2} & a_{m3} & \cdots & a_{m(n-1)} & a_{mn} \end{pmatrix} \tag{6-30}$$

则 $n \times m$ 转置矩阵 A^T 为

$$A^T = \begin{pmatrix} a_{11} & a_{21} & a_{31} & \cdots & a_{(m-1)1} & a_{m1} \\ a_{12} & a_{22} & a_{32} & \cdots & a_{(m-1)2} & a_{m2} \\ \vdots & \vdots & \vdots & & \vdots & \vdots \\ a_{1n} & a_{2n} & a_{3n} & \cdots & a_{(m-1)n} & a_{mn} \end{pmatrix} \tag{6-31}$$

在通信信号的传输过程中，当在某一时间段内由于某种干扰或衰落造成信号在该时段内丢失时，接收端就会收不到信号，造成数据的丢失。如果能将 m 个 n 位数据信号作为一个码片按 m 行 n 列的矩阵排列，在传输前先进行转置运算，然后再逐行顺序传输，则当该干扰或衰落时间段内数据丢失时，只丢失 m 个 n 位数据中的 1 位，因而可通过冗余编码方式

进行纠错，从而避免了数据损失，达到信号的抗干扰和抗衰落传输目的，如图 6-25 所示。编码前干扰造成字节 a3 整个丢失，无法修复。如进行转置运算再传输时，干扰造成 a0～a7 这 8 个字节中的所有第 3 位丢失，每个字节的其他 7 位得到正确传输，因而可通过纠错编码恢复原数据。

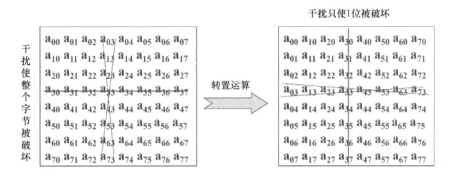

图 6-25　信号的抗干扰和抗衰落传输编码

二、信号抗干扰与衰落的程序设计

编写完成转置运算的 DSP 汇编语言程序，以 16 个输入字为一个码片单位，进行转置运算后，输出由这 16 个输入字各列组成的新的 16 个字。方法是从这 16 个输入字中，每次依次从第一个字到最后一个字取出一个相同的位，构字一个新的 16 位字。这样 16 位的输入字共可组成 16 个输出字。

具体方法是：先装载第 1 个输入数据 xn 到 A，装载时左移 1 位，使 xn 的最高位被放置在 A 的高字的最低位，A 的低字的最低位补 0，然后再将 A 的低字放回 xn，这时 xn 的最高位已被取走，数据被左移了一位。然后再将 A 的高字移到低字，取得输入字的最高位。对 A 做与 1 运算，判断 xn 的最高位是 0 或 1，获取 A 的最低 1 位，其他位清零，再将 A 的最低 1 位暂存到 temp，temp 中存放的是 xn 的最高位，如图 6-26 所示。

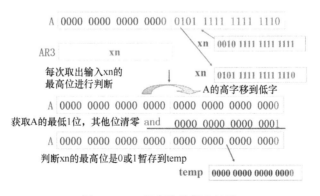

图 6-26　xn 最高位的提出过程

装载输出数据 yn 到 A，并左移 1 位，使 yn 的最高位被放置在 A 的高字最低位，A 的低字最低位补 0。用 temp 对 A 做或运算，将过去获取的位与本次获取的位相连接，存放 A 的低字节获取的各位输出数据到输出单元 yn。如果未完成 16 个字的某位提取时，转到下字的处理；否则，调整输出地址指针，指向下个输出单元。然后在提取输入字下一位前，复位循环次数初值和输入地址初值。如果 16 个输入字未逐位转置完，循环上述处理过程，否则结束处理。如图 6-27 所示。

图 6-27　转置数据存入到输出单元 yn 的过程

设输入码片为 0x2FFF,0,0xFFFF,0,0xFFFF,0,0xFFFF,0,0xFFFF,0,0xFFFF,0,0xFFFF,0,0xFFFF,0，则转置后的数据码片为 0x2AAA, 0x2AAA, 0xAAAA, 0x2AAA, 0xAAAA, 0xAAAA, 0xAAAA, 0xAAAA, 0xAAAA, 0xAAAA, 0xAAAA, 0xAAAA, 0xAAAA, 0xAAAA, 0xAAAA,0xAAAA。

1. 编写汇编语言程序

	.title　"turbo code"	;求 16 个字转置后输出新的 16 字
	.mmregs	;定义存储器映像寄存器
	.def　_c_int00	;定义标号_c_int00
	.bss　temp,1	;定义中间运算的临时变量单元
Xn	.usect　"indata",16	;定义 16 个单元的输入数据段
yn	.usect　"outdata",16	;定义 16 个转置编码后输出单元
	.data	;定义数据段
table：	.word　0x2FFF,0,0xFFFF,0,0xFFFF,0,0xFFFF,0	;16 个待编码数据
	.word　0xFFFF,0,0xFFFF,0,0xFFFF,0,0xFFFF,0	
	.word　0,0,0,0,0,0,0,0,0,0,0,0,0,0,0,0	;清空 16 个输出单元
	.text	;定义代码段
_c_int00：		
	STM　#xn,　AR1	;AR1 指向 16 个待编码数据起点
	RPT　#31	;重复 32 次下条指令
	MVPD table,　*AR1+	;将程序空间的 32 个数据传到数 ;据空间
	STM　#xn,　AR3	;AR3 指向输入 xn 的起始地址

```
          STM      #yn,         AR4        ;AR4 指向输出 yn 的起始地址
          STM      #15,         AR2        ;将循环次 15 赋给 AR2,控制对 16 位操作
          STM      #15,         AR1        ;将循环次 15 赋给 AR1,控制对 16 字操作
          RSBX     SXM                     ;禁止符号位扩展
          LD       #temp,       DP         ;设置数据存储器页指针的起始位置
loop：    LD       *AR3,1,      A          ;装载输入数据 xn 到 A,装载时左移 1 位
          STL      A,           *AR3+      ;存放 AL 回 xn 原单元,原数据左移了一位
          LD       A,-16,       A          ;A 的高字移到低字,取得输入字的最高位
          AND      #1,          A          ;获取 A 的最低 1 位,其他位清零
          STL      A,           temp       ;将 A 的最低 1 位暂存到 temp
          LD       *AR4,1,      A          ;装载输出数据 yn 到 A,并左移 1 位
          OR       temp,        A          ;将过去获取的位与本次获取的位相连接
          STL      A,           *AR4       ;将获取的各位输出数据存入输出单元 yn
          BANZ     loop,        *AR2-      ;未完成 16 个字的某位提取时,转到下字
          MAR      *AR4+                   ;调整输出地址指针,指向下个输出单元
          STM      #15,         AR2        ;提取输入字下一位前,复位循环次数初值
          STM      #xn,         AR3        ;提取输入字下一位前,复位输入地址初值
          BANZ     loop,        *AR1-      ;16 个输入字未逐位转置完,循环处理
          .end                            ;完成转置 16 个输入字后,结束程序
```

}

2. 编写存储器分配的命令文件程序

```
exam. obj
-o exam. out
-m exam. map
MEMORY
{
    PAGE 0：  EPROM：org =0080h,   len =0080h
    PAGE 1：  SPRAM：org =0060h,   len =0010h
              DARAM：org =0080h,   len =0040h
}
SECTIONS
{
    . text :                  >   EPROM   PAGE 0
    . data：                  >   EPROM   PAGE 0
    . bss :                   >   SPRAM   PAGE 1
    indata：   align(16){}    >   DARAM   PAGE 1
    outdata：  align(16){}    >   DARAM   PAGE 1
}
```

运行上述程序后，存储器中 xn 和 yn 单元中数据的变化结果如图 6-28 所示。

程序运行前输入数据　　　　　　　　　程序运行后输出数据

图 6-28　传输数据转置前后对比编码

第七节　信号脉宽调制设计

一、信号脉宽调制的基本概念

脉冲宽度调制（Pulse Width Modulation，PWM），简称脉宽调制，是利用微处理器的数字输出来对模拟电路进行控制的一种非常有效的技术，广泛应用于测量、通信，以及功率控制与变换等许多领域中。PWM 将输入的宽度相等但幅度变化的信号，通过调制变换为幅度相等但宽度变化的输出信号，从而实现将幅度变化信号转换为宽度变化信号。

二、信号的脉宽调制的程序设计

根据输入信号的数值，控制输出脉冲的宽度。若输入信号 xn 的数值为 0，则输出信号 yn 的脉冲宽度为 0；若输入信号 xn 为数值为 1，则输出脉冲的高电平宽度为 1 个周期的持续时间；当输入信号 xn 为 8，则输出信号 yn 的脉冲的高电平宽度为 8 个周期的持续时间。由于脉冲宽度的不同，接收端通过积分电路获得的信号幅度不同，从而实现对 PWM 信号的解调制。

1. 编写汇编语言程序

```
        . title   "PWM_code. asm"      ;将 8 个数据按数值延迟的 PPM 调制
        . mmregs                        ;定义存储器映像寄存器
        . def   _c_int00                ;定义文本段起始标号_c_int00
        . bss   yn,1                     ;定义输出信号 yn 变量单元
xn：     . usect  "xn",8                 ;为 8 个输入数据分配 8 单元的用户定义段 xn
        . data                           ;定义数据段
table：  . word  0x01,0x02,0x03,0x04     ;设定 8 个待编码数据
        . word  0x05,0x06,0x07,0x08
```

```
        . text                              ;定义代码段
_c_int00:
        STM     #xn,        AR1             ;AR1 指向 8 个待编码数据起点
        RPT     #7                          ;重复 8 次下条指令
        MVPD    table,      * AR1 +         ;将程序空间的 8 个数据传到数据空间
        LD      #xn,        DP              ;设置数据存储器页指针
        STM     #xn,        AR2             ;装载输入数据 xn 起始地址到 AR2
        STM     #yn,        AR3             ;装载输出数据 yn 起始地址到 AR3
        LD      #7FFFH,     A               ;装载输出数据幅度值 7FFFH 到 A 累加器
        STH     A,          * AR3           ;用 A 累加器高 16 位将输出 yn 复位为 0
loop1:  LD      * AR2 +,    B               ;装载输入数据 xn 到 B 累加器
        BC      loop1,      BEQ             ;如输入为 0,不做延迟处理,输新数据
        STL     A,          * AR3           ;否则进行延迟处理,输出高电平
loop2:  SUB     #1,         B               ;延迟一个周期输出高电平,输入数据减 1
        BC      loop2,      BNEQ            ;若 B 为 0 结束延迟,否则继续延迟
        STM     #0,         * AR3           ;结束延迟输出低电平
        B       loop1                       ;取下一个数据进行延迟输出处理
        . end                               ;结束程序
```

2. 编写存储器分配的命令文件程序

```
    PWM_code. obj
    -o PWM_code. out
    -m PWM_code. map
    MEMORY
    {
            PAGE 0:     EPROM:org = 0080h, len = 0080h
            PAGE 1:     SPRAM:org = 0060h, len = 0010h
                        DARAM:org = 0080h, len = 0020h
    }
    SECTIONS
    {
        . text      : >     EPROM PAGE 0
        . data      : >     EPROM PAGE 0
        . bss       : >     SPRAM PAGE 1
        Xn          : >     DARAM align(8) { } PAGE 1
    }
```

当输入为 $x(n) = \{0x01, 0x02, 0x03, 0x04, 0x05, 0x06, 0x07, 0x08\}$ 8 个数据时，运行上面程序得到对输入信号按 PWM 调制后的输出仿真波形，如图 6-29 所示。

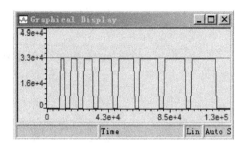

图 6-29 按 PWM 调制后的输出仿真波形

第八节 信号振幅调制设计

一、信号振幅调制的基本概念

在通信领域，为了尽可能提高信道的利用效率，最常用的方式是将基带信号通过载波调制搬移到不同的频带上，实现对传输信道的频分复用。载波调制方式在技术上称之为振幅调制（Amplitude Modulation，AM）。在进行振幅调制时，通常并不关心信号幅度的变化，因为调制后还要在后续电路中进行幅度的处理，故振幅调制时，只关心调制后频谱的变化，即

$$y(t) = sine^{\omega_c t} \times sine^{\omega_o t} \rightarrow sine^{(\omega_c \pm \omega_o)t} \tag{6-32}$$

式中，ω_o 是基带信号频率，ω_c 是载波信号频率，$\omega_c \pm \omega_o$ 是经载波调制后产生的上下边带信号频率。经载波调制后，再经过滤波器滤波，可获得上边带信号或下边带信号的单边带信号，如果上下边带信号都选用，则称为双边带调制。

因此，$y(t) = sine^{\omega t} \times sine^{4\omega t} \rightarrow sine^{3\omega t} + sine^{5\omega t}$ 可将低频信号搬移到载波频段。假设对正弦信号的采样频率为 40kHz，则

$$y(n) = sine^{2\pi n 500/40000} \times sine^{2\pi n 2000/40000} \qquad n = \{0, 1, 2, \cdots\}$$

这样，对 500Hz 正弦信号进行采样时，1 个完整周期需采样 $n = 80$ 个采样值，在这段时间内对 2kHz 信号需 $n = 20$ 个采样值。用 sine05k. dat 提供 80 个 500Hz 正弦信号的输入采样值，通过探针方式读取输入信号，2000Hz 信号作为参数输入，可完成将 500Hz 的正弦信号经 2000Hz 载波调制为 1500Hz 的下边带正弦信号和 2500Hz 的上边带正弦信号。

二、信号振幅调制的程序设计

1. 编写汇编语言程序

```
        . title "sinxsin4x. asm"                ;为汇编程序取名
        . mmregs                                ;定义存储器映像寄存器
        . def   _c_int00                        ;定义标号_c_int00 为全域量
        . bss   sine05k_in,1                     ;为 sine05k 输入数据分配 1 存储单元
        . bss   sine2k_in, 1                      ;sine2k 输入数据分配 1 存储单元
        . bss   y,          1                    ;y = sine05k * sine2k 输出数据单元
sine05k . usect "sine05k",128                   ;定义 128 个单元的未初始化段 sine05k
```

```
sine2k：. usect "sine2k", 128          ;定义 128 个单元的未初始化段
                                       ;sine2k

    . data                             ;定义 80 个采样值的数据段
table：                                ;为数据段起始地址取名
    . word 0x0000,0xD6EB,0xB37C,0x9788,0x85CC ;4 个周期的 sine2k
    . word 0x8003,0x86BE,0x9954,0xB5F5,0xD9D4  ; 数据共包含 80 个采样值
    . word 0x016D,0x28E3,0x4C5A,0x6859,0x7A24  ;
    . word 0x7FFE,0x7953,0x66CB,0x4A35,0x265E
    . word 0xFEC7,0xD74E,0xB3D0,0x97C5,0x85EB
    . word 0x8002,0x869D,0x9916,0xB5A0,0xD970
    . word 0x0104,0x2880,0x4C06,0x681D,0x7A05
    . word 0x7FFF,0x7974,0x6709,0x4A8A,0x26C2
    . word 0xFF30,0xD7B1,0xB424,0x9802,0x860B
    . word 0x8001,0x867C,0x98D8,0xB54B,0xD90D
    . word 0x009C,0x281D,0x4BB2,0x67E0,0x79E5
    . word 0x7FFF,0x7995,0x6747,0x4ADF,0x2725
    . word 0xD814,0xB478,0x983F,0x862B,0x8001
    . word 0x865B,0x989B,0xB4F7,0xD8A9,0x0034
    . word 0x27BA,0x4B5E,0x67A3,0x79C5,0x7FFF
    . word 0x79B5,0x6784,0x4B34,0x2788,0x0000
    . text                             ;定义文本段
_c_int00：                             ;为文本起始地址段取名
    STM     #0,SWWSR                   ;软件等待状态寄存器置 0,不设等待
    SSBX    FRCT                       ;置小数运算位 FRCT = 1
    STM     #sine2k,AR1                ;将 sine2k 在 RAM 的地址复制
                                       ;到 AR1

    RPT     #79                        ;重复执下条指令 80 次
    MVPD    table, * AR1 +             ;将 4 个周期的 80 个 sine2k 搬
                                       ;移到 RAM

    STM     #sine05k + 79,AR3          ;将输入数据 sine05k 地址赋给 AR3
    STM     #sine2k + 79,AR4           ;将输入数据 sine2k 地址赋给 AR4
    STM     #80,BK                     ;设置循环次数计数器初值为 80
    STM     # - 1,AR0                  ;设置减计数步长
    LD      #sine05k_in,DP             ;设置页指针为 0
crry：
    MPY     * AR3 +0% , * AR4 +0% ,A   ;运行 y = sine05k * sine2k 并将结果
                                       ;赋给 A

    STH     A,y                        ;将 A 的高字赋给 y,观看载波输出
                                       ;波形
```

MVKD	#sine05k_in, * AR3		;设置探针读入 500Hz 数据,并观看 ;波形
MVDK	* AR4 +0% ,sine2k_in		;观看 2000Hz 波形
B	crry		;设置断点,无条件转移到对下个采 ;样值的处理
. end			;结束程序

2. 编写存储器分配的命令文件程序

```
sinxsin4x. obj
-o   sinxsin4x. out
-m   sinxsin4x. map
MEMORY
{
    PAGE 0:    EPROM:org =0080h, len =1000h
    PAGE 1:    SPRAM:org =0060h, len =0020h
               DARAM:org =0080h, len =1380h
}
SECTIONS
{
    . text  :              > EPROM PAGE 0
    . data  :              > EPROM PAGE 0
    . bss   :              > SPRAM PAGE 1
    sine05k: align (128){} > DARAM PAGE 1
    sine2k : align (128){} > DARAM PAGE 1
}
```

输入的 sine05k. dat 文件如下:

1651 1 61 1 1

0x0000	0xA53E	0x8001	0xA5AC	0x0034	0x5A9E	0x7FFF	0x5A79
0xF58F	0x9E71	0x806C	0xAD10	0x0A3D	0x616D	0x7F99	0x5318
0xEB96	0x983F	0x81A0	0xB4F7	0x1437	0x67A3	0x7E68	0x4B34
0xE1BD	0x92B0	0x839B	0xBD54	0x1E10	0x6D35	0x7C71	0x42D9
0xD814	0x8DCD	0x865B	0xC61A	0x27BA	0x721B	0x79B5	0x3A15
0xCEAA	0x899E	0x89DA	0xCF3B	0x3125	0x764E	0x763A	0x30F5
0xC58E	0x862B	0x8E14	0xD8A9	0x3A43	0x79C5	0x7204	0x2788
0xBCCE	0x8377	0x9301	0xE256	0x4305	0x7C7D	0x6D1A	0x1DDD
0xB478	0x8187	0x989B	0xEC31	0x4B5E	0x7E71	0x6784	0x1403
0xAC99	0x805F	0x9ED7	0xF62B	0x533F	0x7F9D	0x614B	0x0A09

运行程序后信号的 AM 调制仿真波型如图 6-30 所示。图中上面一层为时域波形,下面一层为与上层对应的频域波形。第一列为输入 500Hz 的波形,第二列为输入 2000Hz 的波形,第三列为输出的 AM 调制后的上边带信号 2500Hz、和下边带信号 1500Hz 波形。

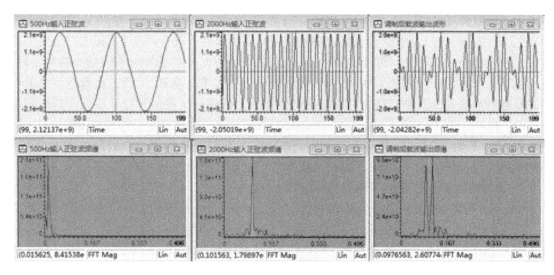

图 6-30 信号的 AM 调制仿真波型波形

第九节 HDB3 码的编解码设计

一、三阶高密度双极性码的基本概念

三阶高密度双极性码（High Density Bipolar of Order 3 code，HDB3 码）是一种适用于基带传输的编码方式，具有能量分散、抗破坏性强等特点。HDB3 码将 4 个连续的 0 码取代成 000V 或 B00V。编码规则如下：

1）输入连 0 的个数不超过 3 时，输入码中 0 在输出时保持不变直接输出，输入码中 1 变为 −1、+1 交替输出。

2）若连 0 的个数超过 3，则将每 4 个 0 看作一小节，定义为 B00V，B、V 可以是 0、±1。

3）B 和 V 具体值应满足这样的条件：V 和前面相邻非 0 码极性相同；不看 V 时 1 码极性交替；V 与 V 之间极性交替。

4）一般第一个 B 取 0，第一个非 0 码取 −1。由于 V 会破坏极性交替的规律，B 有 3 种变化以满足规则，所以 V 称为破坏脉冲，B 称为调节脉冲，B00V 称为取代节或破坏节。例如：

单极性归零码序列：

1 0 0 0 0 1 0 1 0 0 0 0 1 1 1 0 0 0 0 0 0 0 0 0 0 1

HDB3 码序列：

V_+ −1 0 0 0 V_- +1 0 −1 B_+ 0 0 V 0 −1 +1 −1 0 0 0 V_- B_+ 0 0 V_+ 0 −1

二、HDB3 码的编码设计

1. 设置两个 V 之间包涵奇数或偶数个 1 标志 foe

foe 标志用来标识数据流中两个 V 之间传号为 1 码的奇偶个数。当 foe = 0 时，表示两个

V 之间有偶数个（0，2，4，8，…）1 码；当 foe = 1 时，表示两个破坏脉冲 V 之间有奇数个（1，3，7，9，…）1 码。当数据流中每出现一次 1 码时，进行一次 foe 标志与数值 1 的异或运算，即 foe = foe⊕1。初始设置时 foe = 0，破坏脉冲 V = 1，假定为有偶数个传号 1 码，且前次插入 V = -1。此后若数据流中传号为 1 码，foe 改变一次 0、1 值，表示传号为 1 码的正负极性改变一次，即 1 码的正负极性交替变换，消除数据流中的直流成分。这样安排后，4 个连 0 出现后，foe = 1 时，插入码组为 000V，B = 0，V 的正负极性与前面的传号 1 码的极性相同。当 foe = 0 时，插入码组为 B00V，B、V 码的正负极性与前面的 V 码、传号 1 码的极性相异。每插入一个码组 000V、B00V 后，复位 foe = 0。

2. 设置标志输出正码或负码的奇数或偶数个数 fpn

fpn 标志用来标识输出数据流中传号为 1 码、B00V 码组的正码或负码的奇数或偶数个数。当 fpn = 0 时，表示 HDB3 输出码中 1 码、B00V 码组为偶数个（0，2，4，8，…）负脉冲，其中 B00V 码组中的同相脉冲 B、V 当做为一个脉冲计数。当 fpn = 1 时，表示 HDB3 输出码中 1 码、B00V 码组为奇数个（1，3，5，7，…）正脉冲，其中 B00V 码组中的同相脉冲 B、V 当作一个脉冲计数。当数据流中每出现一次 1 码、B00V 码组时，进行一次 fpn 标志与数值 1 的异或运算，即 fpn = fpn⊕1。初始设置时 fpn = 0，传号为 1 码，且为正脉冲。此后若数据流中传号为 1 码或插入码组 B00V，进行一次 fpn = fpn⊕1，改变一次 0、1 值，表示 HDB3 码的正负极性改变一次，消除数据流中的直流成分。这样安排后，出现 1 码或插入码组 B00V 时，运算结果 fpn = fpn⊕1 = 0 时，1 码或 B00V 中的 B、V 码极性为负极性；运算结果 fpn = fpn⊕1 = 1 时，1 码或插入码组 B00V 中的 B、V 码极性为正极性。当插入码组 000V 时，不进行 fpn = fpn⊕1 运算。对于 000V 中 V 码的极性，当 fpn = 0 时为负，当 fpn = 1 时为正。

3. 存储器分配

如图 6-31 所示为存储器分配方案。

1）60 开始的单寻址空间分配。

用 60 单元存放新输入待编归零码原始码序列数据 new_data。

用 61 单元存放最终输出的编写好的 HDB3 码数据 hdb3。

用 62 单元存放在两个 V 之间输入 1 的奇偶个数标志 foe，foe = 1 为奇数，0 为偶数。

用 63 单元存放输出码为正负脉冲的奇偶个数标志 fpn，fpn = 1 为奇数个正脉冲，0 为偶数。

60	new_data	输入
61	hdb3	输出
62	foe	0
63	fpn	1
64	tpvl0	0
65	tpvl1	1
66	tpvl1n	-1
80	tmp	V
81		V
82		0
83		0
84		B

图 6-31　存储器分配方案

用 64 单元存放输出为 0 码的常数单元 tpvl0。

用 65 单元存放输出为 1 码的常数单元 tpvl1。

用 66 单元存放输出为 -1 码的常数单元 tpvl1n。

2）80 开始的双寻址空间分配。

用 80 开始的 5 个双寻址单元作为线性滑动窗口，存放最新输出的 4 个 HDB3 码数据。编码的 HDB3 数据首先存放在 80 单元，然后通过延时指令，向高地址方向复制传送，以便在 81、82、83、84 单元存放 V00B。最后将 84 单元的数据输出到 61 单元。

4. 程序初始化

1）DP 指针的设置。

用存放 new_data 数据的 60 单元的高 9 位设置 DP 指针为 0 页空间，即 DP = 0。

2）输入为 1 的奇偶个数标志 foe 赋初值。

为存放输入两个 V 之间 1 的奇偶个数标志 foe 单元赋初值，foe = 0。

3）输出正负码奇偶个数标志 fpn 赋初值。

为存放输出为正负码奇偶个数标志 fpn 赋初值，fpn = 1。

4）HDB3 三个输出值的初值存放。

HDB3 输出有 0、+1、−1 三个可能的值，将这三个值分别用 64（tpvl0）、65（tpvl1）、66（tpvl1n）三个单元存放，供输出时调用。先将三个地址依次存入 AR1，然后通过对 AR1 间接寻址分别放入 tpvl0 = 0、tpvl1 = 1、tpvl1n = −1。

5. 源程序的编写说明

1）输入新数据。

利用指令 PORTR 从输入端口 PA1 输入待编码数据到 new_data，再将该输入数据装载到累加器 A。再判断输入数据是 0 还是 1，如果输入是 0 则转移到标号为 job0 处进行对 0 的处理；如果输入是 1 则转移到标号为 job1 处进行对 1 的处理。

2）对输入 1 符号的处理。

首先在 AR2 中存放检测输入 4 个连 0 的计数初值 4，清除过去对 0 的计数。防止 1 码前后出现 0 时被当作连续 0 进行计数。然后进行 foe = foe⊕1 和 fpn = fpn⊕1 运算，更新输入 1 的奇偶个数标志和输出正负码奇偶个数标志。再根据新的输出正负码奇偶个数标志 fpn 判断输出数据应是正码还是负码，如果 fpn = 0 则转移到 pn1 进行输出 −1 的处理程序；如果 fpn = 1 则转移到 pp1 进行输出 1 的处理程序。负码处理时，将 tpvl1n 中的 −1 输出到 tmp 单元；正码处理时，将 tpvl1 中的 1 输出到 tmp 单元，最后无条件转移到标号为 shftt 处进行数据的滑动处理。

3）对输入 0 符号的处理。

首先对 AR2 做减 1 计数，然后判断是否为 0。如果 AR2 中数据为 0，表示已检测到输入 4 连 0，转移到标号 zro4 处进行对输入 4 连 0 的处理；否则未收到 4 连 0 时直接将 tpvl0 中的 0 值输出到 tmp，最后无条件转移到标号为 shftt 处进行数据的滑动处理。

在进行输入 4 连 0 的处理时，先复位 AR2 的计数初值为 4，以便进行下次对输入 4 连 0 的处理。然后判断 foe 是否为 1，如果 foe = 1 表示两个 V 之间输入为奇数个 1，则转移到标号为 o00v 处进行插入 000v 处理；如果 foe = 0 表示两个 V 之间输入为隅数个 1，则转移到标号为 b00v 处进行插入 000v 处理。

在进行插入 000v 处理时，先判断 fpn 值，如果 fpn = 1 表示已输出奇数个正负 1，则转移到标号为 o00p 处进行输出为 +1 的处理；如果 fpn = 0 表示已输出隅数个正负 1，则转移到标号为 o00n 处进行输出为 −1 的处理。在进行标号为 o00n 输出为 −1 的处理时，将 tpvl1n 中的 −1 输出到 tmp 单元；在进行标号为 o00p 输出为 +1 的处理时，将 tpvl1 中的 +1 输出到 tmp 单元，然后无条件转移到标号为 roepn 处复位 foe 标志初值为 foe = 0。最后无条件转移到标号为 shftt 处进行数据的滑动处理。

在进行插入 b00v 处理时，先复位 foe 为初值 foe = 0，然后进行 fpn = fpn⊕1 运算。再判断 fpn 值，如果 fpn = 1 表示已输出奇数个 1，则转移到标号为 bp1 进行输出为 B00V 的处理；如果 fpn = 0 表示已输出偶数个 1，则转移到标号为 bn1 进行输出为 B00V 的处理。在标号为 bn1 处的处理中，进行 tmp = tpvl1n = −1 和 tmp + 3 = tpvl1n = −1 的输出赋值；在标号为 bp1

处的处理中，进行 tmp = tpvl1 和 tmp + 3 = tpvl1 的输出赋值。最后无条件转移到标号为 shftt 处进行数据的滑动处理。

4）线性滑动窗口处理。

利用延迟指令复制 tmpd + 3 到 tmpd + 4、tmpd + 2 到 tmpd + 3、tmpd + 1 到 tmpd + 2、tmpd 到 tmpd + 1，将线性滑动窗口中的数据向高地址方向移动一个单元。目的是在 B00V 的处理中，通过存放 V 的 tmp + 1 单元的前面第 3 个单元 tmpd + 4 来确定 B 值。最后输出 tmpd + 4 到输出单元 hdb3 单元，再输出到端口 PA0，然后进行下一轮新输入数据的处理。

5）程序流程图。

完成将单极性归零码转换为 HDB3 码的程序流程如图 6-32 所示。

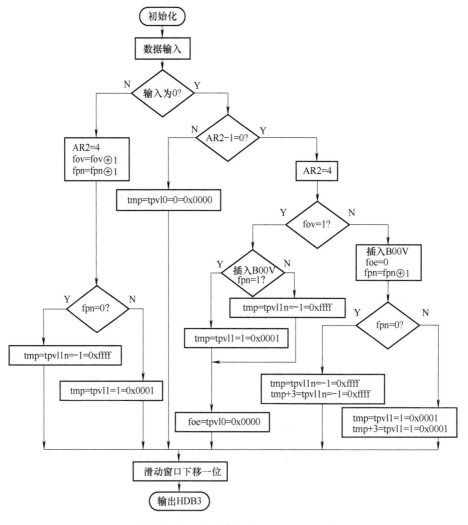

图 6-32　将单极性归零码转换为 HDB3 码的程序流程图

6）源程序。

完成将单极性归零码转换为 HDB3 码的源程序如下：

```
.title    "hdb3t.asm"          ;为程序取名
```

```
        . mmregs                          ;定义存储器映像寄存器
        . def      _c_int00               ;定义全局标号
PA0     . set      0                      ;定义 PA0 为输出端口
PA1     . set      1                      ;定义 PA1 为输入端口
        . bss      new_data,1             ;输入待编归零码数据
        . bss      hdb3,1                 ;存放最终输出数据
        . bss      foe,1                  ;存放输入奇偶 1 个数标志,1 为奇数,0 为偶数
        . bss      fpn,1                  ;存放输出奇偶个正负码标志,1 为奇数,0 为偶数
        . bss      tpvl0,1                ;存放输出 0 码单元
        . bss      tpvl1,1                ;存放输出 1 码单元
        . bss      tpvl1n,1               ;存放输出 1 码单元
tmp     . usect    "tmp",5                ;临时存放输出数据的线性滑动窗口单元
        . text                           ;定义可执行文本段
_c_int00:
        LD         #new_data,DP           ;设置页指针 DP=0
        STM        #foe,    AR1           ;AR1 中存入存放奇偶 1 个数标志的单元地址
        STM        #0,    * AR1           ;为存放输入奇偶 1 个数标志单元赋初值,foe=0
        STM        #fpn,    AR1           ;AR1 中存入输出正负码奇偶个数标志的单元
                                          ;地址
        STM        #1,    * AR1           ;为存放输出正负码奇偶个数标志赋初值,fpn=1
        STM        #tpvl0,AR1             ;AR1 中存入存放常数值 0 的单元地址
        STM        #0,    * AR1           ;为存放常数 0 的单元赋值 0,tpvl0=0
        STM        #tpvl1,AR1             ;AR1 中存入存放常数值 1 的单元地址
        STM        #1,    * AR1           ;为存放常数 1 的单元赋值 1,tpvl1=1
        STM        #tpvl1n,AR1            ;AR1 中存入存放常数值 -1 的单元地址
        STM        #-1,    * AR1          ;为存放常数 -1 的单元赋值 -1,tpvl1n=-1
        STM        #4,    AR2             ;AR2 中存放检测输入 4 连 0 的计数初值 4
datai:  PORTR    PA1,new_data             ;从端口 PA1 输入新数据 new_data
LD      new_data,A                        ;输入新数据到 A,设置探针,地址 60h
        BC         job0,  AEQ             ;如果数据为零,跳转到 job0 进行对 0 的处理
job1:   STM        #4,    AR2             ;AR2 中存放检测输入 4 连 0 的计数初值 4
        LD         foe,   B               ;装载 foe 到 B
        XOR        #1,    B               ;修改输入 1 的奇偶个数
        STL        B,     foe             ;存入新的输入 1 的奇偶个数标志 foe
        LD         fpn,   B               ;装载 fpn 到 B
        XOR        #1,    B               ;修改输出正负 1 码奇偶个数标志
        STL        B,     fpn             ;存入新的输出正负码奇偶个数标志 fpn
        BC         pp1,   BNEQ            ;如果输出为奇数个正 1,转到 pp1 使输出 +1
pn1:    MVMD     tpvl1n, * (tmp)          ;输出偶数个正负 1,输出为 -1
```

	B	shftt	;无条件转移到线性滑动窗口处理
pp1：	MVKD	tpvl1，*（tmp）	;输出奇数个正负1,输出为 +1
	B	shftt	;无条件转移到线性滑动窗口处理
job0：	LD	AR2， A	;将检测4连0码的初值 AR2 送往到 A
	SUB	#1， A	;AR2 – 1,记录一次对0码的接收
	STL	A， AR2	;存放新的剩余次数 A 的低字到 AR2
	BC	zro4， AEQ	;检测到4连0,转移到 zro4 处理4连0
	MVMD	tpvl0，*（tmp）	;否则输出0到 tmp
	B	shftt	;无条件转移到线性滑动窗口处理
zro4：	STM	#4， AR2	;复位 AR2 中存放检测输入4连0的计数初值为4
	LD	foe， B	;装载 foe 到 B
	BC	o00v， BNEQ	;如果输入为奇数个1,转移到插入 000v 处理
b00v：	MVKD	tpvl0，foe	;复位 foe 中输入奇偶1个数标志初值0
	LD	fpn， B	;装载 fpn 到 B
	XOR	#1， B	;修改输出正负码奇偶个数标志
	STL	B， fpn	;存入新的输出正负码奇偶个数标志 fpn
	BC	bp1， BNEQ	;如果输出为偶数个1,执行下条指令,奇数转 bp1
bn1：	MVKD	tpvl1n，*（tmp）	;输入偶数个1,V 输出为 – 1
	MVKD	tpvl1n，*（tmp +3）	;输入偶数个1,B 输出为 – 1
	B	shftt	;无条件转移到线性滑动窗口处理
bp1：	MVKD	tpvl1，*（tmp）	;输入奇数个1,V 输出为 +1
	MVKD	tpvl1，*（tmp +3）	;输入奇数个1,B 输出为 +1
	B	shftt	;无条件转移到线性滑动窗口处理
o00v：	LD	fpn,B	;装载 fpn 到 B
	BC	o00p， BNEQ	;如果输出为奇数个正负1,转到 pp1 输出为 +1
o00n：	MVKD	tpvl1n，*（tmp）	;输出偶数个正负1,输出为 – 1
	B	roepn	;无条件转移到 roepn
o00p：	MVKD	tpvl1，*（tmp）	;输入奇数个1,输出为 +1
roepn：	MVKD	tpvl0，foe	;复位 foe 中输入奇偶个1标志初值0
shftt：	DELAY	*（tmp +3）	;线性滑动窗口处理,复制 tmpd +3 到 tmpd +4
	DELAY	*（tmp +2）	;线性滑动窗口处理,复制 tmpd +2 到 tmpd +3
	DELAY	*（tmp +1）	;线性滑动窗口处理,复制 tmpd +1 到 tmpd +2
	DELAY	*（tmp）	;线性滑动窗口处理,复制 tmpd 到 tmpd +1
	MVKD	tmp +4,hdb3	;输出 HDB3 码,即从61单元输出编码
back：	PORTW	hdb3,PA0	;输出 hdb3 到输出端口
	B	datai	;无条件转移到 datai 进行新原码输入的处理
	. end		

7）存储器分配的命令文件程序编写。

完成将单极性归零码转换为 HDB3 码的存储器分配的命令文件程序编写如下：

hdb3t. obj

-o hdb3t. out

-m hdb3t. map

MEMORY

{

　　PAGE 0：　EPROM　　　: origin = 0080h，length = 0200h

　　PAGE 1： 　SPRAM　　　: origin = 0060h，length = 0020h

　　　　　　　 DARAM　　　: origin = 0080h，length = 0100h

}

SECTIONS

{

　　. text ：　　　> EPROM　　　PAGE 0

　　. data ：　　　> EPROM　　　PAGE 0

　　. bss ：　　　> SPRAM　　　PAGE 1

　　tmp ：　　　> DARAM　　　PAGE 1

}

8）存储器使用情况与输出仿真。

存储器使用情况与输出仿真波形如图 6-33 所示。

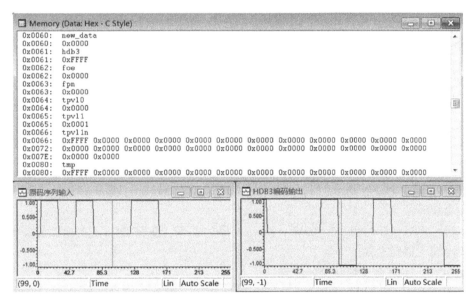

图 6-33　存储器使用情况与输出仿真波形

　　由于源 HDB3 编码程序中，输出 +1、−1、0 所执行的程序路径不同，执行的指令数目不同，因此输出码持续时间不同，会造成接收方码位的抖动和识别错误，故应当使三者的输出持续时间相同。从程序中可见输出 B00V 的 V 占用时钟周期数最多，设周期数为 M，以此为基准，通过对其他执行周期数少的路经中加入 NOP 空操作来调整其输出符号所占用的时间，使 3 种符号输出持续时间相同。在此基础上，如果将每种输出支路中再同时额外增加 N

个 NOP 指令来调整每个输出码的持续时间，则可得到不同的 HDB3 码的速率。设 HDB3 码的速率为 B，则 B 可表达为

$$B = \frac{CLKOUT}{M + N} \tag{6-33}$$

式中，CLKOUT 为 DSP 的工作时钟，M 为编码输出符号最长支路所点用的周期数，N 为增加的周期数。

三、HDB3 码的解码设计

HDB3 码中，每位码可能是 0 码、±1 码三种形态之一，连 0 码最多为 3 个，解码时需要对连 0 码进行识别，判断是否是插入的 $000V_\pm$、$B_\pm 00V_\pm$ 码。

1. 对输入的 HDB3 码中 0 的处理

HDB3 码中如果只有 1 个 0，表示是原码中出现的 0，应输出 0 码；HDB3 码中如果只有 2 个连续 0，表示是原码中出现的 2 个连续 00，应输出 00 码；HDB3 码中如果有 3 个连续 0，表示是原码中出现的 3 个连续 000，应输出 000 码。根据编码规则，HDB3 码不可能出现 4 个连续 0。当原码中出现 4 个以上连续 0 码时，HDB3 编码规则会通过插入 $000V_\pm$、$B_\pm 00V_\pm$ 来取代 4 个连续的 0 码。

2. 对输入的 HDB3 码中 1 的处理

当原码中出现 1 码时，按 HDB3 编码规则输出为 ±1，因此当接收到 HDB3 码中的 ±1 时，应输出 +1 码。但当接收到 HDB3 码中的 $000V_\pm$、$B_\pm 00V_\pm$ 中的 ±1 码时，应在接收到 $B_\pm$、$V_\pm$ 时输出 0 码。

3. $000V_\pm$、$B_\pm 00V_\pm$ 中的 ±1 的处理

设置标志 f20、f30，当其为 1 时分别表示收到 2 个连续 0 和 3 个连续 0，当其为 0 时表示未收到 2 个连续 0 和 3 个连续 0。

当 f20 = 1 时，如果收到 ±1 码，表示收到的是 $B_\pm 00V_\pm$ 中 $V_\pm$ 的 ±1 码，应将收到 ±1 码变为输出 0 码，并将此前 3 位 $B_\pm$ 中的 ±1 码变为输出 0 码。为此需要设置一个 4 单元的线性窗口来存放 $B_\pm 00V_\pm$ 码，当将 $V_\pm$ 码变为 0 码时，还要将存放在前 3 个单元中的 $B_\pm$ 码转变为 0 码输出。线性窗口是通过 DELAY 指令将低地址单元数据复制到下一高地址单元来实现的。

当 f30 = 1 时，如果收到 ±1 码，表示收到的是 $000V_\pm$ 码中 $V_\pm$ 码的 ±1 码，应将收到 ±1 码变为输出 0 码。

每执行一次对 $000V_\pm$ 码、$B_\pm 00V_\pm$ 码中 ±1 码的处理，应将 f20、f30 标志复位为 0，以便为接收后面数据做准备。

4. HDB3 的 DSP 实现解码设计流程

用 DSP 实现 HDB3 的解码设计流程如图 6-34 所示。先进行程序的初始化，设置 AR7 = 2，f20 = 0，f30 = 0，然后接收输入数据。此后判断输入是否为 0，并分别转向对 0 或 1 的处理。

若 HDB3 码输入为 0，对 AR7 做减 1 计算，然后判断 AR7 是否为 0。如果 AR7 不为 0，再判断 f20 是否为 0，如果此时 f20 = 0，表示未接收到 2 个连续 0，输出为 0。如果 AR7 不为 0，f20 = 1，表示已接收到 3 个连续 0，输出为 0，并设置 f30 = 1。如果 AR7 为 0，表示已接收到两个连续 0，输出为 0，设置 f20 = 1。

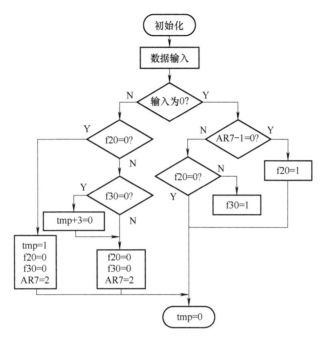

图 6-34　用 DSP 实现 HDB3 的解码设计流程

　　若输入 HDB3 码为 ±1 码，不为 0，判断 f20 是否为 0。若 f20 = 0，表示该 ±1 码为原码中的 1 码，输出为 1。若 f20 = 1，再判断 f30 是否为 0，若为 0，表示该 ±1 码为 HDB3 中的 $B_\pm 00V_\pm$ 码组中的 $V_\pm$ 码的 ±1 码，输出为 0 码，并置前 3 个存储单元中的 $B_\pm$ 码的 ±1 码为 0 码。若 f30 = 1，表示该 ±1 码为 HDB3 中的 $000V_\pm$ 码中的 $V_\pm$ 码的 ±1 码，输出为 0 码。在处理完 HDB3 的 ±1 码后，无论是输出 0、1，都应重新设置 AR7 = 2，f20 = 0、f30 = 0。

5. 解码输出波型分析

　　解码输入的 0、±1 码所执行的程序指令数目不同，所花费的周期数不同，因此输出码持续时间不同，会造成接输出的 0、1 码持续时间不同，并造成后续识别时的误码，故应当使输出的 0、1 码持续时间相同。方法是找出解码输入的 0、±1 码所执行的程序用周期数最大的解码输出时间，以此为基准，通过对其他执行周期短的输出符号加 NOP 空操作来调整其输出符号所占用的时间，使对 3 种符号输出的 0、1 码持续时间相同。此外还应考虑接收码的解码速度应与发送端编码速度相同，这也需要通过添加 NOP 空操作指令来达到每个编码的持续时间一致。

6. HDB3 解码源程序

```
. title      "hdb3r. asm"      ;为程序取名
. mmregs                        ;定义存储器映像寄存器
. def        _c_int00           ;定义全局标号
. bss        new_hdb3 ,1        ;存放输入的待解码 HDB3 码数据单元
. bss        decode ,1          ;存放解码后的最终原码输出数据单元
. bss        f20 ,1             ;存放输入 2 连 0 标志单元
. bss        f30 ,1             ;存放输入 3 连 0 标志单元
```

```
        . bss      tpvl0,1              ;存放输出 0 码单元
        . bss      tpvl1,1              ;存放输出 1 码单元
tmpd    . usect "tmpd",5                ;临时存放输出数据的线性滑动窗口单元
        . text                          ;定义可执行文本段
_c_int00:
        LD       #new_hdb3,DP          ;设置页指针 DP =0
        STM      #tpvl0, AR7           ;AR7 中存入存放常数值 0 的地址
        STM      #0,    * AR7          ;为存放常数 0 的单元赋值 0,tpvl0 =0
        STM      #tpvl1, AR7           ;AR7 中存入存放常数值 1 的地址
        STM      #1,    * AR7          ;为存放常数 1 的单元赋值 1,tpvl1 =1
        MVKD     tpvl0, f20            ;为检测到 2 连 0 标志赋初值 0,f20 =0
        MVKD     tpvl0, f30            ;为检测到 3 连 0 标志赋初值 0,f30 =0
        STM      #2,    AR7            ;AR7 中存放检测输入 2 连 0 的计数初值 2
hdb3i:  LD       new_hdb3,A            ;输入新 hdb3 数据到 A,设置探针,地址 60h
        BC       hdb30,  AEQ           ;如果 hdb3 码为 0,跳转到对 0 码的解码处理
hdb31:  LD       f20,B                 ;如输入为 1,装载 f20 中的内容到 B,判断是否收到
                                       ;过 0
        BC       df30,  BNEQ           ;如果已收到 2 连 0,转到 df30 对 B00V、000V 的处理
out1:   MVKD     tpvl1, * (tmpd)       ;输入 0 的个数不足 2 个时收到 ±1,输出为 1
        MVKD     tpvl0, f20            ;复位检测到 2 连 0 标志,f20 =0
        MVKD     tpvl0, f30            ;复位检测到 3 连 0 标志,f30 =0
        STM      2,     AR7            ;复位 AR7 中存放的检测输入 2 连 0 的计数初值为 2
        NOP                            ;延时一个周期,使输出 1 码持续时间与接收码持续
                                       ;时间相同
        NOP                            ;延时一个周期,使输出 1 码持续时间与接收码持续
                                       ;时间相同
        NOP                            ;延时一个周期,使输出 1 码持续时间与接收码持续
                                       ;时间相同
        NOP                            ;延时一个周期,使输出 1 码持续时间与接收码持续
                                       ;时间相同
        NOP                            ;延时一个周期,使输出 1 码持续时间与接收码持续
                                       ;时间相同
        NOP                            ;延时一个周期,使输出 1 码持续时间与接收码持续
                                       ;时间相同
        NOP                            ;延时一个周期,使输出 1 码持续时间与接收码持续
                                       ;时间相同
        NOP                            ;延时一个周期,使输出 1 码持续时间与接收码持续
```

			;时间相同
	B	shftd	;无条件转移到线性滑动窗口处理
df30:	LD	f30, B	;装载 f30 中的内容到 B,判断是否收到 3 连 0
	BC	rse, BNEQ	;如果已收到 3 连 0,转到 rset 处执行 000V 处理
	MVKD	tpvl0, * (tmpd + 3)	;收到 2 连 0,进行 B00V 中对 B 的处理,B = 0,花费 ;18 个周期
	B	rset	
rse:	NOP		
	NOP		
rset:	MVKD	tpvl0, f20	;复位检测到 2 连 0 标志,f20 = 0
	MVKD	tpvl0, f30	;复位检测到 3 连 0 标志,f30 = 0
	STM	#2, AR7	;复位 AR7 中存放检测输入 2 连 0 的计数初值为 2
	NOP		;延时一个周期,使输出 0 码持续时间与接收码持续 ;时间相同
	NOP		;延时一个周期,使输出 0 码持续时间与接收码持续 ;时间相同
	NOP		;延时一个周期,使输出 0 码持续时间与接收码持续 ;时间相同
	NOP		;延时一个周期,使输出 0 码持续时间与接收码持续 ;时间相同
	B	out0	;转到输出 out0 处完成对 B00V、000V 中 V 的处理, ;V = 0
hdb30:	LD	AR7, A	;将检测 2 连 0 码的初值送往到 A
	SUB	#1, A	;A − 1,A = 0 时检测到 2 连 0,A = 1 时检测到 1 个 0, ;A = FFFFH 时检测到 3 连 0
	STL	A, AR7	;存放已检测到 1 的次数到 AR7
	BC	zro3, ANEQ	;不是 2 连 0 转移到 zro3 处理 3 连 0
	MVKD	tpvl1, f20	;已检测到 2 连 0,设置 2 连 0 标志为 1,f20 = 1
	B	out0	;转到输出 0 的处理
	NOP		;收到 2 连 0,延时 8 个周期,使总花费周期从 15 个 ;达到 23 个
	NOP		;延时一个周期,使输出 0 码持续时间与接收码持续 ;时间相同
	NOP		;延时一个周期,使输出 0 码持续时间与接收码持续 ;时间相同
	NOP		;延时一个周期,使输出 0 码持续时间与接收码持续 ;时间相同

	NOP		;延时一个周期,使输出 0 码持续时间与接收码持续 ;时间相同
	NOP		;延时一个周期,使输出 0 码持续时间与接收码持续 ;时间相同
	B	f20out	;无条件转移到 zro 判断 2 连 0 标志,并设置 3 连 0 ;标志
zro3:	NOP		;延时一个周期,使输出 0 码持续时间与接收码持续 ;时间相同
	NOP		;延时一个周期,使输出 0 码持续时间与接收码持续 ;时间相同
	NOP		;延时一个周期,使输出 0 码持续时间与接收码持续 ;时间相同
	NOP		;延时一个周期,使输出 0 码持续时间与接收码持续 ;时间相同
	NOP		;延时一个周期,使输出 0 码持续时间与接收码持续 ;时间相同
	NOP		;延时一个周期,使输出 0 码持续时间与接收码持续 ;时间相同
zro:	LD	f20, A	;装载 f20 中的内容到 B,判断是否收到 2 连 0
	BC	f20out, AEQ	;如果未收到 2 连 0,跳转到 f20out
	MVKD	tpvl1, f30	;已检测到 3 连 0,设置 3 连 0 标志为 1,f30 = 1,花费 ;17 个周期
	B	out0	;转到输出 out0 处完成对 0、B00V、000V 中 0 的处理, ;输出 0
f20out:	NOP		;收到 1、2 个 0,延时 8 个周期,使总花费周期从 15 ;个达到 23 个
	NOP		;延时一个周期,使输出 0 码持续时间与接收码持续 ;时间相同
out0:	MVKD	tpvl0, *(tmpd)	;完成对 0、B00V、000V 中 0、B、V 的处理,输出 0 码
shftd:	DELAY	*(tmpd + 3)	;线性滑动窗口处理,复制 tmpd + 3 到 tmpd + 4
	DELAY	*(tmpd + 2)	;线性滑动窗口处理,复制 tmpd + 2 到 tmpd + 3
	DELAY	*(tmpd + 1)	;线性滑动窗口处理,复制 tmpd + 1 到 tmpd + 2
	DELAY	*(tmpd)	;线性滑动窗口处理,复制 tmpd 到 tmpd + 1
	MVKD	tmpd + 4, decode	;输出对 HDB3 的解码到 decode,即从 61 单元输出 ;解码
back:	B	hdb3i	;无条件转移到 hdb3i 进行新 HDB3 输入码的处理
	. end		

程序中添加 NOP 指令来控制传输速率。运行程序所得到的对存储器的使用和仿真波形如图 6-35 所示。

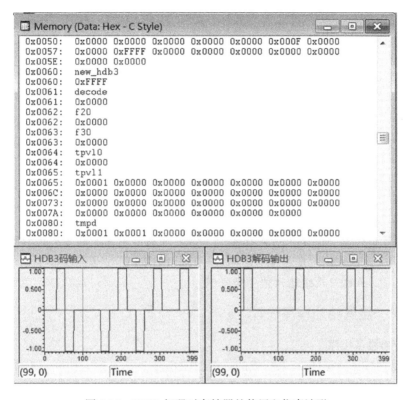

图 6-35　HDB3 解码对存储器的使用和仿真波形

第十节　人工智能图形识别设计

一、人工智能图形识别的基本概念

卷积神经网络是人工智能领域的一种计算方法，可以利用卷积神经网络进行图像识别。图 6-36 所示为完成一次特征图 y1、y2、y3、y4 的运算过程。假定待识别的输入图像的数据为 3×3 的矩阵，学习参数（卷积核）为 2×2 的矩阵，经卷积运算后生成 2×2 的特征图矩阵。并有下列的计算公式：

$$y1 = x1w1 + x2w2 + x4w3 + x5w4$$

$$y2 = x2w1 + x3w2 + x5w3 + x6w4$$

$$y3 = x4w1 + x5w2 + x7w3 + x8w4$$

$$y4 = x5w1 + x6w2 + x8w3 + x9w4$$

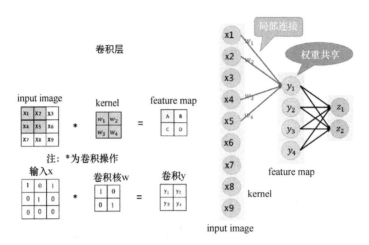

图 6-36 卷积神经网络计算方法

如果特征图 y1、y2、y3、y4 中有最大值，则可识别出输入图像中包含有学习参数（卷积核），从而识别出输入图中是否包含了与之相比较的图。这个运算实际上是一个乘法累加的运算过程，可以用 DSP 汇编语言程序来完成。

二、卷积神经网络的程序设计

1. 编写汇编语言程序

假设输入图形矩阵和数据和卷积核的数据如图 6-36 所示，根据计算公式可求得 y1、y2、y3、y4 的值。编写利用卷积神经网络进行图像识别的卷积层运算的汇编语言程序 AI. asm 如下：

```
        . title   "AI. asm"
        . mmregs
        . def    _c_int00
        . bss    y,1                    ;特征图输出数据
xn. usect  "xn",4                        ;输入数据为 3×3 的图像矩阵
a0. usect  "a0",16                       ;学习参数
        . data
table：   . word   1,0,0,1               ;学习参数为 2×2 的图像矩阵
        . word   1,0,0,1,0,1,1,0,0,1,0,0,1,0,0,0  ;输入 3×3 的图像矩阵
        . text
_c_int00：  STM    #xn,AR1              ;将 xn 地址赋给 AR1
        RPT    #3                       ;重复 3 +1 次
        MVPD  table, * AR1 +            ;将数据从程序空间传送到数据
                                        ;空间
        STM    #a0,AR1                  ;将 a0 地址赋给 AR1
        RPT    #15                      ;重复 15 +1 次
        MVPD  table +4, * AR1 +         ;将数据从程序空间传送到数据
```

			;空间
	STM	#1,AR0	;将 1 赋给 AR0
	LD	#0,DP	;为页指针 DP 赋初值
loop:	STM	#3,AR6	;设置进行 4 次特征图 y1y2y3y4
			;的运算
	STM	#xn,AR3	;将 xn 址赋给 AR3
	STM	#a0,AR4	;将 a0 址赋给 AR4
fmp:	RPTZ	A,#3	;A 清 0 并重复 3 +1 次
	MAC	*AR3 +0%, *AR4 +0%,A	;四个乘积的累加运算
	STL	A,y	;输出结果到 y
	STM	#xn,AR3	;将 xn +3 址赋给 AR3
	BANZ	fmp, *AR6 −	;AR6 不为 0 无条件转移到 fmp
	MVKD	#0,y	;y 单元清零
	B	loop	;完成 1 次特征图 y1y2y3y4 的
			;运算
	.end		;结束程序

2. 编写存储器分配的命令文件

命令文件程序 AI.cmd 如下:

```
AI.obj
-o AI.out
-m AI.map
MEMORY
{
    PAGE 0: EPROM: org = 0100h, len = 100h
    PAGE 1: SPRAM: org = 0060h, len = 0020h
            DARAM: org = 0080h, len = 0180h
}
SECTIONS
{
    .text:              > EPROM   PAGE 0
    .data:              > EPROM   PAGE 0
    .bss :              > SPRAM   PAGE 1
    xn   :    align 4   > DARAM   PAGE 1
    a0   :    align 16  > DARAM   PAGE 1
}
```

3. 输出的仿真波形图

图 6-37 所示为输出波形。从图可见,输出的 y1、y2、y3、y4 中,y1 与输入图形右上角最相似。

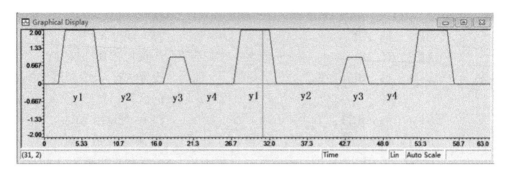

图 6-37 　输出波形

思 考 题

1. 如何用 DSP 作为信号源？其程序设计方法是什么？

2. 如何用 DSP 完成卷积运算？卷积运算程序与 FIR 滤波器程序有何异同？

3. 如何用 DSP 完成相关运算？相关运算程序与 FIR 滤波器程序有何异同？

4. 如何用 DSP 完成模拟电路的功能？怎样将模拟电路的参数转换为数字电路的参数？

5. 如何用 DSP 完成信号调制运算？用 DSP 查表法获得的正弦波有何缺点？

6. DSP 的多通道缓冲串行端口是如何工作的？如何进行相关寄存器的配置？

7. 串行接口 AD/DA 芯片如何与 DSP 的多通道缓冲串行端口进行通信？其内部寄存器如何配置？

8. 设计一个有 3 个通带的梳状滤波器，利用 MATLAB 工具进行仿真并求滤波器系数。

第七章 DSP 实验

目前开发 TI 公司 DSP 所用平台主要是 TI 公司提供的集成开发环境（IDE）软件 CCS（Code Composer Studio），CCS 有多个版本，不同版本的特点不同。在低版本中，功能相对单一，但软件运行比较稳定，占用 PC 资源较少，操作简单。高版本的 CCS 集成 TI 公司器件和功能相对多一些，在安装 CCS 时可对芯片系列进行选择性安装。目前 CCSv5.5 已推出，其用户界面较早期版本有了重大改进，能简化开发并加速设置，可在 Windows 和 Linux 操作环境中运行。由于 CCSv5 只提供对 C55x 系列芯片的软仿真，包括 C54x 在内的其他系列都只能进行硬件仿真，这样，许多无硬件实验环境读者就无法进行仿真学习。故本章所采用的仿真版本为 CCSv2.1，该版本的特点是占用 PC 资源少，安装方便，探针设置和软仿真比 CCSv3 更简便，适合初学者进行 C54x 系列软件和硬件仿真。

实验一 基本算术运算

1. 实验目的和要求

本实验介绍用定点 DSP 实现 16 位定点加、减、乘、除运算的基本功能。要求掌握 CCS 的存储器观察窗口、CPU 观察窗口和寄存器观察窗口的打开方法和基本设置。

2. 实验原理

定点 DSP 中数据表示方法：由于 C54x 是 16 位的定点 DSP 芯片，因此不论整数还是小数都采用 16 位的二进制数来表示。当表示一个整数时，其最低位 D0 表示 2^0，D1 位表示 2^1，次高位 D14 表示 2^{14}。当表示一个有符号数时，最高位 D15 为符号位，0 表示正数，1 表示负数。只有作为无符号数表示时，最高位 D15 才能表示一个有效数 0 或 1。例如，07FFFH 表示最大的十进制正数 32767，而 0FFFFH 表示最大的十进制负数 −1，这里的负数用 2 的补码方式表示。当需要表示小数时，最高位 D15 仍然表示符号位，并默认符号位后面是小数，但并不显示地将小数点表示出来。这样次高位 D14 就表示 2^{-1}，然后是 2^{-2}，最低位 D0 表示 2^{-15}。所以 4000H 表示小数（0（符号及默认后面是小数）100 0000 0000 0000）$_2$ $= 2^{-1} = 0.5$，1000H 表示小数（0（符号及默认后面是小数）001 0000 0000 0000）$_2 = 2^{-3} =$ 0.125，而 0001H 表示 16 位定点 DSP 能表示的最小的有符号小数 0（符号及默认后面是小数）000 0000 0000 0001）$_2 = 2^{-15} = 0.000030517578125$。在后面的实验中，除非有特别说明，所有的数都是有符号数。在 C54x 中，将一个小数用 16 位定点格式来表示的方法是用 32768 $= 2^{15}$ 乘以该小数，然后取整。

从上面的分析可以看出，在 DSP 中一个十六进制的数可以表示不同的十进制数，或者是整数，或者是小数，如果表示小数，必定小于 1。但仅仅是在做整数乘除或小数乘除时，系统对它们的处理才是有所区别的，而在加减运算时，系统都当成整数来处理。

（1）16 位定点加法 在 C54x 中，提供了多条用于加法的指令，如 ADD（有多种寻址方式的加法运算）、ADDC（带进位的加法运算，如 32 位扩展精度加法）、ADDM（专用于立即数的加法运算）和 ADDS（用于无符号数的加法运算）。在本实验中，使用下列代码来说明加法运算：

```
LD      temp1，A              ；将变量 temp1 装入寄存器 A
ADD     temp2，A              ；将变量 temp2 与寄存器 A 相加，结果放入 A 中
STL     A，add_result        ；将结果的低 16 位存入变量 add_result 中
```

从而完成计算 add_result = temp1 + temp2，这里没有特意考虑 temp1 和 temp2 是整数还是小数，在加法和下面的减法中整数运算和定点的小数运算都是一样的。

（2）16 位定点减法　在 C54x 中还提供了多条用于减法的指令，如 SUB（有多种寻址方式的减法运算）、SUBB（用于带进位的减法运算，如 32 位扩展精度的减法）、SUBC（移位减，DSP 中的除法就是用该指令来实现的）和 SUBS（用于无符号数的减法运算）。在本实验中，使用下列代码来说明减法运算：

```
STM     #temp3，AR2           ；将变量 temp3 的地址装入寄存器 AR2
STM     #temp4，AR3           ；将变量 temp4 的地址装入寄存器 AR3
SUB     * AR2 +，* AR3，B     ；将变量 temp3、temp4 左移 16 位，然后相减，
                             ；结果放入寄存器 B 的高 16 位中，然后 AR2 加 1
STH     B，sub_result        ；将相减的结果 B 的高 16 位存入变量 sub_result
```

（3）16 位定点整数乘法　在 C54x 中提供了许多的乘法运算指令，它们将两个 16 位数相乘，所得结果都是 32 位数，放在寄存器 A 或 B 中。在 C54x 的乘法指令中乘数的来源很灵活，可以是寄存器 T、立即数、存储单元和寄存器 A 或 B 的高 16 位，并且必须有一个乘数需要先用显示的方法或隐含的方法放入 T 暂存器。在 C54x 中，一般对数据的处理都当作有符号数，如果是无符号数乘时，应使用 MPYU 指令。这是一条专用于无符号数乘法运算的指令，而其他指令都用于有符号数的乘法。在本实验中，使用下列代码来说明整数乘法运算：

```
RSBX    FRCT                 ；清 FRCT 小数乘法标志，准备整数乘
LD      temp1，T             ；将变量 temp1 先装入寄存器 T
MPY     temp2，A             ；完成 A = temp1 × temp2，结果放入寄存器 A（32 位）
```

例如，当 temp1 = 1234H（十进制的 4660），temp2 = 9876H（十进制的 – 26506），乘法的结果在寄存器 A 中为 0F8A343F8H（十进制的 – 123517960）。由于这是一个 32 位的结果，应用两个内存单元来存放结果：

```
STH     A，mpy_i_h           ；将 A 中结果的高 16 位存入变量 mpy_i_h
STL     A，mpy_i_l           ；将 A 中结果的低 16 位存入变量 mpy_i_l
```

当 temp1 = 10H（十进制的 16），temp2 = 05H（十进制的 5），乘法结果在累加器 A 中为 00000050H（十进制的 80）。这时，则只需要保存低 16 位即可：

```
STL     A，mpy_i_l           ；将结果的低 16 位存入变量 mpy_i_l
```

（4）16 位定点小数乘法　在 C54x 中，小数的乘法与整数乘法基本一致，只是由于两个有符号的小数相乘，其结果会产生一个冗余符号位，必须左移一位去掉该冗余符号位，才能得到正确的结果。为此 C54x 中提供了一个小数乘法标志位 FRCT，当将其设置为 1 时，系统自动将乘积结果左移 1 位。但这仅能用于小数相乘而不能用于整数乘法，故前面的整数乘法实验中一开始便将 FRCT 标志清零。两个 16 位小数相乘后结果为 32 位，如果精度允许，可

以只存高 16 位，将低 16 位丢弃，这样仍可得到 16 位的结果。在本实验中，使用下列代码来说明小数乘法运算：

```
SSBX    FRCT              ；FRCT = 1，准备小数乘法
LD      temp3，16，A        ；将变量 temp3 装入寄存器 A 的高 16 位
MPYA    temp4             ；隐含将 temp4 装入 T，同时乘 A 的高 16 位，结果放入 B 中
STH     B，mpy_f           ；将累加器 B 中的乘积结果的高 16 位存入变量 mpy_f
```

例如，当 temp3 = temp4 = 4000H（十进制的 0.5），两数相乘后结果为 20000000（十进制的 2^{-2} = 0.25）。再如，temp3 = 0CCDH（十进制的 0.1），temp4 = 0599AH（十进制的 0.7），两数相乘后寄存器 B 的内容为 047AF852H（十进制的 0.07000549323857）。如果仅保存结果的高 16 位，则结果为 047AH（十进制的 0.06997680664063）。有时为了提高精度，可以使用 RND 或 MPYR 指令对低 16 位做四舍五入的处理，这时将该数的低 16 位加 2^{15}，然后将低 16 位清零。此时如果低 16 位的最高位为 1，则产生进位（五入）到高 16 位的最低位，否则不产生进位（四舍）。

（5）16 位定点整数除法　在 C54x 中没有提供专门的除法指令，通常有两种方法可实现除法运算。一种方法是利用除以某个数相当于乘以其倒数，所以先求出其倒数，然后相乘。这种方法常用于除以常数，如第五章中的正弦信号计算就是采用乘除数的倒数来完成除法运算。另一种方法是使用 SUBC 指令，重复 16 次减法（假定 | 被除数 | ≥ | 除数 |）完成除法运算。下面以 temp1/temp2 为例，说明如何使用 SUBC 指令实现整数除法。其中变量 temp1 为被除数，temp2 为除数，将商存放在变量 temp3 中。在完成整数除法时，先判断结果的符号。方法是将两数相乘，保存 A 或 B 的高 16 位以便判断结果的符号。然后只做两个绝对值的除法，最后修正结果的符号。为了实现两个数相除，先将被除数装入 A 或 B 的低 16 位，接着重复执行 SUBC 指令，用除数重复减 16 次（假定 | 被除数 | ≥ | 除数 |）后，除法运算的商在累加器的低 16 位，余数在高 16 位。其汇编语言程序如下：

```
LD      temp1，T           ；将被除数装入暂存器 T
MPY     temp2，A           ；除数与被除数相乘，结果放入累加器
LD      temp2，B           ；将除数 temp2 装入累加器 B 的低 16 位
ABS     B                 ；求 temp2 的绝对值
STL     B，temp2           ；将累加器 B 的低 16 位存回 temp2
LD      temp1，B           ；将被除数 temp1 装入累加器 B 的低 16 位
ABS     B                 ；求 temp1 的绝对值
RPT     #15               ；重复 SUBC 指令 16 次
SUBC    temp2，b           ；使用 SUBC 指令完成除法运算
BCD     div_end，AGT        ；延时跳转，先执行下面两条指令，然后判断 A，若 A > 0，
                          ；表示结果为正，跳转到标号 div_end，结束除法运算
STL     B，quot_i          ；将商（累加器 B 的低 16 位）存入变量 quot_i
STH     B，remain_i        ；将余数（累加器 B 的高 16 位）存入变量 remain_i
XOR     B                 ；若相乘的结果为负，则商为负，将累加器 B 清 0
SUB     quot_i，B          ；将商反号 B = 0 - quot_i = - quot_i
STL     B，quot_i          ；存回变量 quot_i 中
```

div_end：

上面给出的是整数除法的通用程序，在实际应用中可以根据具体情况做简化。如正数除法可以直接将被除数 temp1 装入累加器 B 的低 16 位，然后用 SUBC 指令循环减除数 temp2，减完后累加器 B 中低 16 位为商，高 16 位为余数，不用判断符号，从而节省时间。例如 temp1 = 10H（十进制的 16），temp2 = 5，两数相除后商为 3（在累加器 B 的低 16 位），余数为 1（在累加器 B 的高 16 位）。此外如果丨被除数丨<丨除数丨，则重复减的次数为 15 次。

（6）16 位定点小数除法　在 C54x 中实现 16 位的小数除法与前面的整数除法基本一致，也是使用循环的 SUBC 指令来完成。但有两点需要注意：第一，小数除法的结果一定要是小数（小于 1），所以被除数一定小于除数。所以在执行 SUBC 指令前，应将被除数装入累加器 A 或 B 的高 16 位，而不是低 16 位。其结果的格式与整数除法一样，累加器 A 或 B 的高 16 位为余数，低 16 位为商。第二，与小数乘法一样，应考虑符号位对结果小数点的影响。所以应对商右移一位，得到正确的有符号数。其详细代码如下：

```
LD      temp1, T          ; 将被除数装入寄存器 T
MPY     temp2, A          ; 除数与被除数相乘，结果放入累加器 A
LD      temp2, B          ; 将除数 temp2 装入累加器 B 的低 16 位
ABS     B                 ; 求 temp2 的绝对值
STL     B, temp2          ; 将寄存器 B 的低 16 位存回 temp2
LD      temp1, 16, B      ; 将被除数 temp1 装入累加器 B 的高 16 位
ABS     B                 ; 求 temp1 的绝对值
RPT     #15               ; 重复 SUBC 指令 16 次
SUBC    temp2, B          ; 使用 SUBC 指令完成除法运算
AND     #0FFFFh, B        ; 将 B 的高 16 位清为 0，这时余数被丢弃，仅保留商
BCD     div_end, AGT      ; 延时跳转，先执行下面两条指令，然后判断 A，
                          ; 若 A > 0，跳转到标号 div_end，结束除法运算
STL     B, -1, quot_f     ; 将商右移一位后存入 quot_f，右移是为了修正符号位
XOR     B                 ; 若相乘的结果为负，则商也应为负。先将寄存器 B 清 0
SUB     quot_f, B         ; 将商反号 B = 0 - quot_f = - quot_f
STL     B, quot_f         ; 存回变量 quot_f 中
```

div_end：

上面的 C54x 的 16 位定点有符号小数除法通用程序没有保留余数，商保存在变量 quot_f 中。例如，当 temp1 = 2CCCH（十进制的 0.35），temp2 = 55C2H（十进制的 0.67），两数相除的结果为 quot_f = 42DCH（十进制的 $0x42DC \div 2^{15} = 0x42dc \div 32768 = 0.52233$）。需要注意的是如果小数除法的结果为整数，应将分子分母化为整数再进行相除。同理，若两整数相除结果为小数，应将分子分母化为小数再进行小数相除。

3. 实验内容

本实验以 CCS 软件集成开发工具为实验平台，利用 C54x 汇编语言实现加、减、乘、除的基本运算，并通过 CCS 的存储器显示窗口观察结果。本书的实验建立在 D:/exer 路径下，每个实验为该路径下的一个子目录，这样第一个实验的路径为 D:/exer/exer1_base_operation，实验中要用到的所有文件被放在 exer1_base_operation 子目录中。需要注意的是，CCS 运行中涉及

的目录和文件，必须用英文而不能用汉字，否则会出错。本实验包括两部分内容：

（1）编写实验程序代码　本实验的汇编源程序代码主要分为六个部分：加法、减法、整数乘法、小数乘法、整数除法和小数除法。每种运算程序后面都有一条用来添加断点的空操作语句 NOP。当执行到这条加了断点的语句时，程序将自动暂停。这时可以通过"存储器窗口""寄存器窗口"检查以十六进制数表示的计算结果和 CPU 各寄存器的工作情况。

（2）在 CCS 上调试运行并观察结果　本实验假定已在 D:/exer/exer1_base_operation 路径下放入编制好的 base_operation. asm 文件，在 CCS 中创建好 base_operation. pjt 工程文件，并经汇编和链接后已产生 base_operation. out 可执行文件。读者只需要在仿真过程中直接调用这些文件即可，其创建方法将在后面的实验中陆续介绍。

单击桌面图标 CCS 2（'C5000）进入 CCS，或从开始/程序/Texas Instruments/Code Composer Studio 2（'C5000）/Code Composer Studio 进入 CCS。选界面窗口上部的 project/open 菜单，在弹出的窗口中，从/exer/exer1_base_operation 子目录中找 base_operation. pjt 文件进行加载。再从 File/Load Program…菜单添加 base_operation. out 可执行文件。这时可从右边的工程管理窗口看到 base_operation. asm 源程序。如果直接双击工程文件管理器窗口框中的 File/project/exer1. pjt 目录，再双击 source 目录同样可得 base_operation. asm 文件，两者的区别在于后者不一定是编译后的可执行文件，因此不能保证程序是可执行的，通过 File/Load Program…装入 base_operation. out 后打开的 base_operation. asm 文件才是可执行的。在打开 base_operation. asm 文件后，现在就可以在 CCS 上运行程序了。步骤如下：

1）浏览汇编语言程序，在程序中找到所有的"NOP"指令，并在每个"NOP"指令处都设一个断点。方法为：用鼠标单击程序中的"NOP"指令，使光标停在该处，用鼠标左键单击窗口上边工具条中的图标，使该行行首出现红色圆点。这样程序在运行中，每遇到一个断点就会停下来，以便下面进行对 CPU 和存储器的观察。

2）用鼠标选中 View/Memory…菜单，按图 7-1 进行设置，打开要查看的存储器地址段 0x0080 ~ 0x008E。单击 OK 关闭设置窗口，弹出存储器观察窗口，如图 7-2 所示。

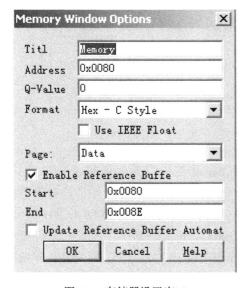

图 7-1　存储器设置窗口

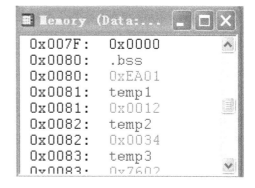

图 7-2　存储器观察窗口

3）用鼠标单击 View/Registers/CPU Register 打开 CPU 窗口，可以观看 CPU 中各寄存器内容的变化，如图 7-3 所示。

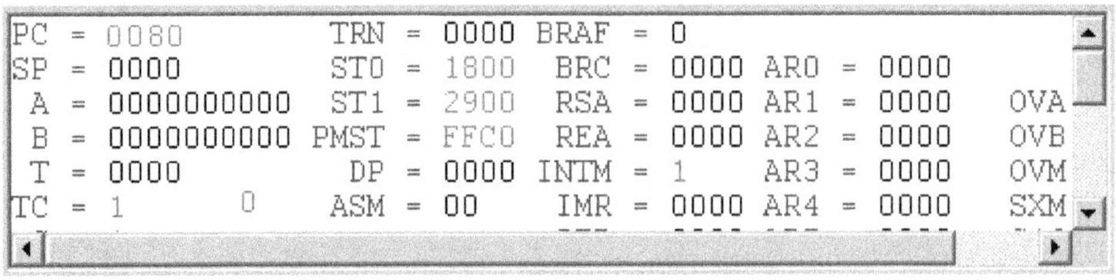

PC = 0080 TRN = 0000 BRAF = 0
SP = 0000 ST0 = 1800 BRC = 0000 AR0 = 0000
A = 0000000000 ST1 = 2900 RSA = 0000 AR1 = 0000 OVA
B = 0000000000 PMST = FFC0 REA = 0000 AR2 = 0000 OVB
T = 0000 DP = 0000 INTM = 1 AR3 = 0000 OVM
TC = 1 0 ASM = 00 IMR = 0000 AR4 = 0000 SXM

图 7-3 观察 CPU 中寄存器

（3）观察 16 位定点加法

1）用鼠标单击 Debug/Run 菜单或图标，启动程序执行，程序在执行完加法运算后在第一个断点处自动暂停，此处 PC =0x0088。

2）在“Memory”窗口中，可以看到 0x0081 和 0x0082 的内容分别为 0x0012 和 0x0034。将 0x0081 和 0x0082 的内容相加后，放在 0x0088 单元的结果为 0x0046，这正是我们所要的结果：0x0012 +0x0034 =0x0046，即十进制的：18 +52 =70。同样，通过“CPU Register”窗口可以看到累加器 A 的内容为 0000000046。

3）在“Memory”窗口中用鼠标左键双击 0x0081 单元，会弹出一个编辑窗口，通过该窗口可以修改该内存单元的内容。输入新的数据 0x0FFEE（十进制的 -18），如图 7-4 所示为对 Memory 内容的修改。然后单击“Done”或按 Enter 键确认，便完成对 0x0081 单元的修改。

4）在“CPU Register”窗口中修改 PC 值，方法也是用鼠标左键双击 PC 寄存器，输入新的 PC =0x0085，然后选 Done 确认，如图 7-5 所示为对 PC 寄存器内容的修改。

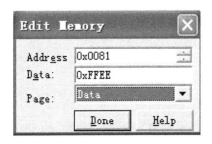

Edit Memory
Address 0x0081
Data: 0xFFEE
Page: Data
Done
Help

图 7-4 Memory 内容的修改

Edit Registers
Register PC
Value 0x0085
Done
Help

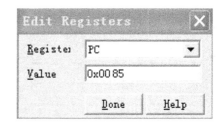

图 7-5 PC 内容的修改

5）再次用鼠标单击菜单栏下的 Debug/Run 菜单或图标，程序从所设置的 PC =0x0085 运行到 0x0088，并重新计算 0x0081 和 0x0082 的和，结果在 0x0088 中。当程序再次暂停时，可以看到累加器 A 的内容为 0000000022（十进制的 34），0x0088 中的内容为 0x0022。这正是我们希望的结果：0x0FFEE +0034 =0x0022，即十进制的：-18 +52 =34。

（4）观察 16 位定点减法 将断点设置在汇编程序中的下一个“NOP”指令处，即减法程序的“NOP”指令处，使光标停在该处，用鼠标左键单击，使该行行首出现红色圆点。单击图标，程序从当前 PC =0088 继续运行到 PC =0093，完成减法运算。当程序再次暂停时，可以看到 0x83 和 0x84 单元的内容分别为 0xFFEE 和 0x0012，累加器 B 的内容为 B = FFFFDC0000，而 0x0089 的内容为 0xFFDC（十进制 – 36），这正是我们希望的结果：0xFFEE – 0x0012 = 0xFFDC，即十进制的：– 18 – 18 = – 36。注意，该减法操作使用了辅助寄存器寻址，所以计算结果在累加器 B 的高 16 位。

（5）观察 16 位定点整数乘法　将断点设置在汇编语言程序中的下一个"NOP"指令处，即乘法程序的"NOP"指令处，单击 ✍ 图标，程序从当前 PC = 0093 继续运行到 PC = 009D，完成整数乘法运算后暂停于断点。0x0081 和 0x0082 单元的内容分别为 0012 和 0034，累加器 A 的内容为 00000003A8，结果存放单元 0x008B 的结果为 0x03A8，这正是我们希望的结果：0x0012 × 0x0034 = 0x03A8，即十进制的：18 × 52 = 936。由于乘法运算要用到暂存器 T，故这时可看到 T = 0012 。由于是整数乘法，还可看到 FRCT = 0。

上面的运算中，由于累加器 A 的高端字的内容为 0，可以用 1 个 16 位的单元来保存结果，即将累加器 A 的低 16 位存入 0x008B 单元而不考虑高端字的内容。现在将 0x0081 的内容修改为 0x2000（十进制的 8192），在"CPU Register"窗口中将 PC 值修改为 0098，然后重新计算乘法。用鼠标单击 ✍ 图标运行，当程序完成乘法运算暂停于断点 PC = 209D 时，可以看到累加器 A 的内容为 0000068000，这也是一个正确的结果：0x2000 × 0x0034 = 0x68000，即十进制的：8192 × 52 = 425984。由于此时已无法用一个 16 位的存储单元来保存累加器 A 中的结果，而应当用两个 16 位的存储单元来保存累加器 A 中的结果。因此这时可以从存储器中单元看到 0x008A = 0x0006，0x008B = 0x8000。

（6）观察 16 位定点小数乘法　将断点设置在汇编程序中的下一个"NOP"指令处，即小数乘法程序的"NOP"指令处，用鼠标单击 ✍ 图标，程序从当前 PC = 209D 继续运行到 PC = 00A6 断点处完成小数乘法运算。当程序再次暂停时，可以看到 0x0083 和 0x0084 单元的内容分别为 0x4000 和 0xB548，FRCT = 1，结果存放单元 0x008C = 0xDAA4，累加器 A 的内容为 0040000000，累加器 B 的内容为 FFDAA40000，这正是我们希望的结果：0x4000 × 0xB548 = 0x0DAA4，即十进制的：0.5 × （– 0.58374） = – 0.29187。对于小数乘法，一般情况都可以用 1 个 16 位的存储单元来保存累加器 B 的高 16 位，如这里将 0x0DAA4 存入 0x008C 单元。

（7）观察 16 位定点整数除法　将断点设置在汇编语言程序中的下一个"NOP"指令处，即整数除法程序的"NOP"指令处，用鼠标单击 ✍ 图标，程序从当前 PC = 00A6 继续运行到 PC = 00BB 完成整数除法运算。当程序再次暂停于断点时，可以看到 0x0081 和 0x0082 单元的内容分别为 0x0034 和 0xFFFE，而 0x8D 和 0x8E 单元的内容分别为 0xFFFE 和 0010，这正是我们希望的结果：0x0034 ÷ 0xFFEE = 0xFFFE，即十进制的：52 ÷ （– 18） = （– 2），商为 – 2（0xFFFE），余数为 16（0x0010）。注意，这里看到的 0x0082 单元的内容是 0x0012 而不是 0xFFEE（十进制数 – 18）是因为在进行除法运算时对 0xFFEE 取了绝对值，| 0xFFEE | = 0x0012。

（8）观察 16 位定点小数除法　将断点设置在汇编语言程序中的下一个"NOP"指令处，即小数除法程序的"NOP"指令处，用鼠标单击 ✍ 图标，程序从当前 PC = 00BB 继续运行到 PC = 00D2 完成小数除法运算。当程序再次暂停于断点时，可以看到 0x0081、0x0082 和 0x008F 单元的内容分别为 0x4000、0x4AB8 和 0x6DA3，这正是我们希望的结果：0x4000 ÷ 0x4AB8 =

0x6DA3，即十进制的：$0.5 \div 0.58374 = 0.8565457$（$0.8565457 \times 32768 = (28067)_{10} = 0x6DA3$）。

4. 思考题

（1）在减法操作中使用了辅助寄存器 AR2、AR3，请说明在执行完减法计算后辅助寄存器 AR2 和 AR3 的值为多少？

（2）在小数乘法中使用了置 FRCT 标志为 1 的指令。如果将该语句取消，那么寄存器 B 的结果是多少？想想什么时候应该设置 FRCT 标志？

（3）如何实现无符号数的乘法？

（4）请利用本实验程序计算以下算式的结果？

$$0.25 \times 0.58374 = ?$$
$$0.5/0.25 = ?$$
$$4653/345 = ?$$
$$0.789687/0.876 = ?$$
$$2/5 = ?$$

（5）为什么在小数运算过程中，往往只保存高字节而不用保存低字节？

（6）如何将"CPU Register"窗口中的 SXM 设置为 0？运行程序将得到什么结果？

实验二　正弦波信号发生器

1. 实验目的和要求

在数字信号处理中，正弦和余弦信号是非常常见的信号。最简单的产生这些信号的数字实现方法是将某个频率的正弦和余弦值预先计算出来后制成一个表，DSP 工作时仅作查表处理即可。本实验介绍另一种获得正弦信号的方法，即利用 Z 变换和 Z 反变换得到的差分方式，通过迭代的方法来产生正弦信号。基本设计思路是：让定时器每 $25\mu s$ 产生一次中断，在中断服务程序中用迭代算法计算出一个 $sinx$ 值，同时利用 CCS 的图形显示功能查看波形。在用汇编语言完成本实验基础上，再使用 C 语言完成本实验，可以比较一下两种不同方法在实现同一目的时各自的优缺点。

本实验除了学习正弦波信号发生器的 DSP 实现原理外，同时学习 C54x 定时器的使用以及中断服务程序的编写与使用。

2. 实验原理

（1）正弦波信号发生器工作原理　假设冲激响应激励下，一个系统的传递函数为正弦序列 $\sin(\omega Tk)$，根据欧拉公式有

$$\sin x = \frac{1}{2j}(e^{jx} - e^{-jx})，故 \sin(\omega Tk) 的 Z 变换为$$

$$H(z) = \frac{1}{2j}\Big[\sum_{k=0}^{\infty}(e^{j\omega Tk} - e^{-j\omega Tk})z^{-k}\Big] = \frac{1}{2j}\sum_{k=0}^{\infty}\big[(e^{j\omega T}z^{-1})^k - (e^{-j\omega T}z^{-1})^k\big]$$

$$H(z) = \frac{z^{-1}\sin\omega T}{1 - z^{-1}2\cos\omega T + z^{-2}} = \frac{Cz^{-1}}{1 - Az^{-1} - Bz^{-2}}$$

其中，$A = 2\cos(\omega T)$，$B = -1$，$C = \sin(\omega T)$。求出上式的 Z 反变换得

$$y[k] = Ay[k-1] + By[k-2] + Cx[k-1]$$

这是一个表示传递函数为正弦序列 $\sin(\omega Tk)$ 的二阶差分方程，故其单位冲激响应即为 $\sin(\omega Tk)$。利用单位冲激函数 $\delta(k)$ 的性质，$\delta(0) = 1$，并有 $\delta(k) = x[k]$，当 $k = 0$ 时，$x[0] = 1$；当 $k = 1$ 时，$x[k-1] = 1$。代入上式得

$$k = 0 \qquad y[0] = Ay[-1] + By[-2] + 0 = 0$$
$$k = 1 \qquad y[1] = Ay[0] + By[-1] + C = C$$
$$k = 2 \qquad y[2] = Ay[1] + By[0] + 0 = Ay[1]$$
$$k = 3 \qquad y[3] = Ay[2] + By[1]$$
$$\vdots$$
$$k = n \qquad y[n] = Ay[n-1] + By[n-2]$$

当 $k > 2$ 以后，$y[k]$ 可由 $y[k-1]$ 和 $y[k-2]$ 经递归的差分方程推算出。下面是对正弦波信号发生器的设计。

设要设计的正弦波信号发生器的频率为 2kHz，通过定时器设置采样率为 40kHz，每隔 25μs 产生一次中断，即产生一个 $y[n]$，其递归的差分方程系数为

$$A = 2\cos(\omega T) = 2\cos\ (2\pi \times 2000/40000)\ = 2 \times 0.95105652$$
$$B = -1$$
$$C = \sin(\omega T) = \sin\ (2\pi \times 2000/40000)\ = 0.30901699$$
$$y[2] = Ay[1]$$

为了便于进行小数的 DSP 处理，将产生 2kHz 正弦信号的三个系数除以 2，然后用 16 位定点格式表示为

$$\frac{A}{2} \times 2^{15} = 79\ \mathrm{BC} \qquad \frac{B}{2} \times 2^{15} = \mathrm{C\ 000} \qquad \frac{C}{2} \times 2^{15} = 13\ \mathrm{C\ 7}$$

在推算 $y[k]$ 时，主程序在初始化时先计算出 $y[1]$ 和 $y[2]$，然后开放定时器中断。以后每次进入定时器中断服务程序时，利用前面的 $y[1]$ 和 $y[2]$，计算出新的 $y[n]$，借助于 CCS 波形仿真界面，可以在波形仿真界面上看到一个正弦信号波形。

下面是初始化程序和中断服务程序的主要部分：

初始化 $y[1]$ 和 $y[2]$：

```
SSBX    FRCT            ; 置 FRCT = 1，准备进行小数乘法运算
ST      #INIT_A, AA     ; 将常数 A/2 装入变量 AA
ST      #INIT_B, BB     ; 将常数 B/2 装入变量 BB
ST      #INIT_C, CC     ; 将常数 C/2 装入变量 CC
PSHD    CC              ; 将变量 CC 压入堆栈
POPD    y2              ; 初始化 y2 = CC，得 y[1] = C
LD      AA, T           ; 装 AA 到寄存器 T
MPY     y2, A           ; y2 乘系数 A，结果放入寄存器 A
STH     A, y1           ; 将寄存器 A 的高 16 位存入变量 y1，得 y[2] = Ay[1]
                        ; 中断服务程序片段：
LD      BB, T           ; 将系数 B 装入寄存器 T
MPY     y2, A           ; y2 乘系数 B，结果放入寄存器 A，A = y2 × BB
LTD     y1              ; 将 y1 装入寄存器 T，同时复制到 y2 = y1
```

MAC	AA，A	；完成新正弦数据的计算，$A = y1 \times AA + y2 \times BB$
STH	A，1，y1	；因所有系数都除过 2，所以在保存时结果左移一位，
		；将新数据存入 y1，$y1 = y1 \times AA + y2 \times BB$
STH	A，1，Y0	；将新正弦数据存入 y0，得 $y0 = y[n] = Ay[n-1] + By[n-2]$

（2）C54x 的定时器设置方法　C54x 的片内定时器利用 CLKOUT 时钟计数，用户使用三个寄存器（TIM、PRD、TCR）来控制定时器，表 7-1 为与定时有关的寄存器，它们的工作原理见第二章。在表 7-2 中重新列出了定时器控制寄存器 TCR 各个比特的具体定义。

表 7-1　定时器的相关寄存器

寄存器地址	名　称	用　　途
0024h	TIM	定时器寄存器，每计数一次自动减 1
0025h	PRD	定时器周期寄存器，当 TIM 减为 0 后，CPU 自动将 PRD 的值装入 TIM
0026h	TCR	定时器控制寄存器

表 7-2　定时器控制寄存器 TCR 各个比特的具体定义

比　特	名　称	功　　能
15～12	保留	读出时为 0
11	Soft	该比特位与 Free 位配合使用以决定定时器在使用仿真调试时的状态 Soft = 0，当进入仿真调试时，定时器立即停止工作 Soft = 1，当计数器被减为 0 后，停止工作
10	Free	该比特位与 Soft 位配合使用以决定定时器在使用仿真调试时的状态 Free = 0，根据 Soft 位决定定时器状态 Free = 1，忽略 Soft 位，定时器不受影响
9～6	PSC	定时器预置计数器。当 PSC 减为 0 后，CPU 自动将 TDDR 装入，然后 TIM 开始减 1
5	TRB	定时器复位。当 TRB = 1 时，CPU 将 PRD 寄存器的值装入 TIM 寄存器，将 TDDR 的值装入 PSC
4	TSS	定时器停止状态。当系统复位时，TSS 被清除，定时器立刻开始工作 TSS = 0，表示启动定时器 TSS = 1，表示停止定时器
0～3	TDDR	定时器扩展周期。当 PSC 减到 0 后，CPU 自动将 TDDR 的值装入 PSC，然后 TIM 减 1 所以整个定时器的周期寄存器可以有 20 个比特（PRD + TDDR）

从表 7-2 可以看到，定时器的计数器实际上是一个 20 位的寄存器。它对 CLKOUT 信号计数，先将 PSC 减 1，直到 PSC 为 0，然后用 TDDR 重新装入 PSC，同时将 TIM 减 1，直到 TIM 减为 0。这时 CPU 发出 TINT 中断，同时在 TOUT 引脚输出一个脉冲信号，脉冲宽度与 CLKOUT 一致。然后用 PRD 重新装入 TIM，重复下去直到系统或定时器复位。因而定时器中断的频率由下面的公式决定：

$$\text{TINT 的频率} = \frac{1}{t_c \times (\text{TDDR} + 1) \times (\text{PRD} + 1)}$$

其中，t_c 表示 CLKOUT 的周期。定时器当前的值可以通过读取寄存器 TIM 和寄存器 TCR 的 PSC 得到。本实验中初始化定时器的程序部分为

STM　#10h，TCR　　　；Soft = Free = 0，TSS = 1，停止定时器。同时 TDDR = 0

STM　#2499，PRD　；设置寄存器 PRD 值为 2499，TINT 中断频率为

$$;f_{\text{outclk}}/\{(0+1)\times(2499+1)\}=100\text{MHz}/2500=40\text{kHz}$$

STM　#20h，TCR　；定时器复位：TRB =1，将 PRD 装入 TIM 并将 TDDR 装入 PSC

（3）C54x 中断的使用　通过第二章中关于中断的内容可知，在 C54x 中，用户可以通过中断屏蔽寄存器 IMR 来决定开放或关闭一个中断请求。图 7-6 给出了 C5402 的 IMR 寄存器中各位的定义。

15-14	13	12	11	10	9	8	7	6	5	4	3	2	1	0
保留	DMAC5	DMAC4	BXINT or DMAC3	BRINT or DMAC2	HPINT	INT3	TINT1 or DMAC1	DMAC0	BXINT0	BRINT0	TINT0	INT2	INT1	INT0

图 7-6　C5402 的 IMR 寄存器

其中，HPINT 表示 HPI 接口中断，INT3 ~ INT0 为外部引脚产生的中断，BXINT0 和 BRINT0 为 BSP 串口的发送和接收中断，TINT 为定时器中断。在中断屏蔽寄存器 IMR 中，1 表示允许 CPU 响应对应的中断，0 表示禁止。为使 CPU 响应中断，寄存器 ST1 中的中断方式位 INTM 还应该为 0，以允许所有的中断。

当 CPU 响应中断时，PC 指针指向中断向量表中对应中断的地址，进入中断服务子程序。中断向量表是 C54x 存放中断服务程序的一段内存区域，大小为 80H。在中断向量表中，每一个中断占用 4 个字的空间，一般情况是将一条跳转或延时跳转指令存放于此。如果中断服务程序很短，例如小于或等于 4 个字，可以直接放入该向量表。中断向量表的位置可以通过修改基地址来改变，其基地址由处理器工作方式状态寄存器 PMST 中的 15 ~ 7 位，即由中断向量指针 IPTR 决定。表 2-25 给出了中断向量表的各种中断的地址偏移说明。例如 C54x2 复位后其 IPTR 全为 1，所以中断向量表起始位置在 0FF80H，因而复位后程序从 0FF80H 开始运行。

本实验的初始化程序将读取中断向量表的起始地址，然后设置 PMST 的高 9 位，以便 CPU 能正确响应中断，其程序如下：

```
LD      #0, DP          ；设置 DP 页指针
SSBX    INTM            ；关所有的中断
LD      #vector, A      ；取中断向量表地址
AND     #0FF80h, A      ；保留高 9 位（IPTR），其他低位清零
ANDM    #007Fh, PMST    ；保留 PMST 的低 7 位
OR      PMST, A         ；取 A 的高 9 位为 vector 地址和低 7 位为 PMST 的值
STLM    A, PMST         ；设置包括现有 IPTR 后的新 PMST 值
```

3. 实验内容

本次实验利用 C54x 汇编语言和 C 语言实现正弦波信号发生器，并由 CCS 提供的图形显示窗口观察输出信号波形以及频谱。实验分三步完成：根据前面介绍的方法确定正弦波信号发生器的频率及其系数；编写实验程序代码；在 CCS Simulator 中调试运行，并观察结果。

假定前两步已经完成，即已经确定正弦波信号发生器的频率并以此算出相关的系数，并编写实验程序 sine. asm、vec_table. asm、sinewave. cmd、sine_c. c、sinewave_c. cmd。在此基础上进行第三步的内容，其操作步骤如下：

(1) 用汇编语言程序完成实验

1) 双击桌面图标 Setup CCS 2 ('C5000)，在弹出的窗口图 7-7 中，单击右边栏中第一行 Import a Configuration File，在弹出的 Import Configuration 窗口中选择 C5402 Device Simulator 一行，单击左边的 Import 按钮，使该选项出现在 CCS 主窗口左边的 System Cinfiguration 栏目中。最后单击 Import Configuration 窗口下边的 Save and Quit 保存设置，并退出设置窗口，进入 CCS 工作窗口主界面：/C5402 Device Simulator/CPU – C54X（Simulator）Code Composer Studio。

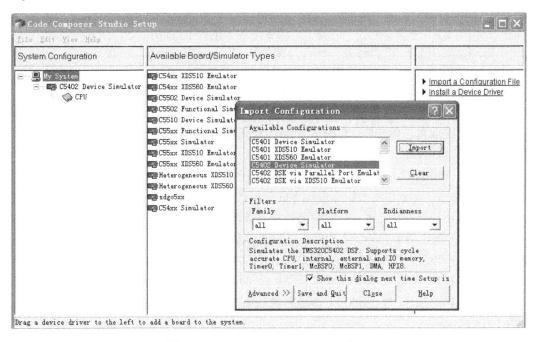

图 7-7   Code Composer Studio Setup 窗口

2) 单击主窗口上边 Project/New 菜单，在这里可建立新工程项目。在 Project Creation 框中上面的 Project 中填写工程项目名，如取名为 sinewave。Location 框中填写路径，路径名只能用英文名字，系统不识别中文名字，系统为用户设置默认路径 C：\ ti \ myprojects，用户的项目都可放在这里。本实验的路径设为 D：\ exer\ exer2_ asm_sinewave \ 。下面的一个 Project 框中可选择输出的可执行文件（. out）或库文件（. lib），这里选默认的可执行文件 Executable（. out）。Target 框中可选不同系列的芯片，这里选默认的 C54XX。填写完图 7-8 所示的创建工程项目界面窗口后单击"完成"，这时在 CCS 主界面左边的工程目录文件管理窗中产生 Files/Projects/sinewave. pjt 项目，用鼠标双击 sinewave. pjt 可展开里边的 5 个子目录。这时 source 子目录中没有文件。

3) 将已经编写好的源程序添加到 sinewave. pjt 项目中。单击 Project/Add Files

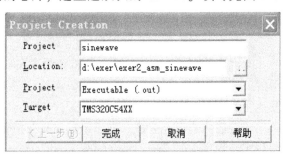

图 7-8   创建工程项目界面

to Project 菜单，在弹出的文件选择框中的文件类型栏，选 Asm Source File（＊.a＊；＊.s＊），在窗口中出现汇编程序文件 sine.asm 和 vec_table.asm，单击选中这两个，再单击"打开"按钮，将这两个源文件加入本工程项目中。类似方式加入 sinewave.cmd 文件。如果使用的是 C5402 芯片，可由 File/Load/GEL…菜单装入初始化文件 C5402.gel。该文件位于 C：\ it \ cc \ gel。这样就可得到如图 7-9 所示的工程项目和文件。

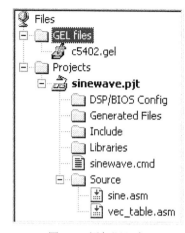

图 7-9　添加源程序

　　单击主窗口中的 Project/Build Options…菜单项，设定或修改编译、链接中使用的参数。例如，选择 Linker 卡片窗口，在 Output Filename 栏中写入 out 文件的名字，可取默认文件名。此外还可以设置生成 map 文件，如 sine.map。如图 7-10 所示。用 Project/Build 完成编译、链接，再从 File/Load Program…菜单添加刚才生成的可执行文件 sinewave.out 文件。

图 7-10　参数设置

　　4）图形参数设置方法是单击主窗口中的 View/Graph/Time/Frequency…菜单，在弹出的对话框中，按图 7-11 进行作图对话框设置。即设 Display Type 栏为 Single Time 显示时域输出波形，该栏还可选频域波形输出；Graph Title 栏可设置图形显示窗口上面的显示标题，这里可输入"正弦波形输出显示"；在 Start Address 栏为 y0 或 y0 所在的存储器单元的十六进制地址，这里的 y0 为生成的正弦波输出变量；Acquisition Buffer Size 栏为输出数据所占的存储器单元（0X0080）有效，这里为 y0，只点一个单元，故设置为 1；Display Data Size 为显示窗口中同时显示的采样数据个数，这里输入为 128 表示可同时显示 128 个数据；DSP Data Type 项为运算数据所采用的类型，这里选 16 – bit signed integer；Sampling Rate（Hz）项为

40000。单击 OK 后，弹出图形窗口。当需要对设置进行修改时，可右击该图形窗口，在弹出的图 7-12 所示的窗口中单击 Properties…，可回到图 7-11 所示界面进行重新设置。

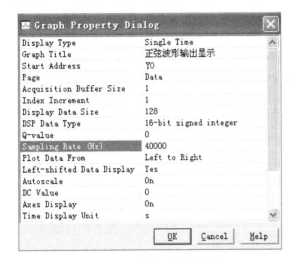

图 7-11　波形仿真图对话框设置　　　　　　　　图 7-12　图形窗口属性设置

　　5）在 sine. asm 汇编源程序中标号为_tint 处，找到下面的 NOP 语句设置断点。选择 Debug/Animate 或单击图标 🀰，观察输出波形，如图 7-13 所示。选择 Debug/Halt 或单击图标 🀰，暂停程序的执行。比较 Run 和 Animate 两种运行方式的区别。将 Display Type 项改为 FFT magnitude 可观看信号频谱。单击 Project/Close 菜单关闭工程项目。根据坐标刻度计算所得正弦波频率是否为 2kHz。计算方法为：X 轴满刻度 = (Display Data Size ×1/Sampling Rate) = 128s/40000 = 0.0032s，图 7-13 中 X 轴共有 20 个刻度，每个刻度 = 0.0032s/20 = 0.00016s。数一下，每个正弦波占用 3.125 个刻度，这样一个正弦波持续的时间 $T = 0.00016s \times 3.125 = 0.0005s$，故输出的正弦频率 = $1/T = 1Hz/0.0005 = 2kHz$。

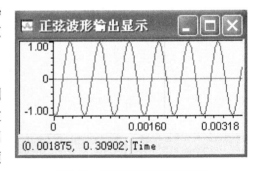

图 7-13　观察正弦波输出波形

　　（2）使用 C 语言完成本实验

　　1）按前述方法新建一个工程文件，取名为 sinewave_c. pjt，所在路径为 d：\exer\exer2_c_sinewave \ 并按前述方法添加 sine_c. c、vec_table. asm 源程序，再添加 sinewave_c. cmd 及 C 语言使用的标准库 rts. lib 文件。若 CCS 安装在 c：\ ti 下，则 rts. lib 应该在 c：\ ti \c5400 \ cgtools\lib 下。在 Project/Build Options…菜单打开的窗口中，修改编译、链接选项，加入符号调试选项，修改生成的 OUT 文件名，这里可只取默认设置。完成编译、链接，正确生成 sinewave_c. out 文件。然后使用 File/Load Program 菜单选项，装载生成的 sinewave_c. out 文件。这时 CCS 将弹出反汇编窗口，显示程序的起始地址_c_int00，关闭该反汇编窗口。

　　2）双击主界面左边工程项目文件管理窗口中的 Files/Projects/sinewave_c. pjt（Debug）/Source/sine_c. c 文件，打开 C 源程序窗口，在中断服务程序中（函数 tint()）的 "con_buf = 0" 语句处设置一个断点。同样单击主窗口中的 View/Graph/Time/Frequency…菜单打开图形显示窗口，并将"Start Address"改为 buf；"Acquisition Buffer Size"改为 128，"Display Data Size"改为 128，"DSP Data Type"改为"32 - bit floating point"。"Sampling Rate（Hz）"项为 40000，单击"OK"关闭设置窗口，并弹出波形显示窗口。

3）选择 Debug/Animate 或单击图标 ✖，运行程序，观察输出波形。算算频率是否是 2kHz？从显示的时域波形的前进速度可见，用 C 语言编写的编程，其运行速度明显慢于用汇编语言编写的程序，所以实时应用中，涉及运行速度的代码最好还是用汇编语言编写。最后，用右键单击图形显示窗口，设置 Display Type 栏为 FFT Magnitude 显示信号频谱。

4. 思考题

（1）本实验程序产生了一个 2kHz 的正弦信号，试修改程序，产生一个频率相同的余弦信号。

（2）重新设计和实现一个数字振荡器，采样频率改为 20kHz，输出正弦信号的频率为 4kHz。

（3）在 CCS 中打开链接定位文件 sinewave. cmd，看看中断向量表是如何安排的？并用 MAP 文件验证中断向量表的具体地址。

（4）若用定时器 1，应如何修改程序？

（5）为什么在做 C 程序仿真时，将显示窗口中的"Acquisition Buffer Size"项设置为 128？

实验三　FIR 数字滤波器

1. 实验目的和要求

本实验学习数字滤波器的 DSP 实现原理和 C54x 编程技巧，并通过 CCS 的图形显示工具观察输入/输出信号波形以及频谱的变化。

有关 FIR 滤波器的 DSP 设计方法请参见本书相关介绍。本实验采用软件仿真和硬件仿真两种方法来验证 FIR 滤波器的滤波效果。硬件仿真使用 DEC5402PP 评估板的模拟信号输出通道产生一个 1kHz 的方波，然后利用信号输入通道对产生的方波进行低通滤波，得到一个 1kHz 的正弦信号基波，并用 CCS 的图形显示工具显示输入的 1kHz 的方波和输出的 1kHz 正弦波基波。软件仿真利用一个名为 firsoft_in. dat 的数据输入文件，通过 CCS 软件平台提供的探针和中断调试功能，将该文件的数据逐一读到存储器中的输入数据暂存单元作为运行程序的原始输入数据，以此替代硬件仿真中的数据输入。程序对输入信号滤波后输出的正弦波数据放在输出单元，通过探针链接，将该单元的数据输出到 firsoft_out. dat 数据输出文件。这样，利用 CCS 的图形显示工具同样可显示输入的 1kHz 的方波和输出 1kHz 的正弦波，以此达到在没有硬件条件下通过软件仿真的目的。

2. 实验原理

首先完成 FIR 滤波器的程序编写，见第五章和第六章相关内容。下面重点讨论软件仿真实验中的相关问题。

（1）硬件仿真　硬件仿真使用的是一个 38 阶的对称结构的 FIR 低通滤波器，其采样频率 f_s 为 25kHz，通带截止频率 1.2kHz，阻带截止频率为 2.8kHz，阻带衰减为 -40dB。硬件仿真评估板 DES5402PP 使用 AC01 作为模拟信号接口。AC01 提供一个 14bit 的 D-A 和一个

14bit 的 A-D 通道，AC01 与 VC5402 通过串口链接，相关内容在第六章中已有介绍。DSP 通过串口读写 AC01 的寄存器，可以控制 AC01 的采样频率、增益、低通/高通滤波器的截止频率等参数。

本实验利用 AC01 的 D-A 通道产生一个 1kHz 的方波，作为 FIR 滤波器的输入信号。由于串口发送中断将每 0.04ms（25kHz）产生一次，所以将一个周期的方波信号分 25 次送出，这样经过 D-A 变化后便可得到 1kHz 的方波。

由于本实验通过 DSP 的串口输入/输出数据，数据时钟和帧同步信号都由 AC01 产生，所以 VC5402 将使用外部时钟和同步信号。完成串口设置后，还要修改中断向量，以便正确响应串口 0 的接收和发送请求。本实验中使用发送中断产生方波信号和完成对 AC01 的初始化；使用接收中断存储输入的数据，并设置新数据到达标志。主循环在检测到该标志后，调用 FIR 滤波器程序，完成对输入数据的处理。

另外，为了方便观察评估板的工作情况，实验中使用了一个定时器，交替使 XF 为高和低。所以，在滤波器程序正常运行时，可以看到 D2 在不停地闪烁。

（2）软件仿真　采用软件进行仿真需要解决数据来源问题。为此，先建立一个 CCS 格式的数据输入文件，用该文件作为数据源来代替硬件产生的输入数据，文件的扩展名必须为 .dat。滤波器滤波后输出的数据也可放在一个 CCS 格式的输出数据文件中，文件的扩展名也必须是 .dat。

扩展名为 .dat 的 CCS 格式数据文件，是一个第一行为信息头，其他行为具体数据的文件。信息头的格式为：

MagicNumber Format StartingAddress PageNum Length

其中 MagicNumber 固定为 1651。

Format 为一个 1 到 4 的数，指示文件数据的格式。1 代表文件中的每个数据是一个用十六进制表示的数据，2 表示数据是整型数据，3 表示数据是长整型数据，4 表示数据为浮点型数据。

StartingAddress 表示存储块的起始地址。

PageNum 表示存储块的页地址。

Length 表示数据长度。

按照 TI 公司所采用的格式，扩展名为 .dat 的 CCS 格式数据文件和第一行通常为

1651 1 0 0 0

设输入的方波数据文件的高电平为 9000，低电平为 -9000，对应的十六进制数为 0x2328 和 0xDCD8，则输入的方波数据文件 firsoft_in.dat，内容如图 7-14 所示。同样，输出的正弦波数据文件 firsoft_out.dat 的第一行为 1651 1 0 0 0，后面的数据现在为空，这些数据将在软件仿真时通过探针链接，将输出存储单元的内容写入该文件中。

```
1651 1 0 0 0
0x2328
0x2328
0x2328
0x2328
0x2328
0x2328
0x2328
0x2328
0x2328
0x2328
0xdcd8
0xdcd8
0xdcd8
0xdcd8
0xdcd8
0xdcd8
0xdcd8
0xdcd8
0xdcd8
0xdcd8
    ⋮
```

图 7-14　firsoft_in.dat 文件

由于软件仿真不需要与硬件发生联系，故软仿真程序相对硬件运行程序可以大大简化，下面假定滤波器为对称系数滤波器，其系数为 0.1、0.2、0.3、0.4、0.5、0.4、0.3、0.2、0.1，软件仿真程序如下：

```
        .title    "firsoft.asm"           ;定义程序名
```

```
        . mmregs                        ; 定义存储器映象寄存器
        . def    start                  ; 定义主程序执行的起始地址标号
        . bss    new_data, 1            ; 定义滤波器新输入数据所在单元
        . bss    y, 1                   ; 定义滤波器输出数据所在单元
xn      . usect  "xn", 9               ; 为参加运算的输入的数据开辟 9 个单元
a0      . usect  "a0", 9               ; 为系数开辟 9 个单元
        . data
table:. word    1 * 32768/10           ; 说明 9 个系数
        . word    2 * 32768/10
        . word    3 * 32768/10
        . word    4 * 32768/10
        . word    5 * 32768/10
        . word    4 * 32768/10
        . word    3 * 32768/10
        . word    2 * 32768/10
        . word    1 * 32768/10
        . text
start: SSBX     FRCT                    ; 说明进行小数运算
        STM      #a0, AR1               ; 将系数在数据存储器空间的首地址赋给 AR1
        RPT      #8                     ; 重复 9 次
        MVPD     table, * AR1 +         ; 将系数从程序空间转移到数据空间
        STM      #xn + 8, AR2           ; 将 9 个数据 xn 单元最下端的地址赋给 AR2
        STM      #a0 + 8, AR3           ; 将 9 个系数 a0 单元最下端的地址赋给 AR3
        STM      #9, BK                 ; 设置循环寄存器为 9
        STM      # - 1, AR0             ; 设置循环地址修正量为 - 1
        LD       #new_data, DP          ; 设置 DP 指向新数据输入地址所在页
fir：  RPTZ     A, #8                   ; 重复执行下面指令 9 次
        MAC      * AR2 +0%, * AR3 +0%,A ; 进行滤波器的乘法累加运算
        STH      A, y                   ; 将结果送输出单元 y (0x0061), 此处设置输
                                        ; 出探针
        BD       fir                    ; 延迟分支转移
        LD       new_data, B            ; 输入新数据, 此处设置输入探针点和断点
        STL      B, * AR2 +0%           ; 将赋给 B 的新数据放入 new_data (0x0060)
                                        ; 单元
        . end
```

firsoft. cmd 命令文件如下：

firsoft. obj

-o firsoft. out

-m firsoft. map

MEMORY
{　　PAGE 0：　　　　EPROM：org = 0080h，len = 0100h
　　　PAGE 1：　　　　SPRAM：org = 0060h，len = 0020h
　　　　　　　　　　　DARAM：org = 0100h，len = 0100h
}
SECTIONS
{　　. text　　:　　　　　　　　　　> EPROM PAGE 0
　　. data　　:　　　　　　　　　　> EPROM PAGE 0
　　. bss　　 :　　　　　　　　　　> SPRAM PAGE 1
　　xn　　　　: align（16）{}　　> DARAM PAGE 1
　　a0　　　　: align（16）{}　　> DARAM PAGE 1
}

3. 实验内容

本实验采用 C54x 汇编语言来实现 FIR 滤波器。并通过 CCS 的图形显示工具观察输入/输出信号波形以及频谱的变化。

（1）硬件仿真　要进行硬件仿真，先要将硬件电路板、仿真器与 PC 相链接，然后再做一些软件配置。

1）SDConfig 配置：这里假定采用的硬件仿真器为 XDS510，不同的仿真器有不同的配置，但操作步骤基本类似。在 CCS 安装后，运行配套文件中的 driver \ setupcc54x. exe，并在选择安装目录时选择与 CCS 相同的目录。这时在桌面上应能看到 SDConfig 配置工具图标 。使用并口电缆将 DES5402PP – U 与 PC 链接，接通板上电源，应看到电路板上的二极管被点亮。双击桌面上的 SDConfig 图标，启动 SDConfig 配置工具，按图 7-15 所示配置要使用的并口。

选择图 7-15 中的菜单 Configuration/Ports Available/Printer 选项，测试 PC 使用的并口类型。如果 PC 并口使用 378 端口，用鼠标左键单击界面左边的 378 选项，选择 Emu。在右边窗口选择硬件类型为 XDS510PP，在 Emlator Port 项中选 SPP8。现在可选菜单栏中的 Emulator/Test，测试端口是否正确。若正确，SDConfig 应检测到一个 JTAG 设备。若没有成功，应检测设置端口是否与 PC 的并口一致。保存设置后退出 SDConfig 工具。

2）硬件仿真设置：单击 PC 桌面界面上 Setup CCS C5000 图标，进入前面图 7-7 所示的界面，单击右边窗口中的 Install a Device Driver 选项，从弹出的 Drivers 目录窗口中添加 sdgo5xx. dvr 驱动程序，单击"打开"，再单击弹出窗口中的"OK"，在弹出的对话框中单击"确定"。再单击右边窗口中的 Import a Configuration File，弹出 Import Configuration 界面，单

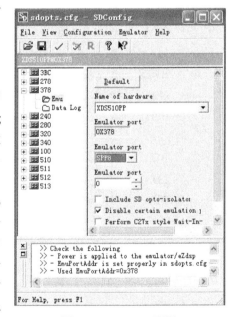

图 7-15　SDConfig 配置

击 C5402 XDS510 Emulator 选项，再单击 Import，则将其添加到系统中，如单击 Clear 则清除
已经选过的配置程序，存盘退出。在成功启动 CCS 后，电路板上的 D1 将被点亮，此时的
CCS 界面与软件仿真时的界面是一样的，但在执行过程中，所用 DSP 为硬件 DSP 而不是软
件虚拟的 DSP。

　　3）硬件仿真实验步骤。

　　①短接 JP9，使得评估板 DES5402PP 的信号输出通道与输入通道相连。

　　②启动 CCS，单击 Project/New 菜单，建立新工程项目。取名为 firhard，路径为 d：\exer\
exer3_firhard。将编写好的 firhard. asm 和 firhard. cmd 文件加入工程项目中，再由 File/Load/
GEL…菜单装入初始化文件 C5402. gel。

　　③单击 Project/Build Options…菜单项，设定或修改编译、链接使用的参数，这里取默认
设置。再用 Build 选项完成编译、链接，然后使用 File/Load Program 将 firhard. out 文件装入。
按 F5 键启动程序运行，如有示波器，可以观察 DES5402PP 板上 J3 输出的 1kHz 方波信号。

　　④使用 Debug/Halt 暂停程序的执行。在 Project 管理窗口栏中打开 firhard. asm 文件，并
在 fir 子程序中的 ccs_show 标号后的 nop 语句处增加一个断点。

　　⑤为显示输入信号图形，选取 View/Graph/Time/Frequency 菜单，打开一个图形显示窗
口，将 Start Address 的地址改变为地址 0x1800，将 Display Data Size 项设置为 128，将 DSP
Data Type 改为 16 – bit signed integer。这样，将在图形显示窗口中显示从 0x1800（信号输入
缓冲）开始的 128 个点的 16 位有符号整数。然后再打开一个图形窗口，显示从滤波信号输
出缓冲地址 0x1020 开始的 128 点的 16 位有符号整数。

　　运行程序后，应能看到两个图形窗口及信号波形，一个为输入方波信号，另一个为滤波
后输出的正弦波。此外，如将 Display type 栏中的 Single time 设置为 FFT Magnitude，则可以
看到信号的频谱情况。

　　（2）软件仿真

　　软件仿真实验步骤如下：

　　1）将 firsoft. asm、firsoft. cmd、firsoft _
in. dat、firsoft_out. dat 文件复制到 d：\exer\exer
3_firsoft 子目录下。启动 CCS，单击 Project/
New 菜单，建立新工程项目，取名为 firsoft，
路径为 d：\exer\ exer3_firsoft。按图 7-16 所示
来设置创建工程。

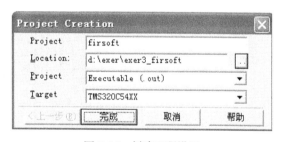

图 7-16　创建工程设置

　　2）单击 Project/Add　Files to Project 菜单，在弹出的添加文件到项目框中选择文件类
型，分别将 firsoft. asm 和 firsoft. cmd 添加到工程项目中。

　　3）单击 Project/Build Options…菜单项，设定或修改编译、链接中要使用的参数，在
Linker 选项卡中的 Autoinit Model 栏中选 No Autoinitialization，否则在下面的 Build 操作中会
提出警告。

　　4）单击 Project/Build 选项完成编译、链接。然后使用 CCS 主菜单 File/Load Program…
将 firsoft. out 文件装入。

　　5）要将 firsoft_in. dat、firsoft_out. dat 文件与存储器相链接，需要设置探针和断点，其方
法是：双击工程文件管理窗口中的 File/Project/Source/firsoft. asm 源程序，在右边文件编辑

窗口中打开该程序，将光标移到 fir 子程序中的 STH A，y 语句所在行，单击 ✎ 图标，设置一个探针点，使该行行首出现蓝色小方块。然后将光标移动到下面的 LD new_data，B 语句所在行，单击 ✎ 图标，在这里也设置一个探针点，并单击 🖑 图标在这里设置一个断点，使该行行首出现红色圆点。

探针的作用是当程序运行到该处后，便从 .dat 数据文件中读取指定数量的数据到内存中，以作为原始输入数据进行处理，这是软仿真中用来模拟实际的数据输入的一种方法。

探针与数据文件的链接设置的方法是：单击 CCS 主窗口上面的 File/File I/O…选项，打开 File I/O 对话框，在 File Input 选项卡中，单击 "Add File" 按钮，在弹出的 File Input 对话框中，在 exer3_firsoft 目录下单击选中数据文件 firsoft_in.dat，单击 "打开"，将其添加到 File I/O 对话框。然后修改 "Address" 栏内容，这里有两种方式，一种是直接写入存放 .dat 文件读取数据的 RAM 单元；另一种方式是写入该单元的变量名称。因此这里可写入 0x0060 或写入 new_data。修改 "Length" 参数为 1，表示程序执行到探针点时，一次从 firsoft_in.dat 文件只读入一个数据到地址为 0x0060 的 new_data 变量存储单元。单击 "Wrap Around" 选项，表示当程序读完 firsoft_in.dat 文件中的最后一个数据后，重新回到该文件的起始处读数据，这样循环读取该数据文件，可得到无穷无尽的数据。单击图 7-17 中的 "Add Probe Point" 按钮，弹出图 7-18 所示 Break/Probe Points 窗口。选择 "Probe points" 选项卡，单击 Probe point 标题下的 firsoft.asm line 39→No Connection，激活该栏后，"Location" 栏将显示 firsoft.asm line 39。然后在选项 "Connect" 栏中单击，出现数据文件 firsoft.dat 和它所在的路径，单击该行将其选中。再单击 "Replace" 按钮进行链接，使 Probe point 标题下显示为 firsoft.asm line 39→FILE IN：D:\exer\exer3_firsoft \ firsoft_in.DAT，如图 7-18 所示。最后单击 "确定" 键回到图 7-17 所示界面。这时从图 7-17 所示的对话框可以看到 "Probe" 项被自动修改为 "Connected"，表示探针已经与数据文件成功相连。

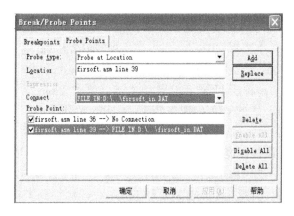

图 7-17　探针数据单元和长度设置　　　　　　图 7-18　探针与数据文件的连接设置

用同样的方法在 File I/O 对话框的 File Output 选项卡中单击 "Add File" 按钮，在弹出的 File Input 对话框中，在 exer3_firsoft 目录下单击选中数据文件 firsoft_out.dat，单击 "打开"，将其添加到 File I/O 对话框，并按前述方法设置探针地址、长度、输出文件的链接。只是这时将图 7-17 中的 "Address" 栏设置为 0x0061 或写入 y，将图 7-18 中的链接文件设置为 firsoft.asm line 36→FILE IN：D:\exer\exer3_firsoft \ firsoft_out.DAT。单击图 7-17 中的

"确定"键，退出设置。

6）为显示输入信号图形，选取 View/Graph/Time/Frequency 菜单，打开一个图形显示窗口，在 Graph Title 栏输入"软仿真输入时域波形"，将 Start Address 的地址内容改变为地址 0x0060 或 new_data，将 Acquisition Buffer Size 栏设置为 1，将 Display Data Size 项设置为 128，在 DSP Data Type 栏中选 16 – bit signed integer，如图 7-19 所示。这样，将在图形显示窗口中显示从 0x0060 读入的 16 位十六进制有符号整数所构成的波形。同样方法再打开一个图形窗口，将 Start Address 的地址改变为地址 0x0061 或 y，显示从滤波信号输出缓冲地址 0x0061 读出的 16 位十六进制有符号整数。

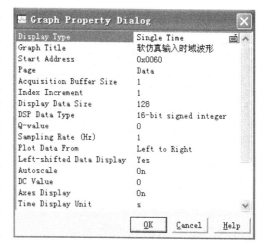

图 7-19　输入信号波形显示参数设置

7）选用 CCS 主窗口中的 Debug/Animate 项或单击图标 运行程序，得到图 7-20 中①、②所示输入和输出的时域信号波形。现在再分别创建一输入和输出信号显示窗口，设置方法与前两个窗口相同，只是在 Display Type 栏选 FFT Magnitude。再次执行 Debug/Animate 或单击图标 ，可得图 7-20 中③、④所得波形，它们分别是输入信号和输出信号的频谱图。

从图 7-20 中可见输入方波的时域信号经滤波后得到单一的正弦基波输出；输入方波的频谱图中除基波信号外，还包含有多次谐波，而经滤波处理后的输出频谱中只剩下单一频率，从而获得了较好的滤波效果。

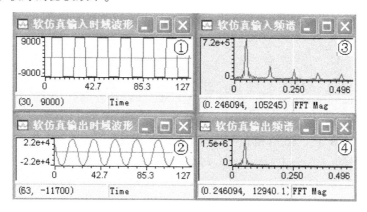

图 7-20　软仿真输入输出时域和频域波形

Animate 运行和 Run 运行基本一致，只是使用 Run 运行时，若遇断点，将停下来，直到再次使用 Run 命令才恢复运行。而使用 Animate 运行时，若遇断点，CCS 刷新所有的显示窗口，如寄存器、存储器、图形显示窗口等，然后自动恢复运行。所以用 Animate 命令能看到连续更新的数据。

4. 思考题

（1）说明下面的辅助寄存器操作完成何种功能：

　*AR0(#0100)，*AR3 + %，*AR3 + 0%，*AR2 – %，* + AR3(– 2)%

（2）本实验程序使用 AR2 和 AR3 作为指针，能否使用其他的辅助寄存器，如 AR0 和 AR1？

（3）尝试一下能否在软仿真中用 PORTR、PORTW 指令读入或写出数据？

（4）本程序使用了循环寻址，使用循环寻址的数据缓冲区的地址能否任意设置？

（5）修改软件滤波器程序，使用 FIRS 或 MACD 指令完成滤波运算。

实验四　快速傅里叶变换的实现

1. 实验目的和要求

在数字信号处理课程中，对 FFT 的理论进行了详细的分析，在本书第五章中也较为详细地介绍了用 DSP 芯片实现快速傅里叶变换的程序，因此这里只介绍实验有关的内容，便于通过实验来加深对 FFT 的理解。

2. 实验原理

实现 FFT 功能的程序编写见第五章相关内容。这里介绍一下 CCS 中常会用到的 GEL 文件。TI 公司为每款 DSP 芯片都配置了专门的 GEL 文件，这些文件位于 D:\ti\cc\gel 路径下，每个 GEL 文件中包含 TI 公司对相应芯片 CPU 的复位和芯片中存储器的初始化配置，用户通常直接调用所用芯片的 GEL 文件就可以了，但如果需要满足一些专门要求，也可以对 GEL 文件部分内容进行修改。方法是选择 CCS 界面左边工程目录文件管理窗中的 Files/GEL files，双击打开 . gel 进行修改或增加新内容。例如：

在 Startup（）函数中增加一个函数调用，以便在 CCS 启动时自动执行，参见下面的程序：

```
/* The Startup () function is executed when the GEL file is loaded. */
StartUp ()
{
  C5402_Init ();
  GEL_TextOut( "Gel StartUp Complete. \ n"); /* 修改部分 */
}
```

下面是增加扩展程序、数据和 I/O 空间说明的代码：

```
/* All memory maps are based on the PMST value of 0xFFE0 */
hotmenu C5402_Init()
{
  GEL_Reset();
  PMST = PMST_VAL;                            /* PMST_VAL = 0xffe0u */
/* don't change the wait states,let the application code handle it */
/* note:at power up all wait states will be the maximum(7)        */
/* SWWSR = SWWSR_VAL;                  SWWSR_VAL = 0x2009u
  BSCR = BSCR_VAL;                       /* BSCR_VAL = 0x02u */
  C5402_Periph_Reset();
  GEL_XMDef(0,0x1e,1,0x8000,0x7f);
```

```
        GEL_XMOn( ) ;
        GEL_MapOn( ) ;
        GEL_MapReset( ) ;
    / *              以下为修改或新增部分              * /
        GEL_MapAdd(0x80u,0,0x3F80u,1,1) ;                /* DARAM */
        GEL_MapAdd(0x4000u,0,0xC000u,1,1) ;              /* External */
        GEL_MapAdd(0x10000u,0,0x8000u,1,1) ;             /* Extended Addressing - Page 0 */
        GEL_MapAdd(0x18000u,0,0x8000u,1,1) ;             /* Extended Addressing - Page 0 */
        GEL_MapAdd(0x28000u,0,0x8000u,1,1) ;             /* Extended Addressing - Page 0 */
        GEL_MapAdd(0x38000u,0,0x8000u,1,1) ;             /* Extended Addressing - Page 0 */
        GEL_MapAdd(0x0u,1,0x60u,1,1) ;                   /* MMRs       */
        GEL_MapAdd(0x60u,1,0x3FA0u,1,1) ;                /* DARAM      */
        GEL_MapAdd(0x4000u,1,0xC000u,1,1) ;              /* External   */
        GEL_MapAdd(0x8000u,2,0x8000u,1,1) ;              /* IO SPACE */
    / *              修改或新增部分结束              * /
        GEL_TextOut( "C5402_Init Complete. \n") ;
    }
```

　　GEL 文件的基本作用是当 CCS 启动时，GEL 文件加载到 PC 的内存中，如果定义了 StartUp( ) 函数则执行该函数，对 CCS V2.3 以下版本完成对主机和目标板的初始化工作。对于支持 Connect/Disconnect 的 CCSStudio（V2.4 或之后的版本），GEL 文件不一定正确执行，因为 CCS 启动时和目标处理器是断开的。这时，当 Startup( ) 函数试图访问目标处理器时会出错。因此 V2.4 或之后的版本，CCS 启动时用一个新的回调函数 OnTargetConnect( ) 来执行目标处理器的初始化工作。GEL 文件中的 Get_Reset( ) 函数通过仿真器复位目标处理器，GEL_BreakPtAdd( ) 用来设置断点，GEL_TextOUT( ) 用来显示文本。

　　CCS 的存储器映射告诉调试器目标处理器的哪些存储区域可以访问，哪些不能访问。CCS 的存储器映射一般也在 StartUp( ) 函数中执行。其中的 C5402_Init( ) 函数包括：GEL_MapOn( ) 和 GEL_MapOff( ) 函数，通过调用 GEL_MapOn( ) 或 GEL_MapOff( ) 来打开或关闭存储区映射，当存储区映射关闭时，CCS 假定可以访问所有的存储区空间；GEL_MapAdd( ) 用来添加一个存储区域到存储区映射中；GEL_MapReset( ) 函数用来清除所有的存储区映射，没有存储区映射时，默认设置是所有的存储区空间都不能访问。

　　加载了 GEL 文件以后，由于 GEL 文件的作用，并不一定所有的寄存器都是复位值，主程序中没有赋值的寄存器并不一定就是它的上电复位值。

　　本实验在 CCS 下完成 256 点的实数 FFT，并通过 CCS 的图形显示工具观察结果。256 点的方波数据放在文件 fftsoft. dat 中，fftsoft. dat 文件中的数据可通过 C 程序自动产生，注意数据的绝对值不要超过 0x23FF。其程序如下：

```
#include "stdio. h"
main( )
{   FILE    * fw ;
    int i, j, t ;
```

```
fw = fopen（"d：\ exer \ exer4_fftsoft \ fftsoft. dat"，"wt"）；
fprintf（fw，"1651 1 0 0 0 \ n"）；
for（i = 0；i < 1024；i + +）
{
    j =（i + 1）% 20；
    if（j < 10）t = - 9000；
    else      t = 9000；
    fprintf（fw，"0x%04x \ n"，t）；
}
fclose（fw）；
}
```

3. 实验内容

本实验采用 C54x 汇编语言来实现 FFT 功能，并通过 CCS 的图形显示工具观察输入/输出信号波形以及频谱的变化。

（1）软件仿真　实现 FFT 功能的软件仿真实验步骤如下：

1）生成 fftsoft. out 文件启动 CCS，单击 Project/New 菜单，建立新工程项目。取名为 fftsoft，路径为 d:\exer\exer4_fftsoft。将编写好的 fftsoft. asm 和 fftsoft. cmd 文件加入工程项目中，再由 File/Load/GEL…菜单装入初始化文件 c5402sim. gel，此时可以在弹出的窗口中看到 GEL 文件执行初始化工作的情况。然后单击 Project/Build 生成可执行文件。选 CCS 主窗口中的 File/Load Program 将生成的 fftsoft. out 装入。

2）设置探针点和断点双击左边工程项目文件管理窗口中的 fftsoft. asm 源程序，在右边文件编辑窗口中，将光标移到 wait_input 语句标号下面的"call get_input"行，单击 图标设置一个探针点，使该行行首出现蓝色小方块。然后将光标移动到下一行"nop"语句，单击 图标设置一个断点，使该行行首出现红色圆点。如图 7-21 所示。

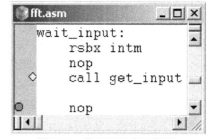

图 7-21　设置探针点和断点

3）链接探针点与数据文件单击 File/File I/O…菜单中选项，打开 File I/O 对话框，在 File Input 选项卡中，单击"Add File"按钮，在弹出的 File Input 对话框中，在 exer4_fftsoft 目录下打开数据文件 fftsoft. dat，然后修改"Address"选项的参数为 0x2300，这是读出的数据在存储器中的存放地址，修改"Length"参数为 256。单击"Wrap Around"选项，使该选项被打钩，如图 7-22 所示。单击"Add Probe Point"选项，弹出图 7-23 所示 Break/Probe Points 窗口，选择"Probe points"选项卡，单击 Probe point 标题下的 fftsoft. asm line 582→ No Connection，激活该栏后，"Location"栏将显示 fftsoft. asm line 582。然后在选项"Connect"栏下拉图标中单击，出现数据文件 fftsoft. dat 和它所在的路径，单击该行将其选中，再单击"Replace"按钮进行链接，使 Probe point 标题下显示为 fftsoft. asm line 582→ FILE IN：D：\.. \ fftsoft. dat。最后按"确定"键回到图 7-22 所示界面。这时从图 7-22 所示的对话框可以看到 "Probe"栏被自动修改为"Connected"，表示探针已经与数据文件成功相连。单击图 7-22 中的"确定"键，退出设置。

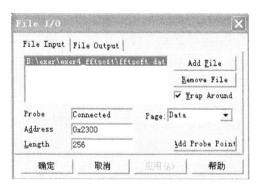
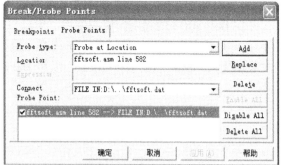

图7-22　FFT输入数据的设置　　　　图7-23　探针点与数据文件的连接

4）观察波形在"View"菜单项下选择 View/Graph /Time/Frequency，在弹出的图形参数设置窗口中，在 Graph Title 栏输入"软仿真输入时域波形"，将"StartAddress"改为0x2300，将"Acquisition Buffer Size"改为128，将"DSPData Type"改为"16-bit signed integer"。另建第二个波形显示窗口，只是在 Display Type 栏选 FFT Magnitude，其余设置与第一个窗口相同。再建第三个波形显示窗口，这次仅仅将"StartAddress"改为0x2200，在Graph Title 栏输入"软仿真输出时域波形"。

在按前述方法设置了探针和断点后，单击菜单 Debug/Animate 或单击图标 🖅 运行程序，这时程序不断从数据文件 fftsoft. dat 中循环读出数据，并计算其频谱，如图7-24 所示。图7-24中，①为输入的256点方波信号的时域波形，②为 CCS 自动算出的256点输入方波信号的频域波形，③为对输入信号使用 fftsoft. asm 程序进行 FFT 运算后输出的时域频谱波形，与②中的波形相似，④为部分存储器占用情况。

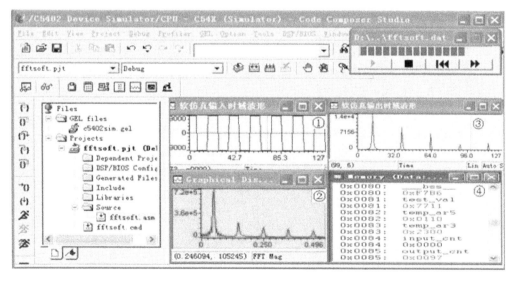

图7-24　FFT运算输入和输出波形

（2）观察 CPU 占用情况　该部分内容只能在硬件仿真情况下进行，实验前应按实验三所述硬件链接方法接好硬件实验电路。启动 CCS 进入 CCS 主窗口界面，在 Project/Open…菜单下打开 exer4_fftbios 目录下的 fftbios. pjt 文件。该文件中 fftbios. asm 程序与前述的软仿真中的 fftsoft. asm 程序不同，它将 FFT 的源程序做了一点修改，将 FFT 子程序作为一个中断函数，并在 DSP/BIOS 的周期模块中调用。所以在 DSP/BIOS 的配置文件中增加一个周期模块 PRD0，并且设置每 1ms 执行一次，即每 1ms 执行一次 FFT 子程序。这时的主程序仅仅完成一次数据输入，然后返回 DSP/BIOS。以后 DSP/BIOS 将每隔 1ms 启动一次周期函数，完成一次 FFT。

在 File 菜单中用 Load Program 装入 exer4_fftbios 目录下的 fftbios. out 文件。参照前面的步骤，在 main 函数中的 "call wait input" 设置一个探针点，并建立数据文件链接。这时应该将输入数据读到 0x2900 开始的存储器中。在 FFT 子程序 process 中设置一个断点，启动程序运行。

程序将在第一次进入周期函数执行 FFT 子程序时停下来。使用图形工具观察输入信号波形（启始地址 0x2900）。将 FFT 子程序执行完，然后再使用图形工具观察 FFT 后的波形（启始地址 0x2800）。

清除所有断点，以便程序连续运行。使用 CCS 主窗口上面的 DSP/BIOS/RTA ControlPanel 选项打开 "RTA ControlPanel" 窗口，再打开 "Execution Graph" 窗口。在 "RTA Control Panel" 控制窗口中选择 "enable SWI logging"、"enable PRD logging" 和 "gobal host enable"。恢复程序运行，观察 FFT 程序执行情况。

在 DSP/BIOS/CPU LoadG raph 窗口，观察 CPU 占用情况。修改周期函数的周期，重新编译、链接、装入程序并运行，看看 CPU 占用比有何变化。

4. 思考题

（1）考虑利用位倒序寻址方式对 512 个数据进行位倒序排序，应该如何编写程序代码？

（2）试用一般的指令改写下列并行指令：

```
①ST   B， * AR3 +
    ‖ LD * AR2， A
②ST   B， * AR2
    ‖ SUB * AR2 +0%， B
③ST   B， * PX +
    ‖ MPY  * QX2 +， A
```

（3）利用前面所讲的思想，编写一个 128 点的实数 FFT 程序。

参考文献

［1］黎步银，张平川.DSP 技术及应用［M］.北京：北京大学出版社，2011.

［2］梁义涛.现代 DSP 技术及应用［M］.北京：清华大学出版社，2012.

［3］彭启琮，李玉柏，管庆.DSP 技术的发展与应用［M］.北京：高等教育出版社，2002.

［4］张雄伟，曹铁勇.DSP 芯片的原理与开发应用［M］.2 版.北京：电子工业出版社，2000.

［5］任丽香，等.TMS320C6000 系列 DSPs 的原理与应用［M］.西安：西安电子科技大学出版社，2000.

［6］王念旭，等.DSP 基础与应用系统设计［M］.北京：北京航空航天大学出版社，2001.

［7］孙宗瀛，谢鸿琳.TMS320C5x DSP 原理设计与应用［M］.北京：清华大学出版社，2002.

［8］段丽娜.DSP 技术与应用［M］.北京：人民邮电出版社，2013.

［9］郑红，等.DSP 应用系统设计实践［M］.北京：北京航空航天大学出版社，2006.

［10］邹彦.DSP 原理及应用［M］.北京：电子工业出版社，2012.

［11］吴冬梅.DSP 技术及应用［M］.北京：北京大学出版社，2006.

［12］代少升.DSP 原理与应用［M］.北京：高等教育出版社，2010.